Edizioni PensareDiverso
Collana Cenacolo Jung Pauli.

Induismo e teoria quantistica.

In copertina: all'ingresso del Laboratorio europeo di fisica delle particelle, (il CERN di Ginevra) si trova una statua di Shiva Nataraja, il dio danzante dell'Induismo. Questa statua rappresenta il ciclo perpetuo di creazione, conservazione e distruzione, un concetto centrale nella cosmologia indiana.

Bruno Del Medico.

Induismo e teoria quantistica

Tutte le analogie tra i principi quantistici e i concetti propri della filosofia induista: Brahma, Atman, Karma, Moksha, Dharma.

Sommario.

Introduzione.

Il raffronto tra le filosofie orientali e la fisica quantistica rivela affascinanti analogie che ci invitano a riconsiderare la nostra comprensione della realtà.

L'intento del libro è quello di esplorare la sorprendente connessione tra le antiche tradizioni filosofiche dell'induismo e i principi della fisica quantistica. Una parte iniziale spiega in modo assolutamente comprensibile i principi fondamentali della fisica quantistica e della filosofia collegata a questa nuova scienza. Nel seguito, un suggestivo percorso, conduce il lettore a scoprire come queste due realtà, apparentemente distanti, possano interagire e influenzarsi reciprocamente.

L'induismo, con i suoi profondi principi metafisici, offre un quadro di riferimento che sembra anticipare in molti aspetti le scoperte della fisica quantistica. Il libro confronta alcuni delle principali tematiche dell'induismo con le loro corrispondenti nozioni quantistiche.

Brahman rappresenta la realtà ultima, un tutto interconnesso che permea ogni cosa. Questo si allinea con il concetto di entanglement quantistico, in cui le particelle possono rimanere connesse a prescindere dalla distanza che le separa, e suggerisce che la separazione a livello fondamentale potrebbe essere solo un'illusione. Una delle Upanishad recita: "Tutto questo è Brahman", evidenziando l'interconnessione universale, e richiama il campo di Higgs, che conferisce massa e natura ondulatoria alle particelle.

Atman, l'anima individuale che è una manifestazione di Brahman, può essere visto attraverso la lente della sovrapposizione quantistica, in cui una particella esiste in più stati contemporaneamente. Questo riflette l'idea che la vera essenza del sé esiste su molteplici piani di realtà.

Il concetto di Karma si basa sulla legge di causa ed effetto, parallelo all'indeterminazione di Heisenberg, dove la precisione di una misura influisce su quella di un'altra. Le azioni del presente possono quindi influenzare esiti futuri in modi non sempre prevedibili.

Moksha, la liberazione dal ciclo di morte e rinascita, trova un parallelo nella decoerenza quantistica, il processo attraverso cui un sistema quantistico perde le sue proprietà quantistiche. Questo passaggio rappresenta la trasformazione della coscienza da uno stato all'altro, analogamente alla ricerca della liberazione spirituale.

Dharma, o il dovere etico di ciascuno, si riflette nelle correlazioni tra particelle, dove le interazioni influenzano il comportamento di un sistema complesso. Ogni azione compiuta in accordo con il Dharma può avere effetti a lungo termine; allo stesso modo le relazioni quantistiche modellano il nostro universo.

È opportuno precisare che questo libro si occupa di filosofia induista, non di religione induista.

Questa distinzione assume un particolare rilievo nel contesto della fisica quantistica. Mentre la religione induista si occupa della devozione e dell'ordine cosmico stabilito dalle divinità, la filosofia induista offre un quadro per comprendere una realtà complessa, interconnessa e in costante trasformazione. Ad esempio, l'idea di Maya – la percezione illusoria del mondo materiale – ha un parallelo con il principio di indeterminazione nella fisica quantistica, secondo cui non possiamo conoscere simultaneamente con precisione la posizione e la velocità di una particella.

Infine, la religione è una via collettiva e rituale, mentre la filosofia è un sentiero più individuale e contemplativo. Entrambe arricchiscono l'induismo, ma con prospettive e obiettivi diversi. Nella religione si cerca l'unione con il divino. Nella filosofia si cerca la comprensione dell'essere. Le due dimensioni, quindi, convivono, ma offrono strumenti diversi per esplorare la stessa realtà. Come disse Swami Vivekananda al Parlamento Mondiale delle Religioni nel 1893: "L'induismo non è una religione, ma un patrimonio infinito di esperienze umane". Una frase che riassume perfettamente questa ricchezza e complessità.

Premessa.

Filosofia induista e religione induista. Le differenze.

Quando si affronta il tema dell'induismo, è facile confondere filosofia e religione, anche perché i loro confini sono spesso sfumati e intrecciati. Tuttavia, per comprendere le connessioni tra la filosofia induista e ambiti come la fisica quantistica, è essenziale distinguere i due territori.

La religione induista è la dimensione pratica e devozionale dell'induismo. Comprende rituali, cerimonie, credenze popolari e la venerazione di una molteplicità di divinità. Questa forma religiosa, chiamata anche Sanatana Dharma (la *"legge eterna"*), si esprime nei templi, nella recitazione dei mantra, nella celebrazione di festività come il Diwali o l'Holi, e nell'adorazione di divinità come Visnù, Shiva, Durga o Krishna. La religione induista è legata alla comunità, alla tradizione e alle pratiche quotidiane. Celebre in questo contesto è il tempio di Jagannath a Puri, una delle principali mete religiose in India.

La filosofia induista, invece, rappresenta una ricerca più astratta e speculativa. Si concentra su domande fondamentali: Chi siamo davvero? Che cos'è la realtà? Che senso ha l'esistenza? Questa ricerca si sviluppa attraverso i testi dei Veda, delle Upanishad, e delle sei principali scuole filosofiche, tra cui Samkhya, Yoga, e Vedanta. La filosofia ha spesso un tono universale, superando i confini della religione e aprendo la porta alla riflessione individuale. Ad esempio, il concetto di Brahman nelle Upanishad è di natura metafisica e non legato alla venerazione di un dio specifico. Viene descritto come l'assoluto, l'essenza fondamentale di tutto ciò che esiste.

Un esempio pratico di questo doppio volto si può vedere nell'"Om". Religiosamente, gli induisti usano questo simbolo nei riti per chiamare il sacro. Filosoficamente, l'Om rappresenta la vibrazione primordiale dell'universo, un'idea che si avvicina alla comprensione moderna delle onde e delle frequenze nelle leggi quantistiche.

Uno degli episodi più rilevanti per comprendere la differenza tra religione e filosofia induista si trova nella Bhagavad Gita. Questo antico testo è parte del poema epico Mahabharata ed è presentato come un dialogo tra Krishna e Arjuna sul campo di battaglia di Kurukshetra. Religiosamente, è un testo sacro recitato nei templi e nelle case induiste. Filosoficamente, però, offre riflessioni profonde sulla natura dell'azione, del dovere (Dharma), e della realtà ultima (Moksha). Krishna spiega che ogni individuo deve agire senza attaccamento ai risultati, un insegnamento che richiama la teoria della rinuncia all'ego.

Il filosofo tedesco Arthur Schopenhauer fu affascinato dalle Upanishad, che descriveva come *"la lettura più nobile al mondo"*. Questo entusiasmo dimostra come la filosofia induista, in quanto cammino di ricerca universale, possa trovare eco anche al di fuori della sua matrice religiosa.

Un altro concetto chiave che separa religione e filosofia è quello del Karma. Religiosamente, il Karma è spesso inteso come un codice morale: ogni azione ha conseguenze, che siano benedizioni o punizioni. Filosoficamente, però, il Karma è la legge di causa ed effetto che regola l'universo, un principio razionale e impersonale. In questa luce, il Karma supera ogni contesto religioso e si avvicina alle moderne teorie fisiche sull'interconnessione tra eventi.

Oltre alla differenza tematica, un elemento centrale della filosofia induista è il dubbio. Testi come i dialoghi dell' Upanishad spesso incoraggiano la riflessione critica e il superamento delle credenze dogmatiche. Ad esempio, il dialogo tra il giovane Nachiketa e il dio della morte, Yama, nel Katha Upanishad, si concentra sulle domande riguardanti la natura dell'anima e ciò che accade dopo la morte. La religione, al contrario, tende a fornire risposte definite e rituali codificati.

Queste distinzioni assumono un particolare rilievo nel contesto della fisica quantistica. Mentre la religione induista si occupa della devozione e dell'ordine cosmico stabilito dalle divinità, la filosofia induista offre un quadro per comprendere una realtà complessa, interconnessa e in costante trasformazione. Ad esempio, l'idea di Maya – la percezione illusoria del mondo materiale – ha un parallelo con il principio di indeterminazione nella fisica quantistica, secondo cui non possiamo conoscere simultaneamente con precisione la posizione e la velocità di una particella.

Infine, la religione è una via collettiva e rituale, mentre la filosofia è un sentiero più individuale e contemplativo. Entrambe arricchiscono l'induismo, ma con prospettive e obiettivi diversi. Nella religione si cerca l'unione con il divino. Nella filosofia si cerca la comprensione dell'essere.

Le due dimensioni, quindi, convivono, ma offrono strumenti diversi per esplorare la stessa realtà. Come disse Swami Vivekananda al Parlamento Mondiale delle Religioni nel 1893:

"L'induismo non è una religione, ma un patrimonio infinito di esperienze umane".

Questa frase riassume perfettamente questa ricchezza e complessità. Questo libro fa riferimento alla filosofia induista.

La dottrina induista.

Non esiste una dottrina unica e standard nell'induismo, poiché è una tradizione religiosa e filosofica estremamente complessa e diversificata. L'induismo non è un sistema teologico centralizzato come alcune altre religioni, ma piuttosto un insieme di tradizioni, testi, riti, credenze e pratiche che si sono evoluti nel corso di migliaia di anni.

Le dottrine induiste si basano principalmente su una vasta raccolta di testi sacri e filosofici, che si possono suddividere in due grandi categorie:

"*Shruti*" (ciò che è "ascoltato"), include i Veda e le Upanishad, che rappresentano le scritture rivelate ed esplorano concetti come Brahman (l'Assoluto) e Atman (il Sé).

"*Smriti*" (ciò che è "ricordato"), comprende testi come i Purana, il Mahabharata (che include la Bhagavad Gita), il Ramayana e i Sutra. Questi testi offrono insegnamenti più accessibili, storie mitologiche e linee guida moralistiche.

Gli insegnamenti si fondano su concetti spirituali centrali, come il Dharma (dovere), il Karma (azione e le sue conseguenze), il Moksha (liberazione spirituale) e la meditazione sul Brahman, l'essenza universale.

L'insegnamento induista è spesso trasmesso da maestri spirituali, chiamati *guru*, che interpretano e insegnano le scritture in modo personale, basato sia sulla tradizione sia sulla loro realizzazione interiore. Ogni maestro può appartenere a una particolare scuola di pensiero o tradizione (sampradāya) e seguire un determinato percorso spirituale come lo yoga, la bhakti, il jnana o il tantra.

Gli insegnamenti di un maestro possono differire da quelli di un altro, a seconda della scuola o del lignaggio a cui appartengono e del percorso spirituale che promuovono. Ad esempio:

Advaita Vedanta (non-dualismo), rappresentato da maestri come Adi Shankaracharya, si concentra sull'unità tra Atman e Brahman.

Bhakti (devozione), promossa da figure come Ramanuja o Chaitanya, privilegia l'adorazione di una divinità personale come Vishnu o Krishna.

Yoga e meditazione, insegnati da Patanjali o da maestri moderni come Swami Vivekananda, pongono l'accento sulla disciplina spirituale del corpo e della mente.

In queto libro cerco di fornire una comprensione generica e inclusiva basata su conoscenze accademiche e storiche dell'induismo. Non mi baso su un maestro specifico, ma piuttosto traggo ispirazione dai testi fondamentali dell'induismo (come i Veda, le Upanishad, la Bhagavad Gita e i Purana). Posso riferirmi anche alla filosofia di grandi insegnanti come Adi Shankaracharya, Ramanuja, Swami Vivekananda, oppure ad alcuni approcci moderni che collegano l'induismo alla scienza o alla spiritualità universale. In questo senso, i miei riferimenti in tema di induismo sono sempre indicativi e mai esclusivi.

Capitolo I. Fisica quantistica, un nuovo paradigma.

Dal sanscrito alla scienza: una fisica che parla il linguaggio dell'induismo.

Di fronte all'enigma della realtà, due mondi apparentemente distanti convergono: la fisica quantistica e l'antica filosofia indù. Insieme, raccontano una visione del cosmo in cui tutto è connesso, dove l'osservatore influenza ciò che osserva, e la realtà stessa, come suggerisce l'Advaita Vedanta, può essere illusoria. Ma questa non è solo una suggestione poetica. È un intreccio profondo fra scienza e saggezza millenaria.

Maya e il velo di "ciò che sembra".

Nelle Upanishad, i testi sapienziali dell'induismo, il mondo materiale è descritto come Maya, una realtà illusoria, un velo che nasconde la verità ultima. Secondo l'Advaita Vedanta, questa verità ultima è il Brahman, il principio universale, indivisibile e onnipervadente. Questo concetto riecheggia sorprendentemente nella fisica quantistica moderna, dove l'osservabile sembra solo una manifestazione parziale di un'unità sottostante più profonda.

L'esempio del dualismo onda-particella ne è un simbolo. L'elettrone, che a volte si comporta come una particella e altre volte come un'onda, evidenzia un paradosso che sfida ogni intuizione tradizionale. L'elettrone, così come il cosmo descritto nelle Upanishad, sembra non avere un'esistenza intrinseca senza l'interazione con un osservatore. È il nostro atto di osservare che "collassa" le possibilità, trasformando il potenziale in realtà.

Nella Chandogya Upanishad, si legge:

Tat tvam asi". (Tu sei Quello).

Questo insegnamento invita a riconoscere che il sé individuale (Atman) non è separato dal cosmo (Brahman). Allo stesso modo, la fisica quantistica suggerisce che ciò che chiamiamo "oggetti" non sono realmente separati tra loro, ma emergono da un campo quantistico unitario che sottende ogni cosa.

Il ruolo dell'osservatore.

Uno dei principi più intriganti della fisica quantistica è il ruolo dell'osservatore. L'esperimento della doppia fenditura lo illustra con chiarezza. Quando un elettrone viene osservato, si comporta come una particella ma, quando lo stesso elettrone non è osservato, si comporta come un'onda. La presenza dell'osservatore, inspiegabilmente, cambia il comportamento della materia..

Qui possiamo fare un parallelo con un concetto centrale dell'Advaita Vedanta. Questa scuola di pensiero sottolinea che la realtà percepita è il risultato di una limitazione della mente umana. Il mondo, come lo vediamo, è un prodotto della nostra "osservazione", filtrato dai sensi e dalla mente. Senza questo filtro, tutto ciò che rimane è il Brahman, la realtà non duale. Questo eco filosofico emerge come una spiegazione metafisica alle stranezze del paradigma quantistico, dove il confine tra osservatore e osservabile si dissolve.

Il campo quantico è uno dei concetti fondamentali della fisica moderna. È uno stato di energia potenziale pura, un mare invisibile da cui emergono tutte le particelle e le forze. Il fisico David Bohm lo descrisse come l'"ordine implicito" della realtà, dal quale emerge l'"ordine esplicito" visibile.

Analogamente, l'Advaita Vedanta descrive il Brahman come la realtà ultima e indivisa, la sorgente di tutto ciò che esiste. Il mondo fenomenico, detto Jagat, emerge e si dissolve nel Brahman, proprio come le particelle nascono ed esistono temporaneamente nel campo quantico.

Questo parallelismo non è solo una strana coincidenza. Esso dimostra che sia la scienza che la filosofia indù cercano, ciascuna attraverso il proprio linguaggio, di comprendere l'invisibile unità da cui deriva l'universo osservabile.

Lo stupore di Feynman e dei *rishi*.

Richard Feynman, uno dei padri della fisica quantistica, dichiarò:
"Nessuno capisce davvero la fisica quantistica".
Per descrivere le stranezze del comportamento delle particelle, Feynman ricorreva spesso a metafore poetiche per colmare il vuoto lasciato dalla logica. Il mistero quantistico, per lui, era fonte di un profondo stupore.

Questo stupore ricorda quello espresso da molti saggi indiani (*rishi*) che, più di tremila anni fa, meditavano sulla natura dell'universo nei boschi dell'India antica. Come Feynman, i rishi percepivano che la realtà era più complessa e misteriosa di quanto i sensi umani potessero cogliere. La loro risposta, però, non fu la sperimentazione, ma l'introspezione, l'immersione profonda nella coscienza per scoprire verità universali.

Un esempio tratto dalla Brhadaranyaka Upanishad è illuminante:

"Ciò che è infinitamente piccolo è anche infinitamente grande".

Questo principio, apparentemente mistico, trova una risonanza notevole nel mondo quantistico, dove le leggi che governano le particelle subatomiche sembrano influenzare il macrocosmo.

Un ponte tra culture.

L'incontro tra fisica quantistica e filosofia indù non è solamente un curioso parallelo. È un ponte culturale e intellettuale che ci invita a ripensare il modo in cui vediamo il mondo. Scienza e spiritualità non sono antagoniste, ma prospettive complementari che esplorano lo stesso mistero: che cosa c'è oltre l'apparenza?

L'Advaita Vedanta ci spinge a riconoscere la nostra unità con il cosmo. La fisica quantistica ci mostra che il mondo è fondamentalmente interconnesso, e che il nostro ruolo di osservatori è inestricabilmente legato alla realtà che ci circonda. Come due specchi che si riflettono l'un l'altro, queste due discipline offrono una sinfonia di idee che, pur esprimendosi in forme diverse, parlano lo stesso linguaggio.

Paradossi e filosofie della meccanica quantistica.

La meccanica quantistica rappresenta uno dei più grandi balzi concettuali nella storia della scienza. Nata nei primi decenni del ventesimo secolo, essa ha rivoluzionato la comprensione della realtà fisica, svelando un universo sorprendente, al confine tra scienza, filosofia e, per alcuni, metafisica.

Il "Gatto di Schrödinger": la fisica della contraddizione apparente.

Nel 1935, Erwin Schrödinger, fisico austriaco noto per i suoi lavori sulla teoria quantistica, formulò un esperimento mentale immortale nella storia della scienza. Immaginò un gatto chiuso in una scatola insieme a un meccanismo che includeva una sostanza radioattiva e una fiala di veleno. Se la sostanza radioattiva avesse emesso una particella, un meccanismo avrebbe rilevato l'evento, avrebbe rotto la fiala e ucciso il gatto. Secondo la meccanica quantistica, fino a quando un osservatore non avesse aperto la scatola, il gatto si sarebbe trovato in uno stato di sovrapposizione quantistica: vivo e morto allo stesso tempo.

Questo paradosso non era solo una provocazione. Schrödinger voleva evidenziare una bizzarria intrinseca del formalismo quantistico, espressa attraverso l'equazione di stato di cui era stato co-creatore. Secondo questa teoria, una particella può esistere simultaneamente in molteplici stati (ad esempio "emessa" e "non emessa") finché non viene effettuata un'osservazione. Il gatto, quindi, partecipava al fenomeno, incarnando metaforicamente il problema dell'interazione tra il mondo quantistico e il mondo macroscopico..

Questo paradosso non era solo una provocazione. Schrödinger voleva evidenziare una bizzarria intrinseca del formalismo quantistico, espressa attraverso l'equazione di stato di cui era stato co-creatore. Secondo questa teoria, una particella può esistere simultaneamente in molteplici stati (ad esempio "emessa" e "non emessa") finché non viene effettuata un'osservazione. Il gatto, quindi, partecipava al fenomeno, incarnando metaforicamente il problema dell'interazione tra il mondo quantistico e il mondo macroscopico.

Everett e i mondi paralleli.

Vent'anni dopo, Hugh Everett propose la "*Interpretazione a molti mondi*" (1957), la quale forniva una soluzione radicale al paradosso del "Gatto di Schrödinger". Secondo Everett, ogni volta che si verifica un evento quantistico come la misurazione dello stato di una particella, l'universo si divide. In un universo, il gatto è vivo. In un altro universo, è morto. Non si tratta di una sovrapposizione nella stessa realtà, ma si tratta della nascita di ramificazioni parallele.

Everett, giovane ricercatore di Princeton, fu inizialmente ignorato dalla comunità accademica. Tuttavia, il suo lavoro guadagnò interesse nei decenni successivi, soprattutto grazie alla diffusione della teoria da parte del fisico Bryce DeWitt. L'idea di mondi paralleli non solo offriva un approccio più diretto ai paradossi della meccanica quantistica, ma apriva nuove prospettive in filosofia e cultura popolare, alimentando opere di narrativa, film e discussioni moderne sul multiverso.

L'osservatore e la natura della realtà.

I paradossi della meccanica quantistica non si fermano ai gatti o ai mondi multipli. Da un punto di vista filosofico, il vero nucleo della questione riguarda il ruolo dell'osservatore. Max Planck, considerato il padre della teoria quantistica, affermava:

"Non possiamo ottenere nessuna conoscenza della natura oggettiva del mondo senza riferirci alla coscienza umana."

Questa prospettiva, successivamente sviluppata da scienziati come Niels Bohr e Werner Heisenberg, pose una domanda fondamentale: la realtà esiste indipendentemente dal soggetto che la osserva?

Bohr sostenne il principio di complementarità, in base al quale l'osservazione modifica inevitabilmente ciò che viene osservato. Heisenberg, con il suo celebre principio di indeterminazione, dimostrò che non è possibile conoscere con assoluta precisione simultaneamente la posizione e il momento di una particella. La presenza dell'osservatore è, dunque, parte integrante del fenomeno misurato, un tema che risuona con alcune tradizioni filosofiche orientali.

In questo contesto, le relazioni tra la meccanica quantistica e le filosofie orientali, come l'induismo, non sono casuali. Un pilastro della filosofia vedantica è l'idea che la realtà percepita sia Maya, un'illusione creata dall'interazione tra il soggetto e l'oggetto. Concetti simili si trovano nella meccanica quantistica, dove il mondo microscopico non "esiste" in modo definito senza un'interazione. L'analogia si estende persino al concetto di Brahman, la realtà ultima indifferenziata, che ricorda il *"campo quantistico unificato"* ipotizzato da alcune interpretazioni più speculative.

Luoghi e aneddoti storici aiutano a contestualizzare queste idee. Il laboratorio di Copenaghen, sede delle conversazioni tra Bohr e Heisenberg negli anni '20, è una sorta di "culla" della meccanica quantistica. Al tempo stesso, studiosi come David Bohm hanno cercato di collegare la fisica moderna con concetti filosofici orientali, favorendo un dialogo tra le due tradizioni.

I paradossi della meccanica quantistica non sono semplici curiosità astratte. Essi mettono in discussione le fondamenta del pensiero umano, spingendoci a ripensare concetti come realtà, osservazione e coscienza.

Storia e sviluppo della fisica quantistica.

Una cronologia di idee e scoperte.

L'umanità ha sempre cercato di comprendere l'universo, partendo dai grandi corpi celesti fino a scendere all'infinitamente piccolo. È stata questa seconda strada a spalancare, all'inizio del XX secolo, le porte a un mondo invisibile e sorprendente: la fisica quantistica. Le sue origini risalgono a un momento in cui le leggi della fisica classica, sancite da Newton, sembravano offrire risposte sufficienti a tutti i fenomeni osservabili. Tuttavia, qualcosa stava cambiando, e lo scompiglio cominciò con un nome ben preciso: Max Planck.

L'idea di un universo governato da leggi prevedibili e meccaniche ha dominato la fisica sin dal XVII secolo grazie a Isaac Newton. La realtà naturale, agli occhi dei fisici classici, era una macchina perfetta. Ogni fenomeno seguiva un ordine deterministico. Tuttavia, all'inizio del XX secolo, questa visione incontrò un ostacolo inaspettato: il comportamento delle particelle subatomiche. L'infinitamente piccolo sembrava violare ogni regola conosciuta. Nacque così la fisica quantistica, un nuovo paradigma che avrebbe cambiato non solo la scienza, ma anche il modo in cui l'umanità concepisce la realtà.

Il punto di svolta si colloca nel 1900, quando Max Planck, un fisico tedesco, propose un'idea rivoluzionaria per spiegare un problema apparentemente tecnico. L'enigma riguardava la radiazione del corpo nero, ossia come gli oggetti emettono energia sotto forma di luce. Planck si trovò di fronte a un'anomalia: la fisica classica non riusciva a spiegare accuratamente l'energia emessa.

Planck introdusse un'ipotesi audace. Suggerì che l'energia non fosse emessa in modo continuo, come immaginato dalla fisica classica, ma in pacchetti discreti, che chiamò "quanti". A posteriori, Planck confessò di aver trovato una soluzione puramente tecnica, senza immaginare che avrebbe posto le basi di una rivoluzione filosofica e scientifica.

Pochi anni dopo, Albert Einstein estese il concetto di "quanto" alla luce stessa. Nel 1905, nella sua famosa serie di articoli che cambiarono per sempre la scienza, Einstein suggerì che la luce fosse composta da particelle discrete chiamate fotoni. Questo spiega l'effetto fotoelettrico, un fenomeno in cui alcuni metalli liberano elettroni quando colpiti dalla luce.

L'intuizione di Einstein sull'effetto fotoelettrico gli valse il Premio Nobel nel 1921. Ma ciò che sorprende è che nemmeno Einstein accettava completamente le implicazioni più profonde della fisica quantistica. Celebre è la sua frase: "Dio non gioca a dadi con l'universo", espressione del suo disagio verso l'indeterminazione introdotta dalla nuova fisica..

Negli anni successivi, le implicazioni della teoria quantistica rivoluzionarono anche la comprensione degli atomi. Nel 1913, il fisico danese Niels Bohr propose un nuovo modello atomico. Egli immaginò gli elettroni muoversi intorno al nucleo atomico in orbite specifiche, come i pianeti attorno al sole. Tuttavia, a differenza di un'orbita classica, gli elettroni potevano "saltare" da un livello all'altro emettendo o assorbendo energia.

Bohr integrò la teoria dei quanti di Planck nel suo modello per spiegare l'emissione e l'assorbimento della luce da parte degli atomi. Il suo lavoro pose le basi per ulteriori sviluppi e lo rese uno dei protagonisti della nuova fisica.

Il 1925 segnò un'altra svolta decisiva grazie a Werner Heisenberg, un giovane e brillante fisico tedesco. Heisenberg introdusse il principio di indeterminazione, che stabilisce un limite fondamentale alla nostra capacità di conoscere il mondo subatomico. Esso afferma che non si possono conoscere simultaneamente con precisione la posizione e la velocità di una particella.

Questa scoperta non è solo tecnica, ma filosofica. Il principio di indeterminazione mette in discussione l'idea stessa di un universo pienamente conoscibile. Secondo Heisenberg, osservare un sistema modifica inevitabilmente il sistema stesso. La realtà subatomica sembrava sfuggire al controllo del determinismo classico.

Nel 1926, Erwin Schrödinger, un fisico austriaco, introdusse l'equazione d'onda, un altro pilastro della fisica quantistica. Questa equazione descrive il comportamento delle particelle subatomiche in termini di probabilità. Tuttavia, le implicazioni sconcertanti portarono Schrödinger a ideare un famoso esperimento mentale, il "gatto di Schrödinger".

In questa ipotetica situazione, un gatto chiuso in una scatola può essere contemporaneamente vivo e morto, a seconda dell'osservazione. L'esperimento evidenzia il paradosso della sovrapposizione quantistica, una condizione in cui una particella può essere in più stati contemporaneamente fino al momento in cui viene osservata.

Il contesto culturale: un cambio di paradigma.

La fisica quantistica non ha avuto un impatto solo scientifico. Ha anche influenzato profondamente la filosofia, l'arte e persino la spiritualità. Questa disciplina sfida i concetti di realtà oggettiva e causalità, aprendo dialoghi con tradizioni filosofiche millenarie, come quelle orientali, che da secoli riflettono sull'illusorietà del mondo e sull'interconnessione tra soggetto e oggetto.

Nel corso del XX secolo, figure come J. Robert Oppenheimer e Fritjof Capra hanno esplorato i legami tra la fisica quantistica e il pensiero orientale. Oppenheimer, ad esempio, trovò analogie tra la fisica quantistica e i versi della Bhagavad Gita, mentre Capra, nel suo celebre libro *"Il Tao della Fisica"*, mise in parallelo la teoria quantistica con la filosofia orientale.

La fisica quantistica rappresenta una delle conquiste più grandi dell'umanità. Essa non si limita a descrivere il mondo subatomico, ma ridefinisce il nostro rapporto con la realtà. La sua storia, scandita da scoperte rivoluzionarie e da figure straordinarie, continua a stimolare interrogativi profondi che riguardano tanto la scienza quanto la natura dell'esistenza. È un viaggio di esplorazione che, come i pensatori dell'antica India, ci invita a riflettere sull'invisibile e sull'infinito.

Max Planck e la nascita del "quanto".

Nel 1900, il fisico tedesco Max Planck pose una domanda che si rivelò rivoluzionaria. Stava cercando di spiegare un problema specifico legato alla radiazione elettromagnetica: il cosiddetto "problema del corpo nero". Gli esperimenti mostravano che la radiazione emessa da un corpo nero, un oggetto ideale in grado di assorbire e irradiare energia perfettamente, non poteva essere spiegata con le leggi della fisica allora conosciute.

Planck formulò un'ipotesi audace: l'energia non viene trasferita in modo continuo, come si credeva, ma a piccoli pacchetti discreti che lui chiamò "quanti". Questo cambiò tutto. Planck stesso inizialmente considerò la sua idea come un espediente matematico, non come una nuova visione della realtà. Eppure, il suo lavoro gettò le fondamenta di una rivoluzione scientifica. Nel 1918 ricevette il Premio Nobel per questa intuizione. A oggi, molti considerano il 1900 il vero anno di nascita della fisica quantistica.

Nel dicembre del 1900, a Berlino, Max Planck presentò la sua idea. L'occasione era una riunione presso la prestigiosa *Società di Fisica Tedesca*. Il problema che Planck affrontava era noto come la "catastrofe ultravioletta", un grattacapo apparentemente insolubile legato allo studio del cosiddetto corpo nero.

Un corpo nero, nella fisica teorica, è un oggetto ideale che assorbe e irradia energia in modo perfetto. Gli esperimenti condotti nel XIX secolo avevano mostrato che, analizzando lo spettro di emissione del corpo nero, le previsioni basate sulle leggi tradizionali della fisica classica semplicemente non tornavano. In parole povere, ci si aspettava che all'aumentare della frequenza della radiazione emessa, l'energia crescesse senza limiti. Ma i dati sperimentali mostravano qualcosa di molto diverso: a frequenze elevate, l'energia diminuiva drasticamente. Questa discrepanza era uno dei principali enigmi della fisica dell'epoca, e nessuno sembrava in grado di risolverlo.

Max Planck si mise al lavoro e propose una soluzione che definì rivoluzionaria: per descrivere l'energia emessa da un corpo nero era necessario immaginare che l'energia stessa non fosse continua, ma suddivisa in "quanti". Planck ipotizzò che l'energia viaggiasse sotto forma di unità discrete, ognuna proporzionale alla frequenza della radiazione secondo una costante oggi nota come la "costante di Planck", indicata con il simbolo (h).

"La mia idea non è nata come una convinzione filosofica. Era una necessità tecnica",

disse Planck diversi anni dopo, ammettendo che inizialmente il concetto di quanto gli sembrava poco più di un trucco matematico. Ma quel "trucco" si rivelò la prima crepa nella solida, ma ormai antiquata, struttura della fisica classica. Il resto, come si suol dire, è storia.

Berlino, 1900: l'epicentro di una rivoluzione.

Immaginiamo per un momento la Berlino dell'inizio del XX secolo. La città, capitale scientifica ed economica della Germania, era un vivace centro intellettuale. Le università e le accademie pullulavano di menti brillanti che sfidavano i confini della conoscenza. Max Planck, distintosi per la sua brillantezza nelle scienze teoriche, insegnava all'Università di Berlino. Ufficialmente era uno studioso di termodinamica e studiava, tra le altre cose, i principi fondamentali che regolano il trasferimento dell'energia.

La sua dedizione alla scienza era quasi religiosa. Planck, infatti, era un uomo profondamente legato a una visione dell'universo in cui ordine e armonia erano elementi fondamentali.

Ci vollero alcuni anni, e numerosi sviluppi teorici successivi, perché il significato delle idee di Planck venisse pienamente compreso. Intorno al 1913, la teoria quantistica di Planck trovò applicazioni importanti anche nel modello atomico di Niels Bohr, un altro gigante della fisica, che si servì dei "quanti" per spiegare come gli elettroni saltassero tra orbite discrete emettendo o assorbendo luce. Il seme piantato da Planck stava crescendo, e l'intera comunità scientifica iniziava a rendersi conto di trovarsi di fronte a una nuova era della conoscenza.

Nel 1918, Max Planck ricevette il Premio Nobel per la Fisica *"per i suoi servizi nei progressi della fisica grazie alla scoperta dei quanti"*. Durante la cerimonia, Planck ribadì una delle sue massime più celebri:

> *"Un nuovo principio scientifico non trionfa perché convince i suoi oppositori. Piuttosto, trionfa perché le nuove generazioni lo accettano".*

Una frase profetica, che riassumeva le difficoltà e le resistenze che ogni grande rivoluzione culturale e scientifica incontra.

Lo scandalo scientifico del "quanto".

Quando nel 1900 Planck introdusse il concetto di quanto, il mondo della fisica classica, che fino ad allora aveva dominato con le sue leggi, fu scosso nel profondo. L'idea che l'energia fosse discreta non trovava spazio nella visione di un universo regolato da linee continue e prevedibili. Persino Planck, noto per la sua prudenza intellettuale, sembrava titubante. Successivamente, una nuova generazione di fisici, tra cui Albert Einstein, sviluppò ulteriormente il concetto di quanto.

Einstein, infatti, costruì sul lavoro di Planck una delle sue scoperte più note: l'effetto fotoelettrico. Era il 1905 quando il giovane scienziato spiegò che la luce, proprio come l'energia del corpo nero, viaggia sotto forma di "quanti di luce", i fotoni. La teoria di Einstein non solo fornì una conferma pratica al modello di Planck, ma aprì le porte alla fisica moderna.

Max Planck non era solo un fisico. Era un uomo di cultura, affascinato dalla filosofia e dalla spiritualità. Non sorprende, quindi, che molte riflessioni sui "quanti" abbiano successivamente trovato risonanza nel pensiero filosofico e, persino, nelle tradizioni spirituali dell'Est. Planck cercava insistentemente un ordine sottostante, una "verità nascosta". E proprio questa tensione tra caos apparente e ordine profondo, così tipica della fisica quantistica, è uno dei legami sottili che avvicinano il mondo occidentale alle antiche filosofie orientali, come l'induismo.

Tuttavia, questa è una storia che racconteremo nei prossimi capitoli.

Il Primo Passo di Max Planck.

Nella calma apparente del 14 dicembre 1900, un uomo timido, matematico di formazione e fisico di vocazione, pronunciò una frase che avrebbe incendiato la scienza del XX secolo. Max Planck, professore a Berlino, presentò alla Società Tedesca di Fisica un'idea radicale. Parlando sommessamente, Planck propose che l'energia non fluisse come un fiume continuo, ma si comportasse come gocce discrete. Queste gocce furono chiamate "quanti". Nessuno, nemmeno Planck stesso, sospettava che quella semplice intuizione avrebbe posto le basi della fisica quantistica, un paradigma destinato a sovvertire secoli di pensiero scientifico.

I fisici del XIX secolo erano tormentati da un enigma apparentemente semplice: come descrivere accuratamente la radiazione emessa da un oggetto caldo, il cosiddetto "corpo nero"? Gli esperimenti mostravano che gli oggetti caldi emettevano onde luminose con un'intensità che variava in base alla lunghezza d'onda. Ma, secondo le leggi dell'elettromagnetismo e della termodinamica classiche, l'intensità luminosa avrebbe dovuto diventare infinita alle lunghezze d'onda brevi. Si trattava di un'assurdità, nota come la "catastrofe ultravioletta". Questa dissonanza metteva in discussione l'intera struttura teorica della fisica ottocentesca.

Planck affrontò questo problema con il metodo che gli era più familiare: la matematica pura. Dedicò anni a questa sfida, ma non riusciva a trovare una soluzione. Alla fine, come egli stesso ammise in seguito, fu costretto a compiere un atto di pragmatismo estremo.

Propose che l'energia non fluisse in modo continuo, ma solo in pacchetti discreti proporzionali alla frequenza dell'onda luminosa.

All'inizio, Planck non attribuì alcun significato fisico a questa teoria. La definì un "trucco matematico". Planck era un conservatore della fisica classica e non immaginava che tale intuizione avrebbe demolito i fondamenti di quella stessa fisica che tanto venerava.

L'accettazione iniziale del lavoro di Planck fu più tiepida che entusiasta. Le sue idee sembravano bizzarre persino ai suoi colleghi. Tuttavia, in breve tempo, i dati sperimentali confermarono la validità del suo modello.

Il lavoro di Planck non fu solo una scoperta scientifica. Fu un cambiamento di paradigma che trasformò il modo in cui gli esseri umani vedevano l'universo. Le quantizzazioni rompevano l'illusione della continuità, rivelando un universo fatto di discontinuità e probabilità. Questo principio sfidava non solo la fisica classica, ma anche molte delle intuizioni filosofiche dell'Occidente.

Curiosamente, il concetto di discontinuità trovava eco in alcune tradizioni filosofiche orientali, come l'Induismo. Nella filosofia del Vedanta, l'universo è visto come manifestazione discontinua del Brahman, il principio universale. Questo parallelismo tra scienza e spiritualità sarebbe stato esplorato decenni più tardi, quando la fisica quantistica incontrò il pensiero orientale.

Max Planck era un uomo di grande umiltà. Non cercava fama né rivoluzioni. Eppure, dalle sue mani nacque una nuova scienza. La fisica quantistica, con il suo linguaggio enigmatico, svelò un universo profondamente diverso da quello che gli scienziati avevano conosciuto fino a quel momento.

Albert Einstein e l'effetto fotoelettrico.

Nel 1905, Albert Einstein aveva ventisei anni, viveva a Berna e lavorava presso l'Ufficio Brevetti come impiegato di terza classe. Fu in quell'anno straordinario, definito in seguito "*Annus Mirabilis*", che il giovane scienziato pubblicò quattro articoli destinati a cambiare per sempre la fisica. Tra questi spiccava una breve ma intensa pubblicazione: lo studio sull'effetto fotoelettrico, un lavoro che avrebbe gettato le basi per la fisica quantistica così come la conosciamo oggi.

Fino ai primi del Novecento, la luce era stata considerata essenzialmente come un'onda. I lavori di James Clerk Maxwell avevano dimostrato che le onde elettromagnetiche si propagano attraverso lo spazio seguendo leggi matematiche ben definite. Tuttavia, alcuni fenomeni osservati non seguivano quegli schemi. Uno di questi era, appunto, l'effetto fotoelettrico: quando una luce di una certa frequenza colpisce la superficie di un metallo, il metallo emette elettroni. Gli esperimenti condotti su questo effetto avevano lasciato i fisici senza risposte. Perché l'intensità della luce non bastava a spiegare il processo? Perché non era sufficiente aumentare l'energia della luce con maggiore brillantezza per generare elettroni? La chiave sembrava essere la frequenza della luce, ma nessuno riusciva a spiegare il motivo.

Einstein avvicinò il problema da una prospettiva diversa, ispirandosi al lavoro di Max Planck. Nel 1900, Planck, nel tentativo di spiegare la radiazione del corpo nero, aveva introdotto un'idea rivoluzionaria: l'energia è emessa in "quanti discreti", non in modo continuo. Questa intuizione, concepita inizialmente come un semplice artificio matematico, apriva una strada inaspettata. Einstein, andando contro la concezione predominante, suggerì che la luce stessa fosse composta da particelle, che più tardi sarebbero state chiamate fotoni. Ogni fotone trasporta un'energia proporzionale alla sua frequenza.

Einstein spiegò l'effetto fotoelettrico con una semplicità disarmante. Quando un fotone colpisce un elettrone in un atomo di metallo, può trasferire tutta la sua energia all'elettrone. Se l'energia del fotone è sufficiente per superare l'energia di legame dell'elettrone (*detta funzione lavoro o potenziale di estrazione*), questo viene espulso dalla superficie del metallo. Più alta è la frequenza della luce, maggiore è l'energia del fotone e, dunque, maggiore è la probabilità che l'elettrone venga emesso. Non era l'intensità della luce a contare, ma la qualità della luce stessa, cioè la sua frequenza.

La teoria di Einstein ebbe un impatto enorme. Non solo spiegava l'effetto fotoelettrico, ma ribaltava la concezione tradizionale della luce. Fino a quel momento, molti scienziati erano certi che la luce fosse una onda. Ora, con il lavoro di Einstein, si dimostrava che la luce aveva anche un comportamento corpuscolare, introducendo il concetto di *"dualismo onda-particella"*. Era l'inizio di una rivoluzione che avrebbe ridefinito la comprensione della natura stessa della realtà.

Einstein pubblicò il suo articolo sull'effetto fotoelettrico in una rivista relativamente sconosciuta, *"Annalen der Physik"*, nel marzo del 1905. Nonostante la sua importanza, l'idea dei fotoni fu inizialmente accolta con scetticismo. Anche eminenti fisici dell'epoca, come Max Planck e Niels Bohr, considerarono il concetto di particelle di luce un'idea troppo radicale per essere accettata facilmente.

Lo stesso Planck, che aveva involontariamente aperto la strada all'idea quantistica, esitava ad abbracciare la visione di Einstein. Planck avrebbe detto in privato:

"La radiazione non può essere così. Si tratta di un'interpretazione troppo audace."

Tuttavia, gli esperimenti condotti negli anni successivi confermarono la visione di Einstein. Il fisico americano Robert Millikan, che inizialmente cercò di dimostrare che Einstein si sbagliava, finì invece per verificare sperimentalmente la sua teoria, vincendo a sua volta un Premio Nobel nel 1923.

Einstein stesso ricevette il Premio Nobel nel 1921, ma non per la relatività ristretta, come spesso si crede, bensì per il lavoro sull'effetto fotoelettrico. Il comitato dei Nobel scelse di premiare un contributo quantificabile nella fisica sperimentale piuttosto che una teoria ancora controversa come la relatività.

La storia dell'effetto fotoelettrico incarna la tensione tra l'intuizione scientifica e le credenze consolidate. Il lavoro di Einstein non solo aprì nuovi orizzonti, ma pose una domanda più grande sulle fondamenta della fisica classica.

Come poteva la luce essere al contempo onda e particella? Questo mistero, avrebbe tormentato Einstein per il resto della sua vita, soprattutto dopo lo sviluppo della meccanica quantistica. Sebbene fosse uno dei fondatori del nuovo paradigma, Einstein rimase critico verso alcune delle sue implicazioni più estreme.

La visione di Einstein sull'effetto fotoelettrico offre anche un'importante connessione culturale. La scienza, come l'arte o la filosofia, non si sviluppa mai nel vuoto. La prima metà del Novecento fu un'epoca di cambiamento radicale in ogni campo del sapere. Movimenti artistici come il Cubismo e il Futurismo ridefinivano lo spazio e il tempo, mentre in filosofia pensatori come Henri Bergson mettevano in discussione il concetto di tempo lineare. Le idee scientifiche di Einstein riflettevano lo spirito di un'epoca che non aveva paura di rompere con il passato.

L'effetto fotoelettrico, nella sua apparente semplicità, fu uno dei primi balzi verso un nuovo modo di pensare. Esso mostrò che la natura non si conforma alle nostre intuizioni, richiedendo invece che adattiamo il nostro modo di pensare alla realtà, per quanto paradossale possa sembrare.

Una scintilla di luce cambia la storia.

Nel 1905, Albert Einstein rivoluzionò la fisica con un'intuizione tanto audace quanto semplice: la luce non si comporta solo come un'onda, ma in alcune circostanze agisce come se fosse composta da minuscoli pacchetti discreti di energia, chiamati fotoni. Questo concetto avrebbe scosso le fondamenta della fisica classica e aperto le porte all'era della fisica quantistica.

Fino ad allora, molti scienziati ritenevano che la luce fosse solo un'onda, seguendo le teorie di James Clerk Maxwell, che nel XIX secolo aveva descritto la luce come un'onda elettromagnetica. Einstein, tuttavia, basandosi sull'intuizione di Max Planck, che all'inizio del Novecento aveva introdotto l'idea di energia quantizzata per spiegare la radiazione del corpo nero, propose qualcosa di radicale. Partendo dall'osservazione che la luce poteva "strappare" elettroni da un materiale come il metallo (il cosiddetto effetto fotoelettrico), Einstein dimostrò che solo considerando la luce come composta da particelle – i futuri fotoni – si poteva spiegare tale fenomeno.

Per comprendere l'importanza di questo risultato, bisogna considerare il contesto scientifico dell'epoca. La teoria ondulatoria della luce sembrava confermata da moltissimi esperimenti, come l'interferenza e la diffrazione. Ma Einstein capì che queste osservazioni non erano sufficienti a spiegare tutte le proprietà della luce. Nel suo storico articolo pubblicato nel giugno 1905, Einstein prese in prestito l'idea di Planck sulla quantizzazione dell'energia e la applicò a un nuovo livello. Egli scrisse:

"L'energia di un raggio di luce è distribuita spazialmente non in modo continuo, ma in piccoli pacchetti di energia".

Era l'inizio di un'idea rivoluzionaria: la luce aveva un doppio aspetto, contemporaneamente onda e particella.

Questa intuizione trovò una conferma pratica straordinaria nei laboratori. I metalli, quando esposti alla luce di una certa frequenza, rilasciavano elettroni, ma solo se i "quanti" di energia – i fotoni – possedevano sufficiente energia per superare la barriera che teneva legati gli elettroni al metallo. Non importava quanto fosse intensa la luce: se i fotoni non avevano sufficiente energia (ossia, se la loro frequenza era troppo bassa), l'effetto fotoelettrico semplicemente non si verificava.

L'importanza di questa scoperta fu enorme. Einstein ricevette il Premio Nobel per la Fisica nel 1921 proprio per il suo lavoro sull'effetto fotoelettrico. È interessante notare come il premio non riguardò la sua Teoria della Relatività, probabilmente meno compresa e accettata all'epoca, ma un'intuizione che aveva un impatto pratico immediato sulle tecnologie emergenti del XX secolo. Oggi, l'effetto fotoelettrico è alla base di dispositivi fondamentali, dagli apparecchi a energia solare alle fotocamere.

Un aneddoto interessante proviene proprio dal rapporto di Einstein con il concetto di quantizzazione. Sebbene Einstein avesse utilizzato l'idea per spiegare l'effetto fotoelettrico, egli stesso si mostrò in seguito riluttante ad accettare alcune delle implicazioni più estreme della meccanica quantistica, come l'incertezza e la probabilità.

Tuttavia, il suo lavoro sull'effetto fotoelettrico rimane centrale per il pensiero quantistico e rappresenta un ponte straordinario tra il mondo classico e quello nuovo della fisica. Ogni volta che utilizziamo una cellula fotovoltaica per catturare la luce del sole o un sensore di immagine in una macchina fotografica, stiamo applicando il principio fondamentale scoperto da Einstein nel 1905.

Niels Bohr e il modello atomico (1913).

Intanto, la struttura interna dell'atomo, quel misterioso piccolo mondo, iniziava a essere esplorata con nuova chiarezza.

Nel 1913, un giovane fisico danese di nome Niels Bohr cambiò per sempre il nostro modo di osservare l'universo. Figlio di un professore di fisiologia a Copenaghen, Bohr crebbe in un ambiente permeato da domande filosofiche e scientifiche. Era un ponte tra due mondi: la tradizione classica newtoniana e le nuove intuizioni del misterioso regno quantistico che iniziava a essere esplorato. Con il suo rivoluzionario modello atomico, Bohr dimostrò che l'ordine nascosto nell'universo era assai più strano di quanto potessimo immaginare.

Bohr partì da un problema aperto. Ernest Rutherford, nel 1911, aveva proposto che l'atomo fosse come un piccolo sistema solare: un nucleo positivo al centro e gli elettroni che vi orbitavano attorno. Ma il modello aveva un difetto fatale. Le leggi classiche dell'elettromagnetismo, quelle di Maxwell, dicevano che un elettrone in movimento avrebbe emesso energia sotto forma di radiazione.

Risultato? In breve tempo l'elettrone sarebbe caduto verso il nucleo, facendo crollare l'intero atomo in un'esplosione di instabilità. L'atomo non avrebbe potuto esistere nella forma in cui Rutherford l'aveva immaginato.

Bohr era affascinato dal problema. Studiando in Inghilterra con Rutherford, avanzò una proposta audace. Sfruttando il concetto di "quanto" introdotto da Max Planck nel 1900 e approfondito negli anni seguenti da Albert Einstein, Bohr decise di applicare le idee quantistiche direttamente all'atomo. Nel 1913 pubblicò un articolo sulla rivista scientifica *"Philosophical Magazine"* in cui delineava il suo modello.

Nel modello di Bohr, gli elettroni orbitavano attorno al nucleo su livelli energetici definiti, chiamati *"orbite quantizzate"*. Questi livelli non erano continui, come immaginava la fisica classica, ma discreti. Gli elettroni potevano occupare solo certe orbite, come le linee di un pentagramma musicale su cui possono posizionarsi solo note precise.

Ecco l'innovazione che sconvolse il mondo scientifico: Bohr suggerì che un elettrone potesse *"saltare"* da un'orbita all'altra *senza percorre lo spazio intermedio*. Quando un elettrone scendeva a un livello energetico inferiore, emetteva un quanto di energia sotto forma di luce. Questo "quanto" era un fotone. Ciò confermava il miracolo quantistico scoperto pochi anni prima da Einstein per spiegare l'effetto fotoelettrico.

Il modello di Bohr trovò immediatamente un'applicazione concreta nel caso dello spettro dell'idrogeno. Gli scienziati sapevano da tempo che gli atomi di idrogeno, sottoposti a una scarica elettrica, emettevano luce a lunghezze d'onda specifiche. Nessuno, fino a quel momento, era riuscito a spiegare perché. Il nuovo modello di Bohr corrispondeva perfettamente a quelle linee spettrali, come se l'universo avesse finalmente rivelato uno dei suoi segreti più nascosti.

Le reazioni al lavoro di Bohr furono varie. Molti erano entusiasti, altri più scettici. Lo stesso Rutherford era colpito dall'audacia di quel modello. Ma i dettagli, come le prove sul concetto di "salto quantico", sollevavano dubbi. Un collaboratore vicino a Bohr, il fisico tedesco Arnold Sommerfeld, migliorò il modello introducendo le idee di orbite ellittiche. Sommerfeld notò che, in certi casi, gli elettroni non si limitavano a orbite circolari, ma lo sviluppo di queste estensioni portò comunque a una visione più complessa e precisa.

Tuttavia, il lavoro di Bohr segnava solo l'inizio. Negli anni seguenti, nuovi scienziati entrarono in scena. Werner Heisenberg, tedesco, ne sarebbe diventato uno dei principali eredi e amici. Dirà poi Heisenberg:

> *"Bohr insegnava a guardare non solo l'atomo, ma la stessa realtà come un processo di relazioni, più misteriosa di quanto avessimo mai immaginato."*

Il modello atomico del 1913 non è perfetto. Venne superato negli anni Venti con l'arrivo della meccanica quantistica di Schrödinger e il principio di indeterminazione di Heisenberg. Tuttavia, l'intuizione di Bohr fu fondamentale, non solo perché spiega fenomeni concreti come lo spettro dell'idrogeno, ma perché apre la porta a un nuovo modo di pensare: l'universo non è una macchina prevedibile, ma un mistero quantizzato fatto di salti, discrezioni e dualità.

Niels Bohr, nel suo approccio alla scienza, era influenzato anche da idee filosofiche. Studiò il pensiero orientale e amava citare un antico detto cinese:

> *"Le parole aprono la porta, ma è il silenzio che la attraversa."*

Non è un caso che le sue intuizioni si intreccino con temi filosofici che ricordano, per certi versi, il Brahman dell'induismo, quell'assoluto che sfugge alla comprensione lineare. Bohr affermò ancora:

> *"La verità è appresa attraverso opposti complementari"*.

Nel modello atomico si vedevano già questi opposti: stabilità e instabilità, ordine e salto quantico. Il suo lavoro rifletteva non solo una rivoluzione scientifica, ma anche una profonda trasformazione culturale. Bohr, con il suo atomo, guidava la scienza verso un nuovo paradigma. Un mondo dove nulla era più continuo e prevedibile, ma dove ogni fenomeno – persino il più piccolo – portava con sé la possibilità di un mistero più grande.

Niels Bohr e l'atomo che non esplode.

Nel 1913, un giovane fisico danese di nome Niels Bohr pubblicò una teoria rivoluzionaria che avrebbe cambiato per sempre il nostro modo di vedere la materia. Bohr era nato e cresciuto a Copenaghen, una città affacciata sul Mar Baltico, e già da ragazzo mostrava un'intelligenza brillante. Sua madre proveniva da una famiglia di intellettuali di origine ebraica, mentre il padre era un rinomato fisiologo, e in casa Bohr si respirava un'atmosfera fertile per le idee innovative. Non sorprende che proprio Niels diventasse uno dei protagonisti della nascente fisica quantistica.

All'inizio del XX secolo, la fisica viveva una crisi. I modelli classici di Newton e Maxwell, benché poderosi, non riuscivano a spiegare i fenomeni alla scala dell'atomo. Perché gli atomi, queste minuscole unità di base della materia, non crollavano su sé stessi? Perché gli elettroni, girando intorno al nucleo positivo, non perdevano energia e non cadevano nel nucleo, come ci si sarebbe aspettato secondo la teoria classica?

La risposta arrivò con Bohr e il suo modello atomico di orbite quantizzate. Basandosi sulle ipotesi proposte da Max Planck e sui lavori di Einstein, Bohr introdusse un concetto straordinario: gli elettroni possono orbitare intorno al nucleo solo in orbite specifiche, o quantizzate. In questi stati definiti, gli elettroni non perdono energia.

Questa intuizione non solo spiegava la stabilità della materia, ma risolveva anche un altro mistero: lo spettro di emissione dell'atomo di idrogeno. Quando l'atomo viene eccitato, gli elettroni passano da un'orbita più alta a una più bassa, emettendo luce con una precisa frequenza. Le osservazioni sperimentali combaciavano perfettamente con la teoria di Bohr.

Un atomo che non esplode e il legame con la filosofia orientale.

Il modello di Bohr era straordinario nelle sue implicazioni. Mostrava un mondo atomico governato da leggi che non seguivano la logica intuitiva ma che imponevano una dualità tra continuità e discontinuità. In un certo senso, la materia sembrava danzare seguendo una regola che ricordava i concetti espressi in alcune filosofie orientali, come l'induismo.

In testi filosofici indiani come l'Upanishad, il mondo materiale viene descritto come "*Maya*" (illusione), dove l'apparenza nasconde una realtà profonda e indescrivibile. Analogamente, nella visione moderna della meccanica quantistica, la materia non è pienamente "solida"; gli elettroni si comportano sia come particelle sia come onde, e la loro posizione è 'sfumata' fino a quando non viene osservata. Questa natura paradossale collega, almeno a livello concettuale, le intuizioni scientifiche di Bohr con l'antica saggezza orientale.

Oggi, chi visita Copenaghen può recarsi alla "*House of Honor*" di Bohr, un centro dedicato alla memoria di uno dei più grandi scienziati del XX secolo. Si tratta di un luogo che racconta la vita e il pensiero di Bohr, dai suoi primi studi fino all'applicazione della sua visione alla nascente teoria quantistica.

Ma c'è un altro aspetto che rende Bohr unico: la sua filosofia della scienza. Egli cercava costantemente di coniugare "verità e chiarezza". Questo impegno non era solo un approccio metodologico. Era un'idea etica, fondata sulla convinzione che la scienza dovesse avvicinarci alla comprensione della realtà senza sacrificare la semplicità e la trasparenza.

Bohr non era solo un fisico, ma anche un pensatore filosofico. Diceva spesso:

"Non possiamo separare il mondo della fisica dal modo in cui lo osserviamo".

Quest'affermazione anticipa molte riflessioni moderne sulla natura della realtà e sul ruolo della coscienza, argomenti cari sia alla meccanica quantistica sia alle filosofie orientali.

Se guardiamo indietro, possiamo intravedere un filo che lega la rivoluzione quantistica all'antica saggezza. Bohr, con il suo modello atomico, mostrò che la materia non è rigida né assoluta, ma dinamica, relazionale e governata da leggi che superano la comprensione ordinaria. Questo concetto, così controintuitivo, trova una sorprendente risonanza nella filosofia indiana, che invita a guardare oltre il mondo fenomenico per scoprire la realtà ultima, il Brahman.

Werner Heisenberg e il principio di indeterminazione.

Negli anni Venti, la fisica quantistica prese definitivamente forma grazie a un'ondata di scoperte realizzate da giovani menti geniali, tra cui Werner Heisenberg ed Erwin Schrödinger. Nel 1927, Heisenberg enunciò il principio di indeterminazione, uno dei pilastri della meccanica quantistica. Questo principio stabilisce che non è possibile conoscere simultaneamente con precisione assoluta due grandezze complementari, come la posizione e la velocità di una particella.

Questo concetto capovolse l'idea che l'esperimento scientifico fosse neutrale. La realtà microscopica, scoprirono i fisici, era profondamente collegata allo sperimentatore.

Negli anni Venti, la fisica viveva una rivoluzione. I concetti chiari e prevedibili della scienza classica, che erano stati i padroni della scena dagli albori di Galileo fino a Newton, stavano vacillando. Il mondo subatomico, rivelato grazie alla meccanica quantistica, presentava caratteristiche inquietanti e apparentemente contrarie al senso comune. Proprio in questo contesto, nel 1927, un giovane fisico tedesco, Werner Heisenberg, all'età di appena 26 anni, formulò uno dei principi più sconvolgenti della scienza moderna: il principio di indeterminazione.

Secondo questo principio, non è possibile conoscere contemporaneamente in modo preciso due grandezze complementari, come la posizione e la velocità (o la quantità di moto) di una particella. Maggiore è la precisione nella misurazione di una, meno precisamente si può conoscere l'altra. Questo non era un limite strumentale, ma una caratteristica intrinseca della natura. La scienza classica, che descriveva l'universo come una macchina regolata da leggi deterministiche, si trovava a dover fare i conti con una realtà diversa: quella dell'incertezza.

L'idea del principio di indeterminazione nacque durante una delle estati più fruttuose della vita di Heisenberg. Nel 1925 Heisenberg cercò rifugio dalla febbre da fieno sull'isola di Helgoland, nel Mare del Nord, per concentrarsi senza distrazioni sui dilemmi della meccanica quantistica. Era tormentato dalla difficoltà nel comprendere le orbite degli elettroni negli atomi e decise di abbandonare la rappresentazione spaziale delle particelle. Questa intuizione lo spinse a sviluppare la formulazione matrice della meccanica quantistica, che costituì la base per il principio che avrebbe enunciato due anni dopo.

Nel 1927, durante una conferenza a Copenaghen, Heisenberg formalizzò questa idea. Il principio di indeterminazione influenzò profondamente la filosofia della scienza. Si trattava di un cambio di paradigma. Non solo la fisica classica non era più sufficiente, ma ora l'osservatore stesso diventava parte integrante del sistema osservato. Heisenberg spiegò questo punto con una citazione divenuta celebre:

"Ciò che osserviamo non è la natura in sé, ma la natura esposta al nostro metodo di indagine".

Il principio di Heisenberg non solo trasformò la scienza, ma ebbe un impatto culturale ben oltre i confini della fisica. Il concetto di indeterminazione ispirò filosofi, artisti e persino scrittori. In Germania, Thomas Mann rifletté sulla meccanica quantistica nella sua opera "Doktor Faustus". Martin Heidegger, filosofo contemporaneo di Heisenberg, si confrontò con l'idea di una realtà che sfuggiva alla certezza oggettiva.

La formulazione di Heisenberg portò a un acceso dibattito con Albert Einstein. Einstein, che sosteneva un universo governato da

leggi deterministiche, rifiutò l'idea che il caso e l'indeterminazione potessero governare la natura. Celebre resta la frase di Einstein:
   "Dio non gioca a dadi".
   In risposta, Niels Bohr, collega e mentore di Heisenberg, ribatteva:
   "Non dire a Dio cosa fare con i suoi dadi".
   Werner Heisenberg era più di un geniale fisico. La sua eccezionale intelligenza si accompagnava a un forte interesse per la filosofia. Heisenberg ammirava Platone e si interrogava spesso sulle basi teoriche della conoscenza. Forse fu questo spirito filosofico a permettergli di accettare l'incertezza come parte fondamentale del mondo naturale.
   L'interazione tra scienza e umanesimo si rifletteva anche nei suoi legami personali. Werner Heisenberg strinse amicizia con il poeta Rainer Maria Rilke e coltivò il dialogo tra arte e scienza. Nel suo celebre libro *"Fisica e filosofia"* pubblicato nel 1958, Heisenberg sottolineò come la meccanica quantistica non solo ridefiniva la fisica, ma offriva una nuova visione del mondo, intrecciata con la soggettività dell'essere umano.
   A quasi un secolo dalla sua formulazione, il principio di Heisenberg continua a essere un caposaldo della fisica moderna. È alla base di tecnologie come i microscopi elettronici e ha applicazioni che spaziano dall'informatica quantistica alla crittografia. Ma il suo valore non è solo tecnico. Il principio di indeterminazione ci ricorda i limiti della conoscenza umana e la complessità del mondo naturale. Come l'induismo e le filosofie orientali suggeriscono da millenni, il sapere non è una pura descrizione del reale, ma un'interazione tra soggetto e oggetto, tra osservatore e osservato.
   Heisenberg, armato della sua mente brillante e del coraggio di sfidare le convenzioni, cambiò per sempre la nostra percezione del mondo. E nel farlo, lasciò un messaggio eterno: l'universo non è solo da spiegare, ma anche—e soprattutto—da contemplare.

Werner Heisenberg e il lato misterioso della natura.

Nel 1927 Werner Heisenberg rivoluzionò il nostro modo di comprendere il mondo fisico. Giovane fisico tedesco di grande talento, Heisenberg lavorava all'"*Istituto di Fisica Teorica*" a Lipsia, un ambiente vibrante in cui le menti più brillanti dell'epoca ridisegnavano le fondamenta della scienza moderna. Fu lì che formulò il celebre Principio di Indeterminazione, aprendo una nuova prospettiva sul funzionamento della natura.

Il principio si basa su un'idea semplice, ma allo stesso tempo disarmante: è impossibile conoscere con precisione assoluta sia la posizione che la velocità di una particella subatomica. Più si cerca di misurare con esattezza uno di questi aspetti, più sfugge l'altro. Heisenberg lo spiegò inizialmente con una formulazione matematica, ma il significato filosofico del principio fu immediatamente chiaro. Tra gli scienziati e i pensatori, questa scoperta spalancò le porte a interrogativi profondi sulla realtà stessa.

Negli anni '20, l'Istituto di Lipsia era un polo di avanguardia scientifica. In quel periodo, fisici come Niels Bohr e Max Born si interrogavano sull'essenza del mondo microscopico. Heisenberg, allora poco più che trentenne e allievo di Bohr, raccoglieva queste sfide con grande audacia. La sua idea nacque non solo da uno studio teorico, ma anche da una lunga riflessione sul modo in cui venivano fatte le osservazioni nel dominio della fisica quantistica.

Un celebre aneddoto racconta che Heisenberg, tormentato dal problema, trovò ispirazione durante una passeggiata sui prati della campagna tedesca. Si dice che l'immensità della natura, con il suo movimento invisibile ma percepibile, gli abbia fatto intuire quanto sfuggenti fossero le particelle subatomiche. Questa intuizione gli permise di formalizzare l'idea che la stessa "osservazione" alterava l'oggetto osservato.

La metafora della luce e del microscopio.

Per spiegare il principio, Heisenberg usò spesso l'esempio di un microscopio. Immaginiamo di voler osservare un elettrone utilizzando un fascio di luce. La luce, necessaria per vedere l'elettrone, lo spinge e ne altera la posizione o la velocità. Questo significa che il semplice atto di osservare modifica la realtà microscopica.

È una questione tecnica, ma anche profondamente filosofica. L'idea stessa di misurazione diventa ambigua. Che cosa significa conoscere un oggetto se il nostro "sguardo" finisce per cambiarlo?

Il Principio di Indeterminazione non rimase confinato ai laboratori di fisica. La portata di questa scoperta trasformò la filosofia della scienza, trovando echi nella letteratura, nelle arti e persino nelle religioni. Pensatori come Albert Einstein, inizialmente scettici, si chiesero se l'universo potesse davvero essere così sfuggente.

Le divergenze tra due giganti della fisica come Bohr ed Einstein dimostra quanto il Principio di Indeterminazione avesse toccato il cuore dei grandi misteri dell'esistenza. Per Einstein, l'universo doveva essere ordinato e prevedibile. Per Heisenberg e Bohr, invece, l'indeterminatezza era una caratteristica fondamentale della realtà.

Nel mondo occidentale, il Principio di Indeterminazione fu accolto con un misto di stupore e angoscia. Esso scardinava la visione tradizionale del mondo come "*macchina perfettamente prevedibile*", un paradigma che risaliva a Newton. L'universo non era più un orologio ordinato, ma un'entità in cui il caso, l'incertezza e il mistero avevano un ruolo centrale.

Curiosamente, filosofie orientali come l'Induismo e il Buddhismo avevano da tempo abbracciato una visione simile. Nel pensiero vedico, il mondo materiale è considerato *Maya*, un'illusione sfuggente e transitoria. Allo stesso modo, la meccanica quantistica suggeriva un'idea di realtà profonda e nascosta, accessibile solo attraverso intuizioni piuttosto che misurazioni.

Nelle Upanishad, antichi testi indù, si legge:

"Ciò che lo spirito vede, non lo si può fissare con gli occhi,
perché è senza forma."

Queste parole sembrano anticipare la sfida che Heisenberg stesso affrontò: descrivere ciò che non si può vedere, e farlo con il linguaggio della matematica. Non c'è da stupirsi che, anni dopo, lo stesso fisico dichiarò di sentire una speciale affinità con il pensiero orientale.

Un'eredità che va oltre la scienza.

Il Principio di Indeterminazione non riguarda solo le particelle. Esso ci invita a riflettere sul rapporto tra conoscenza e realtà. Quanto possiamo conoscere davvero il mondo che ci circonda? E a che punto la nostra osservazione diventa interazione, trasformando ciò che cerchiamo di comprendere?

Ad oggi, le intuizioni di Heisenberg restano un pilastro della fisica moderna, influenzando discipline che vanno dal calcolo quantistico alla cosmologia. Ma il suo vero impatto va oltre i confini della scienza, toccando il cuore della condizione umana: il desiderio di sapere, mescolato al mistero dell'inconoscibile.

Nel 1927, Heisenberg non poteva prevedere quanto il suo lavoro avrebbe cambiato per sempre la nostra visione del mondo. Eppure, con il suo Principio di Indeterminazione, ci ha fatto intravedere l'abisso tra ciò che possiamo misurare e ciò che possiamo solo immaginare. Oggi, quel mistero continua a ispirare scienziati e filosofi, ricordandoci che la conoscenza, come le particelle, è sempre in movimento.

Erwin Schrödinger e il gatto.

Nel 1935, Erwin Schrödinger, noto per le sue fondamentali contribuzioni alla fisica quantistica, sollevò una delle questioni più famose e dibattute di questa nuova frontiera scientifica. Il fisico austriaco, nato nel 1887 a Vienna, è riconosciuto per l'equazione d'onda che porta il suo nome. Questa equazione rappresenta ancora oggi uno strumento centrale per descrivere il comportamento probabilistico delle particelle su scala subatomica. Ma Schrödinger era anche un uomo di spirito critico, capace di mettere in discussione le implicazioni delle teorie che lui stesso aveva contribuito a sviluppare.

Il paradosso del gatto di Schrödinger nacque proprio da questa vena intellettuale. Fu un modo provocatorio per esplorare i limiti dell'interpretazione di Copenhagen, formulata da Niels Bohr e Werner Heisenberg. Secondo l'interpretazione di Copenhagen, lo stato di una particella quantistica, come la posizione o la velocità, rimane indefinito fino a quando non viene osservato. Schrödinger decise di rendere evidente l'aspetto paradossale di questa idea con un esperimento (mentale) che coinvolgeva un gatto.

Immaginò un sistema chiuso: una scatola che contiene un gatto, un flacone di veleno, un contatore Geiger e una sorgente radioattiva. La sorgente ha il 50% di probabilità di emettere una particella in un dato lasso di tempo. Se questa particella viene rilevata dal contatore Geiger, un meccanismo si attiva, rompendo il flacone e rilasciando il veleno, che uccide il gatto. Finché qualcuno non apre la scatola per osservare il sistema, il gatto si troverebbe in uno stato quantistico "ibrido", cioè, sarebbe simultaneamente vivo e morto.

Perché Schrödinger propose questo esperimento? Non era certo un sostenitore del gatto "zombie". Il suo intento era dimostrare quanto le implicazioni della fisica quantistica fossero strane e controintuitive quando applicate alla realtà macroscopica. Da fisico di una formazione classica, Schrödinger trovava difficile accettare che la realtà potesse esistere in uno stato di indefinitezza. In una lettera all'amico Albert Einstein, egli scrisse:

"Non mi piace questa interpretazione vaga e sfuggente della realtà fisica".

L'esperimento del gatto ebbe un impatto enorme nella cultura scientifica. Mentre Niels Bohr sosteneva che l'interpretazione di Copenhagen era la migliore descrizione del comportamento quantistico, molti altri, inclusi Einstein e Schrödinger stesso, rimasero scettici. Einstein, noto critico del determinismo quantistico, accolse il paradosso di Schrödinger con interesse.

Il contesto storico della proposta di Schrödinger è altrettanto significativo. Negli anni Trenta, l'Europa era un crogiolo di menti scientifiche che, nonostante le crescenti tensioni geopolitiche, continuavano a collaborare e a spingersi oltre i limiti della conoscenza. Schrödinger, insieme a figure come Bohr, Heisenberg, Dirac e Born, stava ridefinendo le fondamenta della fisica, pur confrontandosi con questioni filosofiche che sembravano irrisolvibili.

Curiosamente, Schrödinger non scelse mai il gatto come esempio arbitrariamente. Egli amava gli animali e il suo esperimento mentale non voleva essere crudele, bensì ironico e provocatorio. Negli anni, questa immagine del "gatto vivo e morto" è diventata un simbolo non solo della fisica quantistica ma anche della moderna riflessione filosofica su ciò che significa osservare e comprendere la realtà.

L'eco culturale del paradosso di Schrödinger si è propagato assai oltre il suo originale contesto scientifico. Ha ispirato romanzi, fumetti, film e anche espressioni popolari. In ambito letterario, ad esempio, lo scrittore britannico Douglas Adams si riferì ironicamente al gatto nell'opera *"The Hitchhiker's Guide to the Galaxy"*. Nella cultura pop, la frase *"come il gatto di Schrödinger"* viene spesso usata per indicare situazioni di incertezza o ambiguità.

Schrödinger, con questo paradosso, ha lasciato un'eredità che va ben oltre il mondo scientifico. In un certo senso, il famoso "gatto" incarna il nostro essere sospesi tra due mondi: quello del determinismo classico, che ha plasmato la fisica pre-quantistica, e quello dell'indeterminismo che definisce la moderna visione quantistica. È un ulteriore esempio di come la scienza non sia mai solo analisi tecnica o sperimentazione, ma anche profonda esplorazione filosofica. E in questo, Schrödinger, il fisico e il pensatore, rimane una figura centrale, capace di stimolare domande che echeggiano ancora oggi.

Onde, equazioni e paradossi della natura

Negli anni Venti del Novecento le teorie classiche non potevano più descrivere il comportamento delle particelle atomiche e subatomiche. Gli scienziati, quindi, cercavano nuovi paradigmi per comprendere la natura più profonda della materia. È in questo contesto che Erwin Schrödinger, un fisico austriaco dotato di una profonda sensibilità filosofica, contribuì a riscrivere il nostro modo di osservare l'universo.

Nel 1926, mentre si trovava tra le montagne innevate di Arosa, una valle svizzera lontana dal caos delle grandi città, Schrödinger formulò una delle equazioni più celebri della storia della scienza: l'equazione d'onda. Costretto a spostarsi per motivi di salute e immerso in un periodo di isolamento creativo, Schrödinger trovò in questa quiete montana l'ambiente ideale per riflettere sulle domande che lo assillavano. La luce filtrava nitida attraverso i paesaggi alpini, e questa chiarezza parve riflettersi nel suo lavoro.

L'equazione d'onda di Schrödinger descrive la natura probabilistica delle particelle a livello quantistico. Non più un corpuscolo puntiforme, ma un'entità sfumata, distribuita nello spazio attraverso una funzione d'onda. L'idea spiazzò molti fisici dell'epoca. Schrödinger propose che questa funzione non solo calcolava le probabilità di trovare una particella in una posizione specifica, ma rivelava anche la sua intrinseca dualità tra particella e onda.

La funzione d'onda.

La funzione d'onda è un concetto fondamentale della meccanica quantistica. È una funzione matematica che descrive lo stato quantistico di una particella o di un sistema di particelle.

La particolarità della funzione d'onda è che non ha un significato fisico diretto, ma rappresenta la densità di probabilità di trovare una particella in una certa posizione e a un certo istante di tempo. Questo deriva dall'interpretazione probabilistica della meccanica quantistica fornita da Max Born.

Alcuni punti chiave della funzione d'onda:

È una funzione complessa (ovvero può avere sia parte reale che immaginaria).

Deve soddisfare l'equazione di Schrödinger, che governa l'evoluzione temporale del sistema.

Contiene tutte le informazioni accessibili sul sistema quantistico sotto esame.

In parole semplici, la funzione d'onda è uno strumento matematico che ci permette di fare previsioni sulle possibili misurazioni (posizione, momento, energia...) associate a una particella in un dato sistema quantistico.

La visione di Schrödinger trasse ispirazione sia dalla scienza sia dalla filosofia. Come molti intellettuali austriaci del tempo, Schrödinger studiava le opere di Arthur Schopenhauer, che era affascinato dalle filosofie orientali. La connessione profonda tra osservatore e realtà, al centro della meccanica quantistica, richiamava i principi dell'Advaita Vedānta, una corrente filosofica indù che egli stesso studiava. Quest'ultima sosteneva che il mondo fenomenico è il risultato di una coscienza unica che permea ogni cosa. Schrödinger non era un praticante religioso, ma riconosceva l'intuizione filosofica dell'unità fondamentale dell'esistenza.

La genialità del suo lavoro si accompagnava, però, a una vena provocatoria e scettica. Nel 1935, per mettere in discussione l'interpretazione di Copenaghen della fisica quantistica – che implicava una realtà "indeterminata" finché non veniva osservata – Schrödinger ideò uno dei più famosi esperimenti mentali di sempre: il gatto di Schrödinger.

Pur essendo critico, Schrödinger sapeva che il suo lavoro rappresentava una rivoluzione. Lontano dalle spiegazioni deterministiche della fisica newtoniana, la meccanica quantistica stava rivelando un universo controintuitivo, dove le certezze lasciavano il posto a probabilità e potenziale. Capire il "gatto" implicava affrontare un dualismo che sembrava opporsi alla logica, ma che trovava echi profondi non solo nella filosofia occidentale, ma anche in quella orientale.

La figura di Schrödinger non può essere separata dal contesto culturale e filosofico della sua epoca. Frequentava ambienti intellettuali e letterari, ed era noto per il suo interesse verso tematiche che travalicavano i confini della fisica. Amava citare poeti, pensatori e mistiche tradizioni.

> *"Ciò che osserviamo come corpo, mente e mondo sono manifestazioni di una sola cosa",*

scrisse, rivelando la visione unitaria che lo ispirava.

Il soggiorno ad Arosa rappresenta simbolicamente lo spirito del fisico. Come un saggio che si ritirava su una montagna per meditare, Schrödinger usava la solitudine per osservare il mondo da una prospettiva nuova. Il silenzio delle Alpi gli consentì di formulare concetti che, decenni dopo, avrebbero influenzato non solo la fisica, ma anche la tecnologia, la filosofia e persino territori più poetici del pensiero.

L'equazione d'onda e il gatto di Schrödinger incarnano perfettamente il cuore della meccanica quantistica: un mondo sospeso tra onde di probabilità e osservazioni che cambiano la realtà stessa. Schrödinger, con la sua sintesi tra scienza, filosofia e immaginazione, ci ha dato una lente con cui guardare l'universo. Non solo rivolgendo il nostro sguardo al microcosmo degli atomi, ma anche interrogandoci sul posto della mente umana in questo mistero cosmico.

Copenaghen 1927. La conferenza che cambiò il destino della fisica.

Nel panorama della scienza moderna, pochi eventi hanno avuto un impatto paragonabile alla Conferenza Solvay del 1927, tenutasi a Copenaghen.

I Congressi Solvay (chiamati anche Conferenze Solvay), fondati dall'industriale belga Ernest Solvay, sono una serie di conferenze scientifiche dedicate ad importanti problemi aperti, riguardanti fisica e chimica, che si tengono a Bruxelles ogni tre anni, a partire dal 1911, agli *"International Solvay Institutes for Physics and Chemistry"*.

L'incontro del 1927, conosciuto anche come la quinta Conferenza Solvay, rappresenta un momento cruciale nella storia della fisica e del pensiero umano. In quest'occasione, i più grandi scienziati del XX secolo si riunirono per confrontarsi su un tema che avrebbe ridefinito la nostra comprensione del mondo: la natura della realtà quantistica. Tra di loro c'erano persone di straordinario prestigio, nomi che ancora oggi evocano la profondità e complessità del pensiero scientifico: Max Planck, Albert Einstein, Niels Bohr, Werner Heisenberg ed Erwin Schrödinger.

All'inizio del XX secolo, la fisica classica, basata sulle leggi di Newton, dominava ogni aspetto della comprensione scientifica. Tuttavia, durante i primi decenni del Novecento emersero fenomeni che le leggi classiche non riuscivano a spiegare. La natura della luce, il comportamento degli atomi e la relazione tra energia e materia aprirono la strada a nuove teorie. Nel 1900, Max Planck formulò la teoria dei quanti, una rivoluzione che gettò le basi per una nuova fisica. Successivamente, Albert Einstein, nel 1905, spiegò l'effetto fotoelettrico utilizzando l'idea che la luce fosse composta da particelle, i fotoni, rafforzando ulteriormente il paradigma quantistico.

Negli anni '20, teorie come il principio di indeterminazione di Heisenberg e l'equazione d'onda di Schrödinger conferirono struttura matematica al mondo dell'infinitamente piccolo, dove regna il comportamento imprevedibile delle particelle subatomiche. Queste scoperte segnarono il passaggio da una visione deterministica della fisica classica a una interpretazione probabilistica e intrinsecamente incerta della realtà.

In questo contesto, il 1927 divenne l'anno cruciale per confrontare queste visioni e per iniziare a risolvere uno dei più intriganti dilemmi della scienza: esiste una realtà oggettiva indipendente dall'osservatore?

La Conferenza fu organizzata dalla *"Fondazione Solvay"* ed era dedicata al tema *"Elettroni e fotoni"*, ma ben presto il dibattito si spostò su questioni filosofiche più profonde. Ventinove tra i più brillanti fisici dell'epoca parteciparono all'evento, e quasi tutti avevano contribuito in modo significativo alla nascita della fisica quantistica.

Albert Einstein era già celebre per la sua teoria della relatività e per il suo contributo al paradigma quantistico. Tuttavia, Einstein era profondamente inquieto di fronte all'interpretazione che emergeva dai nuovi modelli probabilistici. Si opponeva fermamente all'idea che la realtà fosse governata in modo fondamentale dal caso. Alla visione einsteiniana si opponeva Niels Bohr, il fisico danese riconosciuto come uno dei padri fondatori della meccanica quantistica. Bohr sviluppò l'interpretazione di Copenaghen, secondo cui il comportamento delle particelle non può essere descritto indipendentemente dall'osservatore.

Tra gli altri partecipanti vi erano Werner Heisenberg, che nel 1927 aveva proposto il principio di indeterminazione, ed Erwin Schrödinger, che invece riteneva che le onde potessero rappresentare una realtà più fondamentale. Max Planck, il fondatore della teoria dei quanti, presiedeva il consesso, rappresentando la figura del saggio patriarca.

Il dibattito tra Einstein e Bohr.

Uno dei momenti più celebri della conferenza fu lo scontro filosofico tra Einstein e Bohr. Einstein riteneva che la meccanica quantistica, con la sua natura probabilistica, fosse incompleta. La sua frase più iconica al riguardo fu: "Dio non gioca a dadi". Einstein non negava i successi della teoria quantistica nel descrivere fenomeni su scala subatomica, ma sosteneva che esistesse una spiegazione più profonda, non ancora compresa, che avrebbe riconciliato il mondo quantistico con i principi del determinismo.

Bohr, invece, ribadì con fermezza che la realtà stessa era intrinsecamente probabilistica. Il suo approccio si rifaceva alla complementarità, il principio secondo cui particelle come l'elettrone possono comportarsi sia come onde sia come particelle a seconda del contesto in cui vengono osservate. La posizione di Bohr era chiara: la realtà non può essere separata dall'interazione tra osservatore e oggetto osservato. Durante un acceso confronto, Bohr replicò a Einstein con un'osservazione che racchiude l'essenza della fisica moderna:

"L'universo non è obbligato a essere comprensibile per l'uomo".

Un aneddoto memorabile.

Tra le tante pagine affascinanti della storia della scienza, quella scritta ai Congressi di Solvay è senza dubbio una delle più emblematiche. Qui si consumò uno scontro intellettuale straordinario tra due giganti della fisica, Albert Einstein e Niels Bohr, attorno a un tema che avrebbe plasmato il destino della scienza del XX secolo: il principio di indeterminazione di Werner Heisenberg. La vicenda è tanto significativa non solo per la profondità delle argomentazioni sviluppate, ma anche per l'intreccio umano e culturale che caratterizzò l'incontro.

Ci troviamo alla fine degli anni Venti, un periodo straordinariamente fertile per la fisica teorica. Le teorie quantistiche, sviluppatesi a partire dai primi anni del Novecento con Max Planck e affinatesi con contributi come quelli di Einstein, Bohr, Heisenberg e Schrödinger, avevano aperto nuove prospettive sul mondo microscopico. Tuttavia, queste nuove scoperte portavano con sé interrogativi profondi sulla natura della realtà, del determinismo e sui limiti della conoscenza umana. Albert Einstein, vincitore del Premio Nobel per la Fisica del 1921 grazie alla sua spiegazione dell'effetto fotoelettrico e padre della teoria della relatività, era uno dei più accaniti critici della nuova meccanica quantistica. Egli non accettava l'idea che la fisica fosse governata da una fondamentale indeterminazione. Come affermò in una delle sue celebri frasi: "Dio non gioca a dadi."

Dall'altra parte, Niels Bohr, fisico danese e uno dei fondatori della meccanica quantistica, difendeva strenuamente l'indeterminatezza introdotta dalle nuove teorie. Per Bohr, questa caratteristica non era un difetto della teoria, ma una descrizione essenziale della natura profonda del mondo. Le loro divergenze filosofiche erano evidenti: Einstein si aggrappava a una concezione deterministica della realtà, mentre Bohr abbracciava l'idea che i fenomeni della natura potessero essere descritti solo in termini probabilistici.

Il Congresso di Solvay fu il teatro di un acceso confronto tra questi due colossi della fisica. Einstein portò all'attenzione dell'assemblea un esperimento mentale concepito per criticare il principio di indeterminazione di Heisenberg.

Einstein, per sfidare Bohr, propose il seguente esperimento: immaginò una scatola dotata di una piccola apertura controllata da un orologio. La scatola conteneva luce o energia elettromagnetica e permetteva il passaggio di un singolo fotone attraverso l'apertura in un intervallo di tempo ben definito. Grazie all'orologio, si poteva teoricamente registrare il momento esatto in cui il fotone usciva. Analogamente, misurando la variazione della massa della scatola prima e dopo l'uscita del fotone (secondo la relazione di Einstein ($E = mc^2$)), si sarebbe potuta calcolare con precisione anche l'energia del fotone. Questo, secondo Einstein, contraddiceva il principio di indeterminazione, permettendo di conoscere simultaneamente il tempo e l'energia con assoluta precisione.

Di fronte all'argomentazione di Einstein, Niels Bohr capì immediatamente la portata della sfida, ma la soluzione non era affatto semplice. Quella notte, Bohr si ritirò per riflettere con grande intensità; pare che non abbia chiuso occhio, meditativo e immerso nei dettagli del problema. Il giorno seguente, Bohr rispose alla provocazione di Einstein con un colpo di scena intellettuale che non solo preservava il principio di indeterminazione, ma lo rafforzava, utilizzando proprio la teoria della relatività generale elaborata dallo stesso Einstein.

Bohr fece notare che, per determinare la variazione della massa della scatola (necessaria per calcolare l'energia del fotone), questa doveva essere sospesa su una bilancia. Tuttavia, qualsiasi misura della massa implica che la scatola sia soggetta all'influenza della gravità. A questo punto, Bohr evidenziò un punto cruciale: secondo la relatività generale, il campo gravitazionale influisce sullo scorrere del tempo. La posizione della scatola all'interno del campo gravitazionale causava una lieve, ma inevitabile indeterminazione nel tempo in cui il fotone lasciava la scatola, a causa della relazione tra gravità e orologi. Questa indeterminazione era della stessa entità dell'indeterminazione di energia-tempo predetta dal principio di Heisenberg. In altre parole, il tentativo di Einstein di aggirare il principio di indeterminazione falliva perché il fenomeno stesso introduceva un'incertezza compatibile con la meccanica quantistica.

Questo memorabile scontro non riguardava solo le formule o le leggi fisiche, ma metteva in discussione il significato più profondo della realtà. Bohr, nel discutere con Einstein, affermò:

> *"Non possiamo separare i fenomeni quantistici dagli strumenti di misura. Qualsiasi descrizione della realtà deve tenere conto sia del comportamento osservato che del contesto in cui viene osservato."*

Questa visione, nota come interpretazione di Copenaghen, avrebbe costituito la base filosofica della meccanica quantistica.

Einstein, nonostante la confutazione di Bohr, non si arrese mai alla visione che la meccanica quantistica non fosse una teoria definitiva. Continuò per il resto della sua vita a cercare una teoria più profonda, unificatrice, capace di spiegare la realtà senza indeterminazioni. Tuttavia, questo particolare confronto segnò una delle rare occasioni in cui Einstein fu pubblicamente sconfitto nel corso di un dibattito.

Si narra che, alla fine del Congresso di Solvay, Einstein riconobbe, seppur riluttante, l'ingegnosità delle argomentazioni di Bohr, anche se non fu mai pienamente convinto. Il confronto divenne una vera e propria leggenda nel mondo scientifico, simbolo di come il progresso della conoscenza si alimenti di dibattiti accesi, ma intellettualmente onesti.

In senso più ampio, il dibattito tra Bohr ed Einstein è diventato il paradigma di una tensione persistente nella scienza: quella tra il desiderio di certezza e il riconoscimento dei limiti intrinseci nella conoscenza umana. Quel Congresso di Solvay rappresenta non solo un momento di glorioso confronto scientifico, ma anche un'illustrazione del profondo dialogo tra la filosofia e la scienza moderna.

Nonostante le divergenze tra i due giganti del pensiero, la Conferenza di Copenaghen non si concluse con un vincitore. Le discussioni e le critiche sollevate in quella sala continuarono a influenzare profondamente la scienza e la filosofia nei decenni successivi. La meccanica quantistica divenne rapidamente uno strumento potentissimo per descrivere e prevedere fenomeni naturali, e la maggior parte della comunità scientifica accettò l'interpretazione probabilistica di Bohr. Tuttavia, i dubbi di Einstein non furono dimenticati. Le sue critiche diedero vita a un intero filone di ricerca, culminato anni dopo nei teoremi di Bell e negli esperimenti sull'entanglement quantistico.

La Conferenza Solvay del 1927 non fu solo un evento scientifico, ma un simbolo del confronto tra visioni del mondo radicalmente opposte. Da un lato, l'idea di un universo ordinato, regolato da leggi deterministiche; dall'altro, un universo sfuggente, che resiste a ogni tentativo umano di incasellarlo in categorie assolute. Questa tensione, tra certezza e incertezza, tra realtà e osservazione, continua a risuonare non solo nella scienza, ma anche nella filosofia e nella spiritualità.

Richard Feynman e il contributo americano (anni '40-'60).

Negli anni successivi, la fisica quantistica si ampliò, trovando applicazioni tecnologiche e teoriche. Tra i grandi protagonisti del XX secolo spiccò Richard Feynman, fisico americano noto per il suo talento nel rendere comprensibili concetti complicati. Feynman sviluppò la teoria dell'elettrodinamica quantistica (QED), una pietra miliare che descriveva come la luce e la materia interagiscono. I suoi famosi "diagrammi di Feynman" offrivano un modo visivo per rappresentare le interazioni subatomiche, rendendo più comprensibile il caos della realtà quantistica.

Feynman amava rendere la scienza divertente, ma non mancava mai di sottolineare la sua complessità.

Feynman nacque nel 1918 a Far Rockaway, un sobborgo di New York. Fin da giovane, mostrò una mente brillante e creativa. Si racconta che da ragazzo smontasse radio per capire come funzionavano. Quella curiosità restò viva per tutta la sua carriera. Negli anni della Seconda guerra mondiale, Feynman fu coinvolto nel

Progetto Manhattan, che portò alla creazione della bomba atomica. Questa esperienza segnò il suo ingresso nell'élite scientifica americana.

Dopo la guerra, Feynman si dedicò a uno dei problemi più complessi della fisica moderna: comprendere come la luce e la materia interagiscono. In termini teorici, il problema riguardava l'elettrodinamica quantistica, o QED (*Quantum Electrodynamics*). Insieme a Julian Schwinger e Shin'ichirō Tomonaga, Feynman fu uno dei grandi architetti di questa teoria rivoluzionaria. Nel 1965, ricevette il Premio Nobel per questo lavoro, condiviso con gli altri due scienziati.

Il contributo di Feynman non si limitò alla matematica teorica. Egli inventò un nuovo linguaggio visivo per rappresentare i processi subatomici: i diagrammi di Feynman. Questi schemi, semplici all'apparenza, racchiudevano una straordinaria potenza esplicativa. Mostravano come le particelle scambiassero fotoni o interagissero con altre particelle in un modo che poteva essere calcolato con precisione. Per milioni di studenti, quei diagrammi divennero un trampolino di lancio verso la comprensione della meccanica quantistica.

La genialità di Feynman stava nella sua capacità di semplificare senza mai banalizzare. Durante le sue lezioni al "*California Institute of Technology*" (Caltech), riuscì a spiegare persino i concetti più astratti con esempi pratici e aneddoti. Nel 1964, tenne una famosa serie di conferenze alla *Cornell University*, documentata nella serie televisiva della BBC "*The Character of Physical Law*". In una di queste lezioni, pronunciò una frase che è diventata celebre:

> "*Credo di poter dire che nessuno capisce davvero la meccanica quantistica*".

Feynman stesso ammetteva di trovare sconcertante la fisica quantistica, nonostante fosse uno dei suoi padri fondatori.

Un episodio spesso ricordato su Feynman è il suo coinvolgimento nella risoluzione del disastro dello "*Space Shuttle Challenger*" nel 1986. Pur non essendo un tema legato direttamente alla fisica quantistica, dimostrò ancora una volta il suo approccio fresco e diretto al problema: immergendo un semplice anello di guarnizione in acqua fredda, provò che il materiale perdeva flessibilità, contribuendo all'identificazione della causa del disastro.

Negli anni Sessanta, la fisica quantistica iniziò a mostrare le sue implicazioni pratiche. Le teorie di Feynman e altri andarono ben oltre i laboratori accademici. Vennero applicate nella progettazione di transistor e semiconduttori, pilastri della moderna elettronica. Molti anni dopo, i principi della fisica quantistica avrebbero trovato applicazione anche nell'informatica quantistica e nella crittografia.

Ma Feynman non era solo uno scienziato. Era anche un osservatore della cultura. Era affascinato dai percorsi alternativi del pensiero umano, come i linguaggi delle popolazioni native o le filosofie orientali. Questo suo interesse emergeva nei suoi viaggi in Brasile, dove imparò a suonare il bongo, e in Giappone, dove osservò con interesse usi e costumi differenti.

Richard Feynman morì nel 1988, lasciando un'eredità immensa. I suoi lavori sulla fisica quantistica, e in particolare sulla QED, trasformarono il nostro modo di guardare alla natura della realtà. Ma forse la sua lezione più grande sta nelle parole che spesso ripeteva ai suoi studenti:

> *"Non avere mai paura di non capire completamente.*
> *L'importante è fare domande"*.

I diagrammi del Caos.

Negli anni '40 e '50, la fisica quantistica stava vivendo una rivoluzione. Era un periodo di grande fermento scientifico, in cui le leggi classiche sembravano perdere terreno di fronte a un universo sempre più complesso e misterioso. La natura della luce e della materia, l'interazione tra particelle subatomiche e la probabilità al posto della certezza: questi temi dominavano il dibattito scientifico. In questo scenario caotico, emerse un giovane fisico americano, pieno di immaginazione e con un approccio fuori dagli schemi, destinato a cambiare per sempre la comprensione dell'universo. Il suo nome era Richard Feynman.

Richard Feynman brillava già durante gli anni universitari. Dopo la laurea al MIT, si trasferì a Princeton, dove iniziò a lavorare su problemi che avrebbero segnato la sua carriera. Fu in quel periodo che cominciò a concentrarsi sulla teoria elettrodinamica quantistica (QED). Questa teoria si proponeva di descrivere l'interazione tra luce e materia, un campo dove le leggi classiche non riuscivano più a dare risposte adeguate.

La QED, al tempo, era un vero rompicapo. I calcoli matematici portavano spesso a risultati infiniti, contraddittori e del tutto inservibili. Era come cercare di mettere ordine in un caos senza soluzione. Qui entrò in gioco il genio di Feynman. La sua intuizione non fu solo matematica, ma anche visiva. Decise di trasformare la complessità delle interazioni subatomiche in qualcosa di più "umano", accessibile persino ai colleghi più scettici.

Tra il 1948 e il 1950, Feynman sviluppò i suoi celebri diagrammi, e li presentò durante un seminario all'università di Princeton, lasciando i colleghi sbalorditi. Quei disegni, apparentemente semplici, rappresentavano in realtà un linguaggio rivoluzionario per descrivere le interazioni tra particelle elementari. Linee rette e ondulate, punti di incontro e angoli: i diagrammi traducevano anni di calcoli complessi in simboli comprensibili, capaci di raccontare storie dei processi subatomici.. Quei disegni, apparentemente semplici, rappresentavano in realtà un linguaggio rivoluzionario per descrivere le interazioni tra particelle elementari. Linee rette e ondulate, punti di incontro e angoli: i diagrammi traducevano anni di calcoli complessi in simboli comprensibili, capaci di raccontare storie dei processi subatomici.

Un esempio classico è il contenuto di un tipico diagramma che illustra lo scambio di un fotone (la particella della luce) tra due elettroni. Le linee dritte rappresentano gli elettroni; quella ondulata, il fotone. In un attimo, tutti potevano vedere ciò che prima poteva richiedere pagine di formule complesse. Non era solo uno strumento matematico: era una lente visiva per vedere il caos nascosto dell'universo.

Questi diagrammi non solo semplificarono i calcoli, ma cambiarono il modo in cui i fisici pensavano alla realtà stessa. Il Nobel per la Fisica, che Feynman ricevette nel 1965 insieme a Julian Schwinger e Sin-Itiro Tomonaga, sottolineò proprio l'importanza del suo contributo alla QED.

Un genio fuori dagli schemi.

Richard Feynman, oltre che un pensatore straordinario, era anche un personaggio eccentrico e affascinante. Il suo spirito curiosissimo e la sua capacità di spiegare concetti complessi con metafore semplici lo resero una figura iconica non solo nei campus universitari ma anche nella cultura popolare. Al Caltech (*California Institute of Technology*), dove trascorse gran parte della sua carriera, era noto per i suoi corsi brillanti e per il suo modo umile e diretto di affrontare la scienza. Diceva spesso:

"Quello che non riesco a costruire, non lo capisco".

Questa frase rifletteva il suo approccio intellettuale: tutto ciò che imparava doveva essere radicato nella comprensione concreta, resa chiara e tangibile.

Un aneddoto iconico lo vede protagonista al MIT. Feynman, chiamato dagli studenti *"il genio con i bonghi"*, si divertiva a suonare strumenti musicali improvvisati e a discutere di scienza nei modi più informali. La sua passione per la divulgazione lo portò anche a scrivere libri che oggi sono considerati pietre miliari, come *"Sei pezzi facili"*.

Ciò che rende il lavoro di Feynman così affascinante non è solo la precisione della sua scienza, ma il modo in cui questa si lega a una visione filosofica del mondo. Per Feynman, il caos non era qualcosa da temere, bensì un'opportunità per scoprire nuove regole nascoste. In un certo senso, il suo genio si manifestava proprio nella capacità di scoprire un ordine nel disordine. Questa visione rispecchia, in parte, il pensiero orientale e l'idea che il caos e l'armonia possano coesistere.

In una conferenza successiva, riflettendo sul senso della ricerca scientifica, disse:

"Non è importante sapere le risposte. È importante provare la gioia di fare domande".

Questa curiosità senza limiti, unita a un talento naturale per la semplicità, fece di Feynman non solo uno dei più grandi fisici del XX secolo, ma anche un ponte tra il matematico e il filosofo, tra lo scienziato e l'artista.

Oggi, i diagrammi di Feynman sono un pilastro fondamentale della fisica moderna. Vengono utilizzati non solo nella QED, ma anche in campi più avanzati come la teoria delle stringhe e le teorie del tutto. Eppure, non sono mai stati solo uno strumento. Sono un simbolo del suo approccio audace, del suo rifiuto della complessità fine a sé stessa e della sua straordinaria capacità di vedere la bellezza nel caos.

Feynman ha lasciato un'impronta che va oltre le equazioni e i premi scientifici. Ha dimostrato che spesso, dietro alle scoperte più complesse, c'è un sapore di semplicità innata. E che, alla fine, persino il caos può essere raccontato con una linea ondulata e una retta che si intersecano.

Una nuova comprensione della realtà.

All'inizio del Novecento, la fisica viveva un periodo d'oro. Gli scienziati credevano di aver compreso quasi tutto ciò che c'era da sapere sull'universo fisico. Sir Isaac Newton aveva fornito le leggi del moto e della gravitazione universale. James Clerk Maxwell aveva descritto con eleganza i fenomeni elettromagnetici. Sembrava mancare solo qualche dettaglio per perfezionare l'immensa macchina del sapere.

Ma nel 1900, un fisico tedesco, Max Planck, fece un passo senza volerlo rivoluzionario. Studiando il problema della radiazione del corpo nero, scoprì qualcosa di sorprendente. La radiazione elettromagnetica, come la luce, non fluiva in modo continuo, come ci si aspettava, ma si comportava come se fosse costituita da pacchetti discreti di energia. Planck chiamò questi misteriosi pacchetti "quanti". L'idea era inizialmente un espediente matematico, nulla di più. Ma si sarebbe rivelata l'inizio di un terremoto nel modo in cui comprendiamo la realtà.

Negli anni successivi, queste stranezze iniziarono a moltiplicarsi. Albert Einstein, nel 1905, utilizzò i quanti di Planck per spiegare l'effetto fotoelettrico, dimostrando che la luce stessa poteva comportarsi come una particella. Einstein vinse il Premio Nobel per questa scoperta, ma presto emerse una verità più sconvolgente: anche la materia mostrava un comportamento apparentemente duale. Gli esperimenti di scienziati come Louis de Broglie e Davisson-Germer provarono che le particelle, come gli elettroni, si comportano a volte come onde e a volte come corpuscoli, a seconda di come le si osserva.

Questa ambiguità non era solo un dettaglio trascurabile. Implicava una visione completamente nuova della realtà: nel mondo quantistico, è impossibile conoscere con certezza sia la posizione che la velocità di una particella. Werner Heisenberg formalizzò questa idea nel 1927 con il suo principio di indeterminazione. La fisica quantistica non descrive più un universo deterministico, come quello di Newton, ma un universo governato dalla probabilità.

Niels Bohr, un altro pioniere della fisica quantistica, espresse questa realtà in modo chiaro:

> *"Se non ti confonde, non hai davvero capito la fisica quantistica".*

Secondo Bohr, il mondo microscopico è governato da regole bizzarre. Le particelle possono essere qui e là contemporaneamente, e possono interagire istantaneamente a grandi distanze, in un fenomeno che Einstein stesso definì *"un'azione spettrale a distanza"*, oggi noto come *entanglement quantistico*.

Questa nuova fisica non fu il risultato di una mente sola, ma di un'epoca straordinaria di collaborazioni e divergenze tra alcune delle menti più brillanti della storia. Prima fra tutte quella di Einstein che, pur contribuendo enormemente alla nascita della fisica quantistica, ne rimase a lungo scettico.

La rivoluzione tecnologica della fisica quantistica.

La fisica quantistica è una delle conquiste intellettuali più straordinarie del XX secolo. È nata agli inizi del Novecento come un'idea teorica controcorrente, destinata a sconvolgere la visione classica del mondo. Oggi, questa branca della scienza non è solo il punto di partenza per riflessioni filosofiche, ma una forza concreta che ha cambiato il nostro quotidiano. Dagli strumenti di comunicazione ai dispositivi medici, la fisica quantistica è diventata il pilastro invisibile della nostra realtà tecnologica.

Ma come è avvenuto tutto ciò? Come siamo passati dalle equazioni di Max Planck e Albert Einstein ai laser e ai computer?

Nel 1900, Max Planck, fisico tedesco, introdusse l'idea radicale che l'energia non è continua, ma si presenta in pacchetti discreti chiamati "quanti". In quel momento nacque la meccanica quantistica. Albert Einstein, qualche anno dopo, riprese il concetto per spiegare l'effetto fotoelettrico, un fenomeno fondamentale per la comprensione della luce e della materia. Einstein dimostrò che la luce stessa è fatta di quanti, o fotoni.

Le sue idee non solo cambiarono la fisica, ma gettarono le basi per strumenti oggi essenziali. Il laser, per esempio, è un diretto discendente di questa intuizione sulla natura quantistica della luce. Negli anni Sessanta, quando il primo laser fu costruito, divenne subito chiaro che questa invenzione avrebbe rivoluzionato comunicazioni e industria. Dalla chirurgia alla scansione dei codici a barre nei supermercati, il laser è oggi una presenza ubiqua, ma pochi ricordano la sua origine quantistica.

Un altro salto rivoluzionario fu l'applicazione della meccanica quantistica ai solidi. Negli anni '40 i fisici scoprirono che i principi quantistici potevano spiegare il comportamento degli elettroni nei materiali. Questa scoperta portò alla creazione dei semiconduttori e, con essi, a una delle invenzioni più importanti del XX secolo: il transistor.

Il transistor, inventato nel 1947 da John Bardeen, Walter Brattain e William Shockley nei "*Bell Labs*", è il cuore pulsante dell'elettronica moderna. Ogni computer, smartphone e dispositivo elettronico deve la sua esistenza a questa piccola meraviglia tecnologica.

William Shockley, in particolare, fu non solo un brillante fisico teorico, ma anche un controverso innovatore. Grazie al suo lavoro sui semiconduttori, nacque la Silicon Valley, il centro mondiale della tecnologia. Infatti, negli anni '50, Shockley fondò una piccola compagnia di semiconduttori proprio nella Valle di Santa Clara, in California. Molti dei suoi collaboratori successivamente crearono aziende che oggi conosciamo bene, come Intel. Da qui, la scienza teorica di Planck si legò indissolubilmente al mondo industriale.

Oggi stiamo vivendo quella che molti definiscono la "seconda rivoluzione quantistica". Se laser e semiconduttori rappresentano la prima era tecnologica della fisica quantistica, i computer quantistici ne sono il futuro.

Ma cosa rende speciale un computer quantistico? Mentre i computer tradizionali utilizzano bit che possono essere solo 0 o 1, i computer quantistici usano i qubit, che grazie al principio di sovrapposizione possono essere 0, 1 o entrambi contemporaneamente. Questo li rende incredibilmente potenti per determinati tipi di calcoli, come la crittografia o la simulazione di molecole complesse.

Anche in questo caso, le idee alla base dei computer quantistici risalgono al lavoro teorico sui fenomeni quantistici. Il fisico Richard Feynman fu uno dei primi a immaginare, negli anni '80, che sarebbe stato possibile sfruttare la meccanica quantistica per costruire macchine incredibilmente nuove. Oggi, aziende come IBM, Google e Microsoft stanno rendendo reale questa visione.

Questa rivoluzione scientifica e tecnologica ha avuto ripercussioni anche a livello culturale e filosofico. L'idea che il comportamento della materia sia governato da principi controintuitivi, come l'indeterminazione e la sovrapposizione, affascina e destabilizza. In molti hanno cercato di trovare nella fisica quantistica una risonanza con filosofie orientali, come l'induismo o il buddismo, che mettono in discussione la comprensione lineare della realtà.

È interessante notare che alcuni dei pionieri della fisica quantistica, come Niels Bohr ed Erwin Schrödinger, erano essi stessi affascinati dalle idee orientali. Bohr, ad esempio, appose il simbolo cinese del

Taijitu (il celebre "yin e yang") sul proprio stemma nobiliare, mentre Schrödinger si ispirò agli antichi testi Vedantici nella sua ricerca di una comprensione unitaria della natura.

Principi fondamentali della fisica quantistica.

La fisica quantistica, nata agli inizi del XX secolo, ha rivoluzionato la nostra comprensione dell'universo. I suoi principi fondamentali hanno messo in discussione le certezze della fisica classica e ci hanno introdotto in un mondo di incertezza, interconnessione e ambiguità. Concetti come il principio di indeterminazione, la dualità onda-particella e il fenomeno dell'entanglement non solo hanno cambiato la scienza, ma hanno aperto nuove possibilità di dialogo con le filosofie orientali, in particolare con l'Induismo.

Il principio di indeterminazione: la rivoluzione dell'incertezza.

Werner Heisenberg, fisico tedesco e uno dei padri della meccanica quantistica, formulò nel 1927 il principio di indeterminazione. Questo principio stabilisce che è impossibile conoscere contemporaneamente con precisione assoluta sia la posizione sia la velocità di una particella subatomica. Più precisamente misuriamo una grandezza, meno possiamo sapere dell'altra.

L'indeterminazione non è un limite tecnologico, ma una proprietà fondamentale della natura. Nel mondo quantistico, le particelle non esistono in uno stato definito fino a quando non vengono osservate. È come se una particella fosse in una "sospensione di possibilità". Questo concetto pare trovare eco nell'antica filosofia indù, specialmente nell'Advaita Vedanta, che vede il mondo fenomenico come una manifestazione momentanea di un'unica realtà sottostante: il Brahman. In questo contesto, ciò che appare solido e definito (l'universo) è, in realtà, un flusso continuo di possibilità.

Dualità onda-particella: la natura ambivalente della realtà.

Un'altra idea sconcertante introdotta dalla fisica quantistica è la dualità onda-particella. Fotoni, elettroni e altre particelle subatomiche si comportano come onde in alcune circostanze e come particelle in altre. L'iconico esperimento della doppia fenditura, condotto per la prima volta nel 1801 da Thomas Young e ripetuto nel contesto quantistico nel XX secolo, dimostrò che una particella di luce, quando non osservata, genera un'interferenza tipica delle onde. Ma nel momento in cui uno scienziato tenta di osservare quale fenditura attraversa, la particella assume il comportamento corpuscolare..

Questo fenomeno apre interrogativi radicali su cosa sia la "realtà". Richard Feynman, celebre fisico, disse:

> *"Il comportamento della luce è impossibile da spiegare in un linguaggio comune. Questo è il cuore del mistero."*

La dualità trova un parallelo intrigante nell'induismo. La filosofia Advaita sostiene che l'universo è *Maya* (illusione), una danza di manifestazioni che differiscono a seconda della percezione. Un esempio comune è quello dello spazio e del tempo, che appaiono distinti ma sono interconnessi. Proprio come le particelle sono onde e particelle allo stesso tempo, anche il mondo fisico e quello spirituale derivano da una stessa essenza e coesistono in modi apparentemente contraddittori.

Entanglement: la connessione istantanea.

Einstein definì il fenomeno dell'entanglement *"un'azione spettrale a distanza"*. Quando due particelle entrano in stato "entangled" (si intrecciano), il loro destino si unisce in modo profondo, indipendentemente dalla distanza che le separa. Se una delle particelle cambia stato, anche l'altra lo farà immediatamente, come se fossero intimamente connesse da un filo invisibile. Questo fenomeno, dimostrato sperimentalmente nel 1982 dal fisico Alain Aspect, scuote il concetto classico di separazione tra oggetti.

L'entanglement ha spinto molti fisici a domandarsi se l'universo sia intrinsecamente connesso. Un concetto straordinariamente affine emerge nella filosofia indù. Nella Bhagavad Gita e nei testi vedici, si afferma che tutto è interconnesso attraverso il Brahman, la realtà ultima. Il santo Yajnavalkya, nella *Brihadaranyaka Upanishad*, descrive l'universo come una rete infinita dove ogni punto riflette l'altro, similmente al concetto di *"rete di Indra"* del buddismo.

L'entanglement sembra confermare un'intuizione spirituale millenaria: il confine tra il sé e l'universo è un'illusione, e tutte le cose esistono in relazione l'una con l'altra.

La fisica quantistica offre un viaggio in un mondo misterioso, dove le leggi ordinarie del senso comune non si applicano. I suoi concetti fondamentali — l'indeterminazione, la dualità e l'entanglement —

sembrano fare eco a idee radicate nella filosofia indù. Sebbene la scienza e la spiritualità seguano metodologie molto diverse, il loro dialogo ci invita a vedere la realtà in modi nuovi, collegando il passato millenario dell'umanità con le frontiere della conoscenza moderna.

Fisica quantistica e filosofia indù: un incontro tra scienza e spiritualità.

L'idea che la scienza e la spiritualità possano dialogare può apparire paradossale. Da un lato, la scienza si basa su osservazioni empiriche e calcoli matematici. Dall'altro, la spiritualità nasce dall'esperienza soggettiva e dall'introspezione. Tuttavia, con la nascita della fisica quantistica nel XX secolo, queste due dimensioni apparentemente distanti hanno scoperto somiglianze sorprendenti. La fisica quantistica, con i suoi principi rivoluzionari, ha offerto un nuovo modo di pensare la realtà che richiama per certi versi le antiche intuizioni delle filosofie orientali, in particolare dell'Induismo e dell'Advaita Vedanta.

Quando Werner Heisenberg formulò il principio di indeterminazione nel 1927, la fisica tradizionale subì una crisi epistemologica. Questo principio afferma che non è possibile conoscere con assoluta precisione e contemporaneamente la posizione e la velocità di una particella subatomica. Di fronte a questa incertezza, il determinismo della fisica classica cedette il passo alla probabilità, introducendo concetti che sfidavano il pensiero lineare occidentale.

Ora immaginiamo quanto questo concetto possa risuonare con i testi sacri dell'Induismo, come le Upanishad. Nei loro versi, si esplora spesso un'idea simile: la realtà ultima, o Brahman, è insondabile attraverso i soli sensi o i mezzi razionali. Il Brahman non è oggetto di certezza empirica, ma una verità che può essere intuita solo attraverso un'espansione della coscienza. Heisenberg stesso, nel corso di alcune conversazioni con il poeta Rabindranath Tagore, non mancò di sottolineare come il pensiero orientale sembrasse in grado di abbracciare con naturalezza i paradossi che la fisica quantistica stava rivelando.

La duplice natura della luce e della realtà.

Uno dei concetti centrali della fisica quantistica è il dualismo onda-particella. La luce si comporta ora come un'onda, ora come una particella, a seconda dell'esperimento condotto. Questo comportamento, osservato a partire dagli studi di Max Planck e Albert Einstein, sfida le categorie rigide della scienza classica. Ma non è forse in sintonia con l'antica saggezza della filosofia indù?

Il pensiero indù descrive la realtà come composta da dualità apparentemente opposte, che però sono manifestazioni complementari di un'unità più grande. Nell'Advaita Vedanta, questa unità prende il nome di Brahman, il principio supremo e indivisibile. Dualità come prakriti (la materia) e purusha (la coscienza) trovano armonia in un'unica realtà sottostante. Questo richiamo all'unità oltre le divisioni non è lontano dall'immagine quantistica di un universo dove onde e particelle sono solo manifestazioni di una natura più profonda e interconnessa.

L'entanglement: l'interconnessione universale.

Un altro principio fondamentale della fisica quantistica è il fenomeno dell'entanglement quantistico. Due particelle, separate nello spazio, possono rimanere interconnesse in maniera tale che lo stato di una influenza istantaneamente lo stato dell'altra, indipendentemente dalla distanza. Questo fenomeno, descritto negli esperimenti di Alain Aspect negli anni '80, sfida la concezione comune di separazione spaziale.

L'entanglement trova una eco interessante negli insegnamenti indù sul concetto di interconnessione universale. Secondo la filosofia vedantica, tutte le entità nell'universo sono legate tra loro da un tessuto invisibile. In questo contesto, l'individuo non esiste realmente come entità separata, ma è un riflesso della totalità cosmica. Semplicemente, questa comprensione è espressa nel famoso mantra delle Upanishad: *"Tat Tvam Asi"* ("Tu sei quello"). Il Sé individuale (Atman) e il Sé universale (Brahman) sono una cosa sola. Un'idea, questa, che sembra risuonare anche con il concetto di interconnessione radicato nell'entanglement.

L'incontro tra Oriente e Occidente.

Negli anni '20 e '30, quando la fisica quantistica stava emergendo, molti scienziati furono colpiti dalle analogie tra le loro scoperte e i pensieri orientali. Niels Bohr, uno dei fondatori della teoria quantistica, fu attratto dalla filosofia taoista e dall'idea del bilanciamento tra opposti. Anche Erwin Schrödinger, noto per il suo famoso "gatto", si ispirò profondamente all'Advaita Vedanta. Schrödinger dichiarò senza riserve di sentire che la visione indiana dell'unità spirituale dell'universo si allineava con la comprensione scientifica emergente di un universo indivisibile.

Questo dialogo tra scienza e spiritualità dimostra quanto il progresso umano non sia mai confinato in un ambito ristretto. La fisica quantistica, con le sue intuizioni radicali, non ha chiuso porte ma ne ha aperte altre verso modi alternativi di conoscere la realtà. L'Induismo, con la sua meticolosa esplorazione dell'infinito e della mente umana, continua a offrire strumenti concettuali per affrontare le domande fondamentali che la scienza stessa solleva.

Il dialogo tra fisica quantistica e filosofia indù rappresenta un incontro tra due diversi linguaggi, entrambi rivolti alla stessa curiosità profonda. Cosa c'è alla base di tutto? Davanti al mistero dell'universo, la moderna scienza occidentale e l'antica saggezza orientale si ritrovano, come due viaggiatori che, percorrendo sentieri diversi, giungono allo stesso punto d'osservazione. Non è che l'inizio di una conversazione, potenzialmente infinita, tra logica e intuizione, tra misura e mistero.

Il principio di indeterminazione: l'imprevedibilità del mondo quantistico.

Nel 1927, Werner Heisenberg, uno dei padri della fisica quantistica, scosse le fondamenta della scienza classica con una rivelazione sorprendente: il principio di indeterminazione. Questa scoperta, elaborata mentre Heisenberg lavorava nel centro nevralgico della fisica teorica europea, a Copenaghen sotto la guida di Niels Bohr, non trasformò solo la scienza. Aprì un nuovo modo di concepire la realtà.

Il principio di indeterminazione stabilisce che è impossibile conoscere simultaneamente, con precisione assoluta, due grandezze fondamentali legate tra loro, come la posizione e la quantità di moto di una particella. Questa limitazione non deriva da una mancanza di strumenti o tecnologie. Al contrario, è inscritta nella natura stessa dell'universo. Più precisamente si tenta di misurare la posizione di un elettrone, per esempio, più diventano sfumate le informazioni sulla sua velocità. Questo non è un problema tecnico, ma una legge profonda della fisica, che Heisenberg sintetizzò come un principio universale.

Prima di Heisenberg, la fisica era dominata dal determinismo newtoniano. Isaac Newton, nel XVII secolo, aveva definito un universo governato da leggi precise e prevedibili. Nel paradigma classico, se si conoscono le condizioni iniziali di un sistema, si può calcolare il suo futuro. Tuttavia, con la fisica quantistica, questo sogno di controllo totale svanisce.

Il mondo quantistico si libra nel regno della probabilità. Non possiamo dire cosa farà una particella, ma solo quale sia la probabilità che faccia una determinata cosa. Questo concetto inserisce l'incertezza come parte intrinseca della natura.

La rivoluzione concettuale introdotta dalla fisica quantistica trova un'affascinante risonanza nei testi filosofici indù. Secondo i *Veda*, una delle più antiche raccolte sapienziali dell'umanità (risalente almeno al II millennio a.C.), la realtà che percepiamo con i sensi è solo un'illusione. I saggi della tradizione vedica chiamavano questa illusione *Maya*.

Il Maya non è però un'illusione nel senso banale del termine. Non è un inganno o qualcosa di falso, ma una cortina che nasconde una verità più profonda e sfuggente. Analogamente, nel contesto delle leggi quantistiche, il nostro tentativo di misurare e comprendere il mondo subatomico si scontra con un'impossibilità fondamentale: ogni misura modifica il sistema che osserviamo. Ciò che rimane è una sorta di danza invisibile, mutevole e indefinibile, proprio come la realtà velata descritta dalla filosofia indù.

La connessione tra Maya e indeterminazione non è un semplice gioco di simboli. È un parallelismo profondo, che ha affascinato fisici e filosofi occidentali. Fritjof Capra, noto fisico e autore del celebre "*Il Tao della fisica*", esplorò questa corrispondenza. Egli notò che l'approccio contemplativo della tradizione indiana, che accetta il mistero della realtà, si armonizza in modo sorprendente con la fisica quantistica. Entrambe le prospettive abbracciano l'incertezza e suggeriscono che la conoscenza umana ha limiti intrinseci.

Per illustrare gli effetti dell'indeterminazione quantistica sul mondo reale, i fisici hanno spesso usato esperimenti mentali. Uno dei più famosi è quello del gatto di Schrödinger, proposto nel 1935 da Erwin Schrödinger, un altro gigante della fisica quantistica. Questo esperimento mette in scena un gatto chiuso in una scatola, insieme a un meccanismo che può ucciderlo o lasciarlo in vita. La domanda è: finché non apriamo la scatola, il gatto è vivo o morto?

Secondo l'interpretazione quantistica, fino a che non si fa l'osservazione, il gatto è in una sorta di sovrapposizione di stati: vivo e morto allo stesso tempo. Questo paradosso illustra come l'universo quantistico non si conformi al nostro senso comune. L'indeterminazione e le probabilità si intrecciano in modi che sfidano la nostra intuizione.

La realtà si nasconde nell'invisibile.

L'indeterminazione di Heisenberg e il concetto vedico di Maya convergono su una conclusione simile. L'universo non è come appare a prima vista. A livello macroscopico, la realtà sembra solida e deterministica. Tuttavia, più ci addentriamo nel microscopico, più tutto si dissolve in un vortice di probabilità, incertezze e strane connessioni.

Il fisico britannico Sir James Jeans, negli anni '30, aveva osservato con meraviglia:

> *"L'universo comincia a sembrare più un grande pensiero che una grande macchina."*

La fisica quantistica ci invita dunque a riesaminare la nostra idea di realtà, così come la filosofia indù ci invita a guardare sotto la superficie dell'apparenza. Forse, come avrebbero detto i saggi vedici, ciò che ignoriamo non è meno reale di ciò che percepiamo.

Dal velo di Maya al principio di indeterminazione: come la realtà sfugge al nostro controllo.

La fisica quantistica e la filosofia orientale si incontrano su un terreno sorprendentemente comune: il mistero sfuggente della realtà. Questa scienza del XX secolo, che ha trasformato profondamente la nostra comprensione del mondo, sembra risonare con idee millenarie presenti nei testi sacri dell'induismo. In particolare, il principio di indeterminazione di Werner Heisenberg (1927) e il concetto di

"*Maya*" delle tradizioni vediche rivelano un'affinità concettuale che potrebbe sembrare impensabile, ma che suggerisce quanto l'essere umano, in ogni epoca, abbia cercato di svelare il velo che separa la verità ultima dalla percezione sensoriale.

Nel 1927, il fisico tedesco Werner Heisenberg formulò uno dei principi fondamentali della fisica quantistica: il celebre principio di indeterminazione. Questo principio stabilisce che non è possibile conoscere simultaneamente, con esattezza assoluta, due proprietà di una particella, come la sua posizione e la sua quantità di moto. Più precisamente misuriamo una di queste due variabili, meno possiamo sapere sull'altra.

Heisenberg scoprì che il comportamento della materia a livello subatomico non è mai completamente determinabile. Gli elettroni, per esempio, non si muovono lungo traiettorie prevedibili come i pianeti attorno al sole. Al contrario, sembrano "esistere" come una probabilità diffusa, una nuvola indistinta che prende forma solo quando viene osservata direttamente. Questo è stato confermato da esperimenti fondamentali come quelli legati al famoso "dualismo onda-particella", in cui la luce e gli elettroni si comportano sia come onde che come particelle, a seconda della modalità di osservazione.

Questa visione rivoluzionaria ha destabilizzato il paradigma della fisica classica, che si basava su un universo meccanicistico dove tutto era determinabile. La realtà, così come la scienza la stava scoprendo, appariva ora sfuggente, imprevedibile e, in un certo senso, illusoria. Ma questa idea non era nuova per tutti. Secoli prima, in India, i saggi delle Upanishad avevano già descritto il mondo fenomenico come qualcosa di simile: un'illusione, un velo che nasconde la verità ultima.

L'induismo, con la sua ricca tradizione filosofica e spirituale, ha elaborato il concetto di "Maya" per indicare il carattere illusorio o ingannevole della realtà percepibile. Nei Veda, i testi sacri più antichi della cultura indiana, e nelle Upanishad, i commentari filosofici che ne approfondiscono il contenuto, si sottolinea come il mondo che appare ai nostri sensi non sia la realtà ultima, ma una rappresentazione parziale e illusoria del Brahman, il principio assoluto e indescrivibile che è alla base di tutto ciò che esiste.

Un passo significativo è contenuto nel Rigveda, dove si afferma:
"Chi conosce questa verità nascosta dietro il velo
dell'apparenza è illuminato."
Qui, il "velo" allude a Maya, ciò che separa il nostro mondo empirico dalla realtà essenziale. Maya non significa soltanto illusione

nel senso di inganno, bensì la percezione di un mondo che appare reale ma che, al di sotto, è composto di qualcosa di più profondo e intrinsecamente inafferrabile.

Un esempio interessante si trova nella figura del saggio Yajnavalkya, protagonista di numerosi dialoghi delle Upanishad. Quando gli fu chiesto di descrivere il Brahman, Yajnavalkya rispose con il famoso insegnamento:

"Neti, neti" ("Non questo, non quell'altro").

Questa espressione indica che la realtà ultima non può essere definita né categorizzata, proprio come la natura sfuggente delle particelle subatomiche osservate dalla fisica moderna.

L'analogia tra il principio di indeterminazione e Maya non deve essere interpretata come una sovrapposizione diretta; si tratta, piuttosto, di una risonanza. Entrambi i concetti ci ricordano che la realtà è più complessa di quanto le nostre menti o i nostri strumenti possano cogliere. Da una parte, Heisenberg ci mostra un universo microcosmico in cui l'atto stesso di osservare altera ciò che osserviamo. Dall'altra, la filosofia indù ci invita a riconoscere i limiti dei nostri sensi e a rivolgerci a un'intuizione più profonda.

Affascinante in questo confronto è anche il modo in cui entrambe le prospettive riconoscono il ruolo dell'osservatore. In fisica quantistica, l'osservazione diretta di una particella ne influenza lo stato; nella filosofia indù, la realtà fenomenica è modellata dalla consapevolezza umana, ma la verità ultima emerge soltanto quando viene trascesa l'apparenza sensoriale.

Un celebre incontro intellettuale tra la tradizione orientale e la fisica quantistica avvenne proprio con i pionieri di questa disciplina. Heisenberg stesso, durante un suo viaggio in India negli anni '30, ebbe modo di confrontarsi con il filosofo indiano Rabindranath Tagore. In quell'occasione, si racconta che Tagore spiegò la concezione indiana secondo cui il mondo e la coscienza si trovano in una relazione interdipendente, un'idea che rispecchia, almeno intuitivamente, il ruolo dell'osservatore nella meccanica quantistica.

Ciò che emerge dal confronto tra la fisica quantistica e la filosofia indù è un invito a rivedere le nostre certezze sulla realtà. L'universo, sia nelle sue dimensioni subatomiche sia in quelle fenomeniche, sembra avvolto in un mistero che sfugge al nostro controllo. I fisici del XX secolo e i saggi vedici, seppur attraverso percorsi diversi, ci hanno trasmesso la stessa consapevolezza: ciò che appare solido e immutabile è, in realtà, solo un riflesso, un'illusione, o forse, come disse un saggio indiano millenni fa, un sogno che sogniamo insieme.

La dualità onda-particella: la natura sfuggente della materia.

Un altro principio cardine della fisica quantistica è la dualità onda-particella, teorizzata nel 1801 dal fisico inglese Thomas Young, poi mel 1924 da Louis de Broglie, e successivamente verificata da esperimenti come quello della doppia fenditura in versione moderna. Tale fenomeno mostra che una particella, per esempio un elettrone, può comportarsi come un'onda se nessuno la osserva, mentre manifesta proprietà corpuscolari (una "particella" vera e propria) quando viene misurata. Questo comportamento paradossale è al centro della celebre equazione di Schrödinger, che descrive lo stato quantistico come una sovrapposizione di possibilità.

Nel contesto indù, la dualità onda-particella richiama il doppio aspetto del Brahman, l'assoluto, che si manifesta sia come realtà immanente (materia) che trascendente (coscienza o spirito). Proprio come la particella è sia onda che corpuscolo, così il Brahman può essere sia la sostanza osservabile dell'universo, sia ciò che lo trascende.

Nel 1801, il fisico inglese Thomas Young dimostrò, con il celebre esperimento della doppia fenditura, che la luce si comportava come un'onda. Questo risultato sembrava chiudere un'annosa questione, dibattuta per secoli dalla scienza occidentale: la luce è composta di particelle o si propaga come un'onda? Young offriva una risposta chiara, ma il caso era tutt'altro che chiuso. Con l'avvento del XX secolo emerse un dato rivoluzionario: materia ed energia non si comportano solo come onde, ma possono anche manifestarsi come particelle.

Il primo passo verso questa sorprendente scoperta venne compiuto da Max Planck nel 1900, quando introdusse il concetto di quanti di energia, teorici "pacchetti" indivisibili di energia. Poi arrivò Albert Einstein, che nel 1905 dimostrò che la luce poteva comportarsi come particelle chiamate fotoni, spiegando l'effetto fotoelettrico e aprendo le porte a un nuovo modo di guardare il mondo fisico. Ma fu solo nel 1924 che Louis de Broglie gettò le basi per una concezione ancora più profonda della realtà. De Broglie propose che non solo la luce, ma tutta la materia potesse esibire un comportamento doppio: da particella e da onda. La sua teoria venne confermata pochi anni più tardi da esperimenti come quello eseguito da Davisson e Germer nel 1927, che rivelò il fenomeno della diffrazione degli elettroni.

L'esperimento della doppia fenditura.

Questo esperimento, in ogni caso, resta l'esempio più emblematico. Immaginiamo una singola particella, come un elettrone, lanciata verso una barriera con due sottili fessure. Se nessuno interviene a "osservare", il risultato sarà sorprendente: l'elettrone formerà sul fotoschermo sensibile collocato dietro la barriera una figura a bande tipica delle onde, come se avesse attraversato entrambe le fenditure simultaneamente. Tuttavia, se un apparato viene posizionato per misurare attraverso quale fenditura l'elettrone passa, allora la figura d'onda scompare, lasciando il posto a un semplice puntino, come ci si aspetterebbe da una particella. Il comportamento dell'elettrone cambia a seconda dell'interazione con l'osservatore, cioè a seconda se l'osservatore colloca o no un misuratore del passaggio. Ma qual è il punto cruciale? Fino a quando non viene effettuata una misurazione, l'elettrone non è né particella né onda: è entrambe le cose, in uno stato di sovrapposizione quantistica.

Questo comportamento paradossale è stato formalizzato da Erwin Schrödinger nel 1926, con la sua famosa equazione che descrive lo stato quantistico delle particelle come una "somma" di possibilità. Finché non viene effettuata una misurazione, la realtà è aperta, ambigua. L'universo quantistico sfida così il nostro bisogno umano di chiarezza, di divisioni nette, di un mondo fatto di cose visibili, misurabili, tangibili.

Il parallelismo con l'induismo.

Questo concetto può sembrare radicato nel pensiero scientifico moderno ed estraneo alla filosofia antica. Eppure, per chi conosce l'induismo, il parallelo appare sorprendentemente familiare. La dualità onda-particella trova infatti una sua metaforica eco nel concetto del Brahman. Nella tradizione vedica, il Brahman è la realtà ultima, simultaneamente immanente e trascendente. È ciò che costituisce il mondo materiale, ma anche ciò che lo trascende radicalmente, regnando come pura coscienza.

I Veda, testi sacri fondamentali dell'induismo, descrivono il Brahman con affermazioni criptiche ma potenti, come il celebre verso:

"Ekam sat, vipra bahudha vadanti"

("La verità è una, i saggi la chiamano con nomi diversi").

Secondo questa visione, la stessa realtà può apparire molteplice e dualistica all'occhio umano, pur rimanendo un'unità fondamentale. Esattamente come un elettrone è sia onda che particella, ma allo stesso tempo né l'una né l'altra.

Lo Brihadaranyaka Upanishad, uno dei testi più antichi e fondamentali dell'induismo, descrive il concetto dello stato latente, in cui il Brahman è simultaneamente tutto e nulla, riposando in una condizione di *"potenzialità infinita"*. Questa descrizione sembra richiamare lo stato quantistico di sovrapposizione. Il Brahman, proprio come la materia nel regno quantistico, può manifestarsi in modi diversi a seconda della prospettiva o della conoscenza dell'osservatore.

Scienza e spiritualità: un ponte possibile?

Niels Bohr, uno dei padri della meccanica quantistica, era noto per il suo interesse verso le filosofie orientali. Il fisico danese adottò persino il simbolo taoista dello Yin-Yang nel suo stemma nobiliare, vedendo in esso un'immagine del dualismo complementare che caratterizza la realtà quantistica. Tuttavia, anche nell'induismo troviamo delle connessioni, seppur meno immediate. Il concetto di complementarità nella fisica quantistica, secondo cui proprietà apparentemente opposte come onda e particella non sono in contraddizione ma piuttosto aspetti complementari di una stessa realtà, sembra allinearsi con la visione vedica dell'unità nella diversità.

L'interconnessione tra scienza e spiritualità si fa ancor più evidente quando consideriamo il ruolo dell'osservatore nell'esperimento della doppia fenditura. Nel regno di Maya, il "velo dell'illusione" descritto nell'induismo, la realtà materiale è percepita come separata dall'essenza universale del Brahman. Tuttavia, questa separazione è, secondo la tradizione, causata proprio dal limitato punto di vista dell'osservatore umano. Analogamente, nella fisica quantistica, l'osservatore non è un'entità neutra o passiva. La sua interazione con il sistema modifica la realtà osservata.

La dualità onda-particella non è solo uno dei principi fondamentali della fisica quantistica. È anche una sfida profonda per il nostro modo di comprendere la natura stessa della realtà. La scienza e la spiritualità, seppur nascendo in contesti e con obiettivi apparentemente lontani, sembrano convergere nella scoperta di un'universale ambiguità, di una realtà multiforme in cui materia, energia e coscienza sembrano inseparabili.

In fin dei conti, come scrisse Rabindranath Tagore, grande poeta e filosofo indiano,

"Il mondo non è fatto di cose, bensì di un alone di possibilità".

Una descrizione poetica, forse, ma non così distante dalla visione quantistica di Schrödinger. E nemmeno dal cuore filosofico dell'induismo.

Onda o particella? La dualità e il gioco cosmico di Shiva e Shakti.

Tra i concetti più affascinanti della fisica quantistica c'è la dualità onda-particella, un fenomeno che ha rivoluzionato la nostra visione del mondo e che, sorprendentemente, trova un profondo eco nelle antiche filosofie indiane. L'interazione tra i concetti di Shiva e Shakti, immutabile e movimento, coscienza e creazione, sembra riecheggiare la stessa complementarità che domina il comportamento della materia subatomica.

Nel 1801 Thomas Young condusse un esperimento celebre, noto come "la doppia fenditura." Young illuminò uno schermo con una sorgente di luce e lasciò che questa passasse attraverso due sottili fessure. Il risultato fu sorprendente: invece di due semplici fasci di luce proiettati sullo schermo opposto, emerse un motivo di interferenza, simile a quello prodotto dalle onde sull'acqua. Questo dimostrava che la luce non era composta solo da particelle, ma possedeva anche una natura ondulatoria.

Fin qui tutto poteva sembrare relativamente semplice. Ma il vero mistero emerse un secolo dopo, quando gli scienziati provarono a ripetere l'esperimento utilizzando singoli elettroni. Fin qui tutto poteva sembrare relativamente semplice. Ma il vero mistero emerse un secolo dopo, quando gli scienziati provarono a ripetere l'esperimento utilizzando singoli elettroni. Anche queste particelle, pur inviate una alla volta, producevano lo stesso schema di interferenza, suggerendo che si comportavano come onde. Tuttavia, nel momento in cui venivano osservati – con strumenti progettati appositamente per capire quale fenditura attraversassero – gli elettroni agivano come particelle, annullando il modello d'interferenza.

Questo fenomeno, che violava ogni intuizione, è uno dei fondamenti della meccanica quantistica. La materia, a livello subatomico, non è né onda né particella fino a quando non viene osservata. L'atto dell'osservazione sembra, in qualche modo, "collassare" la funzione d'onda in una realtà specifica. Ma cosa vuol dire tutto questo? Gli scienziati hanno trovato più domande che risposte.

Shiva e Shakti: la danza cosmica del dinamico e dell'immutabile.

La scelta dei nomi non è casuale: nella cultura induista Shiva e Shakti rappresentano la contrapposizione dei due principi cardine dell'universo . Il primo è lo spirito, legato alla figura maschile, mentre il secondo rappresenta l'energia del mondo, connesso invece alla figura femminile.

Nel mondo della filosofia induista, l'universo è spesso descritto come il risultato dell'interazione tra questi due principi supremi.. Shiva rappresenta la coscienza pura, il testimone immobile e immutabile della realtà. Shakti, al contrario, è l'energia creativa e dinamica che dà forma all'universo materiale. Separati, nessuno dei due può esistere. La vita, il tempo e il cambiamento derivano dalla loro interazione. Come viene descritto nelle Shivagama e nei Tantra, Shiva senza Shakti è puro potenziale, ma privo di espressione. Shakti senza Shiva è energia priva di direzione.

Questa complementarità richiama la dualità onda-particella. La materia si comporta come un'onda quando non viene osservata: è potenziale puro, un campo di possibilità. Eppure, nel momento in cui l'osservazione avviene, quelle possibilità collassano in una realtà concreta, come Shiva che, testimone immobile, dà significato al dinamismo di Shakti. Senza osservazione, non c'è forma; senza coscienza, non c'è creazione.

La dualità onda-particella presenta un interrogativo profondo: il ruolo della coscienza nella costruzione della realtà. Fisici di rilievo, come Eugene Wigner e John Wheeler, hanno esplorato questa idea. Wigner, in particolare, postulava che la coscienza dell'osservatore potesse essere fondamentale per determinare il comportamento subatomico. Sebbene questa ipotesi rimanga controversa, essa aggiunge un ulteriore livello di affascinante risonanza con la filosofia indiana.

Nel contesto dell'induismo, l'idea che la realtà sia determinata dalla coscienza non è nuova. I testi vedici e le Upanishad affermano che la realtà esterna è, in un certo senso, una proiezione della coscienza suprema, il Brahman. Quest'ultimo è sia il testimone (Shiva) sia il creatore attivo (Shakti) di tutte le cose. Così come l'osservazione nel dominio quantistico determina se vedremo un'onda o una particella, nello stesso modo la coscienza, nell'induismo, crea e plasma la realtà percepita.

Un altro concetto chiave dell'induismo che si intreccia con la fisica quantistica è quello di Lila, il "gioco cosmico." Secondo questa visione, l'universo è una danza giocosa di creazione, conservazione e distruzione, orchestrata da Shiva e Shakti. Nulla è statico, nulla è immutabile: tutto si manifesta dinamicamente attraverso il gioco della dualità.

Allo stesso modo, l'universo quantistico è un regno dinamico di possibilità. La materia non esiste in uno stato fisso; essa fluttua tra stati diversi, proprio come Shakti fluttua in un costante movimento, manifestando la realtà grazie alla presenza di Shiva. L'elettrone che si comporta alternativamente da onda o particella è un esempio perfetto di questa fluidità: un "gioco" che rivela la natura interconnessa della realtà.

Un ponte tra oriente e occidente.

La fisica quantistica, nata in Occidente come risposta ai limiti della fisica classica, ci invita a rivalutare il ruolo della realtà e dell'osservazione in modi che trovano sorprendenti parallelismi con le antiche visioni orientali. Nei santuari di Varanasi, lungo le rive del Gange, i devoti cantano mantra in onore di Shiva e Shakti. Nello stesso istante, in un laboratorio moderno, uno scienziato osserva con meraviglia come un elettrone "decida" il suo stato in risposta all'osservazione.

Forse non si tratta di una coincidenza. Forse non è un caso che l'Occidente stia scoprendo, attraverso i suoi strumenti scientifici, verità che l'Oriente contempla da millenni attraverso la meditazione e la filosofia. Come sosteneva il fisico e premio Nobel Erwin Schrödinger:

> *"La verità si manifesta in modi diversi, ma alla fine è una sola."*

In altre parole, l'universo è un ponte. La danza di Shiva e Shakti e il comportamento degli elettroni ci ricordano che, al di là delle differenze culturali, esiste una profonda unità nella ricerca di ciò che è eterno e ciò che è dinamico, ciò che è onda e ciò che è particella.

L'entanglement: la connessione oltre il tempo e lo spazio.

Tra i concetti più affascinanti della fisica quantistica c'è l'"entanglement", o "intreccio quantistico". Quando due particelle interagiscono e diventano "entangled", il loro stato quantistico non può più essere descritto in modo indipendente. Anche se separate da immense distanze, le particelle rimangono misteriosamente connesse: il cambiamento nello stato di una si riflette immediatamente nell'altra. Albert Einstein chiamò questo fenomeno *"azione spettrale a distanza"* e lo considerava uno dei maggiori enigmi della fisica moderna.

Albert Einstein, pur riconoscendo la verità sperimentale del fenomeno, appariva scettico. Per Einstein e molti suoi contemporanei, l'idea di un'influenza istantanea tra particelle oltre i confini dello spazio e del tempo urtava contro i principi fondamentali della fisica classica. Tuttavia, a partire dagli esperimenti fondamentali di Alain Aspect negli anni '80, la realtà dell'entanglement è stata confermata in laboratorio.

L'entanglement ha un fascino che va oltre la scienza. Esso sembra richiamare antiche intuizioni filosofiche sull'interconnessione cosmica. Tra queste, spicca il pensiero indù del Brahman, spesso descritto come la rete immensa e invisibile che unisce ogni cosa. Secondo i Veda e le Upanishad, la molteplicità percepita dell'universo è un'illusione (*Maya*), poiché in realtà tutto esiste come parte di un'unica entità indivisibile.

Un'immagine suggestiva di questa interconnessione è rappresentata dalla *"Rete di Indra"* (*Indra's Net*), un'antica metafora vedica. Immaginiamo una rete infinita, sospesa nello spazio, dove a ciascun nodo si trova un gioiello perfettamente lucido. Ogni gioiello riflette l'intera rete, e in ogni riflesso si trovano immagini di tutti gli altri nodi. Ogni parte contiene il tutto, proprio come l'entanglement dimostra che due particelle, sebbene fisicamente separate, esistono come parte di un'unica realtà condivisa.

La scienza incontra la metafisica.

Il fisico David Bohm, discepolo del grande Robert Oppenheimer e collaboratore di Albert Einstein, propose un modello dell'universo che sembra dialogare profondamente con le concezioni dell'induismo. Secondo Bohm, la realtà non può essere compresa a pieno attraverso un'analisi frammentata, ma va vista nel suo insieme. Bohm propose l'idea di un "ordine implicito", una struttura di fondo nascosta che contiene e connette ogni cosa. L'entanglement, in questo quadro, non è una stranezza isolata ma l'esempio tangibile di come il mondo sia fondamentalmente interconnesso.

Un altro scienziato, Erwin Schrödinger, noto per il famosissimo paradosso del gatto, fu tra i primi a riconoscere l'importanza filosofica dell'entanglement. Non a caso, Schrödinger aveva una profonda conoscenza della filosofia vedica, dalla quale traeva ispirazione. Egli scrisse che nella meccanica quantistica

"il mondo emerge come una rete di eventi interdipendenti".

Parole che, a un uditorio conoscitore della filosofia indiana, sembrano quasi un'eco degli antichi testi sacri.

Oggi l'entanglement trova applicazioni concrete nel campo dell'informatica quantistica, con lo sviluppo di computer e sistemi di criptografia che sfruttano proprio questa misteriosa proprietà di connessione. Alcuni degli esperimenti più avanzati sull'entanglement sono stati condotti nei laboratori del CERN di Ginevra e in Cina, dove scienziati hanno dimostrato l'entanglement su scale mai raggiunte prima, come nei satelliti in orbita attorno alla Terra.

Eppure, per quanto innovativi questi esperimenti siano, essi tornano sempre a una grande domanda di fondo: cos'è la realtà? L'induismo e la fisica quantistica, in modi diversi, ci invitano a guardare oltre ciò che appare. La scienza ci mostra che la separazione è, in fondo, un'illusione. Le filosofie orientali, da millenni, ci raccontano esattamente la stessa cosa.

In un mondo dove tutto è apparentemente diviso — persone, culture, particelle di materia — l'entanglement diventa una sorta di ponte vertiginoso fra il misticismo antico e la scienza più avanzata. Questa è una dimostrazione che, forse, al cuore della complessità del cosmo risiede una verità tanto semplice quanto profonda: nulla è veramente separato.

L'entanglement quantistico e il concetto vedico di unità cosmica.

Nel corso del XX secolo, la fisica quantistica ha radicalmente trasformato il nostro modo di concepire la natura della realtà. Tra i suoi principi più affascinanti e controversi, troviamo il fenomeno dell'entanglement quantistico. Due particelle, anche se distanti anni luce, possono influenzarsi istantaneamente: una realtà tanto sorprendente da spingere Albert Einstein a definire questa interazione come "spettrale".

Questo concetto – che sfida il senso comune e l'idea classica di causalità – è stato successivamente convalidato dagli esperimenti di Alain Aspect negli anni Ottanta. Tuttavia, l'intuizione che l'universo sia un tutto interconnesso non è nuova. Molti millenni prima, i testi vedici dell'induismo descrivevano il cosmo come una rete indivisibile, il cui cuore pulsante è il Brahman.

L'entanglement quantistico emerge dai fondamenti della meccanica quantistica, una teoria sviluppata nei primi decenni del XX secolo grazie a pionieri come Werner Heisenberg, Erwin Schrödinger e Niels Bohr. In parole semplici, l'entanglement si verifica quando due particelle, dopo aver interagito, diventano collegate in modo che lo stato di una dipende istantaneamente dallo stato dell'altra, indipendentemente dalla distanza che le separa. Tipicamente si dicono "correlate" due particelle nate dallo stesso evento, come un doppio salto quantico. Se si misurasse lo spin di un elettrone entangled, si determinerebbe istantaneamente lo spin del suo compagno anche se si trovasse dall'altra parte dell'universo.

Einstein, sebbene padre della teoria della relatività, trovò questo concetto difficile da accettare. La sua visione dell'universo era radicata nella causalità locale, cioè nella convinzione che un evento in un punto dello spazio non possa influenzarne direttamente un altro lontano senza un intermediario fisico. Per questa ragione, etichettò l'entanglement come *"spooky action at a distance"*. Ma nel 1964, il fisico irlandese John Bell propose un esperimento concreto per testare l'entanglement. I suoi esperimenti – verificati decenni dopo con strumenti sempre più sofisticati – dimostrarono che Einstein si sbagliava. L'entanglement non è un'illusione: è reale.

Gli antichi filosofi vedici, molto prima dell'avvento della scienza moderna, hanno elaborato visioni che oggi sembrano anticipare alcune delle intuizioni che la fisica quantistica comincia a scoprire. Al centro di questa filosofia, troviamo il concetto di Brahman. Nella visione vedica, il Brahman è la realtà ultima, eterna, infinita e indivisibile. È descritto come la sorgente cosmica da cui tutto emerge e a cui tutto ritorna, ma anche come la trama segreta che collega ogni cosa nell'universo.

Gli esperimenti suggeriti da Bell hanno segnato un punto di svolta nella fisica moderna, dimostrando che il nostro universo non è semplicemente governato da forze visibili o da interazioni locali. Ma cosa possono dirci queste scoperte sul nostro rapporto con il cosmo? Qui si apre un dialogo suggestivo tra fisica e filosofia orientale. I testi vedici ci ricordano che l'interconnessione di ogni cosa non è solo una curiosità scientifica. È un'intuizione profonda che attraversa millenni di riflessioni umane.

Ad esempio, il Chandogya Upanishad, uno dei testi fondamentali dell'induismo, afferma:

"Tutto ciò che esiste è Brahman" (Sarvam khalvidam Brahman).

Questa dichiarazione ci invita a riconoscere l'unità di ogni aspetto della realtà. Unità non come metafora, ma come natura essenziale del cosmo. Quella stessa unità, riverberata nell'entanglement quantistico, suggerisce che non esiste separazione reale tra ciò che siamo (il microcosmo della nostra mente e corpo) e il vasto universo che abitiamo (il macrocosmo).

È affascinante notare come le intuizioni della fisica quantistica, nate nei laboratori di scienziati occidentali con strumenti avanzati, riecheggino i mormorii dei saggi vedici che, migliaia di anni fa, meditavano nelle foreste dell'antica India. Questo non significa che la fisica quantistica convalidi la filosofia vedica o viceversa. Ma suggerisce che entrambe, da prospettive diverse, cercano di rispondere alla stessa domanda: qual è la natura profonda della realtà?

Spesso i testi vedici spingono il lettore a confrontarsi con verità che sfidano la dualità della mente razionale. Entrambi i mondi, il laboratorio quantistico e l'*"ashram filosofico"*, ci invitano a esplorare il mistero più grande di tutti: siamo tutti connessi.

In queste esplorazioni, ciò che emerge non è solo il fascino per il mistero tecnico della fisica o l'eloquenza mistica delle Upanishad. È la possibilità di vedere l'essere umano come ponte tra l'infinitamente piccolo e l'infinitamente grande. Tra particelle entangled e il Brahman, si rivela una verità intramontabile: ciò che è distante è, in fondo, sempre vicino.

Il collasso della funzione d'onda e il ruolo dell'osservatore.

La fisica quantistica ci ha presentato una realtà sorprendente: il mondo subatomico non è statico e determinato, ma fluido e probabilistico. Uno dei suoi concetti più affascinanti è il *"collasso della funzione d'onda"*. Questo fenomeno postula che, finché una particella subatomica non viene "osservata", essa esiste in uno stato indefinito, una sovrapposizione di possibilità. Quando l'osservatore interviene, con uno strumento di misurazione o con i propri occhi, questa sovrapposizione scompare e la particella assume uno stato definito. Qual è dunque il potere dell'osservatore? E, soprattutto, cosa significa "osservare"?

La questione non è solo scientifica. Da secoli, i filosofi e gli yogi indiani si interrogano sul ruolo fondamentale della mente nel modellare la realtà. Il parallelo con i principi della meditazione indù, in particolare nel Raja Yoga e negli insegnamenti di Patanjali, risulta irresistibile. Entrambi, alla loro maniera, suggeriscono che la coscienza sia lo strumento cardine per influenzare ciò che percepiamo come reale.

Erwin Schrödinger, uno dei padri della fisica quantistica, descrisse il fenomeno del collasso della funzione d'onda con il famoso esempio del "gatto di Schrödinger". Immaginiamo un gatto chiuso in una scatola, insieme a un meccanismo che può rilasciare veleno in base allo stato di una particella subatomica. La particella può trovarsi in due stati contemporaneamente, portando il gatto in una condizione teorica in cui è sia vivo che morto. Il sistema "decide" quale condizione diventa reale (il gatto vivo o il gatto morto) solo quando un osservatore apre la scatola. Quanto più gli scienziati cercavano di rispondere a questa metafora, tanto più sorgeva la domanda: è l'osservatore umano, con il suo atto di osservazione, a determinare questa realtà?

Questo fenomeno è noto come "effetto osservatore". Anche in ambienti accademici, filosofi come Eugene Wigner hanno speculato che la mente stessa giochi un ruolo fondamentale nell'evoluzione del mondo subatomico. Tale premessa riporta inevitabilmente al dialogo con antiche tradizioni spirituali.

Yoga, Patanjali e l'osservazione interiore.

Il Raja Yoga, come descritto negli "Yoga Sutra" di Patanjali, si basa sull'introspezione e sull'osservazione della mente stessa. Patanjali, nello spiegare i passi dello yoga, scrive in un aforisma celebre:

"Yogas chitta vritti nirodhah"
(*Yoga è la cessazione delle fluttuazioni della mente*).

Qui, il termine *"chitta"* indica la coscienza mentale, che rappresenta lo strumento attraverso il quale percepiamo il mondo.

Per Patanjali, i pensieri sono come onde sulla superficie di un lago. Quando queste onde si calmano, la mente diventa uno specchio limpido che riflette la realtà senza distorsioni. Questo stato viene raggiunto attraverso la meditazione focalizzata e il controllo del respiro. Il soggetto (il sé interiore) diviene così l'osservatore distaccato, capace di influire sulla propria percezione del mondo.

Yogi e saggi hanno a lungo sostenuto che il mondo che vediamo è il risultato delle impressioni prodotte dalla nostra mente. Questa idea è strettamente correlata al concetto di *"Maya"* nell'induismo: l'illusione della realtà materiale. In altre parole, ciò che appare solido, concreto e indipendente è, di fatto, il *"collasso"* delle nostre percezioni sul fluido campo del possibile. La coscienza modella la realtà attraverso un processo di osservazione consapevole, simile a quanto avviene nel collasso della funzione d'onda.

Prendiamo in considerazione un altro esempio storico. Nel 1973, il fisico indiano Jagadish Chandra Bose, pioniere nello studio delle onde elettromagnetiche, si dedicò a esplorare le coincidenze tra le scoperte scientifiche e i principi vedici. Bose, ispirato dalle scritture indiane, vedeva l'universo come un insieme interconnesso, una sorta di "campo quantico" che risuonava in sincronizzazione con l'osservatore. Molti yogi contemporanei hanno seguito la sua visione, suggerendo che la meditazione profonda non solo modula la nostra coscienza, ma interagisca anche, a livelli sottili, con il tessuto della realtà.

Anche il fisico David Bohm, noto per la sua teoria dell'ordine implicito, ha espresso idee che si sovrappongono alle intuizioni spirituali indù. Bohm sosteneva che ogni cosa esiste in uno stato implicito di potenzialità fino al momento in cui l'interazione la rende esplicita, proprio come fa il collasso della funzione d'onda.

Alla luce di queste riflessioni, il parallelo tra l'osservatore in fisica quantistica e l'osservatore introspettivo dello yoga assume nuove profondità. Entrambi si confrontano con una verità cruciale: ciò che viene osservato dipende da chi osserva.

La fisica quantistica non pretende di spiegare la coscienza, così come lo yoga vedico non intende fare scienza nel senso moderno. Tuttavia, insieme, ci offrono una visione affascinante: l'universo non è un "fuori" separato dal nostro "dentro". Le pratiche di meditazione, come il Raja Yoga, ci allenano all'osservazione consapevole, proprio come la fisica quantistica ci ricorda che l'osservatore è parte integrante di ciò che osserva.

In definitiva, entrambe le tradizioni ci pongono davanti a una domanda fondamentale: siamo davvero solo spettatori della realtà o, osservandola, ne diventiamo anche i creatori?

Il probabilismo quantistico e il Karma: l'incertezza come legge cosmica.

La fisica quantistica non è soltanto una rivoluzione scientifica. È una frattura concettuale che richiede di ripensare i fondamenti stessi della realtà. Alla base della meccanica quantistica c'è il suo tratto più sconcertante: l'incertezza.

Per secoli, le leggi della fisica classica sembravano solide e immutabili. Secondo Newton, una causa produce inevitabilmente un effetto con precisione matematica. Ma nel XX secolo, la fisica ha infranto questa certezza. Con l'avvento della meccanica quantistica, uomini come Werner Heisenberg e Niels Bohr hanno dimostrato che, nel mondo subatomico, le regole sono dettate dalla probabilità e non dalla certezza.

Un concetto cardine della fisica quantistica è il principio di indeterminazione di Heisenberg, formulato nel 1927. Questo principio afferma che non possiamo conoscere con assoluta precisione sia la posizione sia la quantità di moto di una particella. A livello microscopico, dunque, l'universo sembra giocare con le regole del caso, creando una sorta di caleidoscopio dinamico in cui nulla è completamente prevedibile.

Questa "incertezza quantistica" ha trovato una delle sue formulazioni più eleganti nell'interpretazione di Copenaghen, sostenuta da Bohr. Secondo questa visione, il comportamento delle particelle subatomiche non è definito finché non vengono osservate. Prima della misurazione, esistono come una sovrapposizione di probabilità. Einstein stesso fu scettico. Eppure, a distanza di decenni, il modello probabilistico della meccanica quantistica regge, spiegando fenomeni che la fisica classica non poteva nemmeno immaginare.

Il Karma: un sistema probabilistico della realtà.

Il concetto di Karma appare nei testi sacri dell'induismo, come le Upanishad e la Bhagavad Gita. Nell'idea comune, Karma è una sorta di banca cosmica delle azioni: ogni buona azione genera un merito, mentre ogni cattiva azione porta una conseguenza negativa. Ma il Karma non è solo una legge di *"causa ed effetto"*. Nel pensiero indù, il Karma non prevede una reazione meccanica e immediata. Esso agisce come una rete complessa di conseguenze che dipendono da molteplici fattori.

Secondo le Upanishad, il Karma si manifesta come una somma collettiva di possibilità. Non vi è mai certezza assoluta su come o quando gli effetti di una scelta si manifesteranno. Per un lettore contemporaneo, questa concezione del Karma ricorda sorprendentemente il probabilismo quantistico. Così come lo stato di una particella dipende dall'interazione con il suo osservatore, le conseguenze del Karma dipendono dal contesto e da un insieme di variabili che sfugge alla predicibilità completa. Anche nel mondo induista, dunque, l'incertezza è un motore del divenire.

Un'immagine potente dell'induismo che può illuminare questa analogia arriva dal simbolismo di Shiva Nataraja, il *"Signore della danza"*. La sua danza cosmica rappresenta il ciclo continuo di creazione, distruzione e rigenerazione dell'universo. È una danza di movimento e trasformazione, in cui l'incertezza è essenziale per il fluire dell'esistenza.

Proprio come la danza di Shiva non segue un tracciato lineare e predeterminato, ma risponde a un ritmo cosmico fatto di variazioni e adattamenti, così il probabilismo quantistico introduce un'interpretazione dinamica del reale.

Persino il fisico Fritjof Capra, nel suo celebre libro *"Il Tao della fisica"* (1975), ha evidenziato il parallelismo tra i movimenti "fluttuanti" delle particelle subatomiche e la ciclicità del pensiero orientale. Non è un caso che Capra abbia usato proprio Shiva danzante come simbolo del connubio tra scienza e spiritualità.

Un altro parallelo significativo riguarda la responsabilità individuale dell'osservatore. In ambito quantistico, l'atto dell'osservare influenza direttamente il sistema osservato. La famosa esperienza mentale del "gatto di Schrödinger", proposta nel 1935, illustra come lo stato di una particella (e quindi la realtà stessa) venga determinato solo quando qualcuno lo osserva.

Allo stesso modo, il Karma indù sottolinea che le azioni individuali influenzano il tessuto dell'esistenza. Non in maniera fatalistica o predeterminata, ma con un meccanismo che lascia spazio al libero arbitrio e alla co-creazione della realtà. Come le particelle subatomiche rispondono alle interazioni, così il Karma invita a considerare ogni scelta come parte di un sistema più grande e imprevedibile.

Pur partendo da prospettive apparentemente opposte, la fisica quantistica e il pensiero filosofico dell'induismo offrono una visione affascinante dell'incertezza come forza creativa. In Occidente, l'incertezza è spesso vissuta come una mancanza, quasi un errore da correggere. Invece, nella visione orientale, essa diventa un elemento essenziale del processo cosmico.

La fisica quantistica, con la sua matematica elegante e le sue astrazioni, e il concetto di Karma, con le sue radici millenarie nella spiritualità indù, formano una sorprendente sovrapposizione. Entrambi invitano a considerare la vita come un intreccio di possibilità, piuttosto che un percorso rigido e fissato.

La decoerenza quantistica.

La decoerenza quantistica è un fenomeno fondamentale in meccanica quantistica che spiega come e perché un sistema quantistico perde le sue proprietà quantistiche, come la sovrapposizione e l'entanglement, sotto l'influenza dell'ambiente esterno. Questo processo gioca un ruolo cruciale nel passaggio dal comportamento quantistico (che governa i sistemi microscopici) a quello classico (che osserviamo nei sistemi macroscopici della vita quotidiana).

In meccanica quantistica, un sistema può esistere in una sovrapposizione di stati, ovvero in una combinazione lineare di differenti possibilità (descritte matematicamente da una funzione d'onda). Tuttavia, quando un sistema quantistico interagisce con un ambiente esterno, la sua funzione d'onda si "mescola" con quella dell'ambiente. Questo porta alla perdita delle interferenze tra gli stati quantistici del sistema, rendendo impossibile osservare o sfruttare certi effetti quantistici come la sovrapposizione.

Questa perdita di coerenza (quindi "decoerenza") fa emergere il comportamento classico: il sistema comincia ad apparire come se fosse in uno stato "definito", piuttosto che in una sovrapposizione di stati.

La decoerenza si verifica quando un sistema quantistico interagisce con il suo ambiente esterno, che può essere composto da molecole, vibrazioni termiche, campi elettromagnetici, ecc.

Le fasi della decoerenza possono essere sintetizzate così:

Sovrapposizione quantistica iniziale.

All'inizio, il sistema quantistico può trovarsi in una sovrapposizione di stati (ad esempio, un elettrone in due orbitali contemporaneamente, o un gatto "vivo e morto" come nell'esperimento mentale di Schrödinger).

Interazione con l'ambiente.

Quando il sistema interagisce con l'ambiente, alcune informazioni sul suo stato quantistico "fuoriescono". L'ambiente agisce come un "osservatore" involontario.

Perdita di coerenza.

A causa dell'interazione con moltissimi gradi di libertà dell'ambiente, le fasi relative tra gli stati quantistici si distruggono. Questo annulla gli effetti di interferenza, che sono la caratteristica distintiva della meccanica quantistica.

Emergenza della "realtà classica".

Il sistema smette di comportarsi in modo quantistico e inizia ad apparire come se fosse in uno stato classico definito.

La decoerenza è strettamente legata al problema della misura quantistica. Quando osserviamo un sistema quantistico, lo costringiamo a "collassare" in uno stato definito. La decoerenza non è esattamente il collasso della funzione d'onda, ma spiega perché, a livello macroscopico, vediamo il mondo come se fosse fatto di oggetti che esistono in stati definiti, anziché in sovrapposizione.

Dunque, la decoerenza spiega come e perché i sistemi quantistici appaiono classici quando li osserviamo direttamente o quando interagiscono con il loro ambiente.

Nella computazione quantistica, la decoerenza è un problema critico. Le informazioni quantistiche possono perdere la coerenza molto rapidamente, distruggendo il calcolo. Creare sistemi resistenti alla decoerenza è una delle principali sfide della tecnologia quantistica.

La decoerenza non risolve ancora del tutto il problema del "collasso della funzione d'onda", ma chiarisce come le proprietà classiche emergono dai sistemi quantistici.

In sintesi, la decoerenza è il processo per cui un sistema quantistico perde il suo comportamento quantistico a causa dell'interazione con l'ambiente, portando all'apparenza di un mondo classico.

Decoerenza e Maya: l'illusione della concretezza nel tempo e nello spazio.

La quantistica introduce incertezza e sovrapposizione. Tuttavia, il nostro quotidiano ci appare stabile e concreto. Questo fenomeno, che spiega come l'apparente "concretezza" emerga da una natura quantistica sottostante, si chiama decoerenza. In modo sorprendente, questa idea trova un parallelo affascinante nel concetto indù di Maya, l'illusione.

La decoerenza è una chiave per comprendere come si passi dal misterioso al visibile. Nel microcosmo quantistico, le particelle esistono in stati di sovrapposizione: possono essere, ad esempio, in due luoghi contemporaneamente. Tuttavia, quando interagiscono con l'ambiente (come la luce, le molecole d'aria o persino uno strumento di misura), perdono questa sovrapposizione. Si "collassano" in uno stato osservabile: un oggetto definito. Questo processo, chiamato appunto decoerenza, crea l'impressione che viviamo in un mondo classico e stabile, ma è solo un'impressione.

Nella filosofia indù, la realtà percepita è definita *Maya*. Le Upanishad, scritture antiche che risalgono al primo millennio a.C., descrivono il mondo fisico come un'illusione transitoria. Secondo questi testi, ciò che i sensi percepiscono non è la realtà ultima, ma una maschera che nasconde la verità eterna del Brahman, ovvero la sostanza infinita e immortale dell'universo. Questa illusione, proprio come nella decoerenza, svanisce quando l'individuo raggiunge una piena consapevolezza.

Perché la decoerenza è importante? La decoerenza spiega perché il nostro mondo sembri ordinato, nonostante il caos sottostante. Tuttavia, la decoerenza non distrugge la sovrapposizione, ma la rende invisibile. Questo significa che il regno quantistico non sparisce mai: resta nascosto come un substrato di possibilità infinite. Similmente, nella filosofia indù, il ciclo di Maya non è mai distrutto completamente. La realtà illusoria si dissolve e si ricrea, in un eterno gioco cosmico di costruzione e disfacimento. Questo ricorda il concetto di tempo ciclico esposto nei Veda e nei Purana, dove il cosmo nasce e muore in periodi infiniti chiamati *"kalpa"*.

Secondo le scritture indù, ogni volta che un ciclo termina, tutto ritorna al caos primordiale chiamato prakriti. Da questo stato, il ciclo riprende. Nella fisica moderna, l'universo potrebbe seguire schemi simili. Alcuni fisici teorici come Roger Penrose suggeriscono possibilità di cicli cosmici, dove il Big Bang rappresenta solo uno dei tanti inizi.

Un concetto cardine della fisica quantistica è il famoso paradosso del gatto di Schrödinger. Immaginiamo un gatto in una scatola chiusa. Fino a quando qualcuno non apre la scatola, il gatto è vivo e morto, cioè, è in uno stato di sovrapposizione. Con l'osservazione, si ottiene una risposta: il gatto è vivo oppure morto. La decoerenza spiega perché nella realtà ordinaria non osserviamo mai gatti "simultaneamente vivi e morti". Questa esperienza soggettiva corrisponde a ciò che Maya rappresenta nella filosofia indù: l'illusione di stabilità, dove in realtà esistono infiniti stati potenziali.

La connessione con il concetto indù di *Lila*, il gioco cosmico, è altrettanto affascinante. Secondo l'induismo, l'universo è un gioco divino, una danza infinita di creazione e distruzione mossa dall'energia suprema. Allo stesso modo, nel mondo quantistico, le particelle sembrano "giocare" ai margini dell'esistenza, scomparendo e riapparendo, entrando e uscendo dai nostri strumenti di misura.

La decoerenza ci ricorda che nulla è stabile per sempre. Perfino ciò che percepiamo come concreto, come i confini del corpo o il solido terreno sotto i piedi, è nato da un'interazione complessa che, nel tempo, si disferà. Questa visione riecheggia la cosmologia indù, dove il mondo è temporaneamente costruito per poi dissolversi nel Brahman. La Svetasvatara Upanishad recita:

"Come migliaia di scintille scaturiscono da una fiamma, così innumerevoli mondi sorgono e scompaiono dall'eterno".

Nello stesso modo, la fisica quantistica suggerisce che l'universo potrebbe nascere e collassare in modi che ancora sfuggono alla nostra comprensione completa. Tuttavia, sia per i fisici che per i saggi indiani, la lezione rimane chiara: ciò che vediamo è solo una rappresentazione parziale della realtà. Il nostro compito rimane quello di esplorare il significato nascosto sotto l'apparente solidità.

La decoerenza e Maya mostrano come scienza e filosofia possano convergere su domande universali. Che la realtà sia un'illusione, come suggerito dalle antiche scritture, o una costruzione emergente, come indicato dalla fisica quantistica, il messaggio è lo stesso. Non tutto ciò che appare solido e concreto lo è veramente. Nel cuore della materia, così come nella profondità della mente, si cela il mistero. Un mistero che ci invita a esplorare, spingendoci oltre le apparenze, verso una verità più grande, eterna e inafferrabile.

Brahman e il vuoto quantistico: il tutto che emerge dal nulla.

L'umanità ha da sempre cercato di rispondere a una domanda fondamentale: da dove nasce il mondo? Questa ricerca, in Occidente, ha seguito due percorsi principali, uno filosofico e uno scientifico. In Oriente, però, queste strade non si sono mai davvero separate. Sono strade che si intrecciano da millenni nelle opere dei saggi e dei mistici, soprattutto nella tradizione induista. E oggi, grazie alla fisica quantistica, simili interrogativi tornano a imporsi in una luce nuova, ricordandoci come la scienza e la metafisica possano essere due lingue diverse per illustrare la stessa realtà.

Nel cuore della fisica quantistica esiste un concetto tanto potente quanto sconcertante: il vuoto quantistico. A un primo sguardo, si potrebbe pensare che il "vuoto" rappresenti proprio il nulla. Eppure, secondo la teoria del campo quantistico, il nulla è tutt'altro che vuoto. Il vuoto quantistico è uno stato di potenziale illimitato, una sorta di mare energetico invisibile e onnipresente. Da questo mare nascono particelle subatomiche che appaiono e scompaiono in un fluttuante gioco cosmico. Il fisico inglese Paul Dirac descrisse questo fenomeno nel 1928 con la sua *teoria del vuoto*. Egli osservò che il vuoto quantistico non è davvero "vuoto", ma una matrice viva e fertile, capace di creare particelle dal nulla per poi farle scomparire altrove.

Questo "vuoto", così strano se confrontato con l'intuizione comune, ricorda le riflessioni dell'induismo su Brahman, il principio cosmico universale che tutto pervade. Nelle Upanishad, Brahman non è né esistenza né non-esistenza, ma una realtà oltre queste categorie. È il principio da cui tutto emerge, ciò che resta invisibile e indefinibile, ma che è la matrice di ogni forma e di ogni fenomeno.

Gli antichi saggi indù descrivevano Brahman come il grembo metafisico di tutto ciò che esiste. Gli antichi saggi indù descrivevano Brahman come il grembo metafisico di tutto ciò che esiste. L'immagine evocativa contenuta nelle Upanishad è quella di una ragnatela sospesa nel vuoto. Da Brahman, come da questa rete invisibile, si dispiegano infiniti universi che nascono, sfiorano l'esistenza e tornano a dissolversi. Uno dei passi più noti delle Upanishad afferma:

"Come le scintille scaturiscono dal fuoco, così dal Brahman
nascono i mondi e ogni cosa vi fa ritorno".

Il parallelismo con le fluttuazioni quantistiche – particelle che emergono dal vuoto solo per sparire e tornare nel suo grembo – è quasi inevitabile.

Per i fisici quantistici, il vuoto quantistico spiega il comportamento delle particelle e, di riflesso, la struttura dell'intero universo. Per i maestri dell'induismo, Brahman non spiega solo la materia, ma anche la coscienza dell'uomo e il suo rapporto con l'infinito. È straordinario constatare come orizzonti scientifici moderni e filosofie millenarie si incrocino nel descrivere una realtà in cui il tutto e il nulla coincidono.

Il lavoro di Paul Dirac, insieme a quello di pionieri come Werner Heisenberg ed Erwin Schrödinger, contribuì negli anni Trenta a ridefinire la nostra comprensione della realtà. Schrödinger, in particolare, era affascinato dalle filosofie orientali, che aveva conosciuto durante i suoi studi. In una lettera del 1925, egli scrisse:

"Alcuni dei concetti più profondi della fisica moderna
sembrano trovare un'eco straordinaria nel Vedanta".

E non a caso. Schrödinger trovava nelle Upanishad l'idea che il mondo che percepiamo sia una manifestazione illusoria, un gioco di apparenze che nasconde un'unica realtà profonda e indivisibile: Brahman, appunto.

Anche in fisica quantistica, il mondo macroscopico che vediamo è frutto di un intreccio complesso di probabilità e onde quantistiche; ciò che appare solido a livello umano non è altro che una danza invisibile di particelle e campi. Dirac, studiando le particelle nel vuoto, scoprì che esistono "antiparticelle" con la stessa massa ma opposta carica. Una scoperta fondamentale che gli valse il Premio Nobel per la Fisica nel 1933. Ma, a parte il premio, le sue indagini aprirono una porta filosofica: il vuoto può creare coppie di particelle che si annullano a vicenda mentre si manifestano, in un ciclo eterno di creazione e distruzione.

L'India, con i suoi templi e i suoi testi sacri, ha sempre visto il cosmo come il risultato di un equilibrio delicato fra ordine e caos, manifestazione e dissoluzione. Questo trova una sponda sorprendente nella fisica quantistica. Alla base del pensiero scientifico moderno c'è l'idea di indeterminazione: nessun fenomeno fisico, a livello subatomico, è mai completamente prevedibile. Le particelle si comportano in modo probabilistico, non deterministico. Questo è ciò che Niels Bohr, un altro dei padri della fisica quantistica, definì "*il principio di complementarità*". Curiosamente, nella tradizione induista, troviamo qualcosa di simile. Brahman si esprime nel mondo attraverso una realtà duplice: l'energia creatrice (*shakti*) e la coscienza pura. È una complementarità che permette al cosmo di esistere.

Oggi viviamo in un mondo dove scienza e spiritualità spesso vengono messe in opposizione. Ma forse non deve essere per forza così. Il vuoto quantistico e Brahman ci dimostrano che due modi di osservare la realtà – uno empirico, l'altro intuitivo e filosofico – non sono necessariamente in conflitto. Piuttosto, si completano. Le Upanishad, con i loro versi poetici e misteriosi, anticipano alcune domande che ancora oggi sfidano i fisici teorici. È possibile che il vuoto quantistico non sia davvero vuoto e che, come Brahman, porti impressa la memoria di un infinito potenziale?

Una statua di Shiva Nataraja al CERN.

In una delle sedi più avanzate della scienza moderna, il CERN di Ginevra, un dettaglio cattura spesso lo sguardo dei visitatori. All'ingresso del laboratorio europeo per la fisica delle particelle, accanto ai complessi acceleratori che indagano la struttura profonda della materia, si trova una statua di Shiva Nataraja, il dio danzante dell'induismo. Questa statua rappresenta il ciclo continuo di creazione, preservazione e distruzione, un concetto centrale nella cosmologia indiana. A sorprendere non è solo la bellezza simbolica dell'opera, ma anche i suoi collegamenti con concetti di fisica quantistica, che stanno rivoluzionando la nostra comprensione dell'universo.

Shiva Nataraja è raffigurato mentre danza all'interno di un cerchio di fiamme. Il suo corpo si muove con grazia mentre il piede destro schiaccia un demone, simbolo dell'ignoranza. Una mano regge una fiamma, l'altra una piccola percussione che scandisce il ritmo della creazione. Secondo la filosofia indiana, questa danza simboleggia il dinamismo dell'universo: non esiste staticità, ma solo un continuo fluire.

Fino al XX secolo, questa visione sembrava distante dalle idee della fisica classica, che concepiva l'universo come una sorta di macchina prevedibile e rigida, governata da leggi immutabili. Con l'arrivo della fisica quantistica, però, tutto cambia. I fisici scoprono un microcosmo in cui le particelle non si comportano come oggetti stabili, ma emergono e scompaiono, agendo in modo imprevedibile. Questa descrizione, incredibilmente, sembra riflettere il simbolismo della danza di Nataraja: un moto incessante e creativo che abbraccia caos e ordine.

Energia quantistica e particelle virtuali.

Uno dei fenomeni centrali della meccanica quantistica è il concetto di energia del vuoto. Nel vuoto quantistico, il "nulla" non è davvero vuoto, ma un mare di attività invisibile. Particelle chiamate "virtuali" emergono brevemente dal nulla e poi scompaiono, in quello che sembra una danza effimera di creazione e distruzione. Questo processo, confermato da esperimenti come l'effetto Casimir, è sorprendentemente analogo al ciclo cosmico descritto nella mitologia induista.

Gli scienziati del CERN esplorano proprio questo regno inaccessibile ai sensi umani, sfruttando acceleratori di particelle come il Large Hadron Collider (LHC). Nel 2004, quando la statua di Shiva è stata donata dall'India al laboratorio, il fisico Fritjof Capra definì quella statua:

"un simbolo perfetto per la sinergia tra scienza e spiritualità".

Fritjof Capra, che ha dedicato la sua carriera a esplorare i paralleli tra pensiero orientale e fisica moderna, sostiene che la danza di Shiva rappresenta in modo straordinario l'energia quantistica: è una energia incessante, dinamica e creativa.

Un altro aspetto della fisica quantistica che richiama la filosofia indiana è il principio di non-località. Questo principio, messo in luce dall'entanglement quantistico, descrive come due particelle possano rimanere connesse immediatamente, anche se separate da immense distanze. Questa "azione a distanza" sfida il senso comune e le intuizioni della fisica classica.

Anche in questo caso, la connessione con il pensiero orientale è affascinante. Nella filosofia indiana, il concetto di interconnessione universale (il "*tutto è Uno*") permea testi antichi come le Upanishad. Secondo queste scritture, non c'è separazione reale tra gli elementi dell'universo, ma solo una rete invisibile che lega ogni cosa. La fisica quantistica, con i suoi esperimenti che dimostrano l'entanglement quantistico, rende oggi scientificamente concreto un principio che l'induismo intuisce già da millenni.

La statua di Shiva Nataraja al CERN non è quindi solo un ornamento o un omaggio culturale, ma un simbolo potente. Essa incarna l'idea che la realtà, sia nella scienza che nella spiritualità, sia mossa da ritmi complessi e interconnessi. Mentre i fisici studiano particelle subatomiche e onde di probabilità, riscoprono il mistero dell'universo come una danza fluida e imprevedibile.

Concludendo, la presenza di Shiva Nataraja all'ingresso del CERN ci ricorda che scienza e cultura non sono mondi separati. Il fine ultimo di entrambe, in fondo, è svelare il mistero del cosmo, interrogarsi sulle sue origini e cogliere quel dinamismo che, nell'antico simbolismo induista, era già racchiuso nei passi di un dio danzante. Come in una danza, la scoperta scientifica e la riflessione filosofica si intrecciano, unendo passato e futuro in un cerchio infinito.

I "mondi paralleli" nella fisica quantistica e nella cosmologia indù.

In un famoso articolo pubblicato nel 1957, Hugh Everett presentava un'idea destinata a rivoluzionare la fisica moderna: l'*"interpretazione a molti mondi"* (*Many-Worlds Interpretation*). Secondo questa teoria, ogni misurazione quantistica produce una biforcazione della realtà, generando un numero potenzialmente infinito di universi paralleli. Ogni volta che si osserva un fenomeno quantistico, l'universo "si divide", creando realtà separate, ciascuna con un differente esito dell'evento osservato. Per la scienza del XX secolo, questa visione era altamente speculativa. Eppure, a ben vedere, l'idea di una molteplicità di universi non era nuova.

Nell'antica cosmologia indù, già migliaia di anni prima di Everett, si concepiva l'esistenza di dimensioni cosmiche parallele, di innumerevoli mondi e infiniti cicli temporali. Questa affascinante corrispondenza tra fisica quantistica e testi religiosi indiani non è semplicemente una coincidenza. È piuttosto il segno di come la mente umana, in culture e contesti diversi, abbia cercato di affrontare i misteri della realtà, formulando intuizioni che oggi si rivelano più attuali che mai.

Il multiverso della fisica quantistica.

La fisica quantistica ha infranto il paradigma tradizionale del determinismo classico. Nel regno dell'infinitamente piccolo, quello delle particelle subatomiche, le leggi che regolano la realtà ordinaria cessano di valere. Gli elettroni si comportano sia come particelle che come onde. I fotoni possono esistere in più stati contemporaneamente, secondo un principio noto come "*sovrapposizione quantistica*".

Nell'interpretazione tradizionale della fisica quantistica, detta "*interpretazione di Copenaghen*", una particella in stato "probabilistico" collassa in uno stato definito quando si osserva il suo comportamento. Everett, tuttavia, propose una spiegazione alternativa: la particella non sceglie un solo stato. Tutti gli stati possibili della particella si realizzano contemporaneamente, ma in universi distinti. Questo implica che la realtà non è unica, bensì multipla. Ogni decisione, ogni evento quantistico conduce a un nuovo universo, che continua a esistere in parallelo agli altri.

Nel pensiero indù, la realtà è concepita come un sistema complesso, stratificato e infinito. Secondo i Purana, i testi sacri che raccontano la cosmologia e i miti dell'universo, esistono innumerevoli mondi o "*loka*". Questi mondi possono essere suddivisi in tre categorie principali: i mondi superiori (svarga loka), i mondi mediani (martya loka) e i mondi inferiori (patala loka). Ogni loka è un piano di esistenza distinto, abitato da esseri diversi, con leggi fisiche e temporali proprie.

Il Vishnu Purana, uno dei testi fondamentali, descrive come l'universo sia ciclico e infinitamente molteplice. Ogni universo nasce, vive e muore in un eterno processo di creazione e distruzione, noto come il ciclo di "*kalpa*". Vishnu, il dio conservatore, dorme sull'oceano cosmico, e dal suo respiro emergono infiniti universi, come bolle che si formano e si dissolvono nell'acqua. Questo concetto ricorda sorprendentemente l'immagine moderna del multiverso quantistico, dove gli universi coesistono come molteplici bolle di realtà, ciascuna governata dalle proprie leggi.

Anche il Bhagavata Purana approfondisce questa visione. In uno dei suoi passaggi più famosi, si narra che Krishna, manifestazione divina, rivelò al suo devoto Arjuna un'immagine cosmica di infinite realtà, ognuna delle quali rappresentava un diverso universo. Krishna afferma che l'esistenza è composta da "*innumerevoli mondi dentro mondi*". Questa espressione richiama la moderna idea del multiverso.

Paralleli tra scienza moderna e antica cosmologia.

Sia l'interpretazione della fisica quantistica di Everett sia la cosmologia indù mettono in discussione la nostra intuizione di una sola realtà oggettiva. Entrambi i sistemi riconoscono che l'universo potrebbe non essere unico, bensì uno dei tanti.

È interessante notare che, nella concezione indù, ogni *loka* non è solo separato fisicamente, ma può seguire un tempo completamente diverso dal nostro. Alcuni mondi hanno un tempo accelerato, altri un tempo rallentato. Questo concetto può essere accostato ai "*tempi propri*" osservati nella relatività generale di Einstein, un altro campo che ha offerto spunti per la discussione sul multiverso.

Un esempio particolarmente evocativo può essere tratto dall'antica città di Dvaraka, il regno di Krishna sulla Terra. Secondo il Mahabharata e il Bhagavata Purana, Dvaraka era un regno terreno ma con un legame diretto con dimensioni superiori. Dopo la partenza di Krishna, la città fu sommersa nell'oceano, diventando irraggiungibile e invisibile agli esseri umani. Oggi, alcuni archeologi ritengono di aver individuato resti sommersi al largo della costa indiana (nel Gujarat), ma la leggenda di Dvaraka continua a evocare la possibilità di un mondo "parallelo", spazio intermedio tra umano e divino.

La somiglianza tra le concezioni indù e le ipotesi del multiverso suggerisce che le antiche intuizioni cosmologiche non sono solo meri miti, ma potenti metafore per descrivere la complessità dell'esistenza. Joseph Campbell, celebre studioso dei miti, scrisse che:

"Le religioni sono codici di insegnamento del mistero".

Forse ciò che i testi sacri volevano insegnare non è diverso da quanto la fisica quantistica scopre oggi.

In entrambi i casi – nella teoria degli universi multipli di Everett o nelle infinite bolle cosmiche di Vishnu – ciò che emerge è un concetto di infinito. La realtà non è determinata; è piuttosto un gioco di possibilità, uno spazio creativo senza fine. Come si legge nel Bhagavad Gita,

"Nel sogno della creazione, l'intero universo appare e
scompare come un riflesso nell'acqua".

La fisica quantistica e la cosmologia indù, pur nascendo in contesti storici e culturali molto lontani, sembrano convergere su un punto fondamentale: la realtà è più vasta, misteriosa e multiforme di quanto percepiamo con i sensi. Le parole di Everett trovano un'eco nelle antiche scritture indù, e ci ricordano che il pensiero umano, sia attraverso la scienza che la spiritualità, cerca da sempre di comprendere l'infinito. Il fascino del multiverso ci spinge a esplorare questi mondi, reali o immaginari, poiché, come affermava il poeta Rumi,

"Se un universo si chiude, se ne apre uno più grande".

La consapevolezza quantistica e l'Atman: chi osserva l'osservatore?

C'è un momento nella storia del pensiero umano in cui scienza e filosofia sembrano intrecciarsi, come fili di una trama più grande che tenta di spiegare l'universo e il nostro posto dentro di esso. Da un lato, la fisica quantistica, con le sue implicazioni al limite dell'incredibile, e dall'altro lato, le antiche tradizioni sapienziali dell'Oriente, in particolare l'induismo. A sorprendere non è tanto il fatto che una scienza così moderna e una filosofia così antica possano dialogare, quanto il modo in cui lo fanno. Il dialogo si sviluppa da domande simili, che sembrano nascere da una profonda intuizione condivisa. Una di queste domande, forse la più affascinante, è: Chi osserva l'osservatore?

Il problema della misura nella fisica quantistica.

La fisica quantistica è nata all'inizio del XX secolo come risposta ai limiti della fisica classica. Giganti come Max Planck ed Erwin Schrödinger hanno aperto le porte di un universo strano e controintuitivo, dove le regole del senso comune si sgretolano. Uno dei concetti chiave che hanno sconvolto gli scienziati è il problema della misura.

Cosa significa? Nel mondo quantistico, le particelle come elettroni o fotoni non esistono in posizioni definite. Vivono, invece, in uno stato di sovrapposizione, come onde di probabilità. È solo quando interviene un "osservatore" (qualcuno o qualcosa che misura) che queste onde collassano in una realtà concreta. Questo principio, noto come "*collasso della funzione d'onda*", è una delle nozioni chiave della fisica quantistica. Ma ciò che resta inspiegato è: chi o cosa causa il collasso?

È qui che entra il problema della coscienza. Molti fisici e filosofi si sono chiesti se la mente umana stessa, nel suo atto di osservare il mondo, giochi un ruolo nella creazione della realtà. Roger Penrose, fisico e matematico britannico, insieme all'anestesista Stuart Hameroff, ha teorizzato che la coscienza potrebbe scaturire da processi quantistici all'interno dei microtubuli delle cellule cerebrali. Se così fosse, la realtà che conosciamo potrebbe essere intessuta da un legame profondo e invisibile tra mente e materia.

Atman e "*il Sé che osserva*": un'antica intuizione indù.

Mentre la scienza indaga il ruolo dell'osservatore nella fisica, le antiche scritture indù, in particolare le Upaniṣhad, avevano già affrontato una domanda simile, ma attraverso una lente spirituale. Nell'induismo, il concetto di Atman rappresenta il Sé supremo, immutabile, il nucleo più profondo di ogni essere. L'Atman non è semplicemente la coscienza individuale, ma la coscienza universale che, secondo la filosofia indù, osserva e sostiene il mondo fenomenico.

Nelle Upaniṣhad, un dialogo famoso illustra questa idea.

Si tratta del discorso tra il giovane Śvetaketu e suo padre, Uddālaka. Questo dialogo, contenuto nella Chāndogya Upaniṣhad (VI.12.3), introduce la metafora del seme dell'albero di nyagrodha (fico). Uddālaka chiede al figlio di spezzare un seme e di osservare ciò che vi è all'interno. Quando Śvetaketu risponde che all'interno del seme non vede "nulla", il padre gli rivela:

"In quella sottile essenza, invisibile, risiede il principio che sostiene il grande albero. Lo stesso principio, "Tat tvam asi", è anche in te".

"Tat tvam asi" si può tradurre come "Tu sei quello".

Questa frase, una delle più celebri dell'induismo, implica che l'osservatore ultimo, il sé profondo, è tutt'uno con la realtà ultima. Esiste una connessione silenziosa tra la consapevolezza individuale e quell'intelligenza cosmica che governa l'universo. Un'idea, questa, che non è poi così distante dall'interrogativo quantistico sul ruolo dell'osservatore nel "creare" la realtà.

Non sorprende che alcuni tra i più grandi fisici del mondo abbiano trovato affascinanti questi parallelismi. Erwin Schrödinger, padre dell'omonima equazione e pioniere della teoria quantistica, era profondamente influenzato dalle filosofie orientali. Schrödinger conosceva bene il concetto indù di Atman; infatti, scrisse:

> *"La coscienza è singolare, il pluralismo è un'illusione. Questo è l'antichissimo pensiero indiano".*

Più recentemente, Fritjof Capra, fisico e divulgatore scientifico, ha esplorato le affinità tra la fisica moderna e le tradizioni mistiche orientali nel libro *"Il Tao della Fisica"*. Capra osserva che i principi della fisica quantistica, con le loro interconnessioni e la mancanza di separazione tra osservatore e osservato, riflettono una "visione universale" simile a quella delle antiche filosofie orientali.

Possiamo allora domandarci: la consapevolezza umana è solo un epifenomeno del cervello, come suggerisce una visione materialistica, o è parte di un disegno più grande? La fisica quantistica, nonostante i suoi successi tecnologici, non ha ancora risolto questo dilemma. La filosofia induista, al contrario, accetta che la consapevolezza – l'Atman – sia la radice di tutto l'esistente.

Tuttavia, questi due approcci hanno qualcosa in comune: l'umiltà di fronte al mistero. Un mistero che ci invita non solo a esplorare le profondità della materia, ma anche quelle della mente e dello spirito. Forse, come suggerisce l'antico filosofo indiano Nagarjuna,

> *"Non c'è distacco tra il conoscente e il conosciuto. Entrambi esprimono una stessa intima realtà".*

E se l'osservatore fosse non solo una mente curiosa, ma anche una scintilla dello stesso universo che desidera conoscere?

Dialogo tra scienza e filosofia.

La fisica quantistica, con le sue teorie rivoluzionarie, ha ridefinito il concetto stesso di realtà. È una scienza che, per sua natura, pone domande profonde sui fondamenti dell'esistenza. È proprio qui che inizia un dialogo affascinante tra la fisica moderna e le filosofie orientali, in particolare l'induismo.

Tuttavia, dobbiamo essere chiari. Il rapporto tra queste due dimensioni non è fatto di equivalenza o sovrapposizione. La scienza e la filosofia operano su piani distinti. La fisica quantistica costruisce modelli basati su matematica e verifiche sperimentali. L'induismo, invece, riflette sulla natura della realtà attraverso meditazione e intuizione. Eppure, ciò che queste discipline condividono è un'intuizione straordinaria: ciò che percepiamo come "reale" non è che la superficie di qualcosa di molto più profondo.

Prima del XX secolo, la fisica classica descriveva un universo stabile, prevedibile, governato da leggi rigide. Isaac Newton, con la sua gravitazione universale, aveva gettato le basi di un mondo meccanico, deterministico: ogni evento aveva una causa precisa e comprensibile. Ma tutto è cambiato con l'avvento della teoria quantistica.

A questo punto, le connessioni con l'induismo diventano straordinarie. I saggi vedici, autori delle Upanishad, avevano già riflettuto sull'impermanenza del mondo percepibile. Secondo la filosofia indù, ciò che vediamo e tocchiamo è Maya, un'illusione, un'ombra della vera realtà sottostante. L'universo tangibile, il macrocosmo e il microcosmo, nascondono un'essenza ultima, il Brahman, ovvero l'assoluto, eterno e indivisibile.

Un parallelismo emerge nella fisica quantistica. Anche qui, il mondo osservato nasconde livelli più profondi, dove gli oggetti materiali si dissolvono in un reticolo di probabilità, relazioni e interconnessione. Per esempio, il fenomeno dell'entanglement quantistico ha suscitato paragoni con l'idea, centrale nella filosofia vedica, di un universo indissolubilmente interconnesso,.

Tuttavia, è fondamentale sottolineare che la fisica non è filosofia. Gli scienziati usano strumenti matematici e verifiche tecnologiche per esplorare il mondo fisico. I saggi dell'induismo, invece, cercavano risposte attraverso l'introspezione. Ma l'intuizione comune è affascinante: il mondo ordinario che percepiamo potrebbe essere solo una manifestazione superficiale di qualcosa di più profondo e indivisibile.

Grandi pensatori tra scienza e filosofia.

Alcuni protagonisti della rivoluzione quantistica cercarono un senso nel dialogo con le tradizioni orientali. Robert Oppenheimer, celebre fisico nucleare, fu profondamente influenzato dalla lettura della Bhagavad Gita, una delle opere fondamentali dell'induismo. Durante il primo test della bomba atomica, avvenuto il 16 luglio 1945 nel deserto del New Mexico, Oppenheimer pronunciò una frase tratta dalla Gita:

"Ora sono diventato la Morte, il distruttore dei mondi".

Questo riferimento non era una semplice citazione, ma una riflessione sugli effetti devastanti della conoscenza applicata al mondo reale.

Un altro esempio è Fritjof Capra, fisico austriaco e scrittore, che nel suo libro *"Il Tao della fisica"* esplorò i parallelismi tra il pensiero scientifico moderno e la spiritualità orientale, suggerendo che entrambi condividono una visione del mondo profondamente unitaria e interconnessa. Tuttavia, Capra sottolineò che il suo intento non era di confondere ambiti così diversi, ma di trarre ispirazione dai reciproci linguaggi.

Un punto di riflessione comune tra fisica quantistica e induismo è il limite intrinseco della percezione umana. Il fisico Niels Bohr, uno dei padri della teoria quantistica, affermava che i modelli della fisica non rappresentano mai la realtà, ma semplicemente il modo in cui la osserviamo. Similmente, la filosofia indù sostiene che l'individuo ordinario, intrappolato nel regno di Maya, è incapace di percepire l'assoluto finché non raggiunge l'illuminazione.

Mentre i fisici studiano la natura con strumenti sempre più sofisticati, i saggi indù insegnavano che la consapevolezza è il principale strumento per accedere alla verità ultima. Si tratta, dunque, di due percorsi distinti, ma entrambi ci ricordano quanto sia limitata la nostra conoscenza e quanto sia grande il mistero dell'universo.

La fisica quantistica e l'induismo offrono visioni del mondo che, pur partendo da presupposti diversi, trovano una curiosa affinità nei loro interrogativi. Non si tratta di scienza che conferma la religione, né di un'antica saggezza che anticipa i modelli moderni. Il dialogo tra queste discipline rappresenta invece un'opportunità per scienziati e filosofi di trovare ispirazione reciproca. Forse, come suggeriva Carl Sagan, il grande astrofisico americano, l'indagine sull'universo, con uno sguardo alle stelle o al nostro io profondo, ci permette di capire che:

"noi siamo il modo attraverso cui il cosmo conosce se stesso".

La fisica quantistica ci invita a riconsiderare la nostra comprensione della realtà, eliminando le categorie rigide di spazio, tempo e causalità. La filosofia indù, con la sua saggezza millenaria, giungeva già a una conclusione simile attraverso percorsi molto diversi. Più che individuare una verità unica e assoluta, scienziati e filosofi ci invitano a contemplare il mistero intrinseco dell'universo. Forse, in fondo, è proprio il mistero ciò che ci accomuna tutti, nella scienza come nella spiritualità.

Capitolo II. L'Induismo, filosofia e spiritualità.

Origini e sviluppo storico dell'induismo.

L'induismo è una delle tradizioni spirituali e filosofiche più antiche del mondo. Con radici che risalgono a oltre 4.000 anni fa, l'induismo è molto più di una semplice religione. È un sistema articolato di credenze, pratiche, storie e mitologie che si è progressivamente evoluto nel corso dei millenni. Tracce delle sue origini si trovano nei testi sacri, i *Veda*, vere e proprie pietre miliari della spiritualità indiana. Questi testi non solo forniscono un quadro delle prime pratiche rituali, ma suggeriscono anche una visione del cosmo che continua a parlare all'essere umano contemporaneo.

I Veda: alle origini della spiritualità indù.

I Veda sono la chiave per comprendere il contesto storico dell'induismo primordiale. I Veda sono stati scritti in lingua sanscrita circa 1500 anni prima di Cristo.

Questi testi rappresentano una delle testimonianze letterarie più antiche dell'umanità. Il termine "Veda" significa "conoscenza" o "sapere". Questi testi venivano trasmessi oralmente da maestro a discepolo attraverso complessi metodi mnemonici, tanto che si pensa siano rimasti invariati per secoli prima di essere messi per iscritto.

Il Rigveda è il più antico tra i quattro Veda. È una raccolta di inni dedicati alle divinità della natura, come *Agni* (il dio del fuoco) e *Indra* (il dio della pioggia e della guerra). Gli inni testimoniano il forte legame dei popoli vedici con la natura e con le forze cosmiche. In questi testi si trova già un'intuizione interessante: l'universo è percepito come un tutto armonico. Questo concetto, che troverà ulteriori sviluppi nei secoli successivi, stabilisce un ponte spirituale tra l'antica visione vedica e le moderne riflessioni scientifiche, come quelle sulla fisica quantistica.

Le Upanishad: il passaggio dalla ritualità alla filosofia.

Intorno al VI secolo a.C., una trasformazione significativa ridefinì il panorama spirituale indiano. Mentre i Veda enfatizzavano i rituali come mezzo per mantenere l'ordine cosmico, le Upanishad, una serie di testi successivi, introdussero una dimensione più filosofica e contemplativa. In questi testi, il focus si sposta dall'esterno (i riti, il sacrificio) all'interno: la conoscenza di sé diventa il cuore della ricerca spirituale.

Le Upanishad sono conosciuti anche come Vedānta, termine che significa "*fine dei Veda*". Non a caso, essi rappresentano il culmine del pensiero vedico. Tra i concetti chiave delle Upanishad troviamo il Brahman e l'Atman. Il Brahman è il principio universale, la realtà ultima da cui tutto deriva e a cui tutto ritorna. L'Atman, d'altra parte, è il sé interiore, la scintilla divina presente in ciascun essere umano. La famosa dichiarazione "*Tat Tvam Asi*" (Tu sei quello), tratta dal Chandogya Upanishad, racchiude questa visione: l'individuo e il cosmo non sono separati, ma profondamente uniti.

Le trasformazioni storiche e i grandi saggi.

L'induismo non è il prodotto di un singolo fondatore, a differenza di altre tradizioni religiose. È il risultato di un'evoluzione culturale e spirituale che ha coinvolto molte civiltà e personaggi nel corso dei secoli. Un aspetto cruciale di questa tradizione è il criterio inclusivo con cui ha assorbito influenze esterne senza mai perdere la propria identità.

Tra i grandi saggi che hanno interpretato e promosso il pensiero indù troviamo Yajnavalkya. Era un figura centrale nello sviluppo delle idee contenute nelle Upanishad. Secondo un aneddoto celebre riportato nello Brihadaranyaka Upanishad, Yajnavalkya affrontò una disputa filosofica nella quale espresse la visione dell'Atman come ciò che sopravvive alla morte e allo stesso tempo trascende ogni dualità. Questo approccio fu rivoluzionario, poiché spostò l'attenzione dalle pratiche esteriori alla riflessione profonda.

Il collegamento con il mondo attuale.

Le origini e lo sviluppo della filosofia indù non riguardano solo il passato; offrono anche spunti interessanti per il presente. In un'epoca in cui la fisica quantistica ci invita a ripensare la realtà come un mosaico interconnesso di energia e potenziale, la straordinaria intuizione indù sul legame tra microcosmo e macrocosmo appare straordinariamente contemporanea. Quanto le idee di Brahman e

Atman ci possano ricordare concetti come l'entanglement e l'unità fondamentale delle particelle è ancora materia di indagine e discussione.

Luoghi come Benares (oggi Varanasi), considerata la "*città eterna degli dèi*", conservano viva la memoria delle origini dell'induismo. In riva al Gange, fiume sacro al cuore della coscienza indù, si trova la sintesi perfetta tra antichità e attualità. In questi luoghi, la filosofia dei testi sacri trova una dimensione concreta nella spiritualità quotidiana di milioni di devoti.

Concludendo, immergersi nell'origine storica dell'induismo significa entrare in contatto con una delle chiavi di lettura più affascinanti della realtà. Dai Veda alle Upanishad, l'antica saggezza indiana si presenta ancora oggi non come un relitto del passato, ma come una lente potente per comprendere il nostro tempo e, forse, il nostro posto nell'universo.

Induismo: una saggezza che attraversa i millenni.

Quando si parla di induismo, si entra in un universo antico e complesso. È la religione vivente più antica del mondo. Le sue radici risalgono a oltre tremila anni fa, intrecciate con la storia della valle dell'Indo e delle civiltà ariane. Questo lungo viaggio ha dato vita a una tradizione poliedrica che non si limita alla religione, ma si espande nella filosofia, nell'arte e nella vita quotidiana di milioni di persone.

L'induismo non ha un fondatore specifico, né un momento di nascita ben definito. La sua essenza si è formata gradualmente, accumulando strati di significati e testi sacri attraverso i secoli. Questo dinamismo lo rende unico. Non è una religione monolitica, bensì un intreccio continuo di pratiche, credenze e visioni del mondo. La sua forza risiede proprio nella capacità di evolversi e assorbire idee senza perdere il proprio nucleo.

Le radici filosofiche dell'induismo affondano nei Veda, i testi più antichi conosciuti della tradizione indù.

Redatti nel periodo vedico (circa 1500-500 a.C.), i Veda sono quattro raccolte di inni e formule sacre: il Rigveda, lo Yajurveda, il Samaveda e l'Atharvaveda. I Veda vengono considerati divinamente ispirati e costituiscono il fondamento di tutta la tradizione vedica. Essi contengono inni agli dèi, rituali solenni e indicazioni per mantenere l'armonia tra il mondo umano e quello cosmico.

Un esempio particolarmente affascinante si trova nel Rigveda, che include il celebre *"Inno della Creazione"* (*Nasadiya Sukta*). In esso, troviamo una riflessione stupenda e ambigua sull'origine dell'universo:

> *"Da dove proviene questa creazione? È forse il dio in alto che lo sa? Oppure no?"*.

Una domanda profonda, che sembra risuonare con i moderni interrogativi della fisica quantistica.

Alle origini dell'eterno: la nascita dei Veda e l'alba della filosofia indiana.

L'induismo è definito la religione più antica del mondo. Ma il termine stesso, "induismo", è un'etichetta moderna che abbraccia una complessa rete di credenze, pratiche, testi sacri e tradizioni filosofiche sviluppate in millenni di storia. Per comprendere le radici di questa immensa eredità spirituale, dobbiamo tornare indietro nel tempo, tra il 1500 e il 500 a.C., nell'India vedica, un'epoca mitica e straordinaria in cui vediamo emergere i Veda, le fondamenta dell'induismo e una delle prime testimonianze scritte del pensiero umano.

La civiltà vedica fiorisce nella regione del subcontinente indiano, sulle rive del Sarasvati e del Gange. Quella popolazione era una società nomade e pastorale legata ai cicli della natura, le cui genti, gli Arya (un termine che significa "nobili"), hanno lasciato come eredità un corpus di testi sacri conosciuti come Veda, parola che deriva dal sanscrito "vid", che significa "sapere". I Veda non sono semplici documenti religiosi: sono poesia, cosmologia, etica, filosofia e guida pratica alla vita. Attraverso canti e inni, essi cantano la relazione del microcosmo umano con il macrocosmo dell'universo.

Tra i quattro Veda – Rigveda, Samaveda, Yajurveda e Atharvaveda – un posto d'onore va al Rigveda, il più antico e il più importante. Datato tra il 1500 e il 1200 a.C., il Rigveda raccoglie oltre mille inni, composti in una lingua rigida e intrisa di simbolismo, che celebrano divinità celesti come *Agni* (il dio del fuoco) e *Indra* (il dio della guerra e della pioggia). Questi inni sono un'apertura sul mondo vedico, dominato da un profondo senso del sacro che permea ogni aspetto della vita.

"Rta" ovvero ordine, armonia.

Il cuore della filosofia vedica sta nel concetto di "Rta", una parola che significa "ordine", "verità" o "armonia". Ṛta rappresenta il principio universale che regola sia il cosmo che l'agire umano. Secondo questa visione, il sole sorge ogni giorno, le stagioni cambiano e le acque scorrono grazie all'ordine sacro di Rta. Ma Rta non è solo la legge dell'universo: è una dimensione etica. Gli esseri umani, per vivere in armonia, devono seguire questa legge attraverso il rispetto del Dharma (dovere morale) e dei rituali sacri.

Questo senso di ordine non è imposto da una divinità capricciosa ma è intessuto nel tessuto della realtà stessa. È una visione che anticipa, in molti modi, i principi dell'interconnessione del tutto che caratterizzano alcune interpretazioni moderne della fisica quantistica.

"Ṛṣi": i veggenti ispirati dalla natura.

Chi erano gli autori dei Veda? Non erano semplici poeti o sacerdoti. I Veda furono composti da figure conosciute come Ṛṣi, saggi considerati "veggenti" in grado di percepire e udire (*śruti*) le verità eterne rivelate attraverso il cosmo. Le loro visioni erano ispirate dalla natura: l'infinito orizzonte del cielo, il crepitio del fuoco, il fluire dei fiumi. In senso metaforico, si pensava che questi saggi non inventassero nulla, ma che ricevessero i Veda direttamente dalle forze divine.

Molte storie della tradizione vedica raccontano di saggi illuminati che vivevano in meditazione profonda nelle foreste, luoghi considerati sacri e intrisi di energia spirituale. Uno di questi Ṛṣi, il leggendario Vasistha, è collegato al concetto del fuoco sacro (*yajña*) e della meditazione, ed è celebrato per la sua devozione a Rta.

"Yajña": il fuoco sacro come legame tra uomo e universo,

Il rito fondamentale della civiltà vedica è il "yajña", un complesso sacrificio del fuoco che racchiude un preciso significato spirituale e sociale. Il fuoco, nella visione vedica, non è solo un elemento naturale ma un mediatore tra la terra e il cielo, tra gli esseri umani e le divinità. Durante il yajña, si offrivano latte, burro chiarificato (*ghi*), grani e altri doni alle fiamme, recitando inni vedici con la consapevolezza di inviare un messaggio celeste alle divinità.

Il yajña non era un atto individuale, ma collettivo. Riuniva l'intera comunità in uno spirito comune di collaborazione, dominato dalla fede che il sacrificio mantenesse l'armonia del cosmo attraverso il potere di Rta. Era un momento in cui l'individuo si percepiva come parte integrata di un più grande schema universale.

L'inno della creazione: il mistero dell'origine dell'universo.

Uno dei passaggi più celebri del Rigveda è l'Inno della Creazione (*Nasadiya Sukta*), un componimento enigmatico che si interroga sull'origine dell'universo con incredibile profondità filosofica. L'inno recita:

"C'era l'Essere o il Non-Essere? Solo Lui sa, o forse neppure Lui."

Questo straordinario interrogativo, rivolto non alla certezza ma al mistero, ha affascinato filosofi per secoli. L'idea che l'universo possa essere nato sia dal tutto che dal nulla ricorda alcuni concetti chiave della fisica quantistica moderna, come il vuoto quantistico, che non è mai veramente "vuoto" ma pullula di possibilità.

L'India vedica è stata la culla di un pensiero che non separa il sacro dalla vita quotidiana: la natura è divina, l'ordine cosmico è etico e l'uomo è parte di un grande tutto. I Veda, e soprattutto il Rigveda, non sono solo un punto di partenza per l'induismo: sono una testimonianza universale di come l'umanità abbia riflettuto sulle domande fondamentali dell'esistenza.

Questo antico sapere, trasmesso per secoli oralmente prima di essere messo per iscritto, continua a ispirare. Guardare ai Veda significa immergersi non solo nella storia indiana ma in un patrimonio culturale e filosofico che ha influenzato lo sviluppo di molte tradizioni spirituali orientali. E anche oggi, tra i misteri delle particelle subatomiche e gli interrogativi sulla natura del cosmo, i versi vedici sembrano ancora sussurrare, misteriosi e moderni: *"Solo Lui sa, o forse neppure Lui."*

Le Upanishad, dimensioni spirituali e filosofiche più profonde.

Con il tempo, la riflessione religiosa si spostò dai rituali comunitari verso una prospettiva più introspettiva e filosofica. Fu così che nacquero le Upanishad, i testi composti tra il 700 e il 300 a.C., che segnano una svolta straordinaria nell'induismo. Le Upanishad abbandonano progressivamente l'aspetto ritualistico dei Veda per esplorare le dimensioni spirituali e filosofiche più profonde.

In uno delle Upanishad più celebri, il Chandogya Upanishad, troviamo la frase: "Tat Tvam Asi" (Tu sei Quello). Questa espressione riassume l'idea che l'anima individuale (Atman) non è altro che una manifestazione della realtà universale (Brahman). Un principio che, in chiave simbolica, sembra anticipare i concetti di interconnessione e unicità che emergono nella fisica moderna.

Parallelamente ai Veda e alle Upanishad, emersero due giganteschi poemi epici: il Mahabharata e il Ramayana. Questi testi sono stati composti tra il IV secolo a.C. e il III secolo d.C. In questi testi si mischiano mitologia, filosofia e insegnamenti etici. Il Mahabharata, con i suoi oltre 100.000 versi, è il poema epico più lungo della letteratura umana. Al suo interno troviamo la Bhagavad Gita, uno dei testi più venerati dell'induismo.

La Gita è una conversazione tra il principe Arjuna e il dio Krishna, in cui si affrontano questioni spirituali, morali e filosofiche. Krishna insegna che il dovere (*Dharma*) deve essere eseguito senza attaccamento ai risultati. Una lezione che, ancora oggi, ispira non solo devoti, ma anche pensatori moderni e leader, come Mohandas Gandhi, che definì la Bhagavad Gita

"il mio faro nei momenti di buio".

Cronologia e luoghi dell'induismo.

Dal punto di vista geografico e storico, l'induismo si radicò in quello che oggi è il subcontinente indiano. I luoghi sacri, come Varanasi (la città sulla riva del Gange considerata il centro spirituale dell'universo), sono tuttora importanti per coloro che seguono l'induismo. Secondo un'antica tradizione, Varanasi fu fondata dal dio Shiva, uno dei principali dei della tradizione induista. Qui, non solo si prega, ma si riflette sull'impermanenza della vita osservando le cremazioni sulle rive del Gange.

Anche il periodo Gupta (circa 320-550 d.C.) giocò un ruolo cruciale nello sviluppo dell'induismo come sistema culturale completo. Fu in questa epoca che molti templi furono costruiti, rafforzando il legame tra fede, arte e architettura. Il tempio di Khajuraho, costruito più tardi (IX-X secolo d.C.), illustra con le sue sculture una comprensione unica della spiritualità, dove il divino si intreccia con la vita terrena in un gioco simbolico e raffinato.

L'induismo non è solo una religione, ma uno specchio che riflette la storia e la cultura di una civiltà millenaria. La capacità di conciliare riti, filosofia e una visione spirituale dell'universo l'ha reso un faro per molti studiosi, viaggiatori e pensatori. In un mondo dove la modernità spesso si scontra con il passato, l'induismo dimostra che è possibile integrare la tradizione con l'innovazione.

Riscoprire le sue origini non è solo un viaggio nella storia, ma un'occasione per riflettere su grandi domande che continuano ad affascinare l'umanità: Chi siamo? Che cos'è la realtà? Possiamo davvero capire le leggi che governano l'universo? Queste domande, nate dai Veda e approfondite dalle Upanishad, sono le stesse che oggi alimentano una nuova era di dialogo tra filosofia orientale e scienza.

Il Brahmanismo e la ricerca dell'assoluto.

Nell'evoluzione dell'induismo, il passaggio dalla religiosità rituale vedica al pensiero filosofico del Brahmanismo segna una delle svolte più significative della spiritualità indiana. Questo processo, che si sviluppa tra i testi dei Brahmana e degli Aranyakas (VIII-VI secolo a.C.), vede il progressivo superamento del materialismo ritualistico in favore di una riflessione più profonda sul significato della realtà e sull'esistenza dell'uomo. Il concetto centrale di questa svolta è il Brahman, principio assoluto e indivisibile, che si afferma come nucleo della speculazione metafisica indiana.

Nella fase vedica, la religiosità era ancorata a un complesso sistema di rituali (yajña), atti a preservare l'ordine cosmico (Rta) e a garantire la prosperità del clan. I sacerdoti (Brahmani) eseguivano sacrifici elaborati, convinti che queste pratiche avessero un potere capace di influenzare l'universo. Ma con il tempo, questa religione rituale iniziò a mostrare dei limiti. Lo sforzo si spostò allora dalla forma al significato: la domanda non era più come eseguire il rito, ma perché il rito può funzionare.

Questo cambiamento si riflette nei testi dei Brahmana. Qui, i sacerdoti iniziano a cercare connessioni interiori tra l'uomo, l'universo e i rituali. Il rito acquista un significato simbolico: rappresenta un microcosmo della realtà. Tuttavia, la speculazione più profonda prende forma nei testi della foresta (Aranyakas), dove la ricerca si fa più personale e mistica. In questi testi, le pratiche ascetiche e l'isolamento nel silenzio della natura diventano il mezzo per accedere a una dimensione più alta della conoscenza.

La nozione di Brahman nasce come una risposta alle domande fondamentali che stavano emergendo nella società vedica: qual è la realtà ultima? Qual è il principio che unifica tutto ciò che esiste? Nei Brahmana, il Brahman è ancora legato al rito, il potere invisibile che lo rende efficace. Ma negli Aranyakas e nelle prime Upanishad, il Brahman si emancipa da questo contesto, diventando una realtà assoluta, infinita e indivisibile.

Il mistico Yājñavalkya, uno dei filosofi centrali della Brihadaranyaka Upanishad (datata intorno al 700 a.C.), offre un esempio illuminante. Yājñavalkya discute con i suoi discepoli e la sua stessa moglie Maitreyi, esplorando il significato del Brahman. In un dialogo memorabile, egli afferma:

"Tutto ciò che è prezioso, non lo è per se stesso, ma per l'Atman".

Qui Yājñavalkya introduce un legame cruciale tra Atman (il Sé profondo dell'individuo) e Brahman. Questo legame rivela una verità universale: l'anima umana non è separata dall'assoluto, ma è essa stessa parte di esso.

La foresta come luogo di trasformazione.

Un elemento simbolico centrale dell'ascesa del Brahmanismo è rappresentato dall'aranya, la foresta. In un'India sempre più stratificata e urbanizzata, la foresta diventa il luogo della ricerca interiore. I riti della foresta degli Aranyakas segnano un distacco dal mondo materiale, dal caos sociale e dalle rigidità ritualistiche. La solitudine favorisce l'introspezione e il silenzio porta a una comprensione più elevata del Brahman.

L'ascetismo, che aveva radici già nel periodo vedico, assume una dimensione nuova in questa fase. I saggi (*rishi*) iniziano a praticare tecniche di meditazione e di controllo del respiro per raggiungere stati di consapevolezza superiore. Questo approccio intuitivo e mistico si fonde con le prime riflessioni filosofiche, avviando un dialogo fecondo tra meditazione e logica speculativa.

Un esempio significativo è quello del Venerabile Uddālaka Aruni, un altro maestro delle Upanishad. Nel celebre dialogo con suo figlio Śvetaketu, Uddālaka spiega il concetto del Brahman con un'immagine poetica:

"Come guardando il seme del fico non puoi vedere l'albero del fico, così dal tutto (in apparenza vuoto) emerge l'essere unico e onnipresente".

Questo insegnamento sottolinea il carattere ineffabile del Brahman.

Le intuizioni dei Brahmana e degli Aranyakas non rimasero confinate in un passato remoto, ma gettarono le basi per gran parte della filosofia e spiritualità indiana. I concetti di Brahman e Atman, affinati e ampliati nel tempo, hanno continuato a influenzare scuole di pensiero come l'Advaita Vedanta, che proclama l'identità assoluta tra Sé e Assoluto.

Anche oggi, la nozione del Brahman permea la spiritualità indiana. L'idea che esista una realtà unificatrice, invisibile agli occhi, ma percepibile dalla mente e dal cuore, continua a ispirare non solo mistici e filosofi, ma anche scienziati e pensatori che cercano connessioni tra l'universo visibile e quello invisibile.

Il Brahmanismo rappresenta un momento cruciale nella storia dell'Induismo. Fu il passaggio dall'azione rituale alla meditazione filosofica e mistica. Questa trasformazione non solo plasmò la spiritualità indiana, ma lasciò un'eredità duratura, esplorata ancora oggi da coloro che tentano di comprendere il mistero dell'esistenza. Come disse Yājñavalkya:

"Colui che conosce il Brahman diventa il Brahman stesso".

Questa è una ricerca che continua, tra mito e filosofia.

Le Upanishad, il culmine del pensiero vedico.

Le Upanishad, il fulcro della filosofia vedica e indù, rappresentano una delle pietre miliari del pensiero spirituale dell'umanità. Il loro nome, che letteralmente significa "sedersi vicino", evoca l'immagine di un discepolo accanto al proprio maestro, pronto a ricevere insegnamenti profondi e rivelatori. Composti tra il VIII e il IV secolo a.C., in un'epoca di grandi trasformazioni spirituali in India, questi testi segnano il passaggio decisivo da una religione rituale, basata sui sacrifici vedici, a una filosofia di introspezione e ricerca universale.

Uno degli aneddoti più suggestivi dele Upanishad viene dalla Chandogya Upanishad, dove un maestro, Uddalaka Aruni, insegna al figlio Svetaketu il significato dell'identità tra Atman e Brahman. Uddalaka invita il figlio a dissolvere del sale in un recipiente d'acqua e poi a berla. Svetaketu non riesce a vedere il sale ma ne percepisce chiaramente il sapore. Il maestro allora spiega:

"Allo stesso modo, il Brahman pervade tutto ciò che esiste.
Anche se invisibile, la sua presenza è evidente ovunque."

Questo esempio semplice ma profondo ha attraversato i millenni, guidando generazioni di pensatori e spirituali.

Le Upanishad sono più che semplici testi religiosi: sono trattati filosofici che riflettono su temi universali. L'approccio delle Upanishad al cosmo, alla natura e alla condizione umana li rende incredibilmente moderni. Essi non offrono dogmi ma invitano a riflettere e sperimentare. "Chi sono io?" è la domanda centrale che attraversa le loro pagine, una questione che i filosofi di ogni epoca si sono posti.

Nell'Isha Upanishad troviamo l'affermazione paradossale che il Brahman è "più piccolo del più piccolo, più grande del più grande". Questa concezione spinge l'essere umano a trascendere i propri limiti mentali per abbracciare la realtà infinita. L'oscillazione tra la visione immanente (il divino nel mondo) e quella trascendente (il divino oltre il mondo) rende questi testi particolarmente ricchi di spunti.

Le Upanishad hanno influenzato profondamente la cultura e la spiritualità indiana e mondiale. Hanno ispirato sistemi filosofici come il Vedanta, che si basa direttamente sulle loro riflessioni, e dialoghi interni con altre tradizioni religiose. Quando nel XIX secolo il filosofo tedesco Arthur Schopenhauer scoprì le Upanishad, li definì "la consolazione della mia vita" e li considerò uno dei vertici del pensiero umano.

Oltre a gettare le basi della spiritualità indù, le Upanishad continuano a dialogare con i temi contemporanei. Le loro riflessioni sulla natura dell'universo e sul rapporto tra individuo e cosmo sono state messe in relazione con teorie della fisica moderna, come la meccanica quantistica. L'idea che la realtà sia interconnessa e apparentemente contraddittoria – il dualismo apparente di onda e particella, per esempio – richiama in modo sorprendente i concetti esposti in questi antichi testi.

In un'epoca come la nostra, dove molti interrogano il significato dell'esistenza, le Upanishad ci invitano a guardare dentro di noi, ricordandoci che *"Tu sei Quello"*. Le intuizioni di questi testi, nate millenni fa, restano vive e rilevanti, indicando che la saggezza autentica non conosce tempo né confini.

Dai riti ai mantra: come evolve la spiritualità tra le Upanishad.

Nella rivoluzione intellettuale e spirituale rappresentata dalle Upanishad le preghiere e rituali cedono il passo alla meditazione e alla conoscenza diretta del sé (Atman). Questo paragrafo mostra come queste "scritture segrete" abbiano riformulato l'esperienza religiosa vedica, introducendo grandi temi come il Samsara (ciclo della rinascita), il Karma (legge dell'azione) e la Moksha (liberazione).

L'induismo affonda le sue radici nei Veda, i testi sacri più antichi. In questa fase vedica (circa 1500-800 a.C.), la religione si basava sui rituali vedici. Attraverso complessi sacrifici eseguiti dai brahmini, si cercava di mantenere l'ordine cosmico (Ṛta) e ottenere favori divini. Tuttavia, successivamente (circa 800 a.C.) una rivoluzione spirituale e intellettuale cambiò profondamente l'esperienza religiosa. Le Upanishad, le "scritture segrete", inaugurano una nuova fase: la ricerca interiore sostituì la centralità dei riti esteriori.

Le Upanishad spostarono l'attenzione dalla preghiera e dal sacrificio verso la meditazione e l'introspezione. Al centro di questo cambiamento vi è l'Atman, il sé individuale. Attraverso la conoscenza diretta di questo principio interiore, si scopre una verità fondamentale: l'Atman non è separato dall'universo, bensì identico al Brahman, l'assoluto.

Le grandi domande sull'esistenza trovano risposta nelle Upanishad. Viene introdotto il concetto di Samsara, il ciclo infinito di nascita, morte e rinascita. Questo ciclo è regolato dal Karma, la legge secondo la quale ogni azione ha una conseguenza morale, che determina il destino dell'anima nelle vite future. Tuttavia, il fine ultimo della vita non è restare imprigionato nel Samsara, ma raggiungere la Moksha, la liberazione. Questo stato trascende la sofferenza e l'illusione, portando all'unione completa con il Brahman.

Prima delle Upanishad, la religione era dominata da complessi riti e sacrifici, che richiedevano la supervisione dei brahmini. Tuttavia, questi testi segnano un abbandono progressivo del ritualismo vedico. L'importanza si trasferì ai mantra, parole o suoni sacri che favoriscono la concentrazione durante la meditazione. Uno dei più celebri è il mantra "Om", ritenuto la vibrazione primordiale da cui è nato l'universo.

Questa trasformazione spirituale democratizzò la religione. La meditazione e il pensiero filosofico divennero accessibili non solo agli esperti sacerdoti, ma anche agli individui in cerca della verità. Il sapere dele Upanishad, pur essendo esclusivo per alcuni, fu il seme di pratiche future che ispirarono scuole di pensiero come il Buddhismo e il Giainismo.

Il nuovo approccio delle Upanishad influenzò non solo la religione, ma anche la cultura. La visione del mondo proposta dalle Upanishad enfatizzava l'unità, l'interconnessione e la compassione. Questa profonda riflessione si diffuse nelle arti, nella letteratura e nel pensiero. Inoltre, molti di questi temi troveranno eco in epoche successive, quando l'India entrerà in dialogo con il mondo occidentale attraverso il movimento teosofico e la filosofia moderna.

Le Upanishad portarono l'induismo da una religione ritualistica a una ricerca filosofica e spirituale. Attraverso la meditazione, la conoscenza del sé e un'etica centrata sul Karma, questi testi offrirono una via per comprendere il divino e il senso ultimo dell'esistenza. Il loro lascito non si limita allo sviluppo dell'induismo, ma continua a ispirare riflessioni universali sull'identità, sulla realtà e sull'unità dell'essere.

Parallelamente alla trasformazione religiosa, l'India antica visse profondi mutamenti culturali e sociali. (VI secolo a.C.). Questo periodo segnò un'epoca di cambiamenti. L'urbanizzazione si intensificò in molte regioni e sorsero nuove città, come Pataliputra e Varanasi. Questi centri attrassero commercianti, pensatori e asceti, favorendo un clima intellettuale fertile per l'evoluzione delle idee. Fu in questo contesto che si svilupparono molte delle nozioni filosofiche e spirituali che avrebbero definito l'induismo.

Le città divennero crocevia di culture, stimolando un'esplorazione profonda sul senso della vita. La gente iniziò a porre domande cruciali. Che cos'è la sofferenza? Esiste una vita dopo la morte? Come possiamo spezzare il ciclo di nascita e rinascita, noto come Samsara? In risposta a questi interrogativi, si svilupparono concetti come il Karma, che regola le azioni e le loro conseguenze, e il Dharma, che rappresenta il dovere morale e universale.

L'idea di Moksha, la liberazione finale dal Samsara, divenne uno dei pilastri della filosofia induista. Per molti, l'obiettivo ultimo della vita era sfuggire alla ciclicità dell'esistenza e raggiungere l'unione con il divino, il Brahman. Questa visione offrì risposte che andavano oltre il livello ritualistico dei Veda, avvicinandosi a un pensiero più intimo e speculativo. Tali sviluppi si riflettono nei Upanishad, testi filosofici che emergono proprio in quest'epoca. In essi, l'essere umano non è più solo uno strumento nei riti, ma un cercatore di verità.

Tra i luoghi più iconici legati all'induismo, spicca la città di Varanasi, affacciata sul sacro fiume Gange. Secondo la tradizione induista, Varanasi è una delle città più antiche del mondo, conosciuta anche come Kashi, *"la città della luce"*. Molti credono che morire a Varanasi, immersi nelle sue sacre acque, garantisca la liberazione dal ciclo delle rinascite. La città è ricca di simbolismo. Le sue rive pullulano di fedeli che compiono abluzioni rituali, meditano o accendono lampade votive al tramonto, creando uno spettacolo che unisce sacro e profano.

Uno dei *"Shakti Pitha"*, i sette luoghi sacri più venerati, si trova qui a Varanasi. Gli antichi poemi raccontano che il dio Shiva, nel suo aspetto distruttore e rigeneratore, scelse Varanasi come suo regno terreno. Questo legame con Shiva, una delle principali divinità dell'induismo, ha rafforzato la centralità della città nella religione. I racconti epici del Mahabharata e del Ramayana menzionano spesso questi luoghi, collegando la città al tessuto mitico dell'India..

Il clima intellettuale del periodo diede forma a nuove correnti di pensiero che risposero a esigenze profonde. Uno dei personaggi determinanti di quest'epoca fu il saggio Yajnavalkya, noto per i suoi insegnamenti presenti nei Brihadaranyaka Upanishad. Si dice che Yajnavalkya dialogasse con i discepoli e perfino con la propria moglie, Maitreyi, su temi elevati quali l'immortalità dell'anima e la natura dell'assoluto. Maitreyi emerge come figura significativa, mettendo in luce il ruolo delle donne nella ricerca filosofica dell'India antica, sebbene il contesto rimanesse prevalentemente dominato dagli uomini.

La riflessione sul Samsara trovò eco anche in altre correnti religiose, come il giainismo e il buddismo, che iniziarono a diffondersi in questo periodo. L'induismo, tuttavia, mantenne una potente sintesi tra ritualismo e filosofia, creando una tradizione aperta e flessibile.

Il Gange, fiume sacro per eccellenza, rappresenta più di un semplice corso d'acqua. L'induismo lo concepisce come un dono divino portato da Shiva sulla Terra. Innumerevoli pellegrini giungono ogni anno per immergersi nelle sue acque, che si ritiene abbiano il potere di purificare l'anima dai peccati e consentire l'accesso al Moksha. La figura del Gange è celebrata nei testi e nelle cerimonie. Si narra che la dea Ganga, personificazione del fiume, scese dal cielo per volontà di Shiva, il quale attutì la sua discesa nelle sue chiome per proteggere il mondo.

Varanasi, situata sulle rive del fiume, è il punto di convergenza tra la dimensione terrena e quella spirituale. Ogni anno, i *"ghat"* (le scalinate che si affacciano sul Gange) vedono milioni di fedeli radunarsi per celebrare le feste religiose, come il Diwali o il Kumbh Mela.

Dunque, quel periodo (VI secolo a.C.) fu un momento cruciale nella storia dell'induismo. La crescita delle città e l'evoluzione del pensiero filosofico portarono alla nascita di una spiritualità più profonda e complessa. Luoghi come Varanasi e concetti come Karma, Dharma e Moksha permisero di coniugare la tradizione rituale dei Veda con un nuovo senso di introspezione. Questo equilibrio tra religiosità e riflessione personale rese l'induismo uno dei sistemi filosofici più ricchi e duraturi al mondo. Il legame con il "territorio sacro" e il rispetto per i fiumi, come il Gange, continuano a ispirare milioni di persone, unendo presente e passato in una tradizione senza tempo.

Spiritualità in cammino: la geografia sacra e i luoghi originari dell'Induismo.

L'Induismo, una delle tradizioni spirituali più antiche del mondo, affonda le sue radici nei luoghi dove terra, acqua e cielo si sono incontrati per ispirare generazioni di saggi, poeti e devoti. La geografia non è un semplice sfondo nella storia dell'Induismo, ma un elemento vivo, sacro, intriso di simbolismo. Le pianure del Gange e le foreste dell'India settentrionale sono state culle di riflessione, preghiera e filosofia. In questi luoghi, la spiritualità si è intrecciata profondamente con la natura, dando vita a una visione unica del mondo e del divino.

Le pianure del Gange, fertili e maestose, sono state il palcoscenico principale dove le tradizioni vediche si sono consolidate. Questo fiume, che scorre maestoso attraverso l'India settentrionale, è molto più di un corso d'acqua. Per i devoti, il Gange (Ganga) è una madre, una dea viva che purifica e rigenera. Secondo i testi sacri, le sue acque scendono direttamente dal paradiso, e immergersi nelle sue correnti ha il potere di lavare via i peccati.

In queste pianure si svilupparono i primi centri spirituali e culturali. Le città sacre come Kashi, oggi nota come Varanasi, divennero punti di riferimento per la conoscenza, i rituali e la meditazione. Kashi, definita la città eterna, è considerata uno dei luoghi più antichi abitati in modo continuo nella storia umana. Qui, i *"rishi"* (saggi) si incontravano per studiare i Veda, recitare mantra e insegnare la relazione tra l'Atman (l'essenza individuale) e il Brahman (la realtà universale).

Aneddoti arricchiscono questa geografia sacra. Uno dei testi vedici racconta che il fiume Sarasvati, oggi scomparso, si univa al Gange e allo Yamuna in un punto sacro chiamato Prayaga (la moderna Allahabad). Questa confluenza, o *"triveni sangam"*, è tuttora venerata come simbolo dell'unione di forze divine e della ricerca dell'illuminazione spirituale.

Dove finisce il trambusto delle pianure nasce il silenzio delle foreste. Le dense foreste dell'India settentrionale, popolate da alberi imponenti e luoghi remoti, furono rifugi ideali per gli asceti e i mistici che cercavano il divino attraverso la meditazione e l'introspezione. In questi spazi isolati e lontani dalla civiltà, presero forma gli insegnamenti delle Upanishad, i testi filosofici che svilupparono un nuovo modo di concepire il rapporto tra uomo e cosmo.

Figura emblematica di questa spiritualità contemplativa è Yajnavalkya, un filosofo vedico che vagò attraverso queste foreste interrogandosi sulla natura dell'universo e del sé. La foresta divenne così non solo rifugio fisico, ma una metafora per la ricerca interiore, il viaggio verso il Brahman, la verità assoluta.

Il fiume Sarasvati: il flusso perduto della conoscenza.

Un capitolo fondamentale della geografia sacra indù riguarda il fiume Sarasvati, un corso d'acqua tanto reale quanto mitologico. Menzionato nei Rigveda come un "fiume possente, rapido e luminoso", il Sarasvati era simbolo del flusso creativo della conoscenza e della purezza. Questo fiume, che un tempo scorreva in parallelo all'Indo, è gradualmente scomparso a causa di cambiamenti climatici e geologici. Il suo destino ha alimentato dibattiti e ricerche archeologiche, ma la sua presenza spirituale rimane intatta.

Il fiume Sarasvati non è mai "morto" nel cuore degli indù. Il suo mito lo ha reso immortale, un archetipo che celebra il legame tra natura e cultura. Questo fiume viene spesso paragonato ad altre grandi risorse fluviali dell'antichità, come il Nilo in Egitto o il Tigri in Mesopotamia. Come il Gange, l'Indo o il Nilo alimentarono le civiltà, anche il Sarasvati fu ritenuto un grembo divino, dove si svilupparono non solo città ma anche idee religiose e sociali.

La connessione tra i fiumi e la spiritualità non è un fenomeno esclusivo dell'India. Le prime grandi civiltà umane nacquero lungo fiumi sacri. L'Egitto venerava il Nilo come fonte di vita e ordine cosmico. La Mesopotamia si affidava ai fertili argini del Tigri e dell'Eufrate per alimentare la sua cultura e le sue credenze religiose. Allo stesso modo, le pianure del Gange e l'ormai perduto corso del Sarasvati favorirono non solo lo sviluppo materiale ma anche quello metafisico.

Ciò che rende unico l'Induismo è l'intensità simbolica attribuita a questi luoghi. Mentre altre civiltà vedevano i fiumi come donatori di vita fisica, i saggi indiani trovarono in essi anche metafore spirituali. L'acqua divenne simbolo non solo di rinascita fisica, ma di purificazione karmica e passaggio verso una realtà superiore.

Le pianure del Gange e le foreste del nord dell'India non sono semplici paesaggi: sono libri aperti sulla storia dell'Induismo. Ogni fiume, ogni albero e ogni città ha una storia da raccontare. Queste geografie hanno plasmato generazioni di pensatori, rituali e credenze. Il Gange e il Sarasvati continuano a scorrere, uno con le sue acque sacre, l'altro come un ricordo, ma entrambi eterni per i milioni che li venerano.

La geografia, nell'Induismo, non è mai statica. È un cammino. Un invito a esplorare, a riflettere e a scoprire il divino che si manifesta nel mondo naturale. In definitiva, è la prova del profondo legame tra l'uomo, la natura e l'infinito.

Religione e filosofia

Questi sviluppi fecero dell'induismo non solo una religione, ma anche una filosofia altamente articolata. Tra le sue peculiarità c'è l'assenza di un fondatore unico e la sua evoluzione come tradizione aperta. Un concetto chiave è la pluralità: Dio è uno, ma si manifesta nei molti. Le divinità come Vishnu, Shiva e Devi sono espressioni diverse dello stesso assoluto.

In sintesi, il passaggio dai rituali vedici al pensiero meditativo dele Upanishad rappresenta il cuore della trasformazione dell'induismo. La sua storia non è solo una lezione sul passato, ma anche un invito a esplorare le profondità della spiritualità e della filosofia. In un mondo che cerca oggi una connessione tra scienza e spiritualità, l'induismo offre esempi di intuizioni che sembrano anticipare concetti moderni, come l'interconnessione dell'universo e la ricerca di ciò che è oltre l'apparente.

Il cuore dell'induismo nasce nei Veda, i testi più antichi di questa tradizione. I Veda sono poesie e inni. Essi celebrano le forze della natura, come il fuoco (Agni) e il sole (Surya), invocati attraverso sacrifici rituali. In questo periodo, il rapporto con il divino era mediato da sacerdoti (i Brahmani), che officiavano cerimonie complesse per mantenere l'armonia cosmica.

Con il tempo, però, molti iniziarono a chiedersi: quale è il significato di questi rituali? Queste domande diedero origine alle Upanishad. Le Upanishad abbandonano l'enfasi sui sacrifici e approfondiscono il mistero dell'essere. Introducono concetti rivoluzionari, come il Brahman, il principio assoluto che sottende l'universo, e l'Atman, l'essenza individuale che coincide con il tutto.

Mentre in Occidente la fede e il pensiero filosofico si sono spesso opposti, l'induismo li integra in una ricerca unitaria del senso della vita. La centralità della meditazione e dell'introspezione è evidente. Un esempio significativo è il canto del mantra "Om", considerato il suono primordiale dell'universo. Il Bhagavad Gita, uno dei testi più importanti della tradizione, combina insegnamenti etici, filosofici e spirituali in una forma epica, raccontando il dialogo tra il principe Arjuna e Krishna, un'incarnazione del divino.

La filosofia induista si distingue per la sua apertura. Non esiste un'unica via verso il divino, né un unico dogma. L'induismo riconosce la pluralità delle strade spirituali, sintetizzata nell'affermazione: *"Dio è uno, ma si manifesta nei molti"*. Le divinità principali – Vishnu, Shiva e Devi – non sono entità separate, ma espressioni diverse dello stesso Brahman. Vishnu rappresenta il conservatore dell'universo, Shiva il trasformatore, mentre Devi incarna l'energia creativa, spesso associata alla figura della Madre divina.

La transizione dai rituali vedici alla meditazione e al pensiero filosofico dele Upanishad ebbe profonde conseguenze culturali. Questo processo riflette anche i cambiamenti sociali dell'India antica, segnata dalla formazione di città e regni complessi. Filosofi e insegnanti come Yajnavalkya, una figura dell'epoca vedica, sfidarono le convenzioni dei Brahmani, proponendo che la vera saggezza non fosse nei rituali, ma nella conoscenza del sé.

L'induismo, inoltre, si mescolò con altre tradizioni culturali. Alcuni studiosi vedono un'influenza reciproca tra il pensiero vedico e le culture della Valle dell'Indo, una civiltà che prosperò lungo i fiumi Indo e Sarasvati. In quest'area, scavi archeologici hanno rivelato sigilli e statue che raffigurano figure in posture meditative e simboli riconducibili a divinità come Shiva nel suo aspetto di signore della meditazione (Pashupati).

Gli insegnamenti di questa tradizione non sono solo un'eredità del passato, ma un invito a esplorare il presente. La visione induista dell'interconnessione tra l'umanità e l'universo ha trovato paralleli affascinanti nella fisica moderna. Il concetto di un Brahman onnipervasivo ricorda l'idea scientifica che l'universo sia un sistema interconnesso, basato su energia e vibrazioni. Figure come il fisico Erwin Schrödinger, uno degli artefici della meccanica quantistica, dichiararono di essere stati influenzati dall'induismo. Schrödinger citò spesso l'idea dell'Atman nei suoi scritti.

L'induismo, con la sua apertura e la sua pluralità, rimane un faro per chi cerca risposte alle grandi domande dell'esistenza. Non è solo una religione che tiene viva la memoria dei suoi miti e rituali; è una filosofia aperta, in continuo dialogo con il pensiero contemporaneo. In un mondo frammentato, l'idea induista di unità – tra sé stessi, gli altri e il cosmo – continua a parlare con una voce antica, ma straordinariamente attuale.

L'Atman e il Brahman: il dialogo eterno sulla natura del sé.

Nelle Upanishad spicca un tema centrale: il rapporto tra Atman, l'anima individuale, e Brahman, la realtà universale. Questo rapporto viene esplorato attraverso dialoghi simbolici tra maestri e discepoli, creando una riflessione senza tempo sulla natura del sé.

Il più famoso insegnamento dele Upanishad si riassume nella frase sanscrita *"Tat Tvam Asi"*, che significa *"Tu sei Quello"*. Questa massima deriva dal Chandogya Upanishad, dove il maestro Uddalaka Aruni guida suo figlio Svetaketu in una serie di dialoghi illuminanti. Uddalaka spiega che il sé profondo dell'individuo (Atman) non è separato, ma identico al Brahman, la fonte ultima che permea l'intero universo. *"Tat Tvam Asi"* non è solo una teoria, ma una rivelazione: ogni individuo è parte di una realtà più vasta e unitaria.

Un altro celebre esempio si trova nella storia di Nachiketa nel Katha Upanishad. Questo giovane, nell'aldilà, pone domande profonde al dio della morte, Yama, cercando di scoprire cosa accade dopo la morte. Yama insegna che l'Atman è immortale, oltre il corpo e la mente. Questa comprensione elimina la paura della morte e conduce alla realizzazione della vera natura eterna dell'essere.

I grandi maestri utilizzavano immagini e metafore per esporre concetti difficili. Nel Brihadaranyaka Upanishad, il saggio Yajnavalkya utilizza l'esempio del sale sciolto nell'acqua per spiegare che, proprio come il sale diventa indistinguibile dall'acqua, l'Atman è inseparabile dal Brahman. In altre parole, mentre l'individuo percepisce se stesso come separato, in realtà è un tutt'uno con l'universo.

I dialoghi non erano semplici scambi di idee, ma veri e propri percorsi pedagogici. Il discepolo iniziava con domande, spesso incerte o confinate a una visione materialista, e il maestro rispondeva con pazienza, portandolo gradualmente a intuire una visione più ampia e trascendente.

La portata filosofica del rapporto tra Atman e Brahman ha attraversato i confini geografici. Gli scritti delle Upanishad arrivarono in Occidente nel XIX secolo, attirati dall'interesse di pensatori come Arthur Schopenhauer. Il filosofo tedesco descrisse le Upanishad come "il conforto della mia vita" e trovò in esse una visione speculativa che rafforzava il suo pessimismo metafisico. Anche Ralph Waldo Emerson, poeta e saggista americano, ammirò questi testi, lasciandosi ispirare dalla loro enfasi sull'interconnessione tra l'essere umano e l'universo.

In Oriente, invece, il dialogo sull'Atman e il Brahman influenzò profondamente le scuole filosofiche successive, come l'Advaita Vedānta di Adi Shankara. Shankara, filosofo del IX secolo, consolidò l'identità di Atman e Brahman come il fondamento del monismo vedantico. Secondo lui, il mondo percepito è *Maya* (illusione), mentre la realtà ultima è il Brahman.

Le Upanishad insegnano che la conoscenza di sé è il primo passo verso la libertà. Divenire consapevoli dell'identità tra Atman e Brahman significa superare il senso di separazione, abbattere l'ego e vivere con una connessione profonda alla realtà universale. Questo messaggio resta incredibilmente moderno, offrendo risposte a domande esistenziali ed equilibrando la ricerca personale con l'interdipendenza cosmica.

Luoghi sacri come Varanasi o i ghiacciai dell'Himalaya sono stati per secoli i rifugi di saggi e ricercatori, impegnati nella scoperta dell'Atman. Il fascino di questi paesaggi, unito alla forza simbolica dei dialoghi vedici, continua ad attirare pellegrini da ogni parte del mondo. L'induismo non offre risposte preconfezionate, ma un viaggio senza fine verso la consapevolezza.

In conclusione, il dialogo tra Atman e Brahman nelle Upanishad è più di un'esplorazione filosofica. È un invito all'essere umano a riconoscere la propria unicità e la propria unità con il tutto. E questo invito resta aperto, dialogando ancora con la nostra epoca.

Capitolo III. Un parallelo tra induismo e fisica.

La visione indù dell'universo.

L'induismo, una delle più antiche e profonde tradizioni spirituali del mondo, ha sempre proposto una visione dell'universo come un'entità unica e interconnessa. Questa concezione si ritrova nei suoi testi fondanti, i Veda e le Upanishad, risalenti a circa 3.000 anni fa. Attraverso un linguaggio poetico e simbolico, questi testi descrivono l'universo come una grande *"unità cosmica"* in cui tutto si intreccia, si fonde e si riflette vicendevolmente. Per l'induismo, l'universo non è un semplice insieme di oggetti materiali. È piuttosto un oceano dinamico di energia, coscienza e connessione. Quest'idea, sorprendentemente, anticipa alcune intuizioni della fisica quantistica moderna.

Il concetto di Brahman e Atman: il nucleo dell'interconnessione universale..

Nel cuore della visione indù troviamo il concetto di Brahman, il principio cosmico supremo. Il Brahman è descritto come la fonte primordiale di tutto ciò che esiste. È eterno, infinito e trascende il tempo e lo spazio. Secondo le Upanishad, tutto nell'universo nasce da Brahman e a esso ritorna, in un ciclo continuo di creazione, preservazione e dissoluzione.

Accanto al Brahman c'è l'Atman, l'anima individuale. La filosofia indù insegna che Atman e Brahman sono, nella loro essenza, una cosa sola. Questa nozione si riassume nella celebre frase delle Upanishad: *"Tat Tvam Asi"* (*Tu sei Quello*). In questa frase, *"Quello"* si riferisce al Brahman, la realtà ultima. L'individuo non è separato dall'universo, ma ne è una parte intrinseca e fondamentale. Lo stesso principio di unità si ritrova nella fisica quantistica, in cui ogni particella è legata a tutte le altre attraverso leggi e fenomeni che trascendono la percezione ordinaria.

La fisica quantistica, sviluppatasi nel XX secolo, ha introdotto una visione dell'universo diversa da quella della fisica classica. I fenomeni quantistici, come l'entanglement (intreccio quantistico), mostrano come due particelle, anche se separate da distanze enormi, possano rimanere collegate in modo istantaneo. Questo comportamento ha spinto molti scienziati a interrogarsi sulla natura profonda della realtà e sulla sua interconnessione nascosta.

Nella filosofia indù, un parallelo interessante si trova nel concetto di "*Indra's Net*", un'antica metafora descritta nei testi buddisti e indù. Si immagina l'universo come una rete infinita, con perle poste a ogni intersezione. Ogni perla riflette tutte le altre, in un gioco infinito di rimandi e interdipendenze. L'immagine di questa rete richiama l'idea dell'universo quantistico come una ragnatela indivisibile di relazioni.

Anche il principio di complementarità di Niels Bohr, un pilastro della fisica quantistica, trova un'eco nel pensiero indù. La complementarità sostiene che particelle come elettroni o fotoni mostrano proprietà sia ondulatorie che corpuscolari, a seconda del contesto di osservazione. Questo dualismo ha una sorprendente somiglianza con la natura duplice del Brahman, che è allo stesso tempo impalpabile (*nirguna Brahman*) e manifestato (*saguna Brahman*).

L'induismo integra la sua visione cosmica non solo attraverso la filosofia ma anche nella geografia sacra e nei rituali. Luoghi come Varanasi, sulle rive del Gange, sono considerati riflessi fisici dell'armonia cosmica. I templi indù, con la loro struttura architettonica unica, rappresentano l'universo in miniatura, dove la cupola simboleggia il cielo e la base rappresenta la terra. Questi luoghi fungono da ponti tra il materiale e lo spirituale, incarnando l'idea di un'interconnessione universale.

Il Mahabharata, uno dei grandi poemi epici indù, offre un altro esempio. In esso, Krishna rivela ad Arjuna la sua forma cosmica nella Bhagavad Gita, mostrando un'immagine dell'universo come un tutto vivente e pulsante, in cui il divino è presente in ogni singola particella. Anche questa visione riflette l'idea centrale della fisica quantistica: l'universo è più di una somma delle sue parti.

Scienziati e filosofi: un dialogo tra Oriente e Occidente.

Numerosi filosofi e scienziati hanno evidenziato le affinità tra l'induismo e la fisica quantistica. Fritjof Capra, fisico austriaco e autore de "*Il Tao della fisica*", ha esplorato profondamente questo parallelo. Nel suo libro, Capra sostiene che i concetti di interconnessione e unità presenti nelle tradizioni filosofiche orientali, come l'induismo, risuonano con le scoperte della fisica moderna. Un altro esempio viene da Erwin Schrödinger, uno dei padri della meccanica quantistica, che dichiarò di essersi ispirato alla filosofia vedantica. Schrödinger, affascinato dall'idea dell'unità tra osservatore e osservato, arrivò a questa intuizione proprio grazie alla lettura delle Upanishad.

L'induismo, con la sua visione totalizzante dell'universo, non si limita a essere una religione o una filosofia. È un modello di pensiero che invita a percepire il mondo come un organismo vivente. In un'epoca in cui la scienza continua a svelare le connessioni sottili tra le particelle, la visione indù del cosmo appare incredibilmente attuale.

La fisica quantistica e l'induismo, ognuno a suo modo, ci ricordano che siamo tutti parte di un unico "tessuto cosmico". Che sia attraverso le formule matematiche di un fisico o i canti sacri di un mistico, il messaggio è lo stesso: l'universo non è diviso, ma unito in profondità. In questo modo, tradizione spirituale e scienza moderna ci offrono due linguaggi per esplorare una verità universale che abbraccia sia il visibile che l'invisibile.

Brahman: l'assoluto indivisibile.

Al cuore della visione indù si trova il concetto di Brahman, la realtà ultima e assoluta. Il Brahman non è una divinità personale, ma una forza cosmica, infinita e onnipervadente. Secondo i testi delle Upanishad, tutto ciò che esiste è una manifestazione di questo principio unico. Un passaggio emblematico della Chandogya Upanishad recita:

"Tutto ciò che esiste è essenzialmente Brahman".

Questa affermazione sottolinea l'idea che ogni atomo dell'universo, ogni individuo e ogni evento siano parte di un tutto più vasto.

Parallelamente, la fisica quantistica ha mostrato che il mondo subatomico non è composto da entità isolate, ma da campi di energia intrecciati. Il fenomeno dell'entanglement quantistico, scoperto negli anni '30, dimostra che due particelle, anche se separate da immense distanze, possono rimanere connesse in modo istantaneo. Questo principio ricorda da vicino la visione indù dell'interconnessione universale. Se tutto è Brahman, allora l'idea di separazione diventa un'illusione.

L'induismo, attraverso il Brahman, descrive l'universo come una unità indivisibile. Secondo questa visione, la distinzione tra oggetti, esseri viventi ed eventi è solo apparente. I sensi umani percepiscono separazione, ma le Upanishad affermano che si tratta di *Maya*, un'illusione. Dietro ogni cosa c'è un'unica essenza, trascendente e immanente allo stesso tempo. Brahman non è solo "fuori", nell'universo osservabile, ma si trova anche "dentro", come l'Atman, il Sé interiore.

Una metafora tradizionale per spiegare questa verità è quella dell'argilla e dei vasi: i vasi possono avere forme diverse, ma sono tutti fatti dello stesso materiale. Allo stesso modo, ogni elemento dell'universo visibile è una forma particolare, ma la sostanza originaria rimane unica: Brahman.

La fisica quantistica, sviluppatasi nel XX secolo, ha sfidato il senso comune e le intuizioni scientifiche classiche. Lungo questa ricerca dell'infinitamente piccolo, i fisici hanno scoperto che l'universo non è fatto di particelle isolate. Tutto ciò che esiste è formato da campi di energia complessi e intrecciati. Le particelle sono come "onde" di uno stesso mare, un'immagine che ricorda profondamente i concetti espressi dalle Upanishad.

Uno degli esempi più sorprendenti è quello dell'entanglement quantistico. Proposto inizialmente da Albert Einstein, Boris Podolsky e Nathan Rosen nel 1935 e confermato più tardi da esperimenti come quelli di Alain Aspect negli anni '80, l'entanglement dimostra che due particelle possono restare connesse istantaneamente, anche se separate da migliaia di chilometri. Se una particella cambia stato, la sua "gemella" lo farà simultaneamente. Questo fenomeno sfida l'idea classica di separazione spaziale ed evoca una realtà sottostante interconnessa, simile a quella indicata dall'induismo.

Per i maestri indiani, il senso di separazione che domina la mente umana può essere superato attraverso pratiche spirituali come il *dhyana* (meditazione) e il *jnana* (conoscenza). Il processo consente di riconoscere l'interconnessione universale e di riscoprire la propria unità con il Brahman.

Un celebre dialogo tra il padre Aruni e il figlio Svetaketu, nella Chandogya Upanishad, offre un insegnamento simbolico: Aruni usa il latte di una mucca per spiegare al figlio che le forme possono cambiare, ma la sostanza di base rimane la stessa.

Aruni, con il desiderio di insegnare una preziosa lezione al figlio, decide di usare un esempio molto semplice preso dalla vita quotidiana.

Prende un po' di latte da una brocca e inizia a versarlo in diversi contenitori uno alla volta. Prima lo versa in un bicchiere alto e stretto, poi in una ciotola larga e piatta, e infine in una bottiglia dal collo sottile. Dopo ogni versamento, chiede al figlio di osservare come cambia la forma del latte.

Il figlio, incuriosito, nota come il latte prenda la forma del contenitore in cui viene versato. A questo punto, Aruni gli spiega:

> *"Vedi, il latte cambia forma perché si adatta al contenitore, ma in sé stesso rimane sempre latte. L'essenza del latte non cambia."*

Con questo semplice esperimento, Aruni vuole trasmettere al figlio un principio profondo: nella vita, molte cose possono mutare nella loro forma esteriore, ma la loro essenza, ciò che sono veramente, rimane costante. Questo lo insegna non solo in riferimento agli oggetti, ma anche alla vita in generale, alle persone e alle situazioni. È una lezione di stabilità, di identità e di comprensione di ciò che è essenziale al di là delle apparenze.

Questo insegnamento è valido non solo per l'universo visibile, ma anche per l'invisibile.

La fisica quantistica, pur con le sue radici occidentali, arriva a conclusioni che sembrano richiamare l'intuizione spirituale dell'induismo. I fisici teorici spesso riferiscono che la realtà subatomica non può essere osservata senza che il processo di osservazione la influenzi. In altre parole, l'osservatore e il fenomeno osservato sono parte di un unico sistema. Allo stesso modo, le Upanishad affermano che il Sé umano (Atman) non è separato da ciò che osserva, ma è un frammento dell'intero.

Personaggi e riflessioni contemporanee.

Pensatori come Erwin Schrödinger, uno dei padri della fisica quantistica, si mostrarono affascinati dalle filosofie orientali. Schrödinger, che lesse profondamente le Upanishad, scrisse spesso di come la nozione d'indivisibilità nell'indagine scientifica trovasse eco nell'idea di Brahman. Egli sosteneva che l'antica saggezza indiana poteva offrire strumenti di comprensione per fenomeni complessi, come l'entanglement.

Un altro scienziato ispirato dalla visione indù fu il fisico David Bohm, il quale sviluppò l'idea di un *"ordine implicito"*. Bohm suggerì che l'universo osservabile è il riflesso di un ordine sottostante e indivisibile. Questa prospettiva si avvicina all'idea indiana di Brahman e Maya, dove l'universo materiale è solo una superficie di una realtà più profonda.

La visione indù dell'universo, con il concetto di Brahman al suo centro, propone una comprensione rivoluzionaria della realtà. Anche la fisica quantistica, benché basata su metodi scientifici, rivela una connessione universale tra gli elementi dell'esistenza. Questi due ambiti, apparentemente così distanti, sembrano convergere verso lo stesso punto: l'idea che la separazione sia un'illusione e che l'universo sia un'unica realtà indivisibile.

In un tempo in cui la scienza e la spiritualità cercano linguaggi comuni, Brahman e la fisica quantistica dimostrano che non è necessario scegliere tra intuizione e razionalità: entrambe possono contribuire a rappresentare il mistero dell'esistenza.

Nell'induismo, l'universo è percepito come un'unità indivisibile, un'immensa rete in cui ogni parte è intimamente connessa al tutto. Questa visione cosmica ruota attorno al concetto di Brahman, l'entità assoluta che rappresenta la realtà ultima e il principio fondamentale di tutto ciò che esiste. Brahman non è soltanto "il divino" nel senso teologico occidentale; Brahman è il Tutto. È l'essenza unica e indefinibile che sottende e permea l'intero cosmo.

Secondo le Upanishad, i testi filosofici più profondi della tradizione indù, Brahman è eterno, infinito e indivisibile. Esso non ha forma, ma tutto ciò che ha forma scaturisce da esso. La frase *"Tat Tvam Asi"* suggerisce che l'Atman, il sé individuale, e Brahman, la realtà suprema, sono in realtà una cosa sola. L'individuo non è separato dal cosmo ma ne è piena manifestazione.

Questa prospettiva indù risuona sorprendentemente con alcune idee della fisica quantistica contemporanea. Ad esempio, il fenomeno noto come entanglement quantistico dimostra che due particelle, anche a distanze enormi, rimangono costantemente connesse. Qualsiasi cambiamento nello stato di una particella influisce istantaneamente sull'altra, come se entrambe facessero parte di un'unica entità interconnessa. Allo stesso modo, per l'induismo, nulla è realmente separato. In una frase piuttosto emblematica delle Upanishad, si afferma:

> *"Chi vede il tutto in ogni cosa e ogni cosa nel tutto, non conosce paura né divisione".*

Per i fisici quantistici moderni, come David Bohm, questa interconnessione richiama l'idea di un "ordine implicito", una realtà di fondo in cui tutto è unito a livello profondo, anche se appare frammentato dalla nostra percezione. Questo concetto non è poi così diverso dalla visione di Brahman proposta dai saggi indiani migliaia di anni fa.

Adi Shankara e la filosofia dell'Advaita Vedānta.

Nel corso dell'VIII secolo, Adi Shankara, uno dei più grandi pensatori dell'India, elaborò la filosofia dell'*Advaita Vedānta*. Advaita significa "non-dualità" e rappresenta il cuore del pensiero indù sull'unità cosmica. Secondo Shankara, la separazione tra individuo e universo, tra spirito e materia, è un'illusione derivata dalla mente. Questa illusione viene chiamata *Maya*. Solo attraverso la conoscenza e la consapevolezza si può percepire la verità ultima: tutto è Brahman.

Un aneddoto racconta che Shankara, viaggiando in India, rispose a un discepolo che gli aveva chiesto del significato della realtà:

"Meditando sull'oceano, ricorda che ogni onda, anche la più piccola, è sempre oceano. Dimenticare questo è l'ignoranza".

Questa metafora, tanto semplice quanto profonda, richiama la moderna idea di una realtà fondamentale che unifica ogni cosa, anche ciò che sembra separato.

Un simbolo tangibile di questa visione unitaria si trova a Varanasi, conosciuta anche come Kashi, una delle città più sacre dell'induismo. Situata sulle rive del Gange, Varanasi non è soltanto un luogo sacro, ma anche un microcosmo dell'universo. Secondo la tradizione indù, Varanasi esiste simultaneamente su un piano fisico e su uno spirituale, rappresentando simbolicamente il punto in cui Brahman si manifesta attraverso il divenire del mondo fenomenico. La città è spesso descritta come il "ponte" tra il visibile e l'invisibile, tra la molteplicità e l'unità.

Ogni mattina, migliaia di devoti si immergono nel Gange a Varanasi, cercando l'unità spirituale con l'universo. Questo atto non è solo un rituale ma un riconoscimento simbolico della loro connessione con Brahman, l'assoluto. Si racconta nei testi che "chi muore a Kashi è liberato dall'illusione di separazione" e ritrova l'identità con il tutto.

L'induismo e l'universo olistico.

La visione indù dell'universo come un tutto indivisibile invita a riflettere su ciò che ci lega, oltre le apparenze delle differenze e delle divisioni. L'approccio olistico della filosofia indiana incoraggia a pensare che ogni aspetto del cosmo – dalla più piccola particella alle più maestose galassie – abbia un significato intrinseco in quanto parte di una rete universale e infinita.

La fisica quantistica, con le sue recenti scoperte, ci suggerisce un'immagine del mondo sorprendentemente simile. Nonostante l'enorme distanza temporale e culturale tra la tradizione indù e la scienza moderna, entrambe ci spingono verso la stessa intuizione: l'universo non è un puzzle frammentato, ma un tutt'uno che respira all'unisono.

In questa visione, l'unione tra fisica e filosofia non appare più un'utopia, ma un dialogo necessario per comprendere la sostanza dell'esistenza. Dopo tutto, come affermò un filosofo indiano ancora sconosciuto all'Occidente:

"Per chi conosce Brahman, tutto è conosciuto".

La Danza cosmica di Shiva e la dinamica dell'universo.

Nel cuore della filosofia indù, Shiva appare come una figura universale, un ponte tra spiritualità e scienza. Tra le sue molteplici rappresentazioni, quella del Nataraja, il *Signore della Danza*, è forse la più affascinante. La sua danza cosmica non solo possiede un profondo significato spirituale, ma sembra anche anticipare alcune delle dinamiche studiate oggi dalla cosmologia moderna.

Il Nataraja rappresenta Shiva mentre danza sul corpo di un demone, Apasmara, simbolo dell'ignoranza. La sua posa è circondata da un anello di fuoco, rappresentazione del ciclo continuo di creazione, preservazione e distruzione. Con una mano regge il tamburo (*damaru*), simbolo del suono primordiale (*nada*) e della creazione. Un'altra mano porta la fiamma, emblema della distruzione. Il gesto della mano destra (*abhaya mudra*) invita alla calma, indicando che il ciclo cosmico, per quanto tremendo, non deve essere temuto.

Secondo la filosofia indù, questi ritmi cosmici non terminano mai. Nella danza di Shiva si manifesta l'essenza dell'universo: un perpetuo alternarsi di nascita, morte e rinascita. Questo concetto, che affonda le radici nei testi sacri come lo Shiva Purana, ha trovato eco nella moderna comprensione del cosmo, la quale descrive un universo in espansione e contrazione, comparabile ai "respiri" di un'entità infinita.

La cosmologia contemporanea descrive l'universo come una realtà dinamica. La teoria del *Big Bang* rappresenta l'inizio di tutto, un'esplosione primordiale che ricorda il tamburo di Shiva e il primo suono vibrante della creazione. Ma l'universo non si limita a espandersi: secondo alcune teorie, come quella del *Big Crunch*, potrebbe giungere a una contrazione finale. Questo eventuale collasso ricorderebbe il fuoco distruttore nella mano del Nataraja. Dopo questa distruzione, potrebbe seguire una nuova nascita cosmica, in una ciclicità che risuona profondamente con la visione indù del tempo, concepito come un ciclo infinito piuttosto che una linea retta.

Il celebre astrofisico Carl Sagan sottolineò questo punto. Parlando della danza di Shiva, commentava che questa danza *"rappresenta il flusso continuo di materia e energia nell'universo, la quale si trasforma incessantemente per mantenere l'armonia cosmica"*.

Sagan era affascinato dall'intuizione dei testi indiani, in cui già si intuivano le dinamiche dell'esistenza a livello sia macrocosmico che microcosmico.

La visione della danza cosmica di Shiva ha trovato espressione non solo nella filosofia, ma anche nell'arte e nell'architettura. Un esempio straordinario è il tempio di Chidambaram, nel Tamil Nadu, uno dei luoghi sacri più importanti dedicati al Nataraja. Costruito nel X secolo, questo sito incarna letteralmente la coscienza cosmica.

All'interno del tempio, la Sala della Danza d'Oro (*Kanaka Sabha*) simboleggia il cuore dell'universo, un luogo sacro dove la materia e lo spirito si incontrano. Qui si celebra l'eterno movimento della realtà. L'architettura stessa, con le sue proporzioni geometriche e i suoi dettagli, si ispira al concetto cosmico di ordine e ritmo. Tale impatto culturale non si ferma all'India: oggi una statua di Nataraja troneggia anche davanti al CERN, il *Centro Europeo per la Ricerca Nucleare*, a Ginevra, come simbolo del continuo dialogo tra scienza e spiritualità.

La rilevanza della danza di Shiva risiede nella sua capacità di unire antiche intuizioni filosofiche e scoperte scientifiche moderne. Per i rishi indiani, i saggi che composero le Upanishad e i Purana, la materia non era né statica né separata dalla coscienza. In modo sorprendentemente simile, la fisica quantistica dimostra che la materia non è mai in quiete: le particelle subatomiche vibrano in schemi complessi, risuonando come nella danza cosmica del Nataraja.

Il parallelismo tra induismo e fisica non è semplice coincidenza. È il risultato di una riflessione profonda sul cosmo, che accomuna le menti dei saggi spirituali antichi e dei ricercatori scientifici moderni. Oggi, come nel passato, il messaggio della danza di Shiva rimane potente: l'universo è un'entità viva, in costante movimento, sempre in trasformazione.

Questo dialogo tra tradizione e scienza ci invita a guardare oltre le apparenze, ponendoci domande fondamentali sull'origine e sul destino dell'universo. Come Shiva nella sua danza senza fine, anche noi, osservatori curiosi del creato, continuiamo a cercare l'armonia nascosta nel caos apparente.

Il suono primordiale dell'universo. La risonanza dell'Om.

Nell'antica visione indù, l'universo non è un semplice aggregato di oggetti materiali, ma una tessitura complessa di energia e vibrazioni, in continua trasformazione. Questa visione trova il suo simbolo più potente e universale in Om (o Aum), considerato il suono primordiale, la prima vibrazione da cui tutto scaturisce. Le Upanishad, i testi filosofici centrali del corpus vedico, descrivono l'Om come il mormorio eterno che permea l'esistenza, la matrice su cui si manifesta il cosmo. Oggi, sorprendentemente, questa concezione entra in dialogo con la fisica quantistica, che esplora l'universo proprio come un intreccio di onde, vibrazioni e frequenze.

Secondo la Mandukya Upanishad, uno dei testi più profondi della tradizione indù, l'Om è molto più di un suono. Esso è la rappresentazione simbolica e sonora di tutta la realtà. Nella sua triplice struttura (A-U-M), Om riassume i tre stati di coscienza umana: la veglia (*Jagrat*), il sogno (*Svapna*) e il sonno profondo (*Sushupti*). L'ultimo stato, ovvero il silenzio che segue alla ripetizione di Om, rappresenta *Turiya*, la pura consapevolezza, ciò che è al di là del tempo e dello spazio.

La vibrazione dell'Om è descritta nelle Upanishad come un "suono eterno" (*Shabda-Brahman*), un'onda che connette ogni elemento dell'universo. È interessante notare come moderni fisici e cosmologi abbiano trovato paralleli con questa idea attraverso teorie che vedono il cosmo come una rete di vibrazioni. La teoria delle stringhe, per esempio, sostiene che ogni particella subatomica altro non è che una vibrazione di una stringa fondamentale. Per il pensiero indù, ciò equivale a dire che tutto nel cosmo, dal macro al micro, è l'espressione della risonanza originaria.

La scienza della vibrazione.

Molte pratiche indù, come la meditazione e il canto dei mantra, hanno interiorizzato questa prospettiva vibratoria. I saggi indiani (rishi) ritenevano che cantare l'Om non fosse solo un'attività spirituale, ma anche una modalità per entrare in sintonia con l'universo stesso. Oggi, neuroscienziati e fisici stanno iniziando a comprendere l'effetto delle vibrazioni sonore sul corpo umano. Studi condotti sulla risonanza acustica hanno dimostrato che il canto ripetuto dell'Om può stabilizzare il sistema nervoso e influenzare le onde cerebrali, portando a stati di rilassamento e consapevolezza.

In ambito fisico, un altro parallelo interessante è il fenomeno del Big Bang, la teoria secondo cui l'universo avrebbe avuto origine circa 13,8 miliardi di anni fa. Gli scienziati descrivono l'inizio del cosmo attraverso una fase di espansione iniziale accompagnata da fluttuazioni energetiche. In modo poetico, alcuni teologi e cosmologi hanno paragonato questa "esplosione creativa" al suono iniziale di Om, che viene inteso come l'origine vibratoria del tutto.

L'importanza di Om non si è mai limitata alla speculazione filosofica. Questo suono è una parte integrante delle pratiche spirituali indiane da migliaia di anni. Viene recitato come introduzione e chiusura di preghiere, rituali e yoga. Personaggi storici come Patanjali, il grande codificatore dello yoga, hanno sottolineato come Om sia un simbolo sacro che aiuta a connettersi con l'assoluto (Brahman).

Nei templi indiani, come nel magnifico complesso di Rishikesh, sulle rive del Gange, si può spesso sentire il canto collettivo di Om risuonare come un'onda continua di energia, capace di unire le menti dei devoti in un'esperienza comune di trascendenza.

Anche nel campo della meditazione moderna, l'Om gioca un ruolo centrale. Celebrità come il maestro spirituale Paramhansa Yogananda hanno largamente diffuso in Occidente la pratica del canto di Om, evidenziando i suoi benefici per la quiete mentale e la crescita spirituale. Le moderne sedute di mindfulness e yoga riprendono spesso questo antico suono per aiutare i praticanti a raggiungere un equilibrio interiore.

La convergenza di antiche intuizioni e scoperte moderne.

La filosofia indù ci invita a vedere l'universo non come una molteplicità di oggetti separati, ma come un'entità unica generata da vibrazioni universali. La fisica quantistica, dal canto suo, sottolinea che ogni particella è sia materia che onda. La dualità onda-particella, uno dei concetti più noti della meccanica quantistica, sembra così riecheggiare la metafora dell'Om: una vibrazione che dà forma a tutte le cose, ma che in sé è anche invisibile e immateriale.

Questo parallelo tra antiche tradizioni e scienza contemporanea trova nei moderni fisici e pensatori, come David Bohm, un ulteriore appoggio. Bohm ha teorizzato che l'universo stesso è un campo unificato di energie, in cui la materia emerge da una sorta di ordine implicito vibratorio. Non è lontano dall'idea contenuta negli antichi testi indù, in cui l'Om è la trama nascosta della realtà.

L'Om è molto più di un suono o di un mantra. È un simbolo che attraversa millenni di storia e rappresenta l'essenza della visione indù dell'universo. La sua descrizione come *"suono primordiale"* trova oggi eco nei modelli più avanzati della fisica quantistica, mostrando come le intuizioni filosofiche delle Upanishad possano ancora dialogare con il pensiero scientifico contemporaneo. In un certo senso, l'Om ci invita a contemplare l'universo come una sinfonia infinita di vibrazioni, in cui ogni elemento, noi compresi, partecipa alla grande risonanza del tutto.

Maya: l'illusione della separazione.

Secondo l'induismo, la realtà che percepiamo ogni giorno è solo una parvenza, un'apparenza destinata a ingannare i nostri sensi. Questo inganno non è casuale: è Maya, l'illusione. Maya, nella filosofia indù, non sostiene che il mondo sia inesistente o falso. Al contrario, afferma che la percezione della separazione tra gli oggetti, lo spazio e il tempo è un velo che nasconde l'unità sottostante della realtà. La materia ci appare distinta—un albero, una montagna, un fiume—ma tutto è espressione di Brahman, il principio unico e infinito che permea ogni cosa.

Un chiaro esempio di questo concetto si trova nell'analogia della corda e del serpente. Nei testi vedici si invita a immaginare una persona che, al buio, scorge ciò che crede essere un serpente. Prende paura, sente il pericolo. Solo accendendo una luce scopre che non c'era alcun rettile: era una corda arrotolata. Il serpente era un'illusione, così come lo è la frammentazione del mondo che percepiamo. Quando si accende la luce (la luce della saggezza o dell'auto-realizzazione) si comprende la natura reale dell'universo: una rete unitaria in cui ogni cosa è interconnessa.

Questa visione del mondo, che affonda le sue radici nei Veda e nelle Upanishad, trova oggi interessanti paralleli nella fisica moderna. La meccanica quantistica, in particolare, svela che quello che percepiamo come solido, tangibile e materiale è solo un'illusione simile a Maya. Le particelle, considerate i "mattoni fondamentali" della realtà, non sono mai davvero stabili. Gli esperimenti mostrano che sono onde di probabilità: non hanno una posizione fissa né una forma definita finché non vengono osservate.

Prendiamo l'esempio dell'atomo, il fondamento di tutta la materia. Per secoli, gli scienziati hanno immaginato gli atomi come piccoli oggetti solidi, simili a minuscole biglie. Ma oggi sappiamo che l'atomo è quasi interamente vuoto: il nucleo è circondato da un "guscio" di elettroni che fluttuano in uno spazio vuoto. Quello che appare come "solido", come una pietra o un pezzo di legno, è, in realtà, una danza incredibilmente veloce di energia. Questa consapevolezza riecheggia i principi espressi dai rishi, i saggi indù: la realtà percepita non è ciò che sembra, e solo una conoscenza più profonda può rivelare la verità sottostante.

Albert Einstein stesso, sebbene scettico su alcune implicazioni della meccanica quantistica, riconobbe l'esistenza di un substrato universale. Nel 1935, insieme a Boris Podolsky e Nathan Rosen, elaborò il famoso paradosso EPR, che dimostrava come due particelle separate nello spazio potessero rimanere istantaneamente collegate, una proprietà nota come *entanglement quantistico*. Questo suggerisce che la separazione fisica tra oggetti è, in realtà, un'illusione. Anche se non direttamente influenzate dall'induismo, le teorie quantistiche sembrano riproporre antichi concetti indù in linguaggio scientifico contemporaneo.

I testi indù non si limitano a descrivere Maya. Offrono anche strumenti per superarla. La meditazione, lo studio dei testi sacri e l'introspezione profonda permettono di vedere oltre l'illusione. Swami Vivekananda, uno dei filosofi più influenti dell'induismo moderno, descrisse Maya come un sogno dal quale l'uomo deve svegliarsi. Scrisse che *"tutto questo universo è solo percezione, ma al suo interno si trova Brahman, il reale".*

Vivekananda portò questa visione anche in Occidente, mettendo in dialogo la filosofia vedica con il materialismo scientifico dell'Europa del XIX secolo.

Allo stesso modo, gli scienziati impegnati nella ricerca quantistica sembrano inseguire una forma di "illuminazione". Non è un caso che alcuni fisici abbiano trovato ispirazione nella filosofia orientale. Werner Heisenberg, uno dei padri della meccanica quantistica, confessò che dopo aver letto i testi vedici si sentì "profondamente affascinato" dalla loro capacità di intuire alcune verità che la scienza aveva appena iniziato a scoprire.

Maya come principio universale.

L'induismo non considera Maya un nemico da combattere, ma un ostacolo da comprendere. Maya è una spiegazione simbolica di come funzionano la mente e i sensi. Essa separa, analizza e frammenta il mondo per rendere la realtà comprensibile. Tuttavia, per l'induismo, il percorso verso l'illuminazione richiede di trascendere queste limitazioni e riconoscere l'unità fondamentale dell'esistenza.

Maya ci aiuta a riflettere sulla nostra visione moderna del mondo. Quando fissiamo uno schermo o guardiamo una città, vediamo una realtà concreta, ma dimentichiamo che è composta di miliardi di atomi in costante movimento. Lo stesso vale per il nostro io, la parte di noi che percepiamo come distinta dagli altri. Oggi sappiamo che siamo parte di un unico ecosistema globale e che l'illusione della separazione può portarci a distruggere l'ambiente e noi stessi. La fisica moderna e la saggezza antica dell'induismo ci invitano invece a vedere oltre il velo e a ritrovare quell'unità che forse abbiamo perso.

La filosofia Vedānta, largamente influenzata dalle Upanishad, definisce Maya come il velo che copre la vera natura della realtà. Secondo queste scritture, ciò che vediamo con i sensi è volatile, soggetto al tempo e al cambiamento, una manifestazione transitoria di qualcosa di più profondo e immutabile. Adi Shankaracharya, filosofo dell'VIII secolo, sottolineò che Maya crea l'illusione della separazione tra l'individuo e il Brahman. Il mondo empirico, nella sua visione, è come un sogno: reale mentre dura, ma privo di autenticità assoluta.

Un esempio celebre viene dalle parole di Swami Vivekananda, che nei suoi discorsi in Occidente descrisse il mondo materiale come un'"ombra", un riflesso del Brahman. Nello stesso modo in cui le onde superficiali non rappresentano l'intera profondità dell'oceano, il mondo sensoriale nasconde la profondità dell'esistenza.

La meccanica quantistica si interroga, in modo analogo, sulla vera natura della realtà. Un esperimento iconico, quello della doppia fenditura, offre un parallelo intrigante. In questo esperimento, le particelle subatomiche (come gli elettroni) si comportano a volte come onde, a volte come particelle, a seconda del fatto che vengano osservate o no. L'atto stesso dell'osservazione modifica il comportamento delle particelle, suggerendo che l'osservatore e l'osservato siano profondamente interconnessi.

Questo fenomeno richiama il concetto vedantico della coscienza come fattore centrale nella percezione della realtà. Nella filosofia indù, il mondo esiste in relazione alla coscienza che lo percepisce. Analogamente, nella fisica quantistica, la funzione dell'osservatore sembra influenzare il risultato degli eventi fisici. C'è un collegamento profondo tra il mondo fenomenico e la mente che lo interpreta.

La domanda che sorge è cruciale: esiste una realtà oggettiva indipendente dall'osservazione o tutto ciò che vediamo dipende dalla coscienza che osserva? Il Vedānta risponde con il concetto di Advaita: non esiste dualismo, ma tutto è *"non-duale"*. Brahman è l'unica verità, mentre Maya è la costruzione mentale che dà origine a una realtà molteplice. Nel mondo della fisica moderna, il fisico Erwin Schrödinger, che studiò a fondo le filosofie indù, si ispirò a questi concetti per le sue riflessioni sulla natura della coscienza.

Da uno scenario culturale differente, lo scienziato John Wheeler presentò una teoria chiamata *"partecipatory universe"*. Wheeler propose che l'universo non esiste in maniera definita fino a quando non viene osservato. Questa affermazione ricorda la dinamica della doppia fenditura e sembra rendere omaggio ai principi dell'Advaita Vedānta.

Le connessioni tra Maya e le osservazioni della fisica quantistica si estendono anche all'idea che la realtà percepita sia, in un certo senso, una "costruzione collettiva". Gli insegnamenti tradizionali descrivono Maya non solo come un fenomeno individuale, ma come un'illusione condivisa da tutti coloro che vivono nel mondo fenomenico. Nella scienza moderna, i paradigmi di riferimento comunemente accettati, come il tempo e lo spazio, potrebbero essere interpretati come costrutti mentali. La relatività di Einstein stessa ha minato l'idea di un tempo assoluto, rendendo il concetto di Maya ancora più pertinente.

I paralleli tra Maya e la realtà quantistica non suggeriscono che l'induismo sia "scientifico" nel senso moderno. Essi mostrano, piuttosto, come entrambi i campi abbiano una consapevolezza simile: ciò che appare reale potrebbe non esserlo del tutto. Questa consapevolezza invita a esplorare una realtà più profonda. Ed è proprio qui che scienza e filosofia si incontrano: nell'umiltà davanti al mistero dell'universo.

Pur provenendo da percorsi completamente diversi, sia l'induismo che la fisica moderna sembrano convergere verso una verità essenziale. La realtà che percepiamo, come dice il Vedānta, è un'illusione temporanea. Ma l'illusione può essere un veicolo per comprendere l'infinito.

Il Bosone di Higgs

Immaginiamo un laboratorio all'avanguardia come il CERN, immerso nelle campagne svizzere, dove alcuni dei più grandi scienziati del mondo lavorano per rispondere a una domanda profonda e apparentemente semplice: di cosa è fatta la realtà? È da questa ambizione che nel 2012 è stato scoperto il bosone di Higgs, meglio noto al grande pubblico come "la particella di Dio". Questo nome evocativo, pur controverso, ha attirato l'attenzione non solo sulla fisica moderna, ma anche sugli antichi misteri della filosofia. Tra queste, l'induismo si distingue per le sue sorprendenti affinità con alcune delle teorie più avanzate della fisica quantistica.

Ma cosa ha di speciale il bosone di Higgs? Questa particella elementare è stata teorizzata per la prima volta nel 1964 dal fisico Peter Higgs e da altri ricercatori. La sua esistenza spiega come le particelle elementari ottengano massa, attraverso un campo invisibile noto come "campo di Higgs". L'esperimento che ne ha confermato l'esistenza è stato condotto al CERN grazie ai potenti acceleratori di particelle come il *Large Hadron Collider* (LHC). Per semplificare, il bosone di Higgs è una sorta di "collante cosmico", un elemento fondamentale che aiuta a spiegare il funzionamento dell'universo.

Ora facciamo un salto indietro nel tempo e nello spazio, fino all'antica India, dove i testi sacri dell'induismo celebrano un concetto altrettanto affascinante: il Brahman. I saggi indiani lo descrivono come la realtà ultima, l'essenza universale che permea ogni cosa. Nei Veda e nelle Upanishad, si fa spesso riferimento al fatto che tutto ciò che esiste — dall'infinitamente piccolo all'immensamente grande —

è manifestazione di un'unica energia. Non sembra un'idea sorprendentemente vicina a quella del campo di Higgs?

Il fisico e divulgatore Fritjof Capra, autore de *"Il Tao della Fisica"*, è stato uno dei primi studiosi a esplorare il legame tra queste due visioni del mondo. Capra nota, ad esempio, che la fisica quantistica ha stravolto il modo in cui concepiamo la materia. A livello subatomico, ciò che percepiamo come "solido" è in realtà un vortice di particelle che appaiono e scompaiono continuamente. I saggi vedici avevano raggiunto una conclusione simile, affermando che la realtà materiale è un'"illusione" (Maya), un velo che nasconde la vera essenza divina di ogni cosa.

Un aneddoto curioso ci riporta al CERN, dove tra gli scienziati è diffusa una battuta contenente un inaspettato eco filosofico. Si dice che, se qualcuno volesse davvero "vedere" le particelle elementari dell'universo, sarebbe come cercare di guardare le onde del mare senza la presenza dell'acqua. Per capire la metafora, dobbiamo pensare che le particelle, come gli elettroni o i quark, non esistono da sole, ma si manifestano grazie ai campi di energia che le avvolgono. Allo stesso modo, nell'induismo, la realtà non esiste separata dal Brahman che tutto sostiene.

Un altro parallelo stimolante si trova nelle teorie del tempo. La fisica quantistica ci propone un modello in cui passato, presente e futuro, a livello fondamentale, potrebbero essere intrecciati in modo indissolubile. Questa idea, seppur complessa, richiama il concetto vedico di Kalachakra, *"la ruota del tempo"*. In questa visione, il tempo non è lineare ma ciclico, una danza cosmica che ripete continuamente creazione, distruzione e rinascita.

Cosa spinge, dunque, l'umanità, sia attraverso le scienze moderne che con l'introspezione filosofica, a cercare risposte sull'origine dell'esistenza? Forse è proprio il desiderio di comprendere ciò che unisce tutti i livelli della realtà. Come diceva Werner Heisenberg, uno dei padri della meccanica quantistica:

> *«Le prime sorsate del bicchiere delle scienze naturali ti faranno diventare ateo, ma sul fondo del bicchiere troverai Dio ad aspettarti».*

È affascinante pensare che, dalle sale ipertecnologiche del CERN alle meditazioni dei saggi indiani sotto i banyan millenari, si giunge a intuizioni così simili. L'unico collante sembra essere la meraviglia della scoperta: lo stesso principio che fa vibrare le particelle elementari e ispira le menti più curiose, tanto oggi quanto millenni fa.

Atman e l'esperienza dell'interconnessione.

L'induismo è una delle tradizioni spirituali più profonde e antiche del mondo. Al cuore della sua filosofia si trovano i concetti di Atman e Brahman. Se il Brahman rappresenta l'assoluto, il principio cosmico universale, l'Atman è invece il principio individuale, l'essenza spirituale di ciascun essere umano. Tuttavia, una delle intuizioni centrali contenute nelle Upanishad, i testi filosofici indù risalenti a oltre 2500 anni fa, è che non vi sia separazione tra Atman e Brahman. La celebre frase "*Tat Tvam Asi*" afferma che ogni individuo è intrinsecamente parte del tutto universale.

Questa visione suggerisce che tutta la realtà sia unita. Non esistono divisioni fondamentali tra l'individuo e il cosmo, tra l'interno e l'esterno, tra l'osservatore e l'osservato. L'esperienza dell'Atman, vissuta attraverso la meditazione profonda o la contemplazione filosofica, porta al riconoscimento di questa interconnessione.

Un esempio significativo arriva dalla pratica dello yoga, una disciplina millenaria che mira a unire corpo, mente e spirito. Lo yoga deriva dalla parola sanscrita "*yuj*", che significa proprio unione. Questa unione non è solo tra le diverse componenti dell'essere umano, ma è anche tra l'essere umano e il cosmo.

La moderna fisica quantistica, in un modo sorprendentemente simile, suggerisce che l'universo sia profondamente interconnesso.

Ad esempio, il principio di non-località quantistica dimostrato nei famosi esperimenti di Alain Aspect negli anni '80 ha evidenziato come due particelle, una volta correlate, possano continuare a influenzarsi reciprocamente anche se separate da distanze immense. Questo fenomeno, che sfida le intuizioni classiche della fisica, ricorda la visione indù in cui tutto l'esistente è parte di una rete universale di connessioni.

Nella fisica classica si distingueva nettamente tra osservatore ed elemento osservato. La fisica quantistica, invece, suggerisce che i due siano inseparabili. Il fisico danese Niels Bohr, parlando dei risultati della teoria quantistica, dichiarò:

> *"L'universo non è fatto di oggetti separati, ma di una rete di relazioni indivisibili."*

In modo simile, nell'induismo non si può pensare l'Atman come separato dal cosmo; ogni essere umano è, sempre, parte integrante del tutto. L'induismo sottolinea che l'interconnessione non è solo un concetto filosofico astratto. È un'esperienza diretta che può essere vissuta. Nella pratica meditativa, il confine tra sé e l'altro si dissolve. La percezione di essere separati dal mondo svanisce, portando chi medita a una profonda comprensione: l'Atman e il Brahman sono uno.

Se la meditazione rivela all'individuo questa realtà unitaria, nell'ambito della scienza è la matematica e l'esperimento a portare lo stesso messaggio. La visione indù dell'unità tra l'essere umano e il cosmo si sposa sorprendentemente bene con i risultati della scienza moderna. Entrambe le discipline suggeriscono che la separazione sia, alla fine, una costruzione illusoria della mente umana.

Il ciclo del tempo e l'universo pulsante.

Nell'induismo, l'universo non è immobile o lineare. È un organismo vivente che attraversa cicli infiniti di creazione, distruzione e rinascita. Questa concezione, descritta nei Purana, introduce l'idea del *kalpa*, un ciclo cosmico che comprende miliardi di anni terrestri. Ogni kalpa rappresenta il respiro di Brahma, il creatore: quando espira, l'universo si espande; quando inspira, l'universo si contrae. Questo assomiglia sorprendentemente alla teoria moderna del *Big Bang* e del *Big Crunch*.

L'induismo non solo anticipa questa idea di un cosmo ciclico, ma va anche oltre. Descrive l'universo come un essere vivente, il cui battito è il ritmo eterno delle galassie e la cui vita pulsa con l'energia divina.

Questa connessione tra scienza e spiritualità non è casuale. L'idea dell'universo ciclico proposto dai testi indù esercita ancora oggi un fascino unico su scienziati e pensatori contemporanei. Il fisico Robert Oppenheimer, celebre per il suo ruolo nella creazione della bomba atomica, ne fu un esempio emblematico. Profondamente influenzato dalla filosofia indiana, Oppenheimer citò un passaggio della Bhagavad Gita mentre osservava il primo test nucleare nel 1945:

"Ora sono diventato Morte, il distruttore dei mondi".

Oppenheimer interpretava il concetto di distruzione non solo come tragedia, ma come parte naturale di un ciclo cosmico più ampio.

Questa idea ciclica attraversa l'intera filosofia indù. Non solo il tempo, ma l'universo stesso è concepito come un organismo vivente. La sua esistenza vibra con il ritmo delle galassie, mentre le particelle subatomiche ne scandiscono il battito. Ogni atomo contribuisce alla danza armoniosa di ciò che i testi chiamano il Sanatana Dharma, l'ordine eterno.

Il respiro di Brahma e l'energia cosmica.

Nei Purana, la durata temporale di un singolo respiro di Brahma è impressionante. Un giorno di Brahma equivale a circa 4,32 miliardi di anni terrestri. Quando il suo "giorno" finisce, l'universo si dissolve nel "*pralaya*", lo stato di quiescenza cosmica. Qui non c'è vuoto, ma un'energia dormiente che aspetta di risvegliarsi. Il cosmo, perciò, non ha un inizio né una fine definitivi. È un ciclo continuo, sostenuto dal principio dell'interconnessione universale.

Questo respiro di Brahma trova una sorprendente analogia nella fisica moderna, grazie all'idea di un universo pulsante. Alcuni scienziati immaginano che l'universo possa oscillare all'infinito, alternando fasi di espansione e collasso, proprio come il battito cardiaco di un essere vivente. L'astrofisico indiano Jayant Narlikar esplorò teorie simili, proponendo un modello oscillante che considera il cosmo come un sistema ciclico, in cui il tempo stesso diventa una variabile infinita.

Fisica, filosofia e poesia.

L'Induismo, tuttavia, non si limita a descrivere l'universo ciclico in termini cosmologici. Lo avvolge di poesia e spiritualità. Ogni ciclo rappresenta un'opera divina, un'emanazione dell'energia creatrice chiamata Shakti. Nella Bhagavad Gita, Krishna parla ad Arjuna dell'eternità del Brahman (l'Assoluto), descrivendolo come ciò che esiste oltre la creazione e la distruzione:

> "*Mai nato, eterno, immutabile, immortale. Anche se il corpo muore, lo spirito sopravvive*".

Questa eternità risuona con alcune domande fondamentali della fisica. L'energia, secondo il principio di conservazione, non può essere creata né distrutta, ma solo trasformata. Questa proprietà della materia e dell'energia fa eco all'idea indù di un cosmo che si rigenera continuamente attraverso processi ciclici.

Il legame tra filosofia indù e fisica moderna, in fondo, riflette un dialogo profondo tra oriente e occidente. Da una parte ci sono gli antichi *rishi* dell'India, che concepirono un universo pulsante con intuizioni sorprendenti. Dall'altra ci sono scienziati contemporanei, che, usando modelli matematici e osservazioni empiriche, arrivano a conclusioni simili.

Albert Einstein, pur non direttamente influenzato dall'Induismo, cercò una visione unificata della realtà che superasse il tempo lineare. La sua teoria della relatività, che collega spazio e tempo in un'unica dimensione fluida, ricorda l'idea indù del Maya, il velo che unisce e separa allo stesso tempo la realtà visibile da quella invisibile.

Il ciclo del tempo e l'universo pulsante, dunque, non sono soltanto concetti. Sono un invito a riflettere su ciò che ci lega all'eternità del cosmo. Rendono ogni istante parte di una storia infinita, il cui ritmo è scandito dal respiro dell'universo stesso.

L'Eterno ritorno.

L'induismo offre una visione del tempo e dello spazio radicalmente diversa rispetto alla tradizione occidentale. In molte culture occidentali, il tempo viene immaginato in modo lineare: un inizio, una progressione e una fine definitiva. L'induismo, invece, concepisce il tempo come ciclico, un eterno ritorno scandito da ere cosmiche, dissoluzioni e rinascite.

Questa concezione è espressa nei testi sacri come i Purana e le Upanishad, che descrivono l'universo come soggetto a cicli infiniti. Due sono i concetti cardine: il Kalpa e lo Yuga. Il Kalpa rappresenta un "giorno" nella vita di Brahma, il Creatore, e dura 4,32 miliardi di anni. Alla fine di ogni Kalpa, avviene il Pralaya, la dissoluzione cosmica. Lo Yuga, invece, suddivide il tempo in epoche più brevi, in un ciclo che ricorda i mutamenti delle stagioni. Ogni ciclo Yuga si conclude con un momento di degenerazione prima di una nuova rinascita.

Secondo l'induismo, il tempo e lo spazio non hanno un inizio né una fine. Questo concetto risuona sorprendentemente con alcune moderne teorie cosmologiche. Alcuni fisici propongono l'idea di un universo ciclico, che cresce e si riduce in un processo eterno. La teoria del Big Bang, per esempio, ipotizza che il nostro universo sia emerso da una compressione cosmica, rimbalzando verso una nuova espansione. Questi modelli si avvicinano alle descrizioni indù dei cicli di creazione e distruzione cosmici.

Nella mitologia indù, questi concetti non sono esclusivamente astratti, ma vengono narrati come eventi vividi. Una famosa leggenda racconta di Shiva che danza la *Tandava*, la sua danza cosmica. Questa danza rappresenta la distruzione dell'universo al termine di un ciclo, seguita dalla sua creazione. La simbologia della Tandava richiama direttamente le oscillazioni cosmiche ipotizzate dalla fisica moderna.

La ciclicità del tempo è profondamente impressa nella cultura indù, non solo attraverso i testi, ma anche nei luoghi e nelle creazioni artistiche dell'India. Uno degli esempi più affascinanti è il Tempio del Sole di Konarak, nell'Odisha. Costruito nel XIII secolo, questo tempio rappresenta un carro trainato da sette cavalli, simbolo del moto del sole e del tempo ciclico. Le ruote scolpite del carro sono anche un calendario dettagliato, che riflette il passaggio delle epoche.

La presenza del sole, come simbolo di ciclicità e rigenerazione, permea ogni dettaglio del tempio. In questo contesto, il Konarak non è solo un'opera artistica, ma un'illustrazione materiale della concezione indù del tempo come un moto perpetuo.

Nel poema epico Mahabharata, il saggio Markandeya racconta una visione del Pralaya. Durante il grande diluvio, Markandeya descrive come tutto l'universo scompare, lasciando solo Vishnu che galleggia sull'oceano cosmico in forma di bambino su una foglia di loto. Questo racconto è una metafora potente della dissoluzione e dell'inevitabile rinascita.

Yajnavalkya, uno dei più celebri filosofi delle Upanishad, spiegò che "*il tempo è come un respiro cosmico*". Il sigillo di ciclicità viene qui ribadito: il respiro inizia, si espande, raggiunge un punto massimo e torna indietro.

La visione indù dell'eterno ritorno non è un concetto puramente cosmologico. Essa influenza l'interpretazione della vita stessa. L'idea del Samsara – il ciclo di nascita, morte e rinascita – è una riflessione microcosmica di questo schema universale. La liberazione finale, il Moksha, rappresenta l'unico modo per uscire dal ciclo infinito, un tema che risuona profondamente nella filosofia e nella spiritualità orientale.

Le somiglianze tra il pensiero indù e le attuali teorie cosmologiche suscitano interrogativi affascinanti. È possibile che l'umanità, attraverso tradizioni antiche e la scienza moderna, stia arrivando alla stessa comprensione dell'universo? La ciclicità del tempo descritta nei Veda potrebbe essere più di un mito: potrebbe riflettere intuizioni profonde che anticipano di millenni le scoperte scientifiche.

L'Intelligenza Cosmica. L'Induismo tra Ordine ed Entropia.

L'induismo offre una visione straordinariamente complessa dell'universo. Al centro di questa prospettiva si trova il concetto di Ṛta, l'ordine cosmico. Presente nei Veda, Ṛta rappresenta un principio universale che regola il movimento delle stelle, il ciclo delle stagioni e la grande danza della vita. Tuttavia, questa visione non preclude l'esistenza del caos. Nell'induismo, caos e ordine non si oppongono, ma si completano, creando una dinamica che ricorda i moderni principi della fisica, come l'entropia.

Nei Veda, composti circa 3.500 anni fa, Ṛta è descritto come la forza che sostiene l'armonia del cosmo. Questa legge invisibile governa le leggi della natura e le regole morali. Nel Rigveda, uno dei testi più antichi, si legge:

> *"Grazie a Ṛta, il sole appare nel cielo e i fiumi scorrono verso il mare."*

Questo principio è immutabile ma dinamico, poiché permette il fluire dell'esistenza.

Ṛta è un principio che non agisce da solo. Le divinità vediche, come Varuna, il guardiano dell'ordine cosmico, e Vishnu, il preservatore dell'equilibrio, svolgono ruoli fondamentali nel mantenere il sistema universale. Vishnu, in particolare, è centrale nella mitologia induista. Attraverso le sue numerose incarnazioni, o avatar – come Krishna e Rama – Vishnu interviene nei momenti di crisi per ristabilire l'armonia.

Ordine e Caos: principi complementari

La filosofia induista interpreta il caos non come pura distruzione, ma come un elemento necessario alla trasformazione. Il mito di Shiva, noto come il "trasformatore", presenta questa idea con potenza narrativa. Shiva, spesso raffigurato in una danza cosmica, il Tandava, distrugge ciò che è vecchio per creare lo spazio per il nuovo. Questo processo rappresenta la complementarità tra ordine e disordine, una dinamica che la scienza moderna chiama *"entropia"*.

In fisica, l'entropia misura il grado di disordine in un sistema. Secondo la seconda legge della termodinamica, l'entropia tende ad aumentare, spingendo i sistemi verso stati meno ordinati. Tuttavia, la vita e i sistemi complessi si sviluppano grazie a processi che creano ordine dal caos, utilizzando energia. Questa idea scientifica riecheggia il pensiero induista: caos e ordine non sono opposti inconciliabili, ma componenti di un equilibrio cosmico.

Un altro esempio simbolico dell'ordine cosmico induista è il Monte Meru, descritto nei testi puranici. Questo monte mitico rappresenta l'"*axis mundi*", il centro dell'universo. Nei Purana, il Monte Meru sostiene il cielo e collega la terra al divino. La sua posizione centrale simboleggia l'armonia tra le diverse sfere dell'esistenza: il materiale, lo spirituale e il cosmico.

Interessante è il parallelo con la moderna astrofisica. Il concetto di un "centro cosmico" potrebbe richiamare l'idea di un punto centrale da cui l'universo si espande, come avvenuto con il Big Bang. Se il Monte Meru è immobile, esso rappresenta una stabilità assoluta in mezzo al dinamismo dell'universo, un'idea che riecheggia nel concetto scientifico delle leggi fondamentali.

Il dialogo tra l'induismo e la scienza non è casuale. Entrambi cercano di spiegare le leggi che governano l'universo, sia attraverso la spiritualità sia mediante l'osservazione empirica. Ṛta, in questa ottica, può essere visto come un antesignano dei concetti di legge naturale. Allo stesso modo, Vishnu, con il suo ruolo protettivo, incarna un'approssimazione alle moderne visioni di un "*universo fine-tuned*" (organizzato ad arte per sostenere la vita).

La capacità dell'induismo di unire ordine e caos, stabilità e dinamismo, trova dunque risonanze intriganti nel pensiero scientifico. Non si tratta di sovrapposizioni forzate, ma di spazi di riflessione che mettono in dialogo una filosofia millenaria con le frontiere della scienza.

In un universo governato dal Ṛta, dove anche il caos ha un ruolo, gli esseri umani si collocano come partecipanti attivi. Come il Monte Meru, dobbiamo cercare il nostro equilibrio, bilanciando ordine e cambiamento, in un cosmo tanto misterioso quanto intelligente.

L'universo come unione di scienza e spiritualità.

La visione indù del cosmo come un tutto interconnesso continua a ispirare non solo il pensiero filosofico, ma anche le frontiere della scienza. La somiglianza tra l'insegnamento dei rishi indiani e le scoperte della fisica quantistica è più di un semplice parallelismo. Entrambi cercano di spiegare l'inspiegabile: quel filo sottile e invisibile che unisce tutte le cose.

Nel tempio di Chidambaram, nel sud dell'India, dedicato a Shiva Nataraja, il Signore della Danza Cosmica, gli induisti celebrano questa interconnessione universale. La danza di Shiva simboleggia la creazione e la distruzione dell'universo, in un eterno ciclo che ricorda il flusso incessante di energia che la fisica quantistica sta ancora cercando di decifrare.

Così come lo scienziato scruta nel microscopio per comprendere i misteri dell'universo, il mistico indiano chiude gli occhi per esplorare la stessa profondità dentro di sé. Entrambi, alla fine, sembrano incontrarsi in quella stessa verità: che tutto è uno, e che l'universo danza, indivisibile, al ritmo eterno dell'esistenza.

L'universo secondo la fisica quantistica.

Da secoli, l'essere umano indaga il mistero dell'universo. È un sistema ordinato, governato da leggi precise? Oppure è il risultato di energie sottili, interconnesse, dove il caso e l'imprevedibilità giocano ruoli fondamentali? Con l'avvento della fisica quantistica nel XX secolo, le risposte sono cambiate. Questa disciplina ha ridisegnato i confini della conoscenza scientifica, rivelando un mondo dove le certezze si dissolvono e il mistero regna sovrano. Sorprendentemente, alcune delle scoperte moderne sembrano riflettere antiche concezioni dell'Induismo, plasmate nei testi sacri come le Upanishad.

Il vuoto quantistico e Brahman: un'origine comune?

La fisica quantistica descrive la realtà a livello subatomico come un enorme campo di possibilità. Il cosiddetto "vuoto quantistico" non è realmente vuoto. Al contrario, esso è un mare di energie potenziali, dove particelle e antiparticelle emergono e scompaiono in un continuo movimento. Questa concezione richiama l'idea di Brahman, il principio supremo dell'Induismo. Nei testi vedici, Brahman è descritto come la realtà ultima, un'essenza invisibile, eterna e indivisibile che permea tutto. Entrambi, vuoto quantistico e Brahman, non sono osservabili direttamente. Eppure, entrambi rappresentano la sorgente di tutta la manifestazione.

L'Upanishad più celebre, la Chandogya Upanishad, dichiara:
"Tutto l'universo è radicato nel Brahman, tutto esiste attraverso di esso, e tutto vi tornerà".

I fisici quantistici, guidati da pionieri come Werner Heisenberg, hanno spesso citato somiglianze con questa visione. Heisenberg stesso, dopo un incontro con il poeta indiano Rabindranath Tagore nel 1929, si dichiarò affascinato dalle somiglianze tra le idee orientali e la fisica moderna.

Un altro punto di contatto cruciale riguarda l'interconnessione. La fisica quantistica ha introdotto il concetto di entanglement (intreccio quantistico). Quando due particelle sono intrecciate, un cambiamento nello stato di una si riflette istantaneamente nell'altra, indipendentemente dalla distanza che le separa. Albert Einstein definì questo fenomeno *"un'azione spettrale a distanza"*, ma oggi è considerato uno dei cardini della teoria quantistica.

Nell'Induismo, questa interconnessione universale è espressa attraverso l'idea che l'intero cosmo sia una rete indissolubile. Un famoso verso della Brihadaranyaka Upanishad afferma: *"Tat Tvam Asi"*, ricordando che ogni individuo (Atman) è parte inseparabile del tutto (Brahman). Swami Vivekananda, uno dei massimi esponenti del pensiero moderno indiano, evidenziò che l'unità dell'universo è un'idea centrale nelle scritture vediche. Nel 1893, durante il Parlamento delle Religioni di Chicago, Vivekananda parlò dell'interconnessione tra tutte le cose, anticipando intuizioni che la scienza avrebbe verificato decenni dopo.

La fisica quantistica ha anche dimostrato che la luce e gli elettroni si comportano sia come particelle che come onde, a seconda dell'esperimento. Questa dualità scioccò gli scienziati del XX secolo. Come qualcosa poteva essere due cose contemporaneamente? Un fenomeno così paradossale somiglia a Maya, il concetto induista di "illusione" che nasconde la vera natura della realtà. Secondo le Upanishad, ciò che percepiamo è una rappresentazione illusoria, creata dalla mente. Swami Vivekananda spiegò che la verità ultima non è ciò che appare, ma ciò che si nasconde sotto il velo dell'apparenza.

Nel mondo quantistico, l'osservazione gioca un ruolo cruciale. Gli esperimenti sul famoso gatto di Schrödinger e sul principio di indeterminazione di Heisenberg dimostrano che l'osservatore modifica la realtà osservata. Anche questa idea riecheggia nella filosofia induista, dove la percezione stessa è vista come la chiave per determinare ciò che chiamiamo "reale".

L'Induismo abbraccia una visione ciclica del tempo, suddiviso in ere (*Yuga*) che si ripetono in un'infinita danza di creazione e distruzione. Similmente, la fisica quantistica offre modelli dell'universo nei quali il tempo potrebbe non essere una linea retta, ma piuttosto una dimensione malleabile e ricorsiva. Recenti teorie, come quella del multiverso, suggeriscono la possibilità di infiniti cicli cosmici, richiamando la visione di un universo senza principio né fine descritta nei Purana e nella Bhagavad Gita.

La convergenza tra fisica quantistica e filosofia induista non implica che una spieghi l'altra. Tuttavia, entrambe offrono visioni complementari sul mistero dell'universo. Mentre i fisici usano esperimenti e matematica, i saggi indiani esplorarono la realtà attraverso la meditazione e l'introspezione. Il fisico Fritjof Capra, nel suo bestseller "*Il Tao della fisica*" affermò:

> "*La fisica moderna ci conduce verso una concezione del mondo più vicina a quella dele Upanishad che alle idee di Newton*".

La sfida per l'umanità, oggi, potrebbe essere unire queste due prospettive. La scienza quantistica decifra il linguaggio dell'universo attraverso i numeri. L'Induismo ci invita a viverlo come un'unità. Forse, nel dialogo tra Oriente e Occidente, risiede la chiave per comprendere i misteri che ancora ci sfuggono.

La visione newtoniana

a visione del cosmo ha subito una rivoluzione nel XX secolo. Prima di allora, dominava la prospettiva della fisica classica, rappresentata da Isaac Newton. Newton, nel XVII secolo, descrisse un universo prevedibile, ordinato e dominato da leggi meccaniche. Secondo questa visione, tutto funzionava come una macchina perfetta. Il celebre esempio era quello dell'"*universo orologio*". In questa metafora, l'universo lavorava come un ingranaggio: ogni pezzo si muoveva in accordo al suo ruolo preciso, permettendo una conoscenza deterministica di passato, presente e futuro.

Questa idea di ordine risuonava in molte concezioni occidentali dell'epoca e influenzava anche il pensiero filosofico e sociale. Gli scienziati credevano che, una volta conosciute tutte le leggi naturali, nulla sarebbe stato sfuggente. Persino il futuro, con sufficiente calcolo, si sarebbe potuto prevedere. Quest'universo meccanico dava sicurezza. La realtà sembrava chiara, logica, comprensibile.

Tuttavia, all'inizio del XX secolo, questa certezza iniziò a vacillare. Albert Einstein, con la teoria della relatività (1905 e 1915), mostrò che lo spazio e il tempo non erano assoluti. Non solo. Nel 1927, Werner Heisenberg frantumò definitivamente l'idea di prevedibilità con il principio di indeterminazione. Heisenberg dimostrò un fatto sconvolgente: non possiamo conoscere contemporaneamente sia la posizione sia la velocità di una particella elementare con assoluta precisione. Questo principio, apparentemente semplice, cambiò per sempre il modo di guardare l'universo.

L'universo subatomico, ciò che si trova alla base della materia, non segue il rigore newtoniano. Non è meccanico, ma probabilistico. Le particelle non si comportano come piccole palle da biliardo, bensì come entità che si muovono e vibrano in modi imprevedibili. L'atto stesso di osservare una particella influenza il suo comportamento. Questo introduce una nuova dimensione: il ruolo dell'osservatore nell'universo.

In fisica quantistica, questa indeterminatezza richiama alcune idee delle filosofie orientali, in particolare l'induismo. Nei testi vedici, l'universo è spesso descritto come una rete infinita intrecciata, dove ogni cosa è connessa e la conoscenza ultima sfugge all'interpretazione umana definitiva. Maya (l'illusione cosmica) e i cicli dell'energia nell'induismo riflettono proprio l'instabilità e la trasformazione continua osservata nella meccanica quantistica.

Heisenberg stesso ebbe contatti diretti con la cultura orientale. Durante un suo viaggio in India, a metà del XX secolo, dialogò con il poeta e filosofo indiano Rabindranath Tagore, premio Nobel per la letteratura nel 1913. La conversazione si focalizzò proprio sulla connessione tra scienza e filosofia orientale. Heisenberg, secondo un suo noto aneddoto, disse di aver trovato nei testi filosofici indiani una certa "familiarità" rispetto ai principi della fisica quantistica: entrambi suggeriscono l'impossibilità di una conoscenza assoluta della realtà.

La verità ultima, per l'induismo, è Brahman, una realtà inconoscibile e trascendente. Questo si avvicina all'idea che, sul piano quantistico, non possiamo mai osservare l'universo nella sua totalità oggettiva.

Lo scienziato tedesco non fu il solo a collegare tali concetti. Anche Erwin Schrödinger, uno dei padri della meccanica quantistica, si interessò profondamente alla filosofia vedica e ai concetti di Brahman e Atman (il sé individuale). Schrödinger scrisse che, secondo lui, l'induismo aveva compreso, molto prima della scienza occidentale, che la separazione tra oggetto e soggetto è illusoria. Illustrazioni più recenti di questa idea si trovano nel famoso esperimento del "gatto di Schrödinger", che dimostra come la realtà possa essere "molteplice" fino al momento dell'osservazione.

La meccanica quantistica e l'induismo sembrano parlare lingue lontane, ma condividono un punto essenziale. Entrambi vedono la realtà come qualcosa di mutevole, dinamico ed elusivo. La visione newtoniana, così rassicurante, non è più sufficiente per descrivere la complessità dell'universo. La scienza moderna ha dimostrato che ciò che credevamo solido e immutabile, come gli atomi, è in realtà uno spazio vibrante di possibilità.

E l'induismo, con la sua enfasi sull'unità cosmica e la conoscenza intuitiva, offre uno spunto profondo: l'universo è un intreccio di connessioni in continua trasformazione, dove conoscere significa convivere con il mistero. Forse, proprio in questo mistero, possiamo trovare una nuova forma di ordine per il XXI secolo.

La visione quantistica.

La fisica quantistica ci mostra un mondo in cui la casualità governa le fondamenta della realtà. Nella scala più piccola, quella delle particelle elementari, non esistono certezze: ci sono solo probabilità. Il celebre esperimento della doppia fenditura, condotto per la prima volta negli anni Venti, ha messo in luce un fenomeno sconcertante. Una particella, un elettrone, può comportarsi sia come una particella (un elemento fisico definito) sia come un'onda (qualcosa di indeterminato e diffuso nello spazio). E la scelta dell'una o dell'altra natura sembra dipendere dall'osservatore. L'universo, quindi, sembra rispondere alla nostra percezione e alla nostra interazione con esso.

Questa prospettiva, che a prima vista può sembrare puramente scientifica, richiama con forza la visione dell'universo propria dell'Induismo. Secondo i testi vedici e le Upanishad, l'universo è Maya, un'illusione o una proiezione, in continuo mutamento. Nell'Induismo non esiste un confine netto tra realtà materiale e spirituale: tutto è un intreccio di energie. La materia stessa è considerata dinamica e interconnessa con ciò che possiamo definire spirito o coscienza.

Un paragone interessante può essere fatto con il concetto induista di "Brahman", il principio cosmico universale. Secondo l'Induismo, il Brahman è la realtà assoluta, infinita e indivisibile. Tutti gli esseri viventi e i fenomeni dell'universo emergono da questa realtà unica e sono in relazione profonda e inseparabile con essa. Ciò ricorda l'entanglement quantistico, un fenomeno in cui due particelle, una volta intrecciate, rimangono in uno stato di connessione reciproca, indipendentemente dalla distanza che le separa. Oggi l'entanglement è stato dimostrato sperimentalmente ed è alla base dello sviluppo delle tecnologie quantistiche, come i computer quantistici.

Ma cosa dice l'Induismo riguardo al ruolo dell'individuo nell'universo? Nel Bhagavad Gita, uno dei testi sacri più letti, Krishna afferma:

"Io sono l'origine di tutto. Da me tutto si sviluppa".

Qui, l'essere umano non è visto come un osservatore separato, ma come parte integrante del processo cosmico. La coscienza individuale, o Atman, è parte inseparabile del Brahman. Allo stesso modo, nella fisica quantistica l'osservatore sembra influenzare il comportamento delle particelle. La linea di demarcazione tra chi osserva e ciò che viene osservato si dissolve.

Un aneddoto che mostra la profonda connessione fra queste due visioni ci riporta all'incontro tra Niels Bohr, padre della teoria quantistica, e una delegazione di filosofi indiani nel 1930. Durante una discussione riguardo alla natura non deterministica delle particelle, uno degli ospiti suggerì che la realtà subatomica descritta da Bohr portasse una sorprendente affinità con le descrizioni cosmiche della filosofia vedica. Bohr, affascinato, si soffermò a riflettere su come simili intuizioni potessero arrivare da differenti percorsi: uno scientifico, l'altro spirituale, ma entrambi alla ricerca della verità ultima.

La metafora del "sogno".

Anche la metafora del "sogno", ricorrente nelle filosofie orientali, sembra dialogare con il mondo quantistico. L'Upanishad Brihadaranyaka afferma:

"Come un ragno emette il filo, così l'Essere si espande nell'universo, e poi vi si ritira"

. La realtà è fluida, crudele nell'apparire stabile. Una visione simile emerge nei modelli quantistici più moderni, secondo i quali il vuoto quantistico da cui emerge tutta la materia è se stesso in costante movimento e fluttuazione.

Questi parallelismi non affermano che l'Induismo "sapesse" della fisica quantistica. Ma suggeriscono che l'umanità, attraverso percorsi diversi, abbia cercato di comprendere le stesse verità fondamentali. Nel cuore di entrambi, c'è un'idea rivoluzionaria: tutto è interconnesso. Il destino del più piccolo elettrone è legato al tutto. Nell'universo induista, ogni essere, dal più piccolo insetto al più potente dio, è legato da un filo invisibile al resto del cosmo.

Forse, a ben vedere, l'universo non è solo un insieme di granelli o particelle. È una danza, un flusso continuo di energie, coscienze e possibilità.

I testi sacri dell'induismo descrivono il mondo come un sogno. La realtà è fluida, malleabile, in continua trasformazione.

Se ci spostiamo dalla spiritualità alla scienza, ritroviamo una visione sorprendentemente parallela. La fisica quantistica ci ha insegnato che l'universo, a livello fondamentale, non è un insieme di oggetti concreti, ma una rete di possibilità che emergono e scompaiono. Il "vuoto quantistico", base di tutta la materia, non è affatto vuoto. Esso è un mare pulsante di fluttuazioni che danno forma alle particelle. È una realtà in costante divenire, tanto che alcune teorie suggeriscono che perfino l'universo stesso potrebbe emergere da queste fluttuazioni, come un sogno che si manifesta dal nulla.

In modo simile al concetto di Maya, la fisica quantistica sfuma i confini tra ciò che appare reale e ciò che è solo potenziale. Il fisico David Bohm, noto per il suo approccio filosofico alla teoria quantistica, parlava dell'"ordine implicito" dell'universo: un livello nascosto, simile a un sogno in latenza, da cui tutto emerge e in cui tutto alla fine si dissolve.

Un altro concetto centrale sia nell'induismo sia nella fisica quantistica è il ruolo dell'osservatore. Nel modello tradizionale dell'induismo, l'osservatore è l'Atman, il sé profondo, che osserva il mondo come si osserva un sogno. L'Atman non è separato dal sogno, ma ne è parte e partecipe, eppure può prendere coscienza dell'illusione e risvegliarsi, tornando a essere una cosa sola con il Brahman.

Analogamente, nella fisica quantistica, l'osservatore è una figura fondamentale. Gli esperimenti sul collasso della funzione d'onda hanno dimostrato che lo stato di una particella (ad esempio, la posizione o la velocità) non è determinato fino a quando non lo si osserva. In altre parole, è come se l'universo esistesse nello stato di un sogno fino al momento in cui un osservatore interviene e "sceglie" una realtà.

Sia l'induismo sia la fisica quantistica condividono un'altra intuizione straordinaria: l'interconnessione di tutte le cose. Nell'universo induista, non esistono confini rigidi tra un essere e l'altro, o tra una cosa e l'altra. Ogni entità è intrecciata con il resto del cosmo attraverso un legame invisibile.

Un parallelo affascinante si trova nel fenomeno dell'entanglement quantistico. Quando due particelle vengono "intrecciate" a livello quantistico, formano un sistema unico: il destino di una particella è istantaneamente legato a quello dell'altra, indipendentemente dalla distanza tra loro.

Attraverso la metafora del sogno, possiamo immaginare l'universo non come un insieme di oggetti statici, ma come una danza in continua evoluzione. In India, questa visione si trova incarnata nella figura di Shiva Nataraja, il Signore della Danza, che rappresenta la ciclica creazione e distruzione dell'universo. Shiva danza sul lingam, simbolo del principio creativo, e con il suo movimento provoca la nascita e la dissoluzione della realtà.

Anche i fisici moderni descrivono l'universo come una danza. Alcune teorie suggeriscono che le particelle non siano altro che vibrazioni di minuscole stringhe, che oscillano e si intrecciano in modi che creano la materia e l'energia. La "musica delle stringhe" ricorda molto da vicino la filosofia induista, secondo cui il mondo è il risultato della vibrazione primordiale del suono Om, da cui tutto ha avuto origine.

È fondamentale chiarire che i paralleli tra l'induismo e la fisica quantistica non significano che gli antichi saggi indiani prevedessero la fisica moderna. Tuttavia, questi collegamenti suggeriscono che l'umanità, in tempi e modi diversi, abbia esplorato le stesse domande fondamentali: cos'è la realtà? Qual è il nostro ruolo in essa? Che cosa c'è oltre ciò che vediamo?

Samkhya: Purusha e Prakriti, l'essere e il divenire.

L'universo è fatto di enigmi. La fisica quantistica ce lo ricorda ogni volta che cerchiamo di afferrare la natura profonda della realtà. Tra i suoi più affascinanti misteri, troviamo la dualità onda-particella, una caratteristica intrinseca delle particelle subatomiche. La loro capacità di comportarsi a volte come particelle, solide e definite, e a volte come onde, fluide e indefinite, sfida la logica ordinaria. A ben guardare, questa ambivalenza non è così lontana dal pensiero dell'antica filosofia indù, in particolare dal sistema Samkhya, che descrive il mondo come una danza cosmica tra due principi complementari: Purusha (spirito) e Prakriti (materia). La transizione tra stati non è semplice, ma è proprio in questa ambiguità che scienza e spiritualità trovano un sorprendente punto d'incontro.

Per comprendere la dualità quantistica, possiamo partire dal celebre esperimento delle due fenditure di Thomas Young, risalente al 1801. Questa semplice prova fisica dimostra un fatto sconcertante: una particella di luce (un fotone) o di materia, come un elettrone, può comportarsi come un'onda o come una particella a seconda dell'osservazione. Quando un fascio di elettroni viene inviato attraverso due sottili fenditure e non viene osservato direttamente, ne risulta un modello di interferenza tipico delle onde, con creste e valli sovrapposte. Invece, se si tenta di monitorare il percorso individuale dell'elettrone, il modello risultante richiama particelle discrete che attraversano una fenditura specifica. In altre parole, l'atto stesso dell'osservazione modifica la natura di ciò che viene osservato.

Questo paradosso quantistico ci costringe a riflettere: la realtà è oggettiva e già definita, oppure viene plasmata dall'interazione tra osservatore e oggetto osservato? La scienza quantistica sembra suggerire una risposta sfumata, che ricorda il cuore della filosofia indù.

Secondo la filosofia indù del Samkhya, l'universo è il risultato dell'interazione tra due principi cosmici. Purusha rappresenta l'essere, l'immutabile, il testimone passivo e infinito. È il polo dello spirito, della pura coscienza, che non agisce ma osserva. Prakriti, al contrario, è l'energia materiale e dinamica, il mondo delle forme, dei movimenti e delle trasformazioni. È il divenire, l'attività incessante che costituisce tutto ciò che percepiamo come realtà fenomenica.

Questo rapporto tra Purusha e Prakriti somiglia al dialogo implicito tra l'onda e la particella. Proprio come l'universo quantistico si manifesta in stati diversi a seconda del contesto, anche nel Samkhya la realtà emerge dall'interazione tra spirito e materia. La materia esiste grazie alla coscienza che la osserva, così come la coscienza si definisce nel confronto con il mondo visibile. Non c'è una gerarchia: entrambi i principi sono necessari per il perpetuarsi dell'universo.

Maya e l'illusione della realtà.

Il parallelismo si estende ulteriormente se consideriamo il concetto di Maya, presente tanto nella filosofia Samkhya quanto nei testi Vedantici. Maya, termine che comunemente si traduce con "illusione", descrive la natura ingannevole e impermanente del mondo fenomenico. Secondo l'induismo, ciò che percepiamo come stabile e definitivo è spesso apparente. In realtà, tutto è dinamico, fluido e interconnesso. Maya vela agli occhi degli uomini la vera essenza della realtà, facendoli credere a una distinzione rigida tra osservatore e osservato, quando invece ogni cosa è un riflesso del tutto.

Lo stesso vale per il mondo quantistico: fino a quando non osserviamo un sistema, esso esiste in uno stato di sovrapposizione quantistica, una condizione in cui molteplici possibilità coesistono. Solo con l'osservazione una di queste possibilità si concretizza. Questa continua transizione dalla potenzialità all'attualità, dalla possibilità all'apparenza concreta, rispecchia la dinamica della Maya indù.

Lo scienziato Niels Bohr, padre della teoria quantistica, riconosceva il valore delle tradizioni orientali di pensiero. Pur non essendo religioso, l'approccio concettuale del Vedanta e delle filosofie come il Samkhya sembravano riecheggiare il modo in cui la fisica moderna descriveva l'universo. Anche Werner Heisenberg, famoso per il principio di indeterminazione, sottolineò che il concetto di "opposti complementari" nella cultura indiana anticipava intuizioni che la fisica quantistica avrebbe scoperto solo secoli più tardi.

Potremmo dire che, dove la fisica cerca di comprendere l'universo nei suoi elementi più piccoli, la filosofia indù si spinge a descrivere l'universo nella sua interezza e nel suo significato "cosmico". Tuttavia, entrambe le discipline arrivano, da strade diverse, vicino allo stesso punto: la realtà è fluida, interconnessa e in costante evoluzione. Il dualismo onda-particella potrebbe dunque essere interpretato come una metafora moderna dell'equilibrio millenario tra Purusha e Prakriti.

L'incontro tra la fisica quantistica e l'induismo non è un caso. Entrambe le visioni ci invitano a mettere in discussione le nostre certezze e a riconoscere che la realtà è più complessa di quanto appaia. Sia il fisico che l'antico saggio indiano cercano di cogliere la verità dietro il velo dell'apparenza, ricordandoci che non tutto ciò che esiste può essere spiegato in termini semplici. Onda o particella? Essere o divenire? Spirito o materia? Forse, come nell'universo quantistico e nelle sue metafore indù, la risposta è entrambe le cose.

La gravitazione quantistica a loop.

Il tempo, per come lo conosciamo e lo percepiamo quotidianamente, non è così lineare e uniforme come potrebbe sembrare. Ce lo racconta la fisica moderna, soprattutto attraverso alcune teorie come quella della "gravitazione quantistica a loop" proposta dal fisico italiano Carlo Rovelli. Secondo questa visione, il tempo, se analizzato a livello microscopico, potrebbe non scorrere con una velocità costante, potrebbe frammentarsi, arrestarsi o addirittura ripetersi ciclicamente. Eppure, un'idea molto simile al "*tempo non lineare*" non è poi così nuova. L'induismo, una delle tradizioni spirituali più antiche del mondo, ha da sempre concepito l'universo come governato da cicli continui, dove il passato e il futuro si fondono in un eterno presente.

Per comprendere l'induismo e il suo rapporto con il tempo, bisogna partire dal concetto di *kalpa*. Un kalpa è un ciclo cosmico, una durata immensa di tempo che segna la creazione, la distruzione e la rigenerazione dell'universo. Secondo i testi sacri indù, come i Purana e i Veda, il cosmo non segue un percorso lineare, ma un modello ciclico senza inizio né fine. Si parla di ere (*yuga*), che si ripetono in un continuo intreccio di nascita, decadimento e rinascita. L'idea è poetica e universale: ogni cosa, dagli esseri umani alle stelle, è soggetta a questo ritmo infinito.

Questo concetto sembra avere una sorprendente analogia con alcune intuizioni della fisica quantistica. La teoria di Rovelli, ad esempio, sostiene che il tempo non sia una dimensione continua, ma frammentato. A scale temporali infinitesime, le strutture fondamentali potrebbero comportarsi in modo inaspettato, lontano dalla nostra percezione lineare. È affascinante notare come un'idea ricavata da formule matematiche e dall'osservazione scientifica trovi un'eco in antiche speculazioni metafisiche.

La visione ciclica indù non è soltanto cosmologia, ma influenza anche la vita quotidiana e spirituale. La reincarnazione (Samsara), per esempio, è l'idea che ogni anima attraversi infinite vite, muovendosi lungo un cammino ciclico governato dalle leggi del Karma. Questo viaggio potrebbe ricordare, in modo suggestivo, la descrizione del tempo di Rovelli: frammenti successivi che appaiono interconnessi ma non necessariamente soggetti a una logica lineare.

Un parallelo interessante lo si trova anche nella concezione dello spazio-tempo, che secondo Rovelli e altre teorie fisiche, non rappresenta una grandezza fissa né universale. Il tempo può accelerare o rallentare, a seconda dei campi gravitazionali e delle condizioni dell'universo. È un'idea che richiama la famosa allegoria indù del dio Shiva, simbolo di distruzione e nuova creazione: nel suo eterno Tandava, la danza cosmica, Shiva crea un ritmo in cui spazio e tempo nascono e collassano contemporaneamente.

Forse nulla riassume meglio questa vicinanza tra fisica moderna e induismo della frase di Rovelli:

"Il tempo è una forma che la realtà ci racconta."

Nella filosofia indù, il tempo, o più precisamente *"Kala"*, è spesso descritto come un'illusione (Maya), un costrutto mentale che gli esseri umani usano per capire una realtà che trascende la mente. Nel Bhagavad Gita, uno dei testi fondamentali della tradizione indù, Krishna dice:

"Io sono il Tempo, il distruttore dei mondi."

È una visione che pone il tempo non come un semplice ticchettare di lancette, ma come una forza primordiale, creatrice e distruttrice, capace di rimodellare l'intero universo.

La fisica quantistica, con le sue affermazioni audaci e spesso controintuitive, sembra incamminarsi su un sentiero simile a quello tracciato millenni fa dai saggi indiani. Il dualismo onda-particella, il principio d'indeterminazione di Heisenberg e l'idea che il tempo non sia un'entità universale ci rammentano quanto la realtà sia complessa e sfuggente.

Carlo Rovelli, autore di opere come *"Sette brevi lezioni di fisica"* e *"L'ordine del tempo"*, è un fisico che ha saputo varcare i confini rigidamente accademici per aprirsi a un dialogo culturale più ampio. Rovelli stesso ha dichiarato di essere affascinato dalla filosofia orientale. Agli occhi del fisico italiano, il tempo è solo uno degli schemi che gli esseri umani usano per interpretare il mondo. Questo lo avvicina, forse inconsapevolmente, a quella che viene definita la *"darshana indù"*, ossia una visione filosofica che invita a guardare oltre le apparenze.

Un esempio pratico che Rovelli ama citare è il comportamento dei buchi neri. Nei pressi di un buco nero, il tempo rallenta fino quasi ad arrestarsi. Normalmente, questo fatto viene spiegato attraverso la relatività generale di Einstein. Ma, a livello microscopico, nei confini della meccanica quantistica, il tempo potrebbe addirittura "perdersi", fondendosi con lo spazio. È un'immagine che lascia spazio a infinite riflessioni, tanto quanto l'antico concetto indù di *"Lila"*, il gioco cosmico che governa il destino di ogni cosa.

Alla domanda su cosa abbia da dire l'induismo alla scienza moderna, non possiamo rispondere con certezza. Ma quello che emerge è l'idea che l'antichità, con i suoi miti e simboli, possa trovare nuovi significati alla luce delle scoperte contemporanee. Filosofia e fisica non sono opposte, ma due linguaggi per raccontare una realtà che ci sfugge.

Forse, la saggezza è proprio questa: riconoscere che il tempo – come tutto ciò che ci circonda – è molto più complesso di quanto sembri. E che, in un certo senso, ogni passo della scienza sembra avvicinarsi sempre di più a una verità che antiche riflessioni già intravedevano migliaia di anni fa.

L'orologio spezzato: il tempo quantistico e il ciclo del Samsara.

Quando guardiamo un orologio, il movimento delle sue lancette ci ricorda che il tempo scorre in modo lineare. Passato, presente e futuro si susseguono come in un percorso rettilineo. La fisica quantistica, tuttavia, ci insegna che questa certezza si spezza di fronte al mondo subatomico. In questa dimensione, il tempo non è più una linea continua ma assume comportamenti strani e imprevedibili: è relativo, discontinuo e persino reversibile. Questa visione rivoluzionaria richiama sorprendentemente un concetto antico e profondamente filosofico dell'induismo: il ciclo del Samsara, il tempo eterno e circolare della reincarnazione.

Tempo lineare e tempo circolare.

Nella cultura occidentale, il tempo è stato per molto tempo immaginato come una freccia con un punto di partenza e una direzione chiara. Dal Big Bang alle galassie che si espandono, la narrazione scientifica moderna sembra confermare questa visione. Tuttavia, la fisica quantistica ha messo in crisi questa concezione. Teorie come quella della *"gravitazione quantistica a loop"* suggeriscono che il tempo non sia uniforme, che non scorra con la stessa velocità ovunque e che, a livello più piccolo, possa persino "arrestarsi" o "ripetersi" in modi difficili da immaginare.

È qui che la filosofia indù offre un parallelo sorprendente. Nel pensiero indù, il tempo non è lineare ma ciclico. Il concetto di

Samsara descrive la ruota infinita delle rinascite, un processo senza inizio e senza fine. Ogni anima (Atman) attraversa un ciclo di nascite, morti e rinascite, fino a quando non raggiunge il Moksha, la liberazione. Questo ciclo eterno contrasta nettamente con l'idea occidentale di tempo come una retta che va avanti senza ritorno.

Il Samsara non è solo una metafora. È un modo per comprendere la realtà come un movimento continuo in cui passato, presente e futuro sono inseparabili. Lo conferma il Bhagavad Gita, uno dei testi sacri più importanti dell'induismo. Nel capitolo 2, verso 12, si legge:

"Mai vi fu un tempo in cui non esistevamo, né ci sarà un tempo in cui non esisteremo".

Questa riflessione elimina la concezione del tempo come qualcosa che inizia e finisce. Tutto esiste in un eterno presente.

In modo simile, Carlo Rovelli, nel suo libro *"L'ordine del tempo"* spiega che il tempo, così come lo percepiamo, è solo un'illusione prodotta dal nostro cervello. Al livello fondamentale della realtà, cioè a livello quantistico, non esiste un ordine cronologico assoluto. Il passato e il futuro diventano concetti sfumati. Questo riporta alla mente un'affermazione della filosofia indù: il tempo è Maya, un'illusione che inganna i sensi.

Un esempio affascinante viene dal concetto di "superposizione" in fisica quantistica. In questa condizione, una particella può trovarsi in due stati diversi contemporaneamente fino a quando non viene osservata. Questo fenomeno, provato sperimentalmente, suggerisce che la distinzione tra passato e futuro non sia sempre chiara, soprattutto nel mondo subatomico. Questa relatività del tempo si riflette nel pantheon indù, in cui divinità come Shiva o Vishnu vengono associate al controllo del tempo e alla sua ciclicità.

Un altro parallelo interessante riguarda i buchi neri. Stephen Hawking ha dimostrato che il tempo si ferma nei pressi di un buco nero. Questo fenomeno richiama l'idea di Kalachakra (la ruota del tempo) nella cosmologia indù, che introduce l'idea che vi siano punti nell'universo dove il tempo si "arrotola" su sé stesso.

L'induismo vede il concetto di passato e futuro in un modo intrigante. All'interno del ciclo del Samsara, ciò che consideriamo "prima" e "poi" sono solo illusioni create dalla mente. Ogni vita è legata alle precedenti e alle successive in una catena causale, ma questa catena non ha un inizio definitivo. È un concetto che ricorda l'esperimento del "paradosso dei gemelli" della teoria della relatività di Einstein, in cui la percezione del tempo cambia a seconda del movimento e della gravità. Se un astronauta viaggia nello spazio a una velocità vicina a quella della luce e torna sulla Terra, scoprirà che per lui è passato meno tempo rispetto ai suoi contemporanei rimasti sul pianeta. Anche qui, il tempo si rivela relativo.

Allo stesso modo, il ciclo del Samsara elimina ogni idea di tempo assoluto. Ciò che sembra la "prossima vita" è, in realtà, parte di un eterno ritorno. Questa visione sfida la logica cartesiana, ma sembra trovare una risonanza sorprendente nella fisica moderna, dove concetti prima ritenuti assurdi stanno diventando accettati.

Questi parallelismi tra induismo e fisica quantistica non sono semplicemente affascinanti; offrono un'opportunità per riflettere su come differenti discipline, apparentemente distanti, possano convergere. Mentre gli scienziati occidentali disegnano equazioni per spiegare l'universo, i mistici indiani hanno usato il simbolismo della ruota e della danza cosmica per catturare la stessa idea. Come afferma Niels Bohr:

"Le grandi verità possono essere espresse sia con il linguaggio della poesia che con il linguaggio della matematica".

L'idea dell'universo come un ciclo, senza un inizio né una fine, potrebbe sembrare estranea alla nostra mente condizionata a pensare in termini di causa ed effetto. Eppure, sia la fisica quantistica sia la filosofia indù ci invitano a esplorare una visione più complessa, in cui il tempo non è un tiranno che ci spinge verso la fine, ma una parte di una danza eterna e misteriosa. Un orologio spezzato, in cui l'inizio e la fine si confondono.

L'illusione dell'osservatore. Fisica quantistica e consapevolezza indù.

Nel cuore delle domande più profonde dell'umanità (chi siamo, qual è la natura della realtà, e quale ruolo gioca la nostra coscienza) scienza e filosofia si sfiorano, si sovrappongono e, talvolta, sembrano rispondersi a vicenda. Da una parte troviamo la fisica quantistica, con la sua sorprendente ma rigorosa visione del mondo subatomico. Dall'altra, l'induismo, una tradizione filosofica che da millenni esplora il rapporto tra individuo e cosmo. Un punto di convergenza tra queste due prospettive emerge con chiarezza: la centralità dell'osservatore. Ciò che facciamo, ciò che scegliamo di osservare, sembra modificare la realtà stessa. Ma quanto a fondo si spinge questo legame?

La fisica quantistica ha rivoluzionato la nostra comprensione dell'universo a partire dall'inizio del XX secolo. Uno degli esperimenti più emblematici è il dualismo onda-particella. Alla base del fenomeno c'è il cosiddetto "esperimento della doppia fenditura", un classico della fisica moderna. Brevemente, quando un elettrone viene fatto passare attraverso due fenditure, si comporta come un'onda e crea un pattern di interferenza sullo schermo, sovrapponendosi come farebbe un'onda d'acqua. Tuttavia, se un osservatore tenta di determinare attraverso quale fenditura l'elettrone passa, il comportamento cambia: l'elettrone si comporta come una particella, annullando il pattern delle onde.

Il semplice fatto di osservare modifica dunque il risultato. Come se l'universo, nel suo aspetto più intimo, aspettasse la presenza dell'osservatore per "decidere" cosa essere. A questo proposito, il fisico teorico John Archibald Wheeler, uno dei grandi pionieri di questo campo, propose l'idea del "*participatory universe*". Secondo Wheeler, l'universo non può essere descritto come qualcosa di separato dall'essere umano. La realtà si manifesta, o, meglio, si concretizza, solo attraverso l'interazione con chi la osserva.

Wheeler ampliò questa idea con il famoso esperimento del "*ritardo della scelta*", in cui si mostra che la scelta dell'osservatore può influire retroattivamente sul comportamento degli oggetti quantistici, anche dopo che questi si sono già mossi nel tempo e nello spazio. La realtà, dunque, non sembra essere una struttura rigida e fissa, ma qualcosa di fluido, modellata dall'interazione con la coscienza.

Queste visioni rivoluzionarie della fisica moderna trovano corrispondenze sorprendenti nella filosofia indù, soprattutto nell'Advaita Vedanta, una delle scuole più affascinanti e profonde di pensiero indiano. Secondo questa dottrina, elaborata dal filosofo Shankara nel VII secolo, il mondo che percepiamo non è altro che una proiezione di Maya, un'illusione che nasconde l'unica realtà autentica: il Brahman, il principio assoluto, infinito e indivisibile. Allo stesso tempo, l'individuo (l'Atman) è in realtà identico a questo Brahman. Non c'è divisione tra il microcosmo della coscienza individuale e il macrocosmo della realtà assoluta.

Per Shankara, comprendere questa verità significa risvegliarsi dalla grande illusione, rendendosi conto che l'universo e tutto ciò che ci circonda non è altro che una manifestazione della nostra coscienza. È un pensiero che si avvicina alla visione di Wheeler: l'universo esiste in relazione a chi lo osserva.

L'induismo, con i suoi testi millenari come le Upanishad, offre un linguaggio poetico per descrivere questa relazione. Nella Chandogya Upanishad, si afferma: "*Tat tvam asi*" (Tu sei Quello). Queste tre parole riassumono tutta l'Advaita Vedanta: la coscienza individuale non è diversa dal principio universale che pervade l'intero universo.

Mettendo in connessione i due mondi, è interessante notare come nella fisica quantistica l'osservatore non sia un semplice spettatore ma un partecipante attivo. Analogamente, l'Advaita Vedanta non vede l'individuo come un'entità separata dal resto dell'universo, bensì come l'artefice stesso della sua percezione della realtà. La famosa frase del matematico e logico Alfred North Whitehead è illuminante in questo contesto:

"*Un universo che può essere completamente spiegato senza la coscienza è un universo che, per definizione, non esiste.*"

L'esperimento del ritardo della scelta di Wheeler, dove la decisione dell'osservatore sembra "retroattivamente" influenzare il comportamento quantistico, porta questa intuizione a un livello inquietante. Parole come quelle del Bhagavad Gita, uno dei testi principali dell'induismo, sembrano quasi echeggiare lo stesso concetto:

"*L'universo è in me, e io sono nell'universo*".

La nozione indù di Maya, che descrive il mondo materiale come un'illusione, trova paralleli con la natura paradossale del mondo quantistico. Proprio come Maya cela la vera natura del Brahman, i fenomeni quantistici sembrano nascondere una realtà più profonda che sfugge alla nostra comprensione diretta.

Per Shankara, Maya non è qualcosa di negativo: è il velo che ci permette di sperimentare la realtà fenomenica e che ci sfida a riconoscerne i limiti. Questa prospettiva risuona con il pensiero di Wheeler: l'universo che osserviamo è il risultato della nostra partecipazione attiva, un'illusione che viene modellata continuamente dal nostro atto di osservare e di scegliere.

Se c'è una lezione che scienza e filosofia possono trarre l'una dall'altra, è forse un senso di umiltà di fronte a ciò che non comprendiamo del tutto. La fisica quantistica, con il suo linguaggio matematico, sta esplorando quello che i saggi indù hanno intuito da millenni: la realtà non è fissa, ma un intreccio di consapevolezza e partecipazione.

John Wheeler, con il suo "universo partecipativo", e Shankara, con la sua filosofia della non-dualità, ci ricordano che l'osservatore (e la sua consapevolezza) sono al centro di tutto ciò che esiste. Non siamo separati dall'universo; siamo l'universo che si risveglia a se stesso attraverso i nostri occhi. E, forse, in quel sottile confine tra il conoscere e l'essere, si nasconde il mistero finale di ciò che chiamiamo realtà.

Capitolo IV. La natura della mente.

La mente nell'induismo.

L'induismo, con la sua storia millenaria e la sua ricchezza filosofica, offre una visione straordinariamente complessa e affascinante della mente. La mente, nell'ottica indiana, non è semplicemente una facoltà razionale o un insieme di pensieri. È il fulcro di una lotta interiore che lega l'essere umano al ciclo di nascita, morte e rinascita (Samsara), ma che al contempo può dischiudere la via verso la liberazione definitiva (Moksha).

Secondo l'induismo, la mente è strettamente legata al concetto di Maya. Maya non è un'illusione nel senso banale del termine, ma piuttosto un filtro che nasconde la vera natura del mondo. La mente, giunta a contatto con i sensi, crea una rappresentazione della realtà che appare concreta ma è in realtà ingannevole. Nei testi sacri come le Upanishad, si afferma che la mente permette di sperimentare il mondo fenomenico, ma devia l'essere umano dall'esperienza diretta di Brahman.

Un passaggio emblematico proviene dalla *Kena Upanishad*, dove si dice:

> *"Ciò che non può essere pensato dalla mente, ma attraverso cui la mente stessa pensa: questo è Brahman."*

Qui, la mente appare non come un mezzo infallibile, ma come un limite alla comprensione dell'assoluto, un filtro che deve essere oltrepassato.

La mente gioca un ruolo fondamentale anche nel condizionare l'essere umano al ciclo del Samsara, il continuo flusso di nascita, morte e rinascita. Le emozioni, i desideri e le identificazioni dell'io individuale con il mondo materiale incatenano l'anima (Atman) a questa ruota. La Bhagavad Gita spiega questo conflitto in modo poetico e drammatico. Arjuna, il guerriero protagonista, simbolo dell'individuo ingannato dai sensi, riceve gli insegnamenti di Krishna, la divinità guida che rappresenta la saggezza divina. Krishna affermò:

> *"La mente non disciplinata è il tuo peggior nemico, mentre la mente controllata è il tuo migliore alleato".*

Questo verso sottolinea l'importanza di addestrare la mente per superare l'attaccamento al mondo transitorio.

Una delle pratiche principali offerte dall'induismo per affrontare questa dinamica è la meditazione (*dhyana*). Secondo il Raja Yoga, descritto negli Yoga Sutra di Patanjali, la mente è come un lago. Quando le sue acque sono agitate, non è possibile vedere il fondo. Il vero sé si può percepire solo calmando gli oscillamenti dei pensieri, chiamati *chitta vritti*.

Il processo meditativo insegna a concentrarsi, a rallentare l'attività mentale e infine a trascenderla. I mistici indiani, come Ramana Maharshi, hanno sottolineato l'importanza dell'autoindagine per superare la mente e accedere alla verità. Maharshi chiedeva ai suoi discepoli di interrogarsi continuamente: *"Chi sono io?"*. Questa domanda, spiega Ramana, porta la mente a un arresto, svelando l'Atman nascosto al di là dell'ego e del pensiero.

Un altro punto chiave della filosofia induista è il ruolo della mente nella conquista del Moksha, lo stato di liberazione finale. Nel Moksha, secondo i testi vedici, la mente smette di essere un ostacolo e diventa uno strumento per disvelare la realtà suprema. Tradizioni come l'Advaita Vedanta, fondata da Shankara nell'VIII secolo, sottolineano che la mente deve essere "sciolta" nell'esperienza diretta del Brahman, l'infinito. Shankara paragonava la mente a un'eclissi: può oscurare la luce del sole (Brahman), ma non può mai distruggerlo.

A Varanasi, città santa per eccellenza, il concetto di trascendere la mente si manifesta anche nel rituale. Qui, al tramonto, centinaia di lampade vengono accese lungo ile sponde del fiume Gange. Questo spettacolo, che si conclude con il canto del mantra "Om", ricorda che la mente, se pur soggetta al buio dell'illusione, può accendere la luce della verità.

Curiosamente, la descrizione della mente come filtro che crea l'apparenza della realtà ha analogie intriganti con la fisica quantistica. L'osservatore, secondo la teoria quantistica, influenza il comportamento delle particelle subatomiche. Anche nella fisica moderna, la "realtà" sembra essere profondamente dipendente dal punto di osservazione. Questo parallelismo, pur non da intendersi come un'identificazione scientifica, affascina studiosi e pensatori, tanto da essere al centro di dibattiti da decenni. Fisici come Werner Heisenberg, che visitò l'India e studiò la filosofia vedica, rilevarono assonanze filosofiche tra il concetto di interconnessione universale e la teoria dei quanti.

La mente, nell'induismo, è uno strumento potente, ma anche un ostacolo. Come il vetro di una lente che può essere limpido o opaco, la mente governa la percezione della realtà. Superare i suoi limiti significa spostarsi oltre il Samsara, scoprendo l'eterno e infinito Brahman. In un'epoca in cui la fisica quantistica sfida le certezze della scienza, il dialogo con queste antiche intuizioni filosofiche non solo arricchisce la comprensione umana, ma invita a riflettere sulle meraviglie nascoste dietro il velo del pensiero.

L'illusione che imprigiona l'uomo nel Samsara.

La mente, nella filosofia induista, è un costrutto profondamente intrecciato con il concetto di Maya, l'illusione cosmica che imprigiona l'essere umano in una percezione distorta della realtà. Questa illusione non è solo passiva ma attiva: agisce attraverso i pensieri, le emozioni e le identificazioni fugaci che legano le persone al mondo fenomenico.

Gli antichi saggi dell'induismo, come Patanjali negli Yoga Sutra, scrivevano che la mente è come una superficie d'acqua. Ogni pensiero, desiderio o paura è un'increspatura, un'onda che ne disturba la quiete. Patanjali chiamava queste perturbazioni *"citta-vritti"*, cioè modificazioni mentali. Quando la mente è agitata, queste onde impediscono di vedere chiaramente la propria vera natura: il Sé, o Atman, celato sotto le illusioni di Maya.

L'induismo collega direttamente la centralità della mente al perpetuarsi del Samsara, il ciclo di nascita, morte e rinascita. Secondo questa visione, l'identificazione dell'individuo con la mente rinforza il senso di separazione dall'assoluto (Brahman). Ogni pensiero che sorge alimenta il Karma, le catene che vincolano l'anima a un continuo ritorno nel mondo fenomenico. La liberazione (Moksha), quindi, non si ottiene fuggendo dal mondo, ma attraversando il velo di Maya e dissolvendo l'identificazione con la mente condizionata.

Adi Shankara e Ramana Maharshi: lezioni sulla mente.

Un maestro centrale di questa visione è stato Adi Shankara (VIII secolo d.C.), il filosofo che consolidò il sistema Advaita Vedanta. Shankara predicava l'unità fondamentale di Atman (il Sé) e Brahman (l'Assoluto). Attraverso storie e metafore, spiegava che la mente è come un serpente percepito al posto di una corda: un'illusione. Una volta riconosciuta la corda, il serpente svanisce.

Ramana Maharshi (1879-1950), uno dei più grandi saggi moderni dell'India, ampliò questa visione con il metodo del "chi sono io?".

Maharshi invitava i suoi discepoli a interrogarsi sull'origine dei loro pensieri. Mostrava che i pensieri si dissolvono nel momento in cui si riconosce il Sé come il testimone immutabile, al di là della mente. Maharshi visse sul monte Arunachala, un luogo sacro del Tamil Nadu, che egli descriveva come un simbolo vivente del Sé.

Cosa collega tutto questo alla fisica quantistica? Lo scienziato Fritjof Capra, nel suo celebre libro *"Il Tao della fisica"*, evidenziò come alcune intuizioni dell'induismo richiamino concetti del mondo quantistico. Ad esempio, il principio di indeterminazione di Heisenberg afferma che non possiamo conoscere simultaneamente con precisione alcune proprietà fondamentali di una particella (come posizione e velocità). Questa incertezza rappresenta, in un certo senso, una "illusione" nella nostra capacità di comprendere la realtà in modo diretto e definitivo.

Anche il concetto di non-località, dimostrato dal famoso esperimento di Alain Aspect negli anni '80, risuona con la visione induista secondo cui tutte le cose sono interconnesse e dipendono da un'unica realtà sottostante. L'universo, a livello quantistico, si comporta come un sistema unitario in cui le parti sono inseparabili. Analogamente, nell'induismo, Maya crea un'illusione di separazione dove, in verità, tutto è uno.

Il dialogo tra l'induismo e la fisica quantistica non è un tentativo di sovrapporre religione e scienza, ma di esplorare aree di convergenza nelle intuizioni sull'universo e sulla mente. Nell'universo, secondo la fisica quantistica, la realtà sfugge alla nostra comprensione totale. Allo stesso modo, l'induismo insegna che quel che vediamo è solo un riflesso parziale della verità, un gioco di Maya. Soltanto un lavoro profondo sulla mente – come dimostrato dai grandi maestri – può condurci oltre l'illusione, verso la libertà autentica.

La mente e il Samsara: il grande intrappolatore.

Nell'induismo, la mente è vista come uno strumento potente, ma ambivalente. Da un lato, la mente consente alla persona di discernere la realtà fenomenica. Dall'altro lato, è proprio la mente a creare l'illusione del mondo materiale, una condizione chiamata Maya. Questa illusione è ciò che mantiene l'individuo intrappolato nel Samsara, l'eterno ripetersi delle rinascite.

Secondo i testi Vedantici, la mente umana, con i suoi desideri, attaccamenti e paure, costruisce un'identità egoica (*ahankara*).

Questo ego, credendosi distinto dal resto della realtà, alimenta il senso di separazione. Ad esempio, Adi Shankara descriveva l'ego e la mente come uno specchio coperto di polvere: la realtà ultima (Brahman) è sempre presente, ma la mente offuscata dall'ignoranza (*avidya*) ne impedisce la piena percezione.

Una delle metafore più celebri usate per spiegare il ruolo illusorio della mente viene dai Veda: l'immagine della corda scambiata per un serpente. Nell'oscurità, una corda può essere scambiata per un serpente, generando paura e ansia. In realtà, il serpente non esiste. Allo stesso modo, dice l'induismo, è la mente che percepisce una realtà dualistica e illusoria, mentre l'essenza ultima è una sola.

Ego, mente ed eternità: il viaggio dall'ahankara verso il Sé (Atman).

La fisica quantistica e le filosofie orientali, pur appartenendo a mondi apparentemente lontani, condividono una sorprendente analogia: entrambe mettono in discussione il senso consueto della realtà. Mentre i fisici si scontrano con il paradosso della sovrapposizione e con l'interdipendenza degli osservatori, nella filosofia hindu si indaga sulla mente come velo che oscura la vera natura dell'essere. Un punto di intersezione intrigante si trova nel ruolo dell'ego.

Secondo l'induismo, la mente è resa schiava da un'illusione radicata, incarnata dall'ahankara. Questo termine, che in sanscrito significa "*io costruttore*", indica quella parte della mente che si identifica con l'ego. Per lo scienziato moderno, ciò potrebbe essere accostato al concetto riduzionista di "*coscienza individuale*". L'ahankara, però, non è la fonte autentica dell'identità. Per gli antichi saggi hindu, si tratta di un costrutto mentale, transitorio e condizionato, che separa l'essere umano dal suo Atman: il Sé eterno, immutabile ed universale.

La fisica quantistica, con il suo linguaggio enigmatico e controintuitivo, ha mostrato un mondo sottile in cui ciò che è osservato non può esistere senza un osservatore. Erwin Schrödinger, uno dei padri della teoria quantistica, affermò con grande ammirazione per la sapienza orientale che:

> "*La sapienza hindu non ha mai separato mente e materia come facciamo noi nel pensiero occidentale*".

Questo richiamo non è casuale: nella Bhagavad Gita, testo cardine della filosofia hindu, Krishna insegna ad Arjuna che la mente è sia il nemico che l'alleato dell'essere umano, a seconda di come viene addestrata e illuminata.

La mente, nella fisica moderna, potrebbe dunque essere vista come un ponte. Da un lato connette gli eventi materiali osservabili; dall'altro arriva ad interrogarsi sull'osservatore stesso, portandoci vicini al mistero della coscienza. È qui che si inserisce un sottile dialogo con l'induismo, in cui tutto il mondo esperienziale è filtrato dall'attività mentale, ma l'illuminazione si raggiunge andando oltre la mente stessa.

Il cuore dell'insegnamento hindu su questo tema risiede nel superamento dell'ego, o ahankara. La Bhagavad Gita descrive l'ego come il principale architetto della sofferenza umana. Più l'individuo si attacca al sé egoico, più si allontana dal Sé eterno e dalla pace interiore. Adi Shankara, nel suo celebre commento all'Advaita Vedanta, descrive l'ahankara come *"l'ombra nell'oscurità"*, che non ha una realtà propria e svanisce solo alla luce della conoscenza diretta del Sé.

Il maestro indiano Ramana Maharshi, figura cardine del XX secolo, aveva un approccio profondo per affrontare questo viaggio verso il Sé. Egli insegnava il metodo di *"atma-vichara"*, o "auto-indagine". Ramana invitava i suoi discepoli a porsi una domanda apparentemente semplice ma in realtà rivoluzionaria: "Chi sono io?".

Questa esplorazione meditativa dissolve gradualmente l'identificazione con l'ego e riconduce al Sé, spesso descritto dai maestri come *"silenzio senza fine"*. Un aneddoto legato a Ramana racconta che, alla domanda di un allievo su come raggiungere l'illuminazione, egli rispose:

> *"Riconosci chi pone la domanda. Quell'io che cerca di sapere non è altro che il velo"*.

Un altro riferimento fondamentale è il maestro Nisargadatta Maharaj, che nei suoi insegnamenti insisteva sulla consapevolezza del punto di partenza: il sentimento universale di essere, o *"Io sono"*. Secondo Nisargadatta, dimorando in questo stato di coscienza senza identificazione, si arriva a intuire la natura illimitata del Sé, dissolvendo gradualmente l'illusione dell'ahankara.

L'induismo si distingue da molte tradizioni occidentali per come percepisce tempo e mente. In questa filosofia, la mente non è una proprietà del cervello, bensì un fenomeno transitorio legato al ciclo del Samsara, il continuo susseguirsi di nascita e morte. Allo stesso tempo, l'Atman è eterno e inesauribile. Questo principio è celebrato negli scritti delle Upanishad, che affermano:

"L'Atman né nasce né muore, né può essere ridotto in frammenti".

Per comprendere meglio il significato di questo viaggio interiore, si può ricordare un'affermazione cruciale del poeta mistico Kabir:

"Io sono il Sé dentro di te. Dove altro cercherai?".

L'esperienza hindu non invita solo alla speculazione filosofica, ma a un cammino meditativo e pratico in cui la mente non è repressa, ma utilizzata come strumento verso l'infinito.

Il dibattito moderno sulla coscienza.

I parallelismi tra le moderne teorie sulla coscienza e quelle proposte dalla filosofia hindu appaiono sempre più rilevanti. Nella ricerca neuroscientifica contemporanea si parla spesso della coscienza come un fenomeno emergente, un concetto affine a quello di "Maya" o illusione cosmica descritto nell'induismo. Nello stesso tempo, fisici e filosofi, come David Bohm e Amit Goswami, hanno proposto modelli cosmici che riecheggiano l'antica saggezza vedica, associando l'universo quantistico con una sorta di "connessione unificata".

Se la fisica quantistica ci insegna che la realtà dipende dall'osservatore, l'induismo aggiunge che l'osservatore stesso deve dissolversi per contemplare l'eterno. La mente, con i suoi limiti e le sue potenzialità, diventa il campo fondamentale di questa indagine. L'ahankara non è un nemico da annientare, ma una porta da oltrepassare. Al di là, rimane il Sé, immoto e libero, testimone eterno di tutte le trasformazioni.

Questo cammino non appartiene esclusivamente a una fede o a una scienza, ma si pone come una possibilità universale, una sfida per chiunque voglia andare oltre il visibile e scoprire il nucleo nascosto della realtà, là dove materia e spirito, mente e universo si fondono in un'unica Essenza.

La mente come specchio turbato.

Il confronto tra le filosofie orientali e la fisica quantistica trova un terreno fertile quando si parla della mente e della sua natura. Per secoli, l'Induismo ha offerto sofisticati modelli filosofici del funzionamento della mente. Tra questi, gli Yoga Sutra di Patanjali occupano un posto di rilievo. Il famoso versetto "*Citta-vritti-nirodha*" ("*La cessazione delle fluttuazioni della mente*") riassume un'intera filosofia della mente come specchio turbato da onde incessanti.

Secondo Patanjali, il problema fondamentale è rappresentato dai "*vritti*", le agitazioni mentali. Queste fluttuazioni, paragonate a increspature su uno stagno, sono causate da desideri, attaccamenti e ignoranza (*avidya*). Egli afferma che per sperimentare la verità ultima, lo specchio della mente deve essere reso immobile. Solo allora, la realtà assoluta può riflettersi in esso, libera da distorsioni.

Questa idea, antica di oltre duemila anni, trova una sorprendente eco nel linguaggio della fisica quantistica. A livello subatomico, la realtà non segue le leggi deterministiche della fisica classica. Il modello quantistico descrive un universo fluttuante, dove la materia è al tempo stesso onda e particella. In questo scenario, il ruolo dell'osservatore – ciò che in filosofia viene riferito alla mente – è cruciale. L'atto stesso di osservare modifica il comportamento delle particelle, come dimostrano esperimenti iconici come quello della doppia fenditura.

Non è difficile ravvisare un parallelo. Se per i fisici quantistici è la mente osservatrice che condiziona la realtà, per la tradizione indiana è ancora una volta la mente che deve essere quietata per svelare la realtà profonda: la connessione tra Atman, il sé individuale, e Brahman, l'assoluto cosmico.

La mente come specchio e la pratica della quiete.

Il percorso per quietare lo specchio della mente è noto come *dhyana*, o meditazione. Questa pratica ha radici nei Veda e si sviluppa lungo le tradizioni yogiche e vedantiche.

Ramana Maharshi, uno dei più grandi saggi del XX secolo, nacque nel 1879 a Tiruchuli, in India meridionale. Ramana trascorse gran parte della sua vita ai piedi della montagna sacra di Arunachala, che egli considerava una manifestazione di Shiva.

Ramana offriva ai cercatori spirituali una pratica semplice ma radicale: l'autoindagine (*atma-vichara*). Chiedeva loro di porre al centro della meditazione una domanda fondamentale: "*Chi sono io?*". Questa domanda portava l'attenzione su chi osserva tutto il resto, su quella consapevolezza sottostante che è il vero sé, o Atman. Ramana insegnava che la mente smette di agitarsi quando cessa di identificarsi con l'ego (*ahankara*). Solo allora l'individuo riconosce che Atman e Brahman sono una cosa sola.

La montagna di Arunachala divenne un simbolo potente della ricerca interiore. Ancor oggi, migliaia di pellegrini vi si recano ogni anno per intraprendere il *pradakshina*, il rituale cammino intorno alla montagna, sperando di ottenere un barlume della pace che Ramana incarnava.

Risonanze con la fisica quantistica.

La fisica quantistica, pur avendo un approccio scientifico e non spirituale, suggerisce che la realtà non sia composta da oggetti solidi, ma piuttosto da un campo di probabilità in cui la coscienza gioca un ruolo determinante. Werner Heisenberg stesso, uno dei padri del principio di indeterminazione, era affascinato dalle analogie tra il pensiero orientale e le sue scoperte scientifiche. Heisenberg notò come le antiche filosofie indiane suggerissero una realtà fluida, in cui l'unità sottende la diversità apparente.

Possiamo immaginare la mente, nell'ottica indiana, come una sorta di "*campo quantistico personale*". Quando il campo è agitato dagli impulsi dell'ego, la visione del mondo diventa frammentata. Ma, attraverso la meditazione, questo campo torna alla sua condizione originaria, un'unità indistinta.

Un aneddoto interessante collegabile a questi temi riguarda Nisargadatta Maharaj, maestro spirituale contemporaneo a Ramana Maharshi. Un discepolo gli chiese un giorno come raggiungere la pace assoluta. Nisargadatta rispose con queste parole sorprendenti:

> *"Cerca di comprendere che tutto ciò che vedi e sperimenti è nella mente, non nella realtà. Quando la mente tace, la verità si rivela"*.

Questa saggezza è più attuale che mai. In un'epoca in cui la scienza stessa abbandona le certezze dell'oggettività per esplorare i paradossi della realtà quantistica, le filosofie orientali offrono un contesto per riflettere non solo sulla natura dell'universo, ma sulla nostra percezione di esso. Forse ciò che la fisica quantistica e l'Induismo stanno cercando di dirci è che l'universo, come la mente, riflette ciò che siamo. In fondo, per conoscere l'unità, dobbiamo prima conoscere noi stessi.

Non-dualismo e la liberazione della mente.

La filosofia dell'Advaita Vedanta, uno dei pilastri dell'induismo, si basa sull'idea rivoluzionaria del non-dualismo. Questa visione viene condensata nella celebre frase sanscrita *"Tu sei Quello"* Secondo questa dottrina, non esiste alcuna separazione tra il nostro sé interiore (Atman) e la realtà universale (Brahman). Tutto è Uno, indiviso e interconnesso.

Se la fisica quantistica indaga sull'interrelazione di tutte le particelle dell'universo, l'Advaita Vedanta compie un passo ulteriore: non solo tutto è collegato, ma questa connessione non ha mai avuto una frattura. Secondo tale visione, la divisione tra osservatore e osservato, soggetto e oggetto, è solo illusoria. Ed è qui che entra in gioco la mente.

Nell'Advaita Vedanta, la mente è vista come uno strumento bifronte: da un lato, è l'ostacolo principale per cogliere l'unità universale. Dall'altro, è il mezzo attraverso cui si può trascendere l'illusione. Questo ostacolo è rappresentato da *Ahankara*, l'ego, che frammenta la percezione e crea il senso di separazione fra sé e il mondo.

L'ego, alimentato da pensieri, desideri e identificazioni, è ciò che lega l'essere umano al ciclo del Samsara, il continuo vagare tra sofferenza e illusione. Tuttavia, attraverso la pratica spirituale e la meditazione, la mente può essere usata per liberarsi dalle sue stesse catene. La chiave è arrivare a vederla per ciò che è: un'ombra costituita dai suoi stessi contenuti, non il vero sé.

Swami Vivekananda, una delle voci più influenti dell'induismo moderno, usava un'immagine semplice e potente per spiegare questo concetto. Disse:

> *"Quando la mente diventa calma come un lago limpido, allora il Monte della Verità si riflette chiaramente sulla sua superficie."*

Questo Monte rappresenta Brahman, l'assoluto. La mente inquieta, invece, è come uno specchio mosso dal vento, che deforma ciò che riflette, creando l'illusione che siamo separati dal tutto.

Per giungere a questa calma interiore, gli insegnamenti propongono pratiche come la meditazione, lo studio delle scritture (*shastra*) e l'auto-osservazione. Uno degli strumenti più profondi è l'*Atma-vichara*, o auto-indagine, promosso dal mistico Ramana Maharshi.

Ramana Maharshi (1879-1950) ha lasciato un'eredità spirituale unica. Maestro silenzioso, Ramana indicava un metodo diretto per superare la tirannia della mente. Questo approccio, chiamato atma-vichara, si basava sull'investigazione del sé attraverso una domanda solo apparentemente semplice: *"Chi sono io?"*.

Secondo Ramana, ogni pensiero o emozione parte dall'idea di un "io" personale. Investigando l'origine di questo "io", si scopre che non è altro che un'illusione creata dalla mente. Il vero sé, il puro Atman, rimane inalterato al di là delle fluttuazioni della psiche.

Se l'Advaita brilla nei suoi aspetti spirituali, i ricercatori moderni trovano interessanti paralleli con la fisica quantistica. La mente, secondo le scritture dell'Advaita, crea un velo che nasconde la realtà unica e indivisibile, proprio come l'osservatore modifica l'osservato secondo il principio di indeterminazione di Heisenberg. Le scoperte della fisica contemporanea, che gettano dubbi sulla distinzione rigida tra materia ed energia, sembrano riecheggiare i principi filosofici che i saggi indiani hanno espresso secoli fa.

Un concetto affascinante è ciò che il fisico Erwin Schrödinger, profondamente influenzato dalle filosofie orientali, esprimeva chiaramente: la consapevolezza non è individuale, ma universale. Il pensiero occidentale razionale ha cercato di comprendere la coscienza come un prodotto della mente; l'Advaita risponde, invece, che la mente stessa è un prodotto della coscienza.

Dall'autoconoscenza all'esperienza dell'infinito.

Da millenni l'induismo si interroga sulla vera natura della mente e del Sé, affrontando questioni che oggi anche la scienza occidentale, in particolare la fisica quantistica, inizia a esplorare. Al centro di questa ricerca spirituale si trova la pratica di atma-vichara, ovvero l'indagine sul Sé, che promette di condurre dalla frammentazione mentale all'esperienza dell'infinito. Questa prospettiva, che attraversa i testi antichi e le esperienze mistiche dell'India, rivela connessioni sorprendenti con il pensiero contemporaneo sulla coscienza e la natura della realtà.

Uno degli esempi più celebri di atma-vichara è la vita di Ramana Maharshi, uno dei più grandi maestri spirituali del XX secolo. Nato nel 1879 a Tiruchuli, un piccolo villaggio dell'India meridionale, Ramana ebbe un risveglio improvviso all'età di sedici anni. Mentre giaceva disteso, credendo di essere sul punto di morire, rivolse la sua attenzione alla domanda fondamentale: *Chi sono io?* Meditò sul fatto che non era il corpo né la mente, ma qualcosa di più profondo e immutabile: il Sé supremo, chiamato Atman nei testi vedici.

Con questa intuizione, Ramana abbandonò la sua vita ordinaria e si stabilì presso il monte Arunachala, luogo sacro per l'induismo. Là, sperimentò una condizione di silenzio mentale totale, che non era però un vuoto sterile, ma un'apertura infinita, una connessione diretta con ciò che molti definirebbero il Divino. Per il maestro, la mente, una volta privata delle sue proiezioni egoiche, diventava un canale per la pura consapevolezza.

Secondo la tradizione hindu, la mente umana è essenzialmente uno strumento neutro. Tuttavia, attraverso l'identificazione con l'ego (ahankara), essa genera una separazione illusoria tra il Sé e il mondo. Nisargadatta Maharaj, un altro grande maestro del XX secolo, spiegava:

> *"La mente crea il prigioniero immaginando il carcere.*
> *Abbandona l'identificazione e scoprirai di essere libero da*
> *sempre."*

Questa affermazione trova eco in *"atma-vichara"*, dove la domanda *"Chi sono io?"* diventa una spada per tagliare l'incessante flusso delle identificazioni mentali. Non si tratta di negare la mente, ma di trascenderla, di riconoscere che, al suo livello più profondo, essa è uno specchio del Sé, non il Sé stesso.

Curiosamente, alcune di queste intuizioni trovano paralleli nella fisica quantistica moderna, che sfida le idee convenzionali sulla realtà e sulla mente. Fisici come Eugene Wigner e Wolfgang Pauli hanno sollevato domande sul ruolo dell'osservatore nella creazione del mondo quantistico. L'idea che il pensiero o la consapevolezza influenzino la realtà materiale ricorda il principio hindu per cui la mente, una volta purificata, può percepire l'infinito che è sempre presente.

Il concetto stesso di realtà come rete interconnessa e non locale, esplorato nella teoria quantistica, appare allineato alle tradizioni non dualistiche dell'induismo. Advaita Vedanta, forse la scuola più importante della filosofia hindu, sostiene che non esiste una separazione reale tra soggetto e oggetto, tra mente ed universo. Come diceva il maestro Adi Shankaracharya:

> *"Brahman è tutto ciò che è. Afferralo, e scoprirai che il Sé*
> *individuale non esiste come entità separata."*

A livello esperienziale, la pratica di *atma-vichara* ha un potere trasformativo. Conduce alla quiete interna, riduce l'ansia e le divisioni interiori, e permette di esplorare il nostro potenziale spirituale più elevato. Meditando su chi siamo davvero, secondo Ramana Maharshi, smettiamo di essere schiavi delle fluttuazioni mentali. In tal modo, la mente non viene eliminata, ma reintegrata nel Sé come uno strumento per vivere la totalità dell'esistenza.

Un praticante moderno potrebbe descrivere questo processo come un "resettare" la mente, eliminando i programmi inutili che ci separano dal presente vivo. È un percorso che richiede coraggio e pazienza, ma che promette il dono più grande: la libertà.

In un'epoca in cui neuroscienziati e filosofi dibattono sull'origine della coscienza, atma-vichara fornisce un contributo essenziale. Piuttosto che cercare la coscienza nei circuiti neurali o nel cervello, l'induismo la considera il substrato stesso della realtà. È una visione che sfida le basi riduzionistiche della scienza occidentale, ma che attira sempre più attenzione anche tra i ricercatori.

Pensatori come David Chalmers, che ha definito la coscienza "*il problema difficile*", riconoscono che la scienza non ha ancora strumenti per spiegare come dall'attività neuronale emerga l'esperienza soggettiva. Forse, come suggeriscono i saggi hindu, la risposta sta nella consapevolezza stessa, che non è un prodotto della mente, ma la sua origine.

La pratica di atma-vichara è al tempo stesso antica e rivoluzionaria. Essa mette in discussione ciò che crediamo di sapere su noi stessi, aprendo la porta a una dimensione di esistenza libera dai limiti mentali ed egoistici. Attraverso figure come Ramana Maharshi e Nisargadatta Maharaj, vediamo che trascendere la mente non è una fuga dalla realtà, ma il mezzo per riscoprirne la vera essenza.

In un universo che la scienza moderna descrive come interconnesso e pulsante di possibilità, forse non c'è differenza sostanziale tra il silenzio del Sé realizzato e il campo quantistico. Entrambi ci invitano a riconoscere che, dietro l'apparenza del molteplice, si nasconde un'unica realtà infinita.

La sperimentazione interiore e il controllo della mente.

L'induismo offre strumenti pratici per comprendere e trasformare la mente. La meditazione (*dhyana*), ad esempio, viene considerata uno dei sentieri principali per portare la mente a uno stato di quiete, riducendo l'agitazione creata dai desideri e dai pensieri distrattivi. I testi della Bhagavad Gita, una delle opere più studiate dell'induismo, offrono un insegnamento chiave in questo senso. Nel capitolo VI, Krishna spiega ad Arjuna il controllo della mente con parole di estrema chiarezza:

> *"La mente può essere la tua migliore amica o il tuo peggior nemico. Domina la mente, e sarai libero dalla schiavitù del Samsara".*

Un altro esempio è dato dal sistema di Patanjali, il quale nei suoi Yoga Sutra descrive la mente come uno strumento che, se non purificato, crea caos. L'obiettivo dello yoga, secondo Patanjali, è portare la mente a uno stato di citta-vritti-nirodha: il silenzio delle fluttuazioni mentali.

La mente umana è uno dei misteri più profondi dell'universo, un enigma che affascina tanto la scienza moderna quanto le antiche tradizioni spirituali. L'induismo, una delle più antiche filosofie dell'umanità, offre strumenti per esplorare la mente che si rivelano straordinariamente affini alle riflessioni della fisica quantistica. I due approcci, pur venendo da contesti diversi, condividono un'idea comune: la realtà emerge dal modo in cui la mente percepisce e organizza l'esperienza.

L'induismo considera la mente come uno strumento potente, ma anche come un potenziale ostacolo. Attraverso la meditazione, la mente viene disciplinata. Questo non significa sopprimerla, ma osservarla senza identificarsi con i pensieri. Quando il processo è portato a maturazione, si accede a uno stato di calma profonda, che nella fisica quantistica potrebbe essere paragonato al campo unificato: una realtà immobile da cui emergono le fluttuazioni energetiche che formano il mondo materiale.

Un altro pilastro dell'induismo è rappresentato dagli *"Yoga Sutra"* di Patanjali, una raccolta di aforismi risalente al II secolo a.C. In questo testo, Patanjali espone i passaggi per portare la mente a uno stato di equilibrio. Il suo obiettivo è il raggiungimento del *"citta-vritti-nirodha"*, ovvero il *"silenzio delle fluttuazioni mentali"*. Patanjali osserva che la mente, se non controllata, funziona come uno specchio rotto: rifrange i pensieri e le emozioni in modo caotico, dando l'illusione di una realtà frammentata.

Dal punto di vista pratico, Patanjali propone otto tappe dello yoga (ashtanga yoga), che includono posture fisiche (asana), controllo del respiro (pranayama), e concentrazione mentale (dharana). Il silenzio interiore si conquista gradualmente, allenando la mente a depurarsi, proprio come un fiume che lentamente diventa limpido quando cessa l'agitazione delle sue acque.

La fisica quantistica ha scoperto che, a livello subatomico, la realtà è influenzata dall'osservatore. Esperimenti come il "dualismo onda-particella" dimostrano che una particella può comportarsi come materia o come onda, a seconda del modo in cui viene osservata. Allo stesso modo, l'induismo insegna che l'universo è modellato dalla mente umana.

Una figura centrale nella storia recente che ha esplorato il rapporto tra mente e realtà è Niels Bohr, uno dei padri della meccanica quantistica. Bohr era affascinato dalla spiritualità orientale e consultava spesso testi sacri indiani. Il simbolo dello *yin-yang*, che teneva nello stemma personale di Bohr, rappresenta la complementarità, un concetto centrale nei fenomeni quantistici. Questa stessa complementarità è evidente nell'induismo, dove il gioco di opposti (prakriti e purusha) rappresenta l'equilibrio tra materia e spirito.

Quello che rende l'induismo unico è il suo invito alla sperimentazione interiore. Le intuizioni non vengono accettate come dogmi, ma sono considerate risultati raggiungibili attraverso pratica e autoindagine. L'esempio dei saggi dell'antica India è illuminante: vivevano in eremitaggi immersi nella natura e dedicavano la vita all'osservazione della mente. Luoghi come gli *ashram* lungo il Gange, ancora oggi, sono centri di ricerca interiore, dove praticanti provenienti da ogni parte del mondo sperimentano gli insegnamenti millenari.

Un esempio interessante riguarda Erwin Schrödinger, scienziato e creatore dell'equazione d'onda quantistica. Schrödinger era profondamente ispirato dalle Upanishad, testi filosofici indiani che indagano la natura dell'essere. Trovava affascinante il concetto di Brahman, la realtà ultima e indivisibile, che risuona in maniera sorprendente con l'idea di un campo quantistico che unisce tutto ciò che esiste.

L'induismo e la fisica quantistica sembrano convergere su un punto cruciale: la mente non è solo un elemento della realtà, ma ne è anche il creatore. Mentre la fisica moderna utilizza strumenti tecnologici per osservare il mondo subatomico, l'induismo invita a rivolgere questi stessi strumenti verso l'interno, esplorando il "microuniverso" della coscienza.

Le due discipline non sono nemiche, ma alleate. In ultima analisi, offrono una risposta alla domanda che l'umanità si pone da sempre: chi siamo, e quale ruolo gioca la mente nella creazione dell'universo? Forse, come suggerisce l'induismo, comprendere la mente significa comprendere il tutto.

La mente come specchio dell'unità.

L'idea che la mente sia uno specchio, capace di riflettere l'unità sottostante a ciò che percepiamo come realtà, è centrale nella filosofia dell'Advaita Vedanta. Questa corrente dell'induismo, che affonda le sue radici nei millenni e nei testi sacri delle Upanishad, invita a guardare oltre le apparenze. La mente umana, seppur apparentemente complessa e creativa, è soltanto un'illusione che nasconde la verità fondamentale. Il Sé reale, o Atman, è identico al principio universale, il Brahman.

In un certo senso, l'Advaita Vedanta si avvicina alle moderne teorie della fisica quantistica, che mettono in discussione le percezioni ordinarie del mondo. Secondo i fisici quantistici, ciò che definiamo "realtà oggettiva" è un'espressione fluida, guidata dall'interazione tra energia, osservazione e consapevolezza. Come nel pensiero orientale, anche la fisica quantistica indica che dietro la molteplicità del mondo c'è un'unità nascosta.

Nisargadatta Maharaj, uno dei più grandi maestri spirituali indiani del XX secolo, sintetizzò la natura della mente in un'immagine semplice ma potente:

> *"La mente crea il mondo e lo nomina. Ma tu sei al di là della mente. Noi siamo il cielo limpido, e la mente non è che una nuvola passeggera."*

Per Nisargadatta, la mente non è altro che uno strumento con il quale l'essere umano interpreta e costruisce la percezione della realtà. Tuttavia, questo strumento è limitato perché oscura la consapevolezza illimitata che è la vera natura dell'individuo.

Quest'immagine ricorda il concetto quantistico del "campo sottostante". Nel linguaggio della fisica, spesso si parla di un campo unificato, una realtà invisibile che connette ogni particella e ogni evento. È un'unità che, nella sua essenza, non viene alterata dalle fluttuazioni visibili o dai fenomeni osservabili. Come le nuvole nel cielo, però, la superficie delle cose distrae l'osservatore dalla dimensione profonda della realtà.

Una delle differenze più marcate tra la visione occidentale della mente e quella dell'induismo risiede nell'obiettivo del lavoro che si rivolge a essa. In Occidente, la mente è vista spesso come un'entità da sviluppare, da nutrire con conoscenze e abilità sempre nuove. Psicologia, neuroscienza e pedagogia si sono concentrate per secoli sull'evoluzione e sul miglioramento del pensiero razionale.

L'Advaita Vedanta chiede un ribaltamento radicale: non migliorare nulla, ma andare oltre. Per il pensiero vedantico, non si tratta di accumulare conoscenze né di combattere i pensieri negativi. Al contrario, l'osservazione spirituale consiste nel riconoscere che la mente, nella sua attività costante, distrae dalla realtà fondamentale. La meditazione, o dhyana, è uno strumento chiave per questo processo. Non per cambiare la mente, ma per comprenderne l'illusione.

Le Upanishad, i testi filosofici che costituiscono il cuore dell'induismo, rafforzano questa visione. La Mandukya Upanishad, in particolare, offre una metafora celebre: il mondo fenomenico è come una corda scambiato per un serpente. Nell'oscurità, l'ignoranza (o avidya) crea un'illusione. Solo con la luce – la consapevolezza – si può vedere che non c'è alcun serpente.

Un altro esempio significativo viene da Adi Shankaracharya, il grande filosofo dell'Advaita Vedanta, vissuto intorno all'VIII secolo. Shankara sosteneva che il mondo è come un sogno. Tutto ciò che appare reale cessa di esistere quando si riconosce la natura illusoria del sogno stesso. Questo concetto non è lontano dalle attuali riflessioni della fisica quantistica sul ruolo dell'osservatore.

L'intersezione tra l'Advaita Vedanta e la fisica quantistica ha affascinato molti pensatori contemporanei. Fritjof Capra, autore de "Il Tao della Fisica", fu tra i primi a mostrare i punti di contatto tra tradizioni mistiche orientali e le intuizioni delle scienze moderne. Capra riconobbe che tanto i saggi indiani quanto i fisici contemporanei arrivano alla stessa conclusione: il mondo che percepiamo è un riflesso, non la realtà ultima.

Anche lo scienziato David Bohm, famoso per la sua teoria dell'ordine implicato, fece eco a idee simili. Bohm descrisse l'universo come un tutto indivisibile, dove ciò che appare separato è solo una frammentazione imposta dalla mente. Per Bohm, il "tutto" è nascosto dietro ogni manifestazione della realtà. Questa descrizione è sorprendentemente vicina alla concezione dell'Advaita Vedanta, dove tutto è Brahman, unico e indivisibile.

L'induismo propone pratiche per scoprire questa unità oltre il flusso mentale. La meditazione è centrale, ma anche lo studio dei testi sacri e il dialogo con un maestro spirituale (guru) possono aiutare. Il famoso Sant Kabir, poeta-mistico del XV secolo, descrisse la mente come una scimmia che salta da un ramo all'altro: instabile, disordinata. Ma Kabir, nelle sue opere poetiche, mostrava che l'amore per il divino e la concentrazione sul Sé portano alla quiete e al riconoscimento della verità.

La mente, secondo l'induismo, è uno specchio capace di riflettere la realtà. Perché ciò accada, le sue distorsioni devono essere eliminate. La sfida, tuttavia, non è trascendere la mente attraverso la lotta o il miglioramento. È il semplice riconoscimento che dietro le sue nuvole si trova un cielo limpido e immutabile. Questo insegnamento, che attraversa millenni di saggezza orientale, oggi viene riscoperto anche dalla scienza contemporanea. Filosofia e fisica puntano a un'unica grande verità: l'unità è sempre stata presente. Sta a noi solo fermarci e osservarla.

Oltre la mente: una prospettiva senza tempo.

Nell'immenso panorama filosofico dell'induismo, la mente è vista come un ponte, ma anche come un velo. È un ponte perché permette di esplorare l'universo delle percezioni e delle esperienze. Ma è un velo perché, ai suoi confini, si nasconde una dimensione più profonda, oltre le illusioni del pensiero ordinario. È una prospettiva che oggi si rivela straordinariamente vicina alle intuizioni della fisica quantistica.

La fisica quantistica, quella stessa che ha rivoluzionato il nostro modo di comprendere l'universo con figure come Niels Bohr e Werner Heisenberg, ci insegna che non possiamo osservare la realtà senza modificarla. L'osservatore non è un'appendice neutra; influenza l'esperimento in sé. Questo principio trova nell'induismo qualcosa di simile a un'eco spirituale. La questione qui non è semplicemente scientifica. È esistenziale: chi è l'osservatore? Chi guarda dietro la mente?

Per gli antichi pensatori indiani, l'osservatore è un enigma e, allo stesso tempo, è il cuore dell'esistenza. Testi millenari come le Upanishad descrivono la mente come uno strumento, ma non come l'essenza dell'essere umano. Una delle metafore più celebri che troviamo nella Katha Upanishad paragona l'essere umano a un carro: i sensi sono i cavalli, la mente sostituisce le redini, l'intelletto è il conducente, mentre l'"osservatore", l'Atman, è il passeggero silenzioso. Il punto cruciale, secondo i saggi induisti, è smettere di identificarsi con il conducente o la mente, e scoprire il passeggero.

Questo viaggio è una sfida immensa, perché la mente non è solo un ponte verso la conoscenza; è anche un ingannatore. L'induismo definisce questo inganno con il termine Māyā, che significa "illusione". Māyā non è una condanna: è la condizione stessa del mondo fenomenico, il "gioco cosmico" (līlā). L'essere umano, prigioniero di questa illusione, tende a confondersi, a credere che la mente e i suoi pensieri siano la realtà definitiva. Ma questa, dicono i maestri, è una sovrapposizione che ci tiene lontani dalla verità più profonda.

Un esempio perfetto di questo sforzo per trascendere la mente è il lavoro di Ramana Maharshi, un santo e filosofo del sud dell'India vissuto tra il 1879 e il 1950. Maharshi, che trascorse gran parte della sua vita nel meditativo silenzio dell'Arunachala, una montagna sacra, invitava i suoi discepoli a porsi una domanda radicale: "Chi sono io?". Questa non è una domanda retorica, ma una pratica diretta per smascherare la mente e le sue illusioni. Secondo Maharshi, il sé autentico, o Atman, non ha bisogno di pensieri per esistere: è eterno, immutabile, e non legato al tempo o allo spazio.

La fisica quantistica, parallelo moderno di questa intuizione, ci porta a esplorare un universo in cui il tempo e lo spazio sembrano dominati da probabilità ed eventi non deterministici. Un esperimento come quello della doppia fenditura dimostra che una particella può comportarsi sia come onda sia come corpuscolo a seconda dell'interazione con l'osservatore. Questo gioco contraddittorio di realtà multiple e possibilità può trovare un'affascinante risonanza con l'idea induista di una verità che va oltre i nostri strumenti cognitivi.

Il Bhagavad Gītā, uno dei testi sacri più letti in India, esplora questa dinamica con straordinaria chiarezza. Krishna, nel suo dialogo con il principe Arjuna, parla della mente come di uno strumento da dominare, non da negare. Krishna offre una visione radicale: per superare la sofferenza, è necessario liberarsi dall'attaccamento e dall'identificazione con il pensiero. La mente disciplinata non è un nemico, ma diviene un alleato nel cammino verso la libertà spirituale.

"Colui che ha conquistato la mente è calmo di fronte al caldo e al freddo, al piacere e al dolore, alla vittoria e alla sconfitta" (Bhagavad Gītā, 6:7).

Guardando all'induismo, ci accorgiamo che questa visione non è solo filosofica, ma è anche pratica. Tecniche tradizionali come lo yoga e la meditazione hanno uno scopo preciso: quietare il rumore della mente per scorgere ciò che è più profondo. Il silenzio della meditazione appare, allora, come l'equivalente interiore di una "singolarità quantistica", un punto in cui le categorie del tempo e dello spazio si dissolvono.

L'induismo ci propone una realtà senza tempo, che non si limita alle strutture concettuali del pensiero. L'universo osservato è solo una proiezione della mente, ma dietro la mente si nasconde l'eterno. La mente è uno strumento fondamentale per la nostra vita quotidiana, ma non è ciò che siamo. Il suo superamento, in termini induisti, è il raggiungimento della Moksha: la liberazione da ogni vincolo.

Oltre la mente, non c'è né passato né futuro. C'è il presente eterno, una realtà che non può essere descritta ma solo vissuta. E quella, con un'intonazione che ci lega agli abissi della fisica quantistica, potrebbe essere l'unica verità.

Coscienza e fisica quantistica.

La fisica quantistica, definita da molti come la frontiera più misteriosa della scienza moderna, ha messo in discussione visioni consolidate della realtà. Le sue teorie ridefiniscono concetti come materia, energia e persino coscienza. In parallelo, l'Induismo, una delle tradizioni filosofiche più antiche del mondo, affronta da millenni interrogativi simili, soprattutto riguardo alla natura della mente e al ruolo della coscienza nell'universo. Questi due mondi, apparentemente distanti, trovano sorprendentemente dei punti di contatto.

La natura della mente nelle Upanishad.

L'Induismo considera la mente uno strumento potente, ma anche un ostacolo alla comprensione della realtà ultima, il Brahman. Questa realtà, secondo le Upanishad, è il principio universale e immutabile alla base di tutto ciò che esiste. Però la mente spesso nasconde questa verità con le sue percezioni limitate e il suo incessante lavorio, che gli indù chiamano "*manas*". Per scoprire la vera natura dell'esistenza, l'Induismo invita a silenziare il rumore mentale attraverso tecniche come la meditazione e il dhyana (contemplazione).

Un passaggio famoso della Mundaka Upanishad usa una metafora significativa:

"La mente è come una freccia che deve essere scagliata con precisione verso il bersaglio, cioè il Brahman".

Questa idea ricorda, in un certo senso, il concetto quantistico dell'osservatore, secondo cui le percezioni di un osservatore possono influenzare la realtà osservata.

Un parallelo interessante tra l'Induismo e la fisica quantistica emerge nella nozione di Maya, il "velo dell'illusione". Secondo la tradizione, Maya è ciò che distorce la percezione umana, facendo sembrare separati ciò che è in realtà unitario. La fisica quantistica, attraverso l'esperimento della doppia fenditura, evidenzia come una particella possa comportarsi da particella o da onda a seconda dell'osservazione. Qui, la realtà sembra assumere forme diverse, come se fosse "plasmata" dalla prospettiva dell'osservatore.

Nel XX secolo, fisici come Erwin Schrödinger trovarono affascinanti analogie tra Maya e il comportamento delle particelle subatomiche. Schrödinger, che era profondamente influenzato dalla lettura delle Upanishad, scrisse che *"la separazione tra soggetto e oggetto è solo un'illusione"*. Tale visione riflette il cuore del pensiero non dualista indù, noto come Advaita Vedanta, secondo cui tutta la realtà è interconnessa.

Un altro aspetto centrale è l'importanza della coscienza. L'Induismo, con il concetto di Atman (l'anima o il sé), considera la coscienza come la manifestazione dell'unione tra il microcosmo umano e il macrocosmo universale. Nella fisica quantistica, la coscienza è un argomento controverso ma ineludibile. Alcuni scienziati, come Eugene Wigner negli anni '60, ipotizzarono che l'osservazione consapevole fosse necessaria per rendere "reale" il collasso della funzione d'onda, ossia per determinare l'effettivo stato di una particella.

In questa prospettiva, il ruolo della coscienza umana assomiglia a quello attribuito dall'Induismo alla mente risvegliata. La filosofia indiana sostiene che, quando la mente riconosce la natura illusoria dell'ego, si apre alla comprensione della realtà unitaria. La fisica quantistica, pur non abbracciando una spiegazione metafisica, lascia intuire che la coscienza potrebbe avere un ruolo non marginale nella struttura fondamentale dell'universo.

Per costruire ponti tra questi due mondi, personalità come Fritjof Capra hanno avuto un ruolo chiave. Nel suo libro del 1975 Capra sottolineò le somiglianze tra le antiche tradizioni orientali e le recenti scoperte della fisica quantistica. Capra visitò l'India varie volte e trovò negli insegnamenti del Vedanta una ricca fonte di ispirazione per comprendere il mistero della materia e della mente.

Anche luoghi simbolici legano queste riflessioni. Il centro di ricerca fondato da J. Robert Oppenheimer a Los Alamos, dove fu sviluppata la bomba atomica, divenne un simbolo di come le intuizioni scientifiche possano anche intersecare dilemmi etici e filosofici. L'Induismo e la fisica quantistica affrontano la mente e la coscienza con approcci diversi ma complementari. L'uno propone strumenti per trascendere l'illusione e scoprire l'unità universale. L'altra arriva a conclusioni simili, ma attraverso lenti matematiche e fisiche. Per chi cerca risposte all'enigma della realtà, questo dialogo tra antiche filosofie e scienza moderna rimane una delle indagini più affascinanti della nostra epoca.

La coscienza crea il cosmo? Dalla funzione d'onda all'Advaita Vedanta.

La natura della relazione tra coscienza e universo è una delle questioni più affascinanti del pensiero umano. Questo dialogo si sviluppa in contesti apparentemente distanti: la fisica quantistica moderna e le antiche intuizioni dell'Advaita Vedanta, corrente di pensiero non-dualistico dell'induismo. Entrambi i campi, in modi diversi, interrogano il ruolo dell'osservatore nella creazione della realtà.

Nella fisica quantistica, la funzione d'onda descrive uno stato probabilistico, un regno di possibilità pure. È con l'osservazione che uno dei potenziali stati si manifesta, diventando realtà concreta. Questo concetto, centrale all'interpretazione di Copenhagen, ha assunto forme più audaci con l'interpretazione di Eugene Wigner e successivamente nel "*Participatory Universe*" del fisico John Wheeler.

Wigner, fisico e filosofo della scienza, ipotizzò che la coscienza umana fosse un agente attivo nel collasso della funzione d'onda. Secondo lui, senza la mente cosciente, l'universo rimarrebbe in uno stato indeterminato. Questo suggerimento introduce un'idea radicale: l'universo potrebbe dipendere dall'intervento della coscienza per esistere in forma definita. John Wheeler ampliò questa prospettiva, proponendo che l'universo non fosse semplicemente osservato, ma co-creato dagli osservatori in un ciclo continuo di interazione. La sua idea di "universo partecipativo" implica che l'atto di misurare o osservare non registri passivamente la realtà, ma la costituisca.

Queste intuizioni quantistiche, sebbene nate da contesti fisico-matematici, trovano un'eco sorprendente nell'Advaita Vedanta.

Advaita Vedanta, la scuola non dualista fondata dal filosofo indiano Adi Shankara nel VIII secolo, insegna che la realtà fenomenica è Maya, un'illusione. Maya non significa che il mondo non esista, ma che ciò che percepiamo come realtà indipendente è, in ultima analisi, privo di una vera essenza. L'unica verità assoluta, secondo l'Advaita, è il Brahman, la realtà suprema, indivisibile e senza caratteristiche. L'io individuale (Atman) è anch'esso Brahman, ma illuso dalla Maya, vive l'esistenza come separato dalla totalità.

Questa visione trova un parallelismo curioso nella fisica quantistica. Se la realtà non esiste in sé ma si manifesta solo con l'intervento dell'osservatore, allora può essere considerata un'illusione fino al momento della sua "creazione" attraverso la misurazione. Nel contesto dell'Advaita, colui che osserva (l'osservatore) e ciò che è osservato non sono realmente separati. Entrambi condividono la stessa essenza.

Questo incontro tra fisica quantistica e Advaita è più di un confronto accademico. Può essere visto come un tentativo di comprendere la mente, il cosmo e la loro relazione come un tutt'uno. Wheeler suggerì che l'universo stesso fosse un grande circuito di feedback, in cui ogni osservatore contribuisce alla costruzione della realtà. Adi Shankara, secoli prima, indicò un principio simile dicendo:

"Il mondo è come un sogno, reale per chi è nel sogno, irreale per chi si è risvegliato".

Un aneddoto celebre della cultura indiana illustra bene questa idea. Si racconta che l'antico saggio Janaka, dopo un sogno intenso in cui viveva come un uomo povero, chiese al suo maestro spirituale:

"Sono il re che sogna di essere povero o sono un uomo povero che sogna di essere re?".

Il maestro rispose:

"Nessuno dei due. Tu sei la coscienza che osserva entrambi".

Questa storia riflette il cuore dell'Advaita: l'osservatore è la realtà fondamentale, non ciò che viene osservato.

Il concetto che la coscienza sia centrale nella realtà trova riflessi moderni non solo nella fisica, ma anche nella filosofia della scienza e nelle arti. Il Nobel per la fisica Roger Penrose sottolineò come alcuni aspetti della coscienza potessero essere collegati alla struttura quantistica del cervello, sebbene la sua teoria dell'Orch-OR sia ancora dibattuta. Nel frattempo, scrittori come Fritjof Capra hanno reso popolare la connessione tra scienza moderna e saggezza orientale, riaccendendo l'interesse per la dimensione spirituale del pensiero scientifico.

In ambito culturale, questo dialogo ha influenzato il cinema e la letteratura. Film come Matrix (1999) ripropongono l'idea che il mondo percepito sia un'illusione (Maya), e che una "realtà superiore" sia accessibile entrando in un livello più profondo della consapevolezza.

L'idea che la coscienza crei il cosmo rimane al centro del dibattito. La fisica quantistica suggerisce che la realtà emergente non è qualcosa di "là fuori", ma una costruzione dipendente dall'osservatore. L'Advaita Vedanta arriva alla conclusione che l'osservatore e l'universo sono una cosa sola. Entrambi sembrano suggerire che la separazione tra chi osserva e l'osservato sia un'illusione, e che la coscienza sia il punto d'origine di tutta la realtà.

Come scrisse Wheeler,

"L'universo è un atto di partecipazione".

In modo simile, Adi Shankara proclamò:

"Tutto è uno. L'io è il tutto".

Due prospettive apparentemente distanti, ma che convergono in un'unica domanda fondamentale: cosa accade se l'essenza dell'universo non è separabile dall'essenza di chi lo contempla?

L'Universo è consapevole?

Un'idea affascinante ha cominciato a prendere forma nei laboratori di fisica e nelle aule delle università: l'universo potrebbe essere consapevole. Da una parte, la meccanica quantistica solleva domande profonde sui legami tra la materia e la mente; dall'altra, i testi dell'induismo, come i Veda e le Upanishad, offrono una visione di unità totale chiamata Brahman, descritta come la realtà ultima e universale. Può esistere un dialogo tra queste due prospettive?

Nel 1935, Erwin Schrödinger propose un'idea paradossale per illustrare le stranezze della meccanica quantistica. Immaginate un gatto chiuso in una scatola, in cui il suo destino è legato al risultato di un evento quantistico: una particella potrebbe decadere o no, e la vita o la morte del gatto dipendono da questo. In termini quantistici, fino a che qualcuno non apre la scatola, il gatto è "vivo e morto" allo stesso tempo, cioè, si trova in una *"sovrapposizione di stati"*.

Questo paradosso sottolinea un punto cruciale della teoria quantistica: l'osservatore gioca un ruolo fondamentale. Solo nel momento in cui osserviamo, lo stato quantistico "collassa" in una delle possibilità definite. Ma chi o cosa è l'osservatore? È semplicemente un esperimento meccanico, oppure serve una mente consapevole per completare il processo?

Questa domanda si intreccia con antiche riflessioni indù. Nella filosofia vedantica, si considera Brahman come il "testimone supremo" (*Sakshi*). È la presenza consapevole che osserva e sostiene ogni manifestazione del cosmo. Proprio come l'osservazione in fisica quantistica trasforma possibilità in realtà, Brahman rappresenta quella consapevolezza che permette all'universo stesso di esistere.

Alcuni scienziati si sono chiesti se la coscienza sia un fenomeno emergente del cervello umano o qualcosa di più fondamentale. Il fisico John Wheeler, uno dei padri della teoria quantistica, ha avanzato l'idea che l'universo richieda osservatori consapevoli per esistere davvero. Ha chiamato questa visione *"participatory universe"* ("universo partecipativo"). In altre parole, l'universo stesso potrebbe essere costruito dall'interazione tra materia, energia e coscienza.

Un'idea simile si trova nei testi sacri indiani come le Upanishad, in cui Brahman non è separato dall'universo ma ne è il tessuto stesso. Un famoso passo della Chandogya Upanishad afferma: *"Tat Tvam Asi"* (*"Tu sei quello"*), esprimendo l'unità tra l'individuo e il cosmo. Anche qui, la coscienza non è confinata all'essere umano, ma è la sostanza stessa dell'universo.

Un celebre esperimento, noto come *double-slit experiment*, mostra ulteriormente le connessioni affascinanti tra fisica quantistica e coscienza. Nel caso in cui una particella, come un fotone, passi attraverso una barriera con due fenditure, il suo comportamento dipende dall'osservazione: se viene osservata, si comporta come una particella; se non viene osservata, esibisce le caratteristiche di un'onda.

Questo fenomeno pone una domanda fondamentale: l'atto di osservare altera la realtà? Secondo alcune interpretazioni, sembra di sì. La mente del ricercatore potrebbe far collassare il sistema a uno stato definito. Se così fosse, la consapevolezza non sarebbe solo una proprietà della realtà, ma una forza attiva che la trasforma.

Nella filosofia indù, tutto questo trova paralleli sorprendenti. Brahman è descritto sia come infinito e statico, sia come dinamico nella sua manifestazione nel mondo. Anche Maya, il velo dell'illusione, si dissolve solo al momento dell'interazione con la consapevolezza del sé, un processo che ricorda molto l'idea dell'osservatore che rende tangibile la realtà quantistica.

Sia la fisica che i testi antichi convergono su un punto cruciale: la separazione tra mente e mondo è un'illusione. Questa intuizione era già evidente nei secoli passati quando Schrödinger stesso, studioso di filosofia indiana, scriveva:

> *"Questa vita che tu vivi non è solo una parte dell'intero universo, ma in un certo senso è l'intero universo"*

In eccezionali momenti culturali, la fisica moderna sembra fare eco alle antiche intuizioni. La conferenza di Ginevra nel 1975, ad esempio, discusse per la prima volta queste idee in modo formale, grazie a fisici come Fritjof Capra che cercava convergenze tra scienza e spiritualità. Intanto, in India, scuole vediche millenarie continuavano a insegnare che l'universo e la coscienza sono espressioni dello stesso principio eterno, Brahman.

Le domande sulla coscienza e la natura ultima della realtà rimangono aperte, ma le prospettive offerte dalla fisica quantistica sembrano rendere attuali intuizioni millenarie dei testi indù. Siamo tutti parte di un universo che forse non solo è vivo, ma anche consapevole.

Se il gatto di Schrödinger ci insegna che la realtà dipende dall'osservazione, e i Veda ci mostrano che tutto è Brahman, potremmo davvero essere partecipanti attivi in un cosmo il cui tessuto è la consapevolezza stessa. Resta da capire fino a che punto questa consapevolezza sia individuale o universale. La scienza e la spiritualità, ancora una volta, sembrano danzare insieme nel grande mistero della realtà.

Cos'è la realtà? La questione quantistica.

La fisica quantistica ha rivoluzionato il nostro modo di pensare la realtà. Nata agli inizi del XX secolo, questa disciplina ha demolito le certezze della fisica classica, svelando un mondo subatomico che sfida la logica del quotidiano. Fenomeni come la sovrapposizione degli stati e l'entanglement quantistico ci costringono a rivedere il concetto stesso di realtà. Ma cosa significa realmente "esistere"? E qual è il ruolo dell'osservatore nel definire ciò che percepiamo come reale?

Una delle questioni centrali in fisica quantistica ruota attorno al comportamento delle particelle a livello microscopico. Gli esperimenti dimostrano che una particella, prima di essere osservata, non ha una posizione o uno stato ben definito. È in una condizione di "sovrapposizione", dove sembra trovarsi in più luoghi o stati contemporaneamente. Ma quando entra in gioco un osservatore, questa ambiguità scompare. La particella sembra scegliere uno solo dei suoi possibili stati.

Questo fenomeno viene descritto come il "collasso della funzione d'onda". Ma chi o cosa provoca questo collasso? Per molti fisici, l'osservatore stesso è la chiave. Eugene Wigner, uno dei protagonisti della fisica quantistica e premio Nobel del 1963, ha spinto questa idea fino a una conclusione radicale: secondo lui, la coscienza umana potrebbe essere il fattore determinante. È l'atto di osservare - da parte di un soggetto cosciente - a trasformare la potenzialità della particella in realtà concreta.

Wigner, con un misto di audacia e intuizione, ha inserito la mente umana al centro dell'interazione tra il mondo subatomico e la realtà percepita. Per molti questa è una visione affascinante, ma anche inquietante: implica che senza osservatori coscienti, l'universo potrebbe esistere solo come un mare di possibilità indeterminate.

Per illustrare questa ambivalenza tra realtà e osservazione, possiamo ricordare il famoso paradosso del gatto di Schrödinger, formulato nel 1935 dal fisico austriaco Erwin Schrödinger. Immaginiamo un gatto chiuso in una scatola con una fiala di veleno che può essere rilasciata a seguito del decadimento di una particella radioattiva. Fino a quando non apriamo la scatola e osserviamo, il gatto non è né vivo né morto, ma in uno stato sovrapposto. È solo l'osservazione umana che definisce, con certezza, il destino dell'animale.

Questo esperimento mentale non solo approfondisce il mistero della sovrapposizione quantistica, ma apre anche porte filosofiche profonde: esiste una realtà indipendente dalla nostra osservazione? Oppure siamo noi, con la nostra coscienza, a darle forma?

Le domande sollevate da questi esperimenti trovano un sorprendente eco in alcune correnti dell'induismo, in particolare nell'Advaita Vedanta, una scuola filosofica che promuove una visione non duale della realtà. Secondo l'Advaita, la realtà ultima - chiamata Brahman - non è separata dalla coscienza. Anzi, coscienza e realtà sono una cosa sola. Questo pensiero ricorda il concetto quantistico del ruolo dell'osservatore: come nella fisica, anche in queste dottrine spirituali la realtà dipende dal punto di vista della mente.

Il fisico John Wheeler, successore di Wigner, ha proposto un'idea altrettanto provocatoria: il principio dell'universo partecipativo. Secondo Wheeler, l'universo non è un'entità immutabile che semplicemente esiste. È, piuttosto, un'entità "in costruzione", continuamente definita dalle osservazioni e dalle interazioni. La domanda chiave, per Wheeler, diventa allora: può esistere un universo senza osservatori?

È qui che la fisica e la filosofia si incontrano. In molti testi indù, l'universo viene descritto come un "gioco cosmico" (Lila) messo in atto dalla coscienza primordiale. L'osservatore non è un semplice spettatore, ma un partecipante essenziale nella creazione della realtà. Se questa idea è vera, allora l'universo stesso potrebbe essere considerato una manifestazione della coscienza.

Le implicazioni della fisica quantistica non sono solo scientifiche. Tocchiamo anche il piano esistenziale. Se la coscienza ha davvero un ruolo fondamentale, ciò potrebbe cambiare il nostro modo di vedere la vita. La realtà non è più qualcosa di fisso e indipendente, ma un campo mutevole, definito dall'interazione tra mente e materia.

Le culture orientali, e in particolare l'induismo, hanno sempre considerato la mente come un elemento centrale per comprendere la natura dell'universo. Oggi, grazie alla fisica quantistica, queste intuizioni potrebbero trovare un dialogo con la scienza moderna. È un invito a riflettere su antiche domande: chi siamo davvero? E quanto dipende dal nostro punto di vista ciò che chiamiamo "realtà"?

Coscienza e realtà nell'Induismo.

Le domande sulla natura della realtà e della coscienza non sono estranee alle grandi tradizioni spirituali. Nell'Induismo, queste questioni emergono come temi centrali, particolarmente nel pensiero vedantico e, soprattutto, nell'Advaita Vedanta. Questa filosofia afferma che tutto ciò che esiste sia un'espressione della coscienza universale, chiamata Chit o Purusha. Secondo questa scuola, la coscienza non è un sottoprodotto del cervello. Invece, essa è il principio fondamentale e immutabile che permea l'universo e si manifesta sotto forma di tutto ciò che percepiamo come realtà fisica.

I testi vedici e le Upanishad sottolineano la distinzione tra ciò che è reale e ciò che è illusorio. La realtà materiale, nota come Prakriti, viene spesso descritta come Maya, un'illusione o gioco cosmico proiettato dalla coscienza. In altre parole, l'universo osservabile non ha un'esistenza indipendente. È totalmente intrecciato alla coscienza universale. Questo concetto è esposto nel famoso verso delle Upanishad:

> *"Brahman è il reale, il mondo è irreale, l'individuo non è*
> *diverso da Brahman".*

Queste idee trovano risonanza sorprendente con alcune domande fondamentali della fisica quantistica. In particolare, l'effetto dell'osservatore solleva il problema della relazione tra mente e materia. Nella fisica moderna, il semplice atto di osservare può influenzare il comportamento della realtà a livello subatomico. Il celebre esperimento della doppia fenditura è un esempio emblematico. Gli scienziati hanno scoperto che un fotone o un elettrone si comporta come un'onda o come una particella a seconda che venga osservato o meno. L'osservatore, quindi, sembra avere un ruolo attivo nel determinare la realtà fenomenica.

Il fisico Eugene Wigner, Premio Nobel del 1963, fu affascinato da questo paradosso. Wigner, conosciuto anche per il suo interesse verso le tradizioni indiane, si interrogò sul ruolo della coscienza. Egli propose che la mente umana non fosse solo uno spettatore passivo dell'universo fisico, ma un elemento fondamentale per definirlo. Wigner dichiarò:

> *"Non posso formulare le leggi della fisica senza far riferimento alla coscienza".*

Wigner stesso ammise di trovare ispirazione nei sistemi filosofici orientali, inclusi quelli dell'India antica. Egli riconosceva che l'Induismo, con la sua enfasi sull'unità tra osservatore e realtà osservata, aveva avanzato idee affini a quelle che la fisica moderna stava iniziando a esplorare.

Secondo l'Advaita Vedanta, non ci sono due realtà separate: una del soggetto osservatore (la coscienza) e un'altra dell'oggetto osservato (il mondo fisico). Esiste un'unica realtà indivisibile, chiamata Brahman. La separazione tra soggetto e oggetto, nell'ottica vedantica, è un prodotto dell'ignoranza (Avidya). La meditazione e lo studio spirituale mirano a dissolvere questa illusione, permettendo al singolo individuo di realizzare che la propria coscienza è identica al Brahman.

Anche nella fisica quantistica, l'idea che il soggetto non possa essere estratto dall'equazione della realtà sta trovando sempre più terreno. Il concetto di "entanglement quantistico" (intreccio quantistico) suggerisce che le particelle possano rimanere connesse oltre lo spazio e il tempo. Questa interconnessione universale, che sfida le leggi del senso comune, sembra richiamare le affermazioni delle Upanishad sull'unità sottostante dell'esistenza.

Il fisico David Bohm, altro importante pensatore del ventesimo secolo, propose il concetto di "ordine implicito" come modello dell'universo. Egli suggerì che esista una realtà nascosta e più fondamentale, dalla quale emerge il mondo fenomenico. Questa visione ricorda la distinzione vedantica tra Brahman (realtà ultima) e Maya (realtà apparente).

L'interesse per le intuizioni filosofiche dell'India antica non è limitato ai fisici teorici. Personalità del calibro di Carl Jung, lo psicoanalista svizzero, esplorarono il simbolismo delle tradizioni indiane in relazione alla mente. Fritjof Capra, autore di "Il Tao della fisica", ha dedicato interi capitoli al parallelo tra le tradizioni orientali e la fisica moderna. Il suo lavoro ha mostrato come la percezione olistica di realtà, coscienza e universo sia comune a entrambi i campi.

Questa convergenza tra filosofia antica e scienza moderna invita a una riflessione profonda. Non soltanto sulle leggi della fisica, ma anche sul significato della vita stessa. Come notava lo stesso Wigner, comprendere la coscienza non è solo il compito della scienza. È una sfida che richiede la collaborazione di filosofia, religione e persino arte.

In fin dei conti, l'Induismo ci ricorda che la realtà che osserviamo potrebbe essere solo un riflesso di qualcosa di più grande. Un'immagine proiettata dallo specchio infinito della coscienza universale.

L'approccio di David Bohm: tra fisica e misticismo.

Un'altra figura chiave in questo dialogo è il fisico David Bohm, noto per il suo lavoro sull'ordine implicito e per il suo interesse nelle dimensioni olistiche della realtà. Bohm sosteneva che l'universo non fosse una serie di oggetti separati, ma piuttosto un'enorme totalità connessa, una sorta di "ordine implicito" dal quale emerge il mondo percepibile, o "ordine esplicito".

Bohm fu profondamente influenzato dall'Induismo e dal pensiero orientale in generale. La sua idea di una "totalità indivisibile" ricorda la visione vedantica dell'Advaita, che significa letteralmente "non dualità". Per i maestri Vedantici, il mondo fisico e la coscienza sono due aspetti dello stesso principio fondamentale, che viene chiamato Brahman. Bohm dialogò intensamente su queste tematiche con figure come Jiddu Krishnamurti, un filosofo indiano che metteva in discussione la separazione tra osservatore e osservato. Questo tipo di dialoghi offrì al fisico nuovi spunti per approfondire il suo modello della fisica.

David Bohm, uno dei fisici teorici più rivoluzionari del XX secolo, unì scienza e filosofia in un modo che pochi altri hanno fatto. Nato nel 1917 in Pennsylvania e attivo in un'epoca di straordinari sviluppi nella fisica quantistica, Bohm non si fermò alle equazioni. Si spinse oltre, esplorando il significato profondo della realtà. La sua idea chiave fu quella di un universo connesso, un'unità indivisibile in cui ciò che vediamo non è che una piccola parte dell'intero.

Secondo Bohm, la realtà si divide in due livelli: l'"ordine implicito" e l'"ordine esplicito". Il primo rappresenta una dimensione nascosta, profondamente connessa, in cui tutto si unisce in una totalità senza separazioni. È, per così dire, l'architettura invisibile dell'universo, un piano più profondo dove le distinzioni tra materia e coscienza, tra osservatore e osservato, perdono significato. L'"ordine esplicito", invece, è il mondo percepito dai sensi: la realtà manifesta, fatta di oggetti apparentemente separati, che emerge dall'ordine implicito proprio come una figura emerge da uno sfondo.

Un esempio illuminante offerto da Bohm è la metafora dell'ologramma. Un ologramma è un'immagine tridimensionale, ma ogni sua parte contiene l'informazione dell'intera immagine. Analogamente, secondo Bohm, ogni frammento dell'universo contiene l'essenza della totalità, un concetto che trova notevoli parallelismi con l'Induismo e, in particolare, con la filosofia dell'Advaita Vedanta.

L'Advaita Vedanta, una delle correnti più influenti dell'Induismo, si basa sull'idea di una realtà non duale (Advaita significa letteralmente "non due"). Secondo questa visione, il mondo fenomenico – quello percepito dai sensi – è illusorio (Maya), mentre il principio fondamentale, chiamato Brahman, è l'unica realtà. Brahman rappresenta sia la materia che la coscienza, unite in un'unica essenza indivisibile.

Questa filosofia fornì a Bohm un vocabolario profondo per riflettere sulla natura della realtà. L'idea di un'unità nascosta nell'universo, simile al concetto del "tutto è uno" dell'Advaita, trovò terreno fertile nei suoi dialoghi con Jiddu Krishnamurti. Il filosofo indiano, noto per il suo approccio iconoclasta alla meditazione e alla consapevolezza, rifiutava la separazione tra osservatore e osservato, insistendo sul fatto che solo comprendendo tale unità l'essere umano può entrare in contatto con la verità.

Bohm e Krishnamurti dialogarono a lungo tra gli anni '60 e '80, esplorando questi temi sia in incontri pubblici che privati. Krishnamurti, in particolare, sottolineò il ruolo della mente condizionata, un tema che risuona profondamente con le implicazioni della fisica bohmiana riguardo alla realtà percepita. Nei loro dialoghi, spesso registrati in località come Brockwood Park in Inghilterra, Bohm mostrò non solo una curiosità intellettuale, ma anche un'inclinazione spirituale, rara tra gli scienziati della sua epoca.

Le idee di Bohm evidenziano come la scienza moderna possa avvicinarsi al misticismo orientale. Egli vedeva la fisica quantistica come uno strumento non solo per descrivere i fenomeni naturali, ma anche per indagare i limiti del pensiero umano. Sosteneva che la separazione – così profondamente radicata nella cultura occidentale – fosse un'illusione. Per Bohm, così come per i maestri Vedantici, ogni dualità, sia essa materia/spirito o tempo/eternità, è una forma di fraintendimento della realtà.

Un esempio concreto dell'approccio olistico di Bohm si trova nel fenomeno dell'entanglement quantistico. Questo fenomeno, in cui due particelle rimangono connesse a distanza anche estrema, suggerisce che l'intero universo possa essere considerato un sistema integrato. Bohm interpretava questo non come una curiosità meccanica, ma come un indizio fondamentale di un ordine nascosto.

David Bohm ci invita, attraverso la sua scienza e il suo dialogo con le filosofie orientali, a ripensare l'idea di realtà. Alla fine della sua vita disse:

"La scienza non esiste separata dall'umanità: è un'espressione della nostra esistenza".

Questa frase condensa il suo messaggio, un appello a vedere la fisica, la mente e la spiritualità come parti di un'unica avventura umana. In questo, Bohm sembra quasi un moderno *rishi*, un saggio che attraversa la frontiera tra visibile e invisibile, tra ciò che sappiamo e ciò che intuiamo. Come Brahman nell'Advaita, l'ordine implicito di Bohm rappresenta una realtà indivisibile, il cuore nascosto dell'universo.

La mente come illusione o strumento?

Nel cuore della filosofia indiana, le Upanishad tracciano una visione affascinante della realtà. Questi testi, composti tra l'800 e il 300 a.C., descrivono la mente come una doppia forza. Da un lato, la mente è un'illusione, intrappolata nel gioco di Maya, il "velo" che oscura la vera natura dell'universo. Dall'altro, è anche uno strumento prezioso: un ponte che, se sfruttato con saggezza, può portare oltre l'illusione verso la liberazione, il Moksha.

Similmente, la fisica quantistica ci pone davanti a interrogativi altrettanto profondi. In questo campo, la realtà non è mai assoluta. Le particelle subatomiche esistono in uno stato di sovrapposizione: sono contemporaneamente in più luoghi o stati, ma smettono di esserlo quando un osservatore le misura. Questo fenomeno, noto come collasso della funzione d'onda, ha spinto alcuni fisici a interrogarsi sul ruolo della mente umana nel processo di osservazione.

Il concetto di Maya, centrale nell'Induismo, richiama la sfuggente natura della realtà descritta dalla fisica quantistica. Nell'opera filosofica più nota delle Upanishad, la *"Brihadaranyaka Upanishad"*, si legge che l'universo visibile è come una trama, una costruzione che nasconde la verità ultima, il Brahman. A livello subatomico, il mondo si comporta in modo simile. La materia, al suo livello più fondamentale, appare più come energia o come probabilità, piuttosto che come qualcosa di solido e definito.

In entrambi i contesti, quindi, l'osservatore è cruciale: la sua presenza non è neutrale, ma influenza la realtà. Questo punto di contatto tra la fisica e l'Induismo ha affascinato numerosi pensatori moderni.

Uno degli studiosi contemporanei che ha unito queste prospettive è il fisico quantistico Amit Goswami. Nato in India nel 1936 e formatosi in Occidente, Goswami ha sviluppato il concetto di idealismo monistico. Questa teoria sostiene che la coscienza, e non la materia, sia la base dell'universo. Goswami ritiene che le osservazioni della fisica quantistica confermino questa posizione filosofica: l'osservatore, in quanto cosciente, gioca un ruolo diretto nella creazione della realtà così come la percepiamo.

In un'intervista, Goswami raccontò di come la lettura delle Upanishad lo avesse ispirato a esplorare il legame tra questo antichissimo sapere e le nuove scoperte scientifiche. Per lui, la mente è sia uno strumento che può liberarci dall'illusione della materia, sia la forza che rischia di confonderci se non ben diretta. Egli disse:

> *"La coscienza, non la materia, è il fondamento ultimo*
> *dell'universo, ed è attraverso la mente che possiamo*
> *percepirla."*

Il tema di Maya e della mente come strumento risuona anche nella cultura indiana attraverso simboli e luoghi. Nel tempio di Kanchipuram, a sud dell'India, una famosa leggenda narra di un re che, dopo aver meditato a lungo, scoprì che l'intero universo visibile era contenuto nella sua mente.

Secondo la tradizione, il re in questione potrebbe essere Rajasimha Pallava, sovrano della dinastia Pallava, che governò il Tamil Nadu tra il VII e l'VIII secolo. Rajasimha era noto non solo per le sue imprese militari, ma anche per una profonda devozione spirituale. La leggenda narra che, ritirandosi all'interno del tempio per una lunga meditazione, egli sperimentò uno stato di consapevolezza sovrumana. In quel momento, il re si rese conto che la realtà esterna — fatta di stelle, montagne, pianeti e persino del tempio stesso — non era altro che un riflesso della sua mente.

Questa intuizione non si limitò a segnare la vita del re. Fu celebrata dai saggi del tempo come un'esperienza diretta di quella che, nei testi induisti, viene chiamata la natura di *Brahman*: la realtà ultima che permea tutto il cosmo.

Questo concetto si avvicina a quello che i fisici chiamano "universo olografico": l'idea che l'intera realtà possa essere una proiezione tridimensionale da uno stato più fondamentale, proprio come un ologramma.

Conoscere il Sé nel multiverso quantistico. L'Induismo ed Eugene Wigner.

La scienza moderna e le antiche tradizioni spirituali sembrano essere percorsi distanti, separati da secoli di storia e metodologie. Tuttavia, c'è un dialogo straordinario che ha iniziato a emergere tra la filosofia dell'Advaita Vedanta, pilastro dell'Induismo, e la fisica quantistica. Al centro di questo incontro spiccano il concetto di *"unità del Sé"* (Atman=Brahman) e l'interpretazione di Eugene Wigner sul ruolo della coscienza nel collasso della funzione d'onda.

L'Advaita Vedanta, una delle scuole più prestigiose dell'Induismo, afferma l'identità fondamentale tra Atman (il Sé individuale) e Brahman (l'assoluto universale). Secondo i maestri Vedantici come Adi Shankaracharya, vissuto nell'VIII secolo, l'idea di separazione tra oggetti, esseri e menti è un'illusione, è Maya. Solo la coscienza pura esiste, eterna e infinita.

Questa concezione filosofica, sviluppata in un contesto spirituale, si concentra sulla realizzazione personale, invitando gli individui a *"conoscere il Sé"* per superare le illusioni del mondo. La meditazione diventa il ponte per riconoscere questa unità, rimuovendo le barriere dell'ego.

Secoli dopo, nel cuore del XX secolo, il fisico e premio Nobel Eugene Wigner propose un'idea rivoluzionaria. Nel contesto della meccanica quantistica, egli suggerì che la coscienza umana fosse essenziale per il *"collasso della funzione d'onda"*. Questa, semplificando, è il punto critico in cui una particella subatomica si manifesta come una realtà definita solo quando viene osservata. Ad esempio, come un elettrone che si manifesta in una posizione specifica

Nella celebre interpretazione di Copenhagen della fisica quantistica, il ruolo dell'osservatore era fondamentale, ma Wigner spinse oltre il concetto. Egli suggerì che non fosse sufficiente la presenza di un semplice strumento di misura. Serve un osservatore cosciente, in grado di percepire e processare l'informazione.

L'intuizione di Wigner trovò un'eco sorprendente nel concetto vedantico di coscienza universale. L'Advaita insegna che la coscienza è l'unica realtà fondamentale; allo stesso modo, Wigner attribuì alla coscienza il potere di influenzare la materia stessa. Entrambi, pur operando in contesti molto diversi, cercano di rispondere alla stessa domanda: qual è la natura dell'osservatore?

Per comprendere meglio questa connessione, si può immaginare il multiverso quantistico come il Maya vedantico: un'infinità di possibilità potenziali, che solo attraverso la coscienza si manifestano in una realtà percepibile.

Eugene Wigner non era solo un fisico teorico brillante, ma anche un pensatore profondamente influenzato dalla filosofia. Nato a Budapest nel 1902, sviluppò un vivo interesse per la metafisica, ispirato dal crescente interesse dell'Europa per le tradizioni orientali. Negli anni '20 e '30, il dialogo tra fisici e filosofi era animato da dibattiti sull'essenza della realtà. Niels Bohr, un pioniere della fisica quantistica e contemporaneo di Wigner, visitò l'India nel 1930 per confrontarsi con Rabindranath Tagore sulla relazione tra la scienza e lo spirituale.

Tagore, poeta e filosofo, aveva stretti legami con il pensiero vedantico, e la sua visione poetica della realtà sembrava trovare un accordo profondo con la fisica quantistica emergente. Questo scambio culturale influenzò non solo Wigner ma anche altri giganti della scienza come Erwin Schrödinger e Werner Heisenberg. Schrödinger, in particolare, citò il concetto di Atman in alcune delle sue riflessioni.

Conoscere il Sé nel multiverso delle possibilità.

Questa convergenza tra Advaita Vedanta e fisica quantistica offre una visione affascinante e provocatoria. Conoscere il Sé, per la tradizione vedantica, significa trascendere le illusioni della mente e riconoscere la propria natura come coscienza infinita, identica alla realtà universale. Nel linguaggio della fisica quantistica, potrebbe essere descritto come osservare se stessi nel contesto di un multiverso di possibilità, dove la coscienza è l'atto creativo che dà forma alla realtà.

Wigner stesso rifletté sul fatto che la fisica, senza tenere conto della coscienza, rischia di rimanere incompleta. Disse:

> *"Non è possibile formulare le leggi della meccanica quantistica in modo pienamente coerente senza fare riferimento alla coscienza."*

Questa affermazione, pur controversa, sottolinea l'importanza del soggetto osservante come una variabile fondamentale, non solo nelle equazioni quantistiche ma anche nei grandi interrogativi sulla natura dell'esistenza.

Il viaggio tra l'Induismo e la fisica quantistica non cerca di fondere due visioni del mondo, ma di riconoscere i punti in cui esse rispecchiano l'una nell'altra. L'Advaita Vedanta offre un percorso spirituale per scoprire l'unità del Sé, mentre le intuizioni di Wigner aprono le porte a una comprensione della coscienza come motore della realtà quantistica.

In un mondo in cui scienza e fede spesso sembrano contrapporsi, questo dialogo ci ricorda che entrambi possono essere strumenti preziosi per esplorare il mistero dell'essere, invitandoci a conoscere non solo l'universo, ma anche il Sé che lo osserva.

L'approccio di David Bohm alla realtà e i legami con la filosofia indiana.

David Bohm, uno dei più brillanti fisici teorici del XX secolo, è ricordato non solo per il suo contributo alla fisica quantistica, ma anche per il suo pensiero rivoluzionario sulla natura della realtà. Bohm, nato nel 1917 in Pennsylvania, fu un pensatore controcorrente, spingendosi oltre le formule scientifiche e cercando un linguaggio che potesse descrivere l'universo come un'entità profondamente interconnessa. Le sue teorie, note come ordine implicito ed esplicito, non parlano solo alla fisica, ma anche alle antiche tradizioni filosofiche dell'India, in particolare ai princìpi olistici espressi nelle Upanishad.

Al cuore della filosofia scientifica di Bohm si trova l'idea che la realtà non sia frammentata, ma un unico flusso continuo. Bohm descrive l'universo attraverso due livelli principali: l'ordine esplicito (il mondo superficiale che percepiamo) e l'ordine implicito (una realtà nascosta, sottostante, che sostiene ciò che appare in superficie). L'ordine esplicito rappresenta ciò che vediamo, tocchiamo e misuriamo: il mondo materiale, definibile con leggi scientifiche. L'ordine implicito, invece, è il regno del potenziale, una dimensione più profonda e onnipresente da cui tutto emerge.

Questa distinzione richiama sorprendentemente la visione induista dell'universo descritta nelle Upanishad. Nei testi sacri indiani, la realtà fenomenica (Maya) è vista come una rappresentazione illusoria, sostenuta da un substrato nascosto e unitario, il Brahman. Proprio come l'ordine implicito di Bohm, il Brahman è la realtà ultima e indivisibile, dove tutte le cose sono unite in una matrice comune.

La mente come osservatore.

Per Bohm, il ruolo della mente e dell'osservatore è centrale nella comprensione della realtà. Anche nella fisica quantistica, l'atto di osservare sembra influenzare il comportamento delle particelle subatomiche. Questo enigma, legato all'esperimento della doppia fenditura, è uno dei misteri più profondi del mondo quantistico. Bohm propone che la mente e il mondo fisico non siano separati, ma facciano parte dello stesso flusso di energia e informazione.

Questa nozione di mente come parte integrante della realtà sembra risuonare con la filosofia indiana. Nelle tradizioni dell'Advaita Vedanta, la coscienza umana (Atman) è considerata un riflesso diretto del Brahman. La separazione tra osservatore e osservato è dunque un'illusione. Questa prospettiva, sia nella fisica di Bohm che nell'induismo, suggerisce che l'universo sia un tutto interconnesso, in cui la mente gioca un ruolo cruciale nel rendere manifesto ciò che esiste.

Negli anni '70 e '80, Bohm intraprese una serie di dialoghi con il filosofo e maestro spirituale indiano Jiddu Krishnamurti. Questi incontri, profondi e illuminanti, si tennero in gran parte nel centro educativo di Krishnamurti a Brockwood Park, in Inghilterra. Bohm e

Krishnamurti affrontarono temi fondamentali, come la natura del pensiero, l'ego e la possibilità di una mente libera da frammentazioni.

Krishnamurti, noto per le sue idee non dogmatiche, sosteneva che la divisione tra soggetto e oggetto era il risultato di un'attività mentale condizionata. Bohm, da scienziato, colse un ponte tra le intuizioni del filosofo e lo studio della realtà quantistica. Nei loro dialoghi, emerge l'idea che la frammentazione mentale, così tipica dell'essere umano moderno, derivi dall'incapacità di vedere la realtà nella sua unità fondamentale.

Un piccolo episodio significativo accadde nel 1980, durante un incontro a Ojai, in California. Krishnamurti usò la metafora del fiume per descrivere la mente in uno stato di silenzio: il fiume scorre senza interruzioni, riflettendo l'interezza della realtà. Bohm vide in questa immagine un parallelismo con la sua idea di "flusso olistico", dove l'universo non è fatto di frammenti separati, ma di un movimento continuo di energia e significato. Bohm chiamava ciò "*olomovimento*".

Il lavoro di Bohm e i suoi scambi con Krishnamurti hanno creato un ponte tra la scienza occidentale e la saggezza orientale. Bohm stesso visitò l'India negli anni '60, rimanendo affascinato dalla profondità delle tradizioni spirituali locali. Una delle sue maggiori intuizioni fu che l'Occidente, con il suo approccio analitico e frammentato, avrebbe potuto beneficiare immensamente dal pensiero olistico dell'Oriente.

Purtroppo, Bohm non godette del pieno riconoscimento accademico che avrebbe meritato. Le sue idee erano troppo innovative per molti dei suoi contemporanei. Ciononostante, il suo pensiero continua a ispirare nuove generazioni di ricercatori che cercano di unire scienza, filosofia e spiritualità.

Da Schrödinger a Krishna: Induismo e introspezioni della fisica quantistica.

Erwin Schrödinger, fisico austriaco e pioniere della meccanica quantistica, è noto per il famoso "paradosso del gatto". Meno conosciuto, però, è il suo legame profondo con la filosofia indiana. Le idee contenute nelle Upanishad e nella Bhagavad Gita hanno influenzato profondamente il suo pensiero, spingendolo a riflettere sulla coscienza, sull'unità della realtà e sul ruolo dell'osservatore nell'universo.

Schrödinger nacque a Vienna nel 1887. Fin dall'infanzia mostrò un'attitudine precoce per la matematica e la fisica. Durante i suoi anni di formazione, tuttavia, il suo interesse si allargò oltre il rigore scientifico. Amante delle arti e della filosofia, trovava affascinante ogni tentativo di spiegare la natura della realtà. La svolta avvenne negli anni '20, quando Schrödinger, alla ricerca di risposte che la scienza non poteva fornire, si imbatté nelle traduzioni delle antiche scritture indiane.

Uno dei suoi testi preferiti era il Vedanta, una raccolta filosofica basata sulle Upanishad. Schrödinger rimase colpito dall'idea che la realtà ultima sia un'entità unica e indivisibile: il Brahman. Questa visione lo avvicinò all'idea che separazioni apparenti (tra soggetto e oggetto, osservatore e osservato) siano illusorie. Come scriveva nelle sue memorie:

"La consapevolezza non è una proprietà individuale. È un fenomeno universale che non può essere frammentato."

Schrödinger amava citare la Bhagavad Gita, uno dei testi sacri fondamentali dell'Induismo. Nella Gita, Krishna spiega al principe Arjuna i misteri della vita e della morte, rivelandogli che ogni essere è parte di un'unica realtà eterna. Questo concetto risuonava con la visione quantistica che Schrödinger stava sviluppando. La fisica quantistica dimostrava che le particelle subatomiche non esistono in stati separati finché non vengono osservate, suggerendo che la realtà è intrinsecamente interconnessa. In una lettera del 1925, Schrödinger scrisse:

"Sono affascinato da come la fisica moderna sembri avvicinarsi sempre di più alla visione del mondo proposta dagli antichi saggi indiani."

La sua affermazione non era casuale. Egli vedeva un parallelismo tra l'indeterminazione delle particelle quantistiche e la concezione hindu del Maya, il velo dell'illusione che nasconde la vera natura della realtà.

La coscienza come fondamento della realtà.

Uno degli aspetti più rivoluzionari del pensiero di Schrödinger era il suo interesse per la coscienza. Contrariamente a molti dei suoi contemporanei, che consideravano la coscienza come un sottoprodotto dell'attività cerebrale, Schrödinger pensava che la coscienza fosse fondamentale per comprendere l'universo. Questa idea trovava radici profonde nel pensiero indiano.

Nel Vedanta, la coscienza, o Atman, viene descritta come l'essenza di tutti gli esseri viventi. Schrödinger interpretò questa visione in chiave scientifica, sviluppando una concezione unitaria della mente e dell'universo. Scriveva spesso che il confine tra il soggetto che percepisce e la realtà percepita è arbitrario. Per lui, il mondo esterno esiste solo nella misura in cui viene vissuto attraverso la coscienza.

In conferenze e saggi successivi, Schrödinger riprese spesso i suoi studi sull'Induismo, sostenendo che la scienza non poteva ignorare il ruolo della mente nella formulazione delle leggi naturali. Egli affermava, con tono quasi poetico, che l'universo è un "*gioco cosmico*", un flusso di energia in cui tutte le distinzioni sono temporanee.

Durante il periodo trascorso ad Arosa, un villaggio svizzero, Schrödinger si dedicò alla scrittura di molti dei suoi lavori più filosofici. In un piccolo chalet immerso nella natura alpina, leggeva le traduzioni inglesi delle Upanishad e approfondiva la sua conoscenza della filosofia orientale. Fu in quello scenario di quiete e introspezione che nacquero alcune delle sue idee più rivoluzionarie.

Un altro momento chiave della vita di Schrödinger fu il contatto con altri intellettuali influenzati dall'Induismo. In Svizzera incontrò Rabindranath Tagore, il poeta e filosofo indiano premio Nobel per la letteratura, con il quale discusse delle somiglianze tra le visioni orientali della vita e le nuove scoperte scientifiche. Tagore lo esortò ad avvicinare sempre di più la scienza al cuore umano, un consiglio che Schrödinger tenne caro per il resto della vita.

Schrödinger non era l'unico scienziato del suo tempo ad essere ispirato dall'Oriente, ma fu probabilmente quello che trasse conclusioni più audaci. Per lui, la fisica quantistica non era solo una descrizione numerica della natura, ma una lente per esplorare la condizione umana. Le sue riflessioni, come il famoso esperimento mentale del gatto, sollevavano domande profonde sul significato della realtà e il ruolo dell'osservazione.

L'influenza delle Upanishad è evidente in molti dei suoi scritti. A partire dall'idea che il tempo e lo spazio siano mere costruzioni della mente, fino alla convinzione che esista una realtà ultima e indivisibile, Schrödinger fu uno dei primi scienziati a costruire un ponte tra le intuizioni spirituali orientali e la rigida logica della scienza occidentale.

Erwin Schrödinger rappresenta un esempio straordinario di come la scienza possa dialogare con la spiritualità. Le sue intuizioni, alimentate dalle antiche filosofie dell'India, lo aiutarono a formulare alcune delle teorie più importanti della fisica moderna. Nel suo famoso libro *"Che cos'è la vita?"*, Schrödinger scrisse:

> *"Il grande mistero non è che l'universo sia fatto di materia, ma che sia consapevole di se stesso attraverso di noi."*

Oggi, il suo pensiero continua a ispirare scienziati e filosofi, ricordando che per comprendere davvero il cosmo, dobbiamo prima guardarci dentro.

Coscienza, fisica quantistica e reincarnazione.

La mente umana, mistero profondo ed eterno, continua a essere al centro di riflessioni tanto della scienza quanto delle antiche tradizioni orientali. Da una parte, la fisica quantistica svela un universo imprevedibile dove l'osservatore gioca un ruolo cruciale. Dall'altra, l'induismo, attraverso il concetto di reincarnazione, esplora la continuità della coscienza oltre la vita fisica. Possono queste due visioni apparentemente distanti trovare un punto di contatto? Alcuni studiosi, tra cui il fisico quantistico Amit Goswami, credono di sì.

Negli ultimi decenni, la fisica quantistica ha mostrato come la realtà, a livello subatomico, non sia oggettiva come un tempo si credeva. Gli esperimenti sui fotoni e sugli elettroni, come il celebre esperimento della doppia fenditura, hanno rivelato che il comportamento della materia cambia in base all'osservazione. In altre parole, la presenza dell'osservatore determina la manifestazione della realtà. Amit Goswami, figura di spicco nella fisica quantistica e autore di libri come *"The Self-Aware Universe"*, ha suggerito che la coscienza non sia un prodotto del cervello, ma una realtà fondamentale, il *"tessuto"* su cui l'universo si stende. Goswami afferma:

> *"Il mondo non esiste indipendentemente dall'osservazione. La coscienza è il terreno di tutto l'essere."*

Questo approccio va contro la visione materialista classica, ma trova sorprendenti similitudini con il pensiero indiano. Nell'induismo, infatti, la coscienza è vista come primaria rispetto alla materia. Il sé individuale, o Atman, è intrinsecamente connesso al Brahman, la coscienza universale, eterna e onnipervadente.

Nella filosofia induista, la reincarnazione è una componente centrale. Secondo la dottrina del Karma, ogni azione compiuta da un individuo lascia un'impronta mentale che determina le esperienze future. Non è il corpo a rinascere, ma una continuità sottile legata alla coscienza, che si trasferisce da una vita all'altra. Questo ciclo di nascita, morte e rinascita è noto come *Samsara*.

Qui entra in gioco un possibile parallelo con la fisica quantistica. Gli esperimenti moderni suggeriscono che la realtà non sia statica ma un continuo processo di collasso di possibilità, influenzato dall'osservazione. In modo simile, si potrebbe vedere il Karma come il collasso continuo delle potenzialità causato dagli atti e dai pensieri dell'individuo. La coscienza, quindi, sarebbe il filo conduttore, capace di plasmare non solo il presente ma anche il futuro.

Uno degli esperimenti più affascinanti che illustra il ruolo fondamentale della coscienza è il "paradosso del gatto" di Schrödinger. Nel famoso esperimento mentale, il gatto è contemporaneamente vivo e morto finché un osservatore non determina l'esito. Questo "dualismo potenziale" somiglia al concetto induista di Maya: la realtà sensoriale è solo un'illusione, influenzata dall'intervento della coscienza.

In parallelo, testi antichi come la Bhagavad Gita spiegano che l'anima (*jiva*) non muore mai; al contrario, si sposta da un corpo all'altro come un uomo che cambia abito. Questo processo, governato dal Karma, crea una realtà ciclica, dove passato, presente e futuro si intrecciano. Nel contesto quantistico, anche il tempo non è lineare ma relativo, rendendo l'idea ciclica della reincarnazione più in sintonia con le scoperte scientifiche contemporanee rispetto alla visione deterministica occidentale.

Un altro parallelo tra reincarnazione e scienza moderna emerge dagli studi di Ian Stevenson, psichiatra che documentò migliaia di casi di bambini che affermavano di ricordare vite precedenti. Attraverso testimonianze dettagliate e riscontri verificabili, Stevenson sollevò interrogativi sulla natura della memoria e della coscienza. Potrebbero queste memorie essere registrazioni quantistiche su un livello più profondo, oltre il cervello fisico? Goswami stesso ipotizza che la coscienza fonda un campo unificato dove le informazioni possono essere preservate, simile al concetto indiano di *"Akashic records"* (*registri akashici*).

Le tradizioni spirituali e la scienza moderna sembrano convergere su un punto cruciale: la realtà è intrinsecamente influenzata dalla coscienza. Che si tratti del ciclo del Samsara induista o del collasso della funzione d'onda quantistica, entrambe le prospettive riconoscono un ruolo centrale alla mente, non come spettatrice passiva ma come co-creatrice dell'esperienza. Come disse Aurobindo, filosofo indiano e mistico:

"La mente è il ponte tra lo spirito e la materia."

Con le scoperte della scienza moderna, stiamo forse scoprendo che questo ponte non è così stretto come si pensava, ma un passaggio ampio che unisce passato e presente, oriente e occidente, materie scientifiche e realtà spirituali.

La domanda resta aperta: la coscienza crea la realtà o la osserva? Forse, come nell'induismo e nella fisica quantistica, non c'è una risposta univoca, ma un ciclo eterno dove ogni osservatore è anche un creatore.

La rete della realtà: Filosofia indù, fisica del vuoto e dialoghi culturali.

La realtà è un intreccio, un tessuto che connette ogni cosa. Questa visione, elaborata per secoli dalla filosofia indù, trova oggi sorprendenti parallelismi nella fisica quantistica. Da un lato, l'Akasha, il concetto vedico di spazio cosmico, rappresenta la matrice universale che unisce tutto. Dall'altro, il vuoto quantistico della scienza moderna non è affatto vuoto, ma una struttura vibrante che genera e connette particelle subatomiche, rivelandosi come "un vuoto pieno". A prima vista, sembrano due mondi lontani. Tuttavia, un ponte potrebbe esistere tra queste tradizioni millenarie e la fisica contemporanea.

Nella filosofia indù, l'akasha è il quinto elemento primordiale, oltre a terra, aria, fuoco e acqua. Non si tratta di spazio vuoto, ma di una realtà sottile e dinamica che permea e collega tutto ciò che esiste. I testi antichi, come i Veda, descrivono l'akasha come la base della manifestazione cosmica, il punto di incontro tra il mondo visibile e l'invisibile. Swami Vivekananda, il mistico indiano che portò l'induismo in Occidente alla fine del XIX secolo, paragonò l'akasha a uno sfondo eterno, all'interno del quale si forma il mondo fenomenico. Per Vivekananda, l'universo non esisterebbe senza un campo unificante invisibile, una rete sottostante.

La fisica quantistica, tra XX e XXI secolo, ha rivoluzionato la nostra comprensione del vuoto. Nel modello quantistico, ciò che chiamiamo "vuoto" è in realtà un campo colmo di fluttuazioni energetiche. Queste fluttuazioni generano particelle virtuali e forze fondamentali. Secondo il fisico teorico David Bohm, questo substrato è simile a un "ordine implicato", un livello nascosto della realtà che dà origine a tutto ciò che vediamo. Non è un caso che Deepak Chopra abbia spesso utilizzato il concetto di vuoto quantistico per spiegare l'interconnessione della coscienza umana con il cosmo. Chopra, fisico e pensatore contemporaneo di origine indiana, interpreta il vuoto come un punto di contatto tra la fisica moderna e le antiche intuizioni spirituali, legate all'idea di un universo indivisibile.

Nel XX secolo, pensatori come Vivekananda e fisici come Nikola Tesla suggerirono apertamente un dialogo trasversale tra scienza e spiritualità. Vivekananda incontrò Tesla nel 1893, durante la Fiera Mondiale di Chicago. Entrambi condividevano un interesse per l'energia sottile come base di tutte le cose. Tesla cercava una "*energia cosmica illimitata*", mentre Vivekananda parlava dell'energia universale come espressione dell'akasha. Entrambi, in modi diversi, intuirono che la realtà non è riducibile a entità separate. È piuttosto una rete interconnessa.

Oggi, la scienza moderna sta confermando alcune intuizioni millenarie. Gli studi sull'entanglement quantistico, per esempio, dimostrano che particelle lontane anni luce possono essere simultaneamente connesse, come se agissero all'interno di un'unica matrice. Questa scoperta, che per Einstein era "*spaventosa*" e difficilmente accettabile, risuona con l'idea indiana di unità cosmica. L'esperimento di Alain Aspect del 1982, che confermò il fenomeno dell'entanglement, ha acceso nuove discussioni sulla complessità nascosta del vuoto.

Deepak Chopra continua a sottolineare il legame tra la visione non dualistica indù e i principi quantistici contemporanei. Nei suoi libri e conferenze, Chopra propone che l'universo sia un campo unificato di potenziale. Si tratta di un'interpretazione che richiama l'Advaita Vedanta, una delle più influenti scuole filosofiche dell'induismo. Secondo l'Advaita, solo una realtà indivisibile esiste: il "Brahman", la coscienza suprema. Tutto ciò che appare separato è, in verità, un'illusione.

Un esempio affascinante di questa idea emerge dalla pratica della meditazione, studiata anche da ricercatori occidentali. Durante la meditazione profonda, la mente sembra sincronizzarsi con uno stato di minima attività, simile alle fluttuazioni del vuoto quantistico.

Alcune neuroscienze iniziano a suggerire che l'attenzione cosciente si comporti come il collasso di una funzione d'onda, un meccanismo alla base della fisica quantistica. La mente, in altre parole, non sarebbe estranea alla rete del cosmo, ma una sua parte integrante.

La convergenza tra fisica e filosofia non è solo accademica. Essa ci spinge a ripensare il modo in cui percepiamo il mondo e noi stessi. L'idea che l'intero universo sia connesso a un livello profondo non è soltanto spirituale. Sta divenendo una realtà scientifica e culturale. Luoghi come il *Centro Chopra* in California o *l'Indian Institute of Science a Bangalore* portano avanti questo dialogo multidisciplinare, esplorando come queste idee possano influenzare il nostro rapporto con la natura, la tecnologia e la salute mentale.

Come i canali dell'Indo irrigarono culture per secoli, così il flusso di conoscenza tra Oriente e Occidente sta tracciando una strada per un nuovo dialogo globale. Grazie alle intuizioni di menti come Swami Vivekananda e alle scoperte della fisica moderna sul vuoto quantistico, emerge un messaggio semplice ma potente: tutto è interconnesso.

Punti di incontro?

Induismo e fisica quantistica potrebbero sembrare mondi lontani, separati dall'invisibile confine tra razionalità e spiritualità. Tuttavia, a un esame più attento, emergono sorprendenti punti di incontro. Entrambi mettono al centro del loro discorso due delle domande più profonde dell'umanità: cos'è la realtà? e qual è la natura della coscienza?

L'Induismo, in particolare attraverso la scuola Advaita Vedanta, afferma che l'universo è un'unità indivisibile. Tutto è Brahman, l'assoluto, il substrato eterno da cui ogni cosa emerge. La percezione di separazione tra l'individuo e l'universo è considerata un'illusione, chiamata Maya. In modo sorprendentemente simile, alcuni concetti della fisica quantistica suggeriscono un universo collegato in modo profondo, una totalità nascosta che sottende la realtà visibile.

Un punto di contatto fondamentale si trova nel ruolo dell'osservatore. Nella fisica classica, l'universo esiste indipendentemente da chi lo osserva. Ma la meccanica quantistica, attraverso esperimenti come la celebre doppia fenditura, ha dimostrato che l'atto di osservare modifica il comportamento delle particelle. Un elettrone, ad esempio, si comporta come particella o come onda in base alla presenza dell'osservatore.

Il fisico ungherese Eugene Wigner, negli anni '60, esplorò l'idea che la coscienza umana potesse essere parte integrante del collasso della funzione d'onda, quel processo misterioso che trasforma una sovrapposizione di stati quantistici in una realtà definita. Questa visione sembra risuonare con i concetti dell'Advaita Vedanta, secondo cui la mente stessa partecipa alla creazione dell'esperienza del reale.

Come affermava il saggio indiano Adi Shankaracharya nell'VIII secolo d.C.,

> *"quello che noi vediamo come separato è una semplice proiezione della nostra mente"*.

La fisica quantistica, quasi mille anni dopo, sembra avvicinarsi alla stessa intuizione.

Un altro punto di convergenza riguarda l'idea di un universo intrinsecamente connesso. Il fisico David Bohm elaborò negli anni '80 la teoria dell'ordine implicito. Secondo Bohm, l'universo visibile è solo una manifestazione di una realtà più profonda, nascosta e indivisibile. È come guardare la superficie di un oceano, senza accorgersi delle correnti profonde che lo animano.

Questa teoria ricorda la concezione di Brahman nell'Induismo, l'essenza immutabile e onnipresente che unifica ogni elemento dell'esistenza. L'esempio del *"sutratma"*, il "filo dell'anima", è emblematico. Secondo testi come le Upanishad, questo filo invisibile attraversa ogni essere, connettendolo alla sorgente divina. Bohm non usava il linguaggio della spiritualità, ma parlava della stessa interconnessione, di un universo che è più grande della somma delle sue parti.

La coscienza come chiave del cosmo.

La coscienza è un tema condiviso sia dalla fisica quantistica sia dall'Induismo. Per la scienza, la mente è ancora un mistero. I fisici cercano di capire se la coscienza emerga semplicemente dal cervello o se abbia una natura più fondamentale nell'universo. Alcuni studiosi, come Roger Penrose e Stuart Hameroff, hanno ipotizzato che la coscienza possa essere legata ai processi quantistici all'interno dei microtubuli delle cellule cerebrali. Questa teoria, conosciuta come *"Orchestrated Objective Reduction"*, suggerisce che la coscienza potrebbe essere incorporata nella struttura stessa della realtà.

Nel frattempo, i saggi indiani descrivono la coscienza come il nucleo immutabile del sé. È l'Atman, l'anima universale, che non è separata da Brahman. Attraverso pratiche come la meditazione, si può sperimentare questa unità assoluta. Alcuni mistici indiani, come Ramana Maharshi, parlavano di stati di consapevolezza in cui ogni separazione tra soggetto e oggetto scompare, lasciando una pura esperienza di essere.

La scienza non ha ancora strumenti per dimostrare queste esperienze, ma le implicazioni della fisica quantistica, con la sua enfasi sul ruolo della coscienza, suggeriscono che il confine tra mente e materia potrebbe essere meno rigido di quanto si credesse in passato.

Questo dialogo tra Induismo e fisica quantistica rimane aperto e fertile di possibilità. Nessuna delle due prospettive ha tutte le risposte, ma insieme creano uno spazio di riflessione unico.

L'Induismo invita ad andare oltre le apparenze e a riconoscere l'unità nascosta dietro la diversità. La fisica quantistica, seppure in altri termini, ci spinge nella stessa direzione. Forse, come suggeriva Heisenberg, quando esploriamo le profondità della natura:

"...non troviamo la materia, ma solo onde di probabilità".

E alla fine, come dicevano gli antichi saggi indiani, chi guarda all'universo senza preconcetti scopre che l'osservatore, l'osservato e l'atto stesso di osservare sono una cosa sola. Una lezione che, oggi più che mai, unisce Oriente e Occidente in una ricerca comune del significato ultimo della realtà.

Capitolo V. Tempo e impermanenza.

Il tempo nei testi indù.

Il tempo, nella visione dell'induismo, non è un viaggio con un inizio e una fine definiti. Non è una linea retta che avanza verso una destinazione unica, come spesso accade nella tradizione occidentale, profondamente influenzata dalla filosofia giudaico-cristiana. Nell'induismo, il tempo è un cerchio infinito, un flusso perpetuo che si ripete attraverso fasi cicliche. Questo concetto, conosciuto come "*Kalachakra*" (tradotto come "*la ruota del tempo*"), rappresenta l'essenza stessa dell'impermanenza e del continuo cambiamento.

Le scritture vediche e i Purana, tra le più antiche testimonianze della cultura indiana, descrivono il tempo come diviso in cicli cosmici chiamati *yuga*. Ogni yuga è una fase in un ciclo cosmico maggiore, detto kalpa. Un kalpa, a sua volta, è parte di un giorno di Brahma, il creatore secondo la mitologia induista. Per comprendere queste proporzioni cosmiche, si narra che un solo giorno di Brahma duri 4,32 miliardi di anni umani. La notte di Brahma, di uguale durata, rappresenta la distruzione dell'universo prima che il ciclo ricominci.

Questa visione non è solo filosofica, ma anche profondamente simbolica. L'universo, secondo l'induismo, attraversa una costante alternanza di creazione, conservazione e distruzione, rappresentate dalle tre principali divinità della Trimurti: Brahma (il creatore), Vishnu (il preservatore) e Shiva (il distruttore). Anche il tempo stesso viene considerato una manifestazione divina, spesso identificato con Kala, una forma del dio Shiva. Kala non è solo il tempo, ma anche il suo potere distruttivo: una forza che riduce tutto all'impermanenza.

Nel concetto di Kalachakra, ogni cosa si ripete, ma non in modo statico. Ogni ciclo porta con sé trasformazioni, come stagioni che tornano sempre, ma mai identiche. Il passato non si perde, ma si intreccia con il presente e il futuro, in un movimento che sfugge alla linearità. Nei principali testi vedici, come il Rigveda, si trovano accenni a questa concezione. Ad esempio, un passaggio del canto dice:

> *"La ruota del tempo gira, formando i giorni, attraversa la notte e riporta l'alba"*

Il poema epico Mahabharata approfondisce la ciclicità del tempo raccontando della Dharma-yuga e della kali-yuga, epoche in cui la virtù e la rettitudine decrescono progressivamente, per poi ricominciare da capo. Secondo la cosmologia induista, stiamo attualmente vivendo nel Kali Yuga, il più oscuro dei cicli, caratterizzato da conflitti, ignoranza e perdita della tradizione. Al termine di questo ciclo, l'universo sarà distrutto per essere ricreato nuovamente.

L'impermanenza come principio universale.

L'idea di impermanenza nel tempo induista è strettamente collegata al concetto di Maya, l'illusione. La realtà percepita dagli esseri viventi è transitoria, illusoria e destinata a cambiare. Il passaggio attraverso i cicli temporali serve, infatti, come metafora dell'evoluzione spirituale, della morte e della rinascita, e del percorso per liberarsi dal ciclo delle reincarnazioni (Samsara).

Questo concetto si ritrova anche nel Bhagavad Gita, dove Krishna, una manifestazione di Vishnu, istruisce il guerriero Arjuna. Krishna afferma:

"Come l'anima passa da un corpo infantile a uno adulto e poi a uno vecchio, così prende un nuovo corpo dopo la morte. Il saggio non è turbato da questi cambiamenti"

La similitudine con il tempo ciclico è evidente: la morte non è una fine, ma solo una fase transitoria verso il rinnovamento.

Differenze con il tempo occidentale.

La concezione occidentale del tempo, influenzata dalle tradizioni greco-romane e giudaico-cristiane, è basata su una linea temporale finita. La storia dell'umanità ha un inizio definito, come narrato nel Genesi, e un punto finale, il Giudizio Universale. Questo modello lineare offre una struttura narrativa di salvezza e progresso. Al contrario, la visione induista non contempla una conclusione definitiva. Il ciclo dell'universo continuerà senza un fine ultimo, in un movimento eterno e incessante.

In termini filosofici, la differenza risiede nella percezione della realtà. Nella visione occidentale, la storia ha uno scopo progressivo e un significato finalizzato al futuro. Nell'induismo, invece, l'enfasi è sull'armonia con il ciclo stesso, piuttosto che sul controllo del tempo.

L'osservazione del passare del tempo, nella cultura orientale, è spesso accompagnata da un'accettazione della sua impermanenza.

Oggi, la fisica quantistica si intreccia sorprendentemente con questi antichi concetti. I modelli ciclici ipotizzati in cosmologia, come la teoria dell'universo oscillatorio, richiamano l'idea del Kalachakra. Anche la nozione di tempo non lineare, che emerge dagli studi sullo spaziotempo e dai paradossi quantistici, offre un ponte concettuale tra filosofia induista e scienza contemporanea.

Questa interconnessione tra filosofia e scienza dimostra che l'idea di tempo ciclico non è solo un costrutto religioso, ma una prospettiva che invita l'uomo a riflettere sulla propria posizione nell'universo. Nell'induismo, come nella scienza moderna, il tempo è impermanente, ma allo stesso tempo eterno. Un flusso incessante che richiede non solo di essere compreso, ma anche accettato.

Il tempo senza fine: il concetto di eternità nei testi vedici.

Il concetto di tempo eterno, noto come *"ananta"*, occupa un posto fondamentale nella filosofia vedica. Nei Veda e nelle Upanishad, il tempo viene descritto non solo come una misura lineare, ma come una realtà ciclica e illusoria, parte della più vasta rete di Maya, l'apparenza che nasconde la vera natura dell'esistenza. La comprensione del tempo è vista come un passaggio cruciale nel cammino spirituale che conduce oltre la relatività verso il Brahman, l'assoluto.

Nella visione vedica, il tempo non prosegue in modo rettilineo, ma si manifesta in cicli cosmici. Questi cicli sono suddivisi in yuga (epoche cosmiche), che si ripetono in un ordine eterno. Questo processo ciclico è strettamente legato all'idea di creazione, mantenimento e dissoluzione dell'universo, spesso rappresentati dalle triadi cosmiche di Brahma (creatore), Vishnu (conservatore) e Shiva (distruttore).

Il concetto di ananta indica che l'universo, pur essendo eterno nella sua continua rigenerazione, rimane vincolato al dominio del tempo relativo. Ad esempio, nei cicli di tempo (kalpa) descritti nei Purana, si osserva un'idea di infiniti universi che nascono e si estinguono, confermando la natura transitoria della realtà fenomenica.

Secondo i testi vedici e in particolare le Upanishad, il tempo è parte integrante di Maya, la realtà relativa illusoria. In questo contesto, Maya include spazio, cambiamento e dualità, elementi che legano l'individuo alla percezione del movimento e della trasformazione. La Mundaka Upanishad afferma:

"Due uccelli, inseparabili compagni, siedono sullo stesso albero; uno mangia il frutto dolce, mentre l'altro osserva impassibile."

Qui, il tempo potrebbe essere interpretato come il frutto dell'albero cosmico, che l'essere individuale gusta, mentre il Sé superiore (Brahman) rimane al di là dell'esperienza temporale e dell'illusione dualistica.

La filosofia vedica esclama con forza che il tempo, pur essendo eterno e ciclico, appartiene alla dimensione relativa. Attraverso la pratica spirituale — come la meditazione, lo yoga e la conoscenza del Sé (Atman) — l'individuo trascende le limitazioni del tempo e raggiunge il Brahman, la realtà assoluta ed eterna. A questo livello, la ciclicità si dissolve in una perfetta unità senza inizio né fine.

La Mundaka Upanishad descrive questo stato quando afferma che il Brahman è il luogo in cui si fondono tutte le correnti della creazione:

"Colui che conosce quell'inconcepibile, eterno, senza causa, incolore, invisibile e indescrivibile raggiunge la pace suprema."

Il concetto di tempo eterno nei testi vedici non si limita a una visione cosmologica. È anche una guida per il praticante spirituale, che cerca di comprendere il legame tra il tempo materiale e l'eternità spirituale. L'accesso al Brahman richiede di riconoscere che il tempo, nella sua ciclicità e relatività, è un ostacolo che va superato per comprendere la vera natura della realtà.

In sintesi, il pensiero vedico invita a riflettere sull'eternità non come una mera estensione temporale, ma come lo stato di completa trascendenza, dove ogni dualità, inclusa quella di tempo ed eternità, svanisce nell'esperienza dell'assoluto.

L'orologio di Brahma: creazione, distruzione e rinascita cosmica.

Immaginate un orologio che non segna ore o minuti, ma ritmi cosmici, scanditi su scale di tempo che sfidano la nostra comprensione. È così che l'induismo descrive i cicli dell'universo: attraverso l'immagine del "giorno e della notte di Brahma". Secondo i testi vedici e puranici, l'intero cosmo vive, muore e rinasce in una danza eterna, all'interno di intervalli che durano miliardi di anni. Un racconto mitico, certo, ma in qualche modo curiosamente vicino alle ipotesi scientifiche contemporanee che esplorano l'espansione e la contrazione dell'universo.

Secondo le Scritture indù, la divinità Brahma – il Creatore – non è eterna, ma soggetta a cicli di vita. Per questa figura divina ogni "giorno" corrisponde a 4,32 miliardi di anni, lo stesso vale per ogni "notte". Durante il giorno di Brahma, l'universo è attivo: vita, materia, energia si manifestano. Ma con l'arrivo della notte, tutto si dissolve in un riposo cosmico chiamato *"pralaya"*.

Questo ritmo immenso si divide in ulteriori unità di tempo come i kalpa e le yuga, termini che riflettono una precisa articolazione del cosmo. Ogni yuga, ad esempio, abbraccia centinaia di migliaia di anni e rappresenta un graduale declino spirituale e morale del mondo, fino a un reset completo.

Le cifre spaventano per la loro immensità. Un'intera giornata di Brahma (24 ore, divise tra giorno e notte) dura ben 8,64 miliardi di anni terrestri. Dopo 100 "anni di Brahma", l'intero universo cessa di esistere, e anche Brahma stesso si dissolve per lasciare spazio a un nuovo ciclo. Questa idea di creazione e dissoluzione infinita è una chiave fondamentale nei testi vedici e specchio del principio di impermanenza, alla base dell'intera filosofia indù.

I cicli cosmici descritti nei Purana e nei Veda sono stati spesso considerati puro simbolismo. Eppure, con lo sviluppo della fisica moderna, alcuni scienziati hanno iniziato a intravedere sorprendenti paralleli. La teoria del Big Bang, per esempio, racconta l'espansione dell'universo da un punto iniziale. Ma molte ipotesi post-Big Bang ipotizzano un futuro *"Big Crunch"*, in cui l'universo potrebbe ritornare al punto di partenza per poi, forse, espandersi di nuovo.

L'induismo sembra anticipare questa idea. L'universo non ha un inizio lineare né una fine definitiva. È un rullo continuo, simile al ciclo di un respiro gigantesco. In alcuni testi come lo Śrīmad Bhāgavatam, l'espansione e la contrazione dell'universo sono descritte come parti dell'inalazione e dell'esalazione di Mahavishnu, un principio divino ancora più grande di Brahma.

Personaggi come Carl Sagan, celebre astrofisico e divulgatore scientifico, hanno espresso il loro stupore per queste antiche teorie. Sagan, nel suo libro *"I draghi dell'Eden"*, rifletteva su come le tradizioni orientali avessero una visione temporale immensamente più vicina alla vastità del cosmo rispetto alle tradizioni occidentali.

"Un giorno di Brahma è quasi quanto l'età stimata della Terra.
"Come potevano aver concepito qualcosa di così enorme?".

Così si interrogava Sagan.

L'induismo, attraverso il mito del giorno e della notte di Brahma, lancia un messaggio di fondo che accompagna tutta la sua filosofia: il cambiamento è inevitabile. Nulla è immutato nel tempo, nemmeno le stelle o le galassie. Questa impermanenza non è motivo di angoscia, ma di accettazione. La distruzione è sempre preludio di una nuova creazione.

Un aneddoto suggestivo racconta di Brahma stesso, che un giorno si interrogò su quanto fosse insignificante il suo ruolo nel cosmo. Narra la leggenda che Vishnu gli mostrò un'immensità sconfinata, piena di Brahma di ogni genere: alcuni appena nati, altri in piena attività, molti già morti. Non c'è unico Creatore nell'universo, ma innumerevoli. Ogni ciclo riguarda non uno, ma infiniti universi che nascono e si dissolvono.

Che significato ha tutto questo per noi, esseri umani, che misuriamo la nostra vita in decenni? L'induismo ci invita a vedere la vita come un frammento di un ciclo molto più grande. Le nostre angosce quotidiane, i nostri timori della fine, si inseriscono in un disegno universale che va oltre l'individuo.

Questa idea ha trovato eco anche nella letteratura contemporanea. Arthur C. Clarke, nel racconto *"La Stella"*, descrive un astronauta che osserva una nebulosa residuo di una mega esplosione stellare. Qui, come nei cicli di Brahma, la distruzione genera nuova bellezza, nuovo futuro.

L'orologio di Brahma non misura solo il tempo. Influenza la nostra percezione dell'universo come qualcosa di fluido, mai fissato. È una prospettiva lontana anni luce dalla visione lineare e finalistica tipica della cultura occidentale. Noi, così piccoli nel grande schema del cosmo, possiamo imparare a guardare il tempo non come una prigione, ma come una danza, in cui ogni attimo è necessario, effimero e – come tutto nell'universo – irripetibile.

Le quattro Yuga: i cicli dell'umanità.

I grandi cicli cosmici non sono uniformi. All'interno di ogni kalpa esistono fasi più brevi, che scandiscono la storia e il destino dell'umanità. Sono le quattro ere dette Yuga, ciascuna con caratteristiche ben definite.

Ecco uno schema della durata dei quattro yuga in anni umani:
Satya Yuga: 1.728.000 anni.

Treta Yuga: 1.296.000 anni.
Dvapara Yuga: 864.000 anni.
Kali Yuga: 432.000 anni,
Sommando questi, un Maha Yuga copre 4.320.000 anni.

In ogni epoca, il mondo attraversa un graduale declino morale e spirituale che si riflette nella durata stessa delle ere: ogni successiva è più breve della precedente, come una clessidra che perde progressivamente sabbia.

L'era detta "Satya Yuga".

La prima yuga, Satya Yuga, è considerata l'età dell'oro e dura 1.728.000 anni.. È il tempo della verità assoluta (satya significa "verità" in sanscrito) e della rettitudine. Secondo i testi, in questa fase l'umanità viveva in perfetta armonia con le leggi cosmiche, il Dharma. Non c'era bisogno di religioni organizzate o di leggi, perché tutti vivevano spontaneamente in accordo con la giustizia.

In Satya Yuga, si narra che gli uomini fossero longevi, onesti e pienamente realizzati spiritualmente. Le scritture descrivono il Satya Yuga come un tempo in cui gli dèi erano visibili e ben disposti verso gli esseri umani. Uno dei miti associati a questa era è la creazione stessa del mondo, quando Vishnu, il Preservatore, stabilisce le leggi universali, e Brahma, il Creatore, dà forma al cosmo.

Uno degli aspetti più affascinanti di Satya Yuga è la perfetta connessione tra il tempo umano e il tempo cosmico. Ogni azione rifletteva direttamente il corso dell'universo. Il racconto delle origini nel Rigveda, il testo più antico dell'induismo, celebra proprio questa unità. Ma Satya Yuga non dura per sempre. L'impermanenza, principio cardine della filosofia indù, comincia a manifestarsi con l'arrivo della seconda era.

L'era detta "Treta Yuga".

L'"Età dell'Argento" segna l'inizio della decadenza. Con una durata di 1.296.000 anni, questa epoca introduce le prime divisioni e conflitti. In questa fase si colloca la mitica epopea del Ramayana, con il re-dio Rama come protagonista.

Treta Yuga è l'età in cui comincia la decadenza morale. Qui, il Dharma, che in Satya Yuga reggeva il mondo con quattro colonne, si sostiene su tre pilastri. La virtù è ancora presente, ma ha perso parte della sua forza.

In Treta Yuga, il tempo assume una dimensione nuova: emerge una distanza tra l'uomo e il divino. Gli esseri umani devono impegnarsi per mantenere l'ordine morale e affrontare le prime vere manifestazioni di avidità, egoismo e conflitti. La leggenda di Rama, con la sua dedizione al Dharma nonostante i sacrifici personali – come l'esilio forzato nella foresta – dimostra il graduale deterioramento dell'armonia universale.

L'era detta "Dvapara Yuga".

L'"Età del Bronzo" segna una discesa più ripida. Dura 864.000 anni. Gli esseri umani diventano meno virtuosi e più egoisti. La mitologia indù colloca in quest'epoca il famoso poema epico Mahabharata, con la grande guerra di Kurukshetra. È qui che Krishna, incarnazione di Vishnu, rivela la Bhagavad Gita, il testo filosofico che ancora oggi rappresenta un pilastro della spiritualità indù.

Dvapara Yuga rappresenta il crepuscolo della virtù. Con Dvapara Yuga, l'umanità perde ulteriormente equilibrio e purezza. Il Dharma adesso si sostiene solo su due pilastri, simbolo della fragilità morale di questa era.

Uno dei passi più significativi di Dvapara Yuga è il dialogo tra Yudhishthira, il fratello maggiore dei Pandava, e lo Yaksha, una creatura divina che lo mette alla prova. Quando Yudhishthira risponde alle domande dello Yaksha, emerge chiaramente il senso di moralità che l'umanità sta già perdendo. Una delle domande centrali è:

"Qual è la cosa più meravigliosa al mondo?"

Yudhishthira risponde:

"Che ogni giorno gli uomini vedono la morte avvenire intorno a loro, ma continuano a comportarsi come se non fossero mortali."

Questa riflessione esprime la fragilità della condizione umana. In Dvapara Yuga, il tempo diventa una forza dolorosa e ineluttabile, che ricorda costantemente all'uomo la propria impermanenza e la natura effimera delle sue imprese.

L'era detta "Kali Yuga".

L'"*Età del Ferro*" è la nostra epoca, durata 432.000 anni, dominata dal caos, dalla corruzione e dalla perdita di valori. Secondo i testi, il Dharma rimane su una sola gamba, instabile e precario. Questo è il tempo in cui l'illusione (Maya) domina, spingendo l'umanità verso la materialità e l'egoismo. Per alcuni studiosi della tradizione indiana, ci troviamo a circa 5.000 anni dall'inizio del Kali Yuga, (un periodo iniziato intorno al 3102 a.C.). In quell'anno, secondo la leggenda, Krishna abbandonò la Terra.

Il Kali Yuga è evidentemente l'era in cui ci troviamo oggi. Questa è l'età della decadenza morale e spirituale completa, in cui il Dharma si sostiene su un solo pilastro. Il nome Kali non ha nulla a che vedere con la dea nera Kali, ma deriva da un termine che indica discordia e conflitto.

Il Kali Yuga è evidentemente l'era in cui ci troviamo oggi. Questa è l'età della decadenza morale e spirituale completa, in cui il Dharma si sostiene su un solo pilastro. Il nome Kali non ha nulla a che vedere con la dea nera Kali, ma deriva da un termine che indica discordia e conflitto.

I testi indù, in particolare il Vishnu Purana, descrivono Kali Yuga come un'epoca di grande sofferenza. Gli esseri umani vivono vite brevi, dominate dall'avidità, dalla menzogna e dall'egoismo. Il Bhagavata Purana predice che, verso la fine di questa era, i valori morali crolleranno completamente e il mondo sarà coperto dal "*aDharma*" (l'opposto del Dharma).

Molti segni di Kali Yuga sono riconoscibili nel mondo contemporaneo: la perdita di connessione spirituale, la corruzione politica, l'avidità economica e il disprezzo per l'ambiente. Non sorprende che questa concezione del tempo nella filosofia indù venga talvolta messa a confronto con l'idea giudaico-cristiana di apocalisse. Tuttavia, mentre la tradizione cristiana vede l'apocalisse come una fine lineare e definitiva, l'induismo la interpreta come parte di un ciclo. Kali Yuga non è la fine, ma il preludio a una nuova rinascita, che avrà luogo con l'arrivo di Kalki, il decimo avatar di Vishnu.

La ciclicità indù e la fisica moderna.

La concezione ciclica del tempo nell'Induismo ha affascinato anche gli scienziati e i filosofi moderni, soprattutto in relazione alla fisica quantistica. Secondo alcune interpretazioni cosmologiche della fisica contemporanea, l'universo stesso potrebbe seguire un ciclo continuo di espansione e contrazione, un'idea che risuona nella cosmologia indù. Il modello dell'"universo oscillante" di Albert Einstein, ripreso successivamente da altri cosmologi, sembra richiamare la dottrina dei kalpa.

Anche il tema dell'impermanenza, centrale sia nell'Induismo sia nella fisica quantistica, crea un ponte culturale e concettuale tra Oriente e Occidente. Nel mondo subatomico descritto dalla fisica moderna, le particelle emergono e svaniscono in un ciclo continuo di creazione e distruzione, simile al processo di nascita, morte e rinascita che guida i cicli cosmici dell'Induismo.

L'idea del tempo ciclico non è solo metafisica o cosmologica: ha un messaggio etico e spirituale. Essa invita l'essere umano a riflettere sulla propria impermanenza, sul ritmo eterno dell'esistenza di cui siamo parte. Nel mondo di oggi, dominato dalla ricerca incessante del progresso lineare, questa visione offre una prospettiva alternativa: tutto è connesso, tutto torna. La dissoluzione non è mai la fine, ma un'occasione di rinascita.

L'Induismo, con la sua elaborata concezione del tempo, parla alla nostra epoca di incertezza con una saggezza antica, ma incredibilmente attuale. Sotto il cielo stellato, in un universo più vasto di quanto possiamo immaginare, ogni fine è un nuovo inizio.

Simbolismo culturale: luoghi e testi.

Il tempo, nella filosofia indù, non è soltanto un fenomeno astratto o una misura lineare. È vita stessa, un flusso perpetuo che si ripete e si trasforma. Questa concezione del tempo come realtà ciclica e infinita permea testi sacri, architettura e simboli culturali, costituendo uno dei pilastri più affascinanti del pensiero indiano.

Uno degli esempi più emblematici di questa visione si trova nel Carro del Sole di Surya, scolpito nel XIII secolo nel tempio di Konarak, in Odisha. Questo capolavoro architettonico rappresenta il dio del Sole che attraversa la volta celeste a bordo di un carro trainato da sette cavalli. Ogni ruota del carro funge da meridiana. Le 24 ruote non solo scandiscono il ritmo delle giornate, ma incarnano profondamente la ciclicità del tempo cosmico. Questo tempio non è semplicemente un'opera d'arte: è una celebrazione della cosmologia vedica e del concetto che il tempo non scorre in modo lineare.

Il tempo, nella tradizione vedica, è personificato come Kala, il Signore del Tempo. Kala non è un'entità benevola o malevola. È neutrale, spietato e inevitabile. Nei Veda, i testi più antichi della tradizione indù, Kala assume la forma della forza universale che determina il movimento degli eventi. Non è statico e non "passa", come nella prospettiva occidentale; piuttosto, si rigenera. È circolare, ciclico e perpetuo.

Forse la manifestazione più potente di Kala emerge nella Bhagavad Gita, uno dei testi centrali della spiritualità indù e fonte inesauribile di riflessioni filosofiche. Nel celebre dialogo tra Krishna e Arjuna, Krishna rivela la sua forma cosmica, dichiarando:

"Io sono il tempo, il distruttore dei mondi"

Con queste parole, Krishna non si limita a descrivere la potenza distruttiva del tempo; approfondisce il concetto della sua impermanenza. Tutto ciò che esiste, inevitabilmente, è destinato a trasformarsi e a dissolversi.

Questo insegnamento va oltre il semplice richiamo alla mortalità. Esso invita a superare le illusioni del mondo materiale, a riconoscere che il tempo come lo conosciamo è un'emanazione della realtà illusoria (Maya). Nel grande ciclo cosmico, la distruzione è solo un preludio alla rinascita.

Nel concetto indù del tempo, il ciclo assume una dimensione monumentale attraverso i Yuga, le quattro grandi ere che formano il Maha Yuga, un ciclo cosmico di 4,32 milioni di anni. Ogni Yuga rappresenta una fase di decadenza progressiva, dallo splendore dorato del Satya Yuga alla dissolutezza e al caos del Kali Yuga, l'era attuale. Quando il Kali Yuga giunge al termine, il ciclo ricomincia. Questa prospettiva rifiuta l'idea di un inizio e una fine definitivi. L'universo è eterno e vive attraverso un ritmo senza pausa.

La ciclicità del tempo si riflette anche nei rituali quotidiani e nelle festività indù. Le celebrazioni non sono solo commemorazioni, ma vere e proprie partecipazioni al ripetersi del ritmo cosmico. La festività del Makara Sankranti, per esempio, commemora la transizione del Sole nel suo viaggio ciclico attraverso lo zodiaco, mentre i rituali quotidiani come il sandhyavandanam celebrano gli eterni cicli del giorno e della notte.

L'induismo non limita il tempo a una dimensione simbolica o speculativa. La concezione ciclica e profonda del tempo trova riflesso in numerosi testi, immagini e aneddoti. Uno dei miti più celebri è quello della Samudra Manthana, la zangolatura dell'oceano cosmico.

In questa epopea mitologica, il tempo è rappresentato come un serpente, Vasuki, che si avvolge attorno alla montagna sacra, trasformata in una zangola. Le divinità e i demoni tirano il serpente avanti e indietro, sottolineando l'alternanza perpetua tra creazione e distruzione. Questo mito, immortalato in affreschi e bassorilievi in siti come Angkor Wat, sottolinea che il tempo è una forza generatrice tanto quanto trasformativa.

Nei templi indiani, la struttura stessa spesso racconta il tempo. La disposizione dei santuari segue i movimenti del Sole, con porte orientate verso l'alba o il tramonto. I tamburi e le campane suonati nei rituali quotidiani ricordano il ritmo incessante di Kala, mentre le statue degli dèi con più braccia o volti simboleggiano la loro capacità di dominare il passato, il presente e il futuro contemporaneamente.

Infine, come interpretare questa visione del tempo oggi? Per la cultura indù, il tempo è al contempo una realtà pratica e una sfida spirituale. Se il ciclo cosmico è inevitabile, allora il vero compito umano è andare oltre. Questo è il messaggio filosofico che emerge dalla meditazione sul tempo nei testi vedici e nei simboli culturali: comprendere l'impermanenza per trascendere il ciclo stesso, avvicinandosi all'eternità dell'essere.

Il tempo, per la tradizione indù, non è solo una misura del passato e del futuro. È uno specchio che invita a riflettere sulla propria natura e sulla realtà ultima, proprio come i testi vedici e i templi antichi continuano a fare dopo millenni.

Un celebre episodio dal Mahabharata rafforza l'idea di impermanenza: il dialogo tra Yudhishthira e il misterioso Yaksha. Quando Yaksha chiede quale sia la verità più sorprendente dell'esistenza, Yudhishthira risponde:

> *"Ogni giorno gli uomini vedono la morte intorno a loro, eppure vivono come se fossero immortali"*.

Questo sottolinea la natura illusoria del tempo lineare e ricorda l'importanza di accettare l'impermanenza come parte del ciclo eterno.

Riflessi moderni

La concezione ciclica del tempo, che permea i testi sacri dell'induismo, ha sfidato e affascinato la mente umana per millenni. Gli antichi rishi (saggi) dei Veda descrivevano un tempo intriso di eternità e ripetizione, scandito da ere cosmiche (i kalpa) che governano non solo l'universo, ma anche l'anima e la sua incessante danza tra nascita, morte e rinascita. Questo approccio, che slega la nostra percezione di tempo dai principi lineari dominanti in Occidente, si sposa sorprendentemente con alcune riflessioni moderne della fisica quantistica e con le esperienze spirituali dell'odierna cultura globale.

In India, la visione ciclica non è solo teologica ma anche profondamente culturale. Un esempio emblematico è il Kumbh Mela, il festival che si ripete ogni dodici anni in località sacre come Haridwar, Prayagraj, Nashik e Ujjain. La scelta di queste date non è casuale: si basa su complessi calcoli astronomici che reinterpretano la ciclicità cosmica tramandata dai testi vedici. Durante il Kumbh Mela, milioni di devoti si immergono nelle acque sacre, celebrando un tempo che si rinnova e si connette all'eterno. Questo particolare rito dimostra come l'induismo abbia intrecciato il tempo cosmico con il quotidiano, andando oltre la divisione tra sacro e profano.

La visione indù non è rimasta confinata al subcontinente. Pensatori occidentali come Carl Jung hanno esplorato le somiglianze tra la concezione ciclica del tempo presente nei testi vedici e gli archetipi dell'inconscio collettivo. Jung, in particolare, trovò negli antichi simboli indiani, come il Mandala, un modello di ordine ciclico che si riflette nella psiche umana. Il Mandala non è solo un disegno spirituale, ma anche una rappresentazione visiva di come il tempo possa essere compreso come ricorsivo e infinito.

Hermann Hesse e l'eternalità del tempo.

Anche la letteratura europea ha saputo cogliere l'essenza di questa visione ciclica. Hermann Hesse, nel suo celebre romanzo "*Siddhartha*" (1922), racconta il viaggio spirituale di un uomo alla ricerca della verità e dell'illuminazione. In una scena chiave del libro, Siddhartha contempla un fiume, comprendendo che il tempo non è lineare bensì simultaneo: passato, presente e futuro coesistono in un eterno "adesso". Questa intuizione rivela evidenti rimandi alla filosofia indù del tempo, con la sua enfasi sull'impermanenza e sull'interconnessione di tutte le cose. Non a caso, il fiume, simbolo fondamentale nella spiritualità indiana (come il Gange), rappresenta il flusso continuo e infinito della vita.

Hesse, ispirato dai testi orientali, interpreta la ciclicità del tempo non solo come un fatto cosmico ma come una realtà psicologica. Diversi studiosi vedono in opere come *Siddhartha* il tentativo di integrare la saggezza orientale con il pensiero occidentale, creando un ponte tra due mondi apparentemente lontani.

La scienza moderna e il tempo non lineare.

Sorprendentemente, le intuizioni degli antichi testi indù trovano un'eco nella scienza moderna, in particolare nella fisica quantistica. I concetti di tempo descritti dai rishi possono essere visti come una metafora per alcune delle scoperte dei fisici contemporanei. Per esempio, la teoria della relatività di Einstein ha destabilizzato l'idea di un tempo assoluto e lineare, suggerendo invece che il tempo stesso è relazionale e dipende dalle condizioni di osservazione. In modo analogo, nel mondo subatomico, le particelle non si comportano in modo prevedibile ma esistono in stati sovrapposti, simili alla perenne impermanenza descritta dagli antichi testi indiani.

Il confronto tra il tempo ciclico indù e il concetto di *"eterno presente"*, suggerito dalla fisica quantistica, ha spinto noti ricercatori, come il fisico Fritjof Capra, ad approfondire le analogie filosofiche tra la meccanica quantistica e le tradizioni spirituali orientali.

Da Konarak a Stonehenge: il tempo sacro nelle culture antiche.

Il tempo come concetto è stato al centro delle grandi tradizioni filosofiche e religiose. Nell'induismo, il tempo è ciclico ed eterno, un ritmo cosmico che governa la vita, la morte e la rinascita. Questa visione contrasta con l'approccio lineare al tempo delle tradizioni occidentali, che identificano il passato, il presente e il futuro come una sequenza irreversibile. Esplorando il Tempio del Sole di Konarak, i cicli Maya e i megaliti di Stonehenge, emerge una sorprendente convergenza tra culture distanti nel tempo e nello spazio.

Nei testi vedici e nei Purana, il tempo (Kala) è descritto come un cerchio infinito. Gli antichi saggi concepirono il cosmo diviso in yuga, grandi ere cicliche. Questo ciclo si rigenera incessantemente, analogamente all'alternanza del giorno e della notte o al ritmo delle stagioni.

Il Tempio del Sole di Konarak, costruito nel XIII secolo in Odisha, incarna questa visione. L'intero complesso, a forma di carro, simboleggia il disco solare trainato da sette cavalli. Le sue ruote, intagliate nel dettaglio, rappresentano orologi solari perfetti che scandiscono il trascorrere delle ore. La struttura celebra il potere del sole quale simbolo di rigenerazione ciclica. Visitando Konarak al solstizio, i raggi solari illuminano precisi dettagli architettonici, dimostrando una sofisticata comprensione astronomica. Questo Tempio è una poesia di pietra sul tempo ciclico che intreccia architettura e cosmologia.

Dall'altra parte del mondo, gli antichi Maya svilupparono una concezione simile. Il loro famoso Calendario lungo misurava il tempo attraverso cicli di 5.125 anni, culminanti in una rigenerazione cosmica. Per i Maya, la fine di un ciclo non rappresentava una catastrofe, ma un'opportunità di rinnovamento. Chichen Itza, con la piramide di Kukulkan, ne è un simbolo architettonico. Durante l'equinozio, il gioco di luci e ombre ricrea l'immagine di un serpente che scende lungo i gradini, collegando cielo, terra e tempo umano in una coreografia cosmica.

In Europa, il tempo sacro trova voce nei megaliti di Stonehenge. Costruito circa 4.500 anni fa, questo cerchio di pietra è allineato con i solstizi d'estate e d'inverno. Nell'epoca neolitica, Stonehenge serviva come osservatorio astronomico e luogo di culto. Al solstizio d'estate, il sole sorge sopra la Heel-Stone, segnando il cambio delle stagioni. Gli antichi europei vedevano il tempo attraverso i cicli naturali, un approccio che condivide elementi comuni con l'Induismo e i Maya.

Queste culture indicano che l'uomo antico comprendeva il tempo non solo come misurazione, ma come esperienza spirituale. Lo Stonehenge estivo richiama il simbolismo del carro solare di Konarak e il serpente di Kukulkan. Ogni luogo stabilisce un legame profondo tra uomo, cosmo e sacralità del tempo.

Il contrasto con l'occidente moderno.

L'avvento del pensiero greco razionale, con filosofi come Aristotele e Platone, costruì un'immagine diversa del tempo come linea progressiva. Questa visione fu ulteriormente rafforzata dall'Illuminismo europeo, che pose l'uomo al centro di un processo di avanzamento continuo verso il futuro. La scienza moderna, dominata dalle equazioni temporali di Newton, si disgiunse dall'esperienza sacra del tempo. Contrariamente a ciò, l'induismo e altre antiche culture plasmarono il tempo come eterno ritorno, evitando la segmentazione artificiale tra passato, presente e futuro.

Oggi, la fisica quantistica si avvicina sorprendentemente alla visione ciclica del tempo. Nel mondo subatomico, il concetto tradizionale di "prima" e "dopo" si dissolve. Il fisico David Bohm descriveva il tempo come un'onda, un ciclo di momenti interconnessi. Questa prospettiva ricorda la dottrina induista di Kala, suggerendo che le "antiche visioni" siano più moderne di quanto si pensi.

Attraverso le ruote intagliate di Konarak, i cicli profetici Maya o l'allineamento di Stonehenge, l'uomo ha celebrato il tempo come sacro. Queste tradizioni offrono una lezione preziosa: il tempo non è solo uno strumento di misurazione, ma un misticismo che ci connette al cosmo. Oggi, riscoprirlo potrebbe aiutarci a ricucire una frattura tra scienza, spiritualità e natura.

Cosa può insegnarci l'induismo sulla modernità e l'impermanenza?

Viviamo in un'epoca in cui il tempo è tiranno. Le agende sono fitte, gli obiettivi incessanti, e l'ansia per il futuro sembra una compagna costante. Tuttavia, l'induismo offre una lente completamente diversa per guardare il tempo. Lontana dalla linearità occidentale, la filosofia induista ci invita a riflettere sulla natura ciclica dell'esistenza e sull'impermanenza.

In questo modello, il tempo non è una freccia che scorre inesorabile verso un futuro ignoto. Al contrario, esso è ciclico, come il giro delle stagioni o il movimento degli astri. Questa visione ha radici profonde nei testi antichi come i Veda e trova un'espressione straordinaria nella Bhagavad Gita. Qui Krishna, incarnazione della divinità suprema, guida il principe guerriero Arjuna verso la comprensione del Dharma, legando l'azione consapevole alla consapevolezza del tempo.

Secondo i testi indù, il tempo si snoda in grandi cicli cosmici chiamati kalpa. Un kalpa, equivalente a 4,32 miliardi di anni terrestri, rappresenta un giorno nella vita di Brahma, il creatore dell'universo. Alla fine di ogni kalpa, l'universo si dissolve per poi rinascere. Questo concetto, noto come *pralaya*, sottolinea l'impermanenza delle cose e la continua trasformazione della realtà. Non c'è fine assoluta, ma solo un costante divenire.

La modernità guarda il tempo come una risorsa da gestire, mentre l'induismo ci insegna a osservarlo come parte di un flusso naturale. Se tutto è transitorio, anche le difficoltà della vita devono essere viste come momenti passeggeri. Krishna lo spiega ad Arjuna nel mezzo della battaglia di Kurukshetra:

"Il non-manifesto ha un inizio e una fine; il manifestato è solo un intervallo temporaneo".

Il messaggio è chiaro. Nulla è eterno, né la sofferenza né il piacere, ed è proprio questa transitorietà che dà significato all'esistenza.

Il concetto di impermanenza (*anitya*) occupa un posto centrale nell'induismo. Riconoscerlo non significa cadere nel nichilismo, ma imparare ad apprezzare il presente. La vita moderna, con il suo culto della produttività e del progresso, spesso ignora questo principio. Si rincorre un domani migliore, accumulando stress nel presente. La prospettiva induista, invece, invita a rallentare e a trovare equilibrio. Non si tratta di abbandonare le ambizioni, ma di gestirle senza restarne schiavi.

Dal punto di vista pratico, l'impermanenza può aiutarci a rivalutare le nostre priorità. I grandi maestri dell'India come Swami Vivekananda hanno ribadito l'importanza di agire nel presente con consapevolezza. L'azione, o Karma, deve essere disinteressata, senza l'ossessione per i risultati futuri. Questo concetto, noto come *nishkama Karma*, offre una via d'uscita dall'ansia cronica. Come disse Vivekananda:

"Concentratevi su un'idea, vivetela, sognatela, agite per realizzarla. Ma non attaccatevi ai risultati".

La Bhagavad Gita rappresenta uno dei testi più universali sulla gestione del tempo e dell'impermanenza. Nel capitolo II, Krishna esorta Arjuna a compiere il suo Dharma di guerriero senza paura dell'esito.

"Non devi preoccuparti del successo o del fallimento. Agisci e basta".

Questo consiglio è valido ancora oggi. Krishna non incita all'immobilismo, ma alla comprensione che l'esito delle azioni è fuori dal nostro controllo. Questa accettazione riduce l'ansia e permette di vivere con maggiore serenità.

Un altro passaggio significativo riguarda la ciclicità del tempo. Krishna descrive l'alternanza tra creazione e dissoluzione come una danza eterna, il *Lila* divino. Concezione che smonta l'idea moderna del tempo come nemico, trasformandolo in un alleato. Se tutto si rinnova continuamente, non c'è motivo di temere il cambiamento.

Le filosofie induiste risuonano profondamente nel contesto odierno. La consapevolezza che ogni evento – positivo o negativo – è temporaneo, può essere un antidoto alla paura che paralizza molte persone. Questo richiamo all'equilibrio trova paralleli anche in discipline come la mindfulness, che ha origini nel pensiero orientale. Pratiche di meditazione e yoga, basate sui principi vedici, aiutano a radicarsi nel presente e a ridurre l'ansia.

Inoltre, l'idea della ciclicità del tempo fa riflettere su problemi globali come il cambiamento climatico. Se il mondo vive cicli di distruzione e rinascita, l'importanza delle nostre azioni diventa ancora più evidente. Ogni gesto, anche piccolo, si inserisce in questo flusso, trasformando l'individuo in un custode di questa grande armonia.

L'induismo, con la sua visione del tempo e dell'impermanenza, ci offre strumenti preziosi per affrontare la modernità. In un'epoca che misura il valore personale in funzione della produttività e della velocità, fermarsi a riflettere sulla ciclicità dell'esistenza può essere liberatorio. Come suggerisce Krishna, agire con distacco e vivere pienamente il presente ci permette di entrare in sintonia con il ritmo naturale dell'universo. Forse, comprendere che nulla dura per sempre non è motivo di angoscia, ma una liberazione. E in questo, l'induismo ha ancora molto da insegnarci.

Dal Kali Yuga alla Singolarità: il tempo ciclico incontra il futuro tecnologico.

Nel cuore della filosofia indù, il tempo non è lineare. Non è una retta proiettata verso l'infinito, come vuole l'idea occidentale dominante, ma un cerchio, un eterno ritorno. Nei testi vedici e nei poemi epici come il Mahabharata, il tempo scorre attraverso vasti cicli cosmici chiamati yuga. Questi cicli definiscono le ere del mondo, in un alternarsi continuo di creazione, decadimento e rinnovamento. Tra queste ere, il Kali Yuga, in cui si ritiene che stiamo vivendo, rappresenta il culmine della decadenza. È l'età oscura, segnata da conflitti, smarrimento spirituale e perdita di equilibrio tra umanità e natura.

Ma cosa può dirci il Kali Yuga, concepito migliaia di anni fa, sulle sfide di oggi? È possibile che questa antica visione del tempo ciclico possa aiutarci a interpretare il momento storico che viviamo, segnato da un'accelerazione tecnologica senza precedenti? E soprattutto, quale potrebbe essere il legame tra l'idea indiana di un ritorno ciclico e la prospettiva moderna della Singolarità tecnologica, il momento in cui si ipotizza che l'intelligenza artificiale supererà l'intelligenza umana?

Per i testi indù, il Kali Yuga resta un'epoca unica, caratterizzata dalla progressiva perdita di virtù e armonia cosmica. La sua durata si estende per 432.000 anni, secondo il sistema dello Shrimad Bhagavatam, e culmina in una dissoluzione che prepara il ritorno all'era dorata, il Satya Yuga, in cui la purezza sarà nuovamente restaurata. Durante il Kali Yuga, il tempo non è percepito come progresso, ma come degenerazione. Scritture come il Vishnu Purana descrivono il declino delle istituzioni umane, l'aumento della corruzione e la frammentazione della spiritualità.

Eppure, c'è una risonanza inquietante con la realtà contemporanea. Viviamo nell'epoca in cui l'accelerazione sembra dominare ogni aspetto dell'esistenza: tecnologia, produzione, comunicazione. I ritmi si comprimono, le distanze sembrano dissolversi nell'immediatezza di internet e del digitale. Ma, come nel Kali Yuga, ci troviamo di fronte a una sensazione di alienazione crescente, un senso di perdita dei valori fondamentali che trascende le culture e le epoche.

Un'immagine potente del Kali Yuga parla di "*Shravana senza Dharma*", ovvero l'ascolto privo di saggezza: una civiltà inondata dall'informazione, ma incapace di trasformarla in conoscenza. Non è forse un riflesso di ciò che vediamo oggi nella società iperconnessa, immersa in un rumore continuo e sempre più distante dall'essenziale?

La *Singolarità tecnologica*, concetto reso celebre dal visionario Ray Kurzweil, rappresenta un punto di non ritorno. Quando l'intelligenza artificiale supererà la capacità cognitiva umana, l'evoluzione prenderà una piega imprevedibile. Non è chiaro se tale momento porterà al disfacimento della società, a una trasformazione delle forme umane di esistenza o a una nuova era paradisiaca di progresso.

Ma cosa accade se guardiamo a questa possibilità attraverso il prisma del pensiero indù? L'idea del tempo ciclico suggerisce che ogni apice di decadimento - sociale o tecnologico - è solo un preludio alla rigenerazione. Se il Kali Yuga rappresenta la massima distanza dalla spiritualità, allora ogni sforzo umano, anche quello tecnologico, può essere visto come parte di un processo evolutivo che non sfugge al ritorno, al compimento di una danza cosmica.

Chi crede nel ritorno delle ere dorate potrebbe interpretare la *Singolarità* non soltanto come una minaccia, ma come una transizione. La tecnologia, con i suoi ritmi vertiginosi, può essere un veicolo per una rinascita? O sarà essa stessa - come il potere distruttivo di Shiva, il grande trasformativo della triade indù - il catalizzatore di una demolizione necessaria?

Un elemento centrale della visione indù del tempo è l'impermanenza. Nulla è fisso, nulla dura. Nemmeno il Kali Yuga, per quanto lungo, è eterno. Il dio Kalki, avatar finale di Vishnu, porrà fine a questa oscurità, ristabilendo l'ordine cosmico. La tecnologia stessa, osservata attraverso questa lente, non è definitiva. Nel mondo indù, il digitale, con la sua transitorietà, è l'ennesima forma di Maya, l'illusione. Non può esistere come realtà autonoma al di fuori del ciclo del tempo.

Questo approccio si fonde perfettamente con le teorie moderne della fisica quantistica. L'impermanenza come principio fondamentale dell'universo trova una sponda nelle scoperte scientifiche: le particelle subatomiche appaiono e scompaiono, come emerse da un vuoto quantistico che sembra ricordare la matrice della realtà descritta nei Veda.

Proprio la fisica, attraverso il suo interrogarsi sulla natura profonda del tempo, offre un punto di contatto sorprendente con il pensiero antico. Se il tempo è relativo, come dimostrato da Einstein, e se non esiste una distinzione oggettiva tra passato e futuro, il modello ciclico degli indù assume una profondità inattesa. Non è un anacronismo, ma una metafora sofisticata capace di avvicinarsi alle intuizioni della scienza moderna.

In un mondo che guarda alla *Singolarità* come a una promessa o, per molti, una minaccia, i testi indù ci invitano a una riflessione più profonda. La velocità e il cambiamento non sono un problema in sé. Lo è l'essere inconsapevoli del ciclo, smarrendo il contatto con il principio spirituale che lo muove.

Attraverso il Kali Yuga e l'impermanenza si può leggere un messaggio universale: anche nei momenti di massima oscurità c'è un richiamo al rinnovamento. La civiltà può riscoprire il senso, non negando il cambiamento, ma integrandolo con saggezza. I testi indù ci invitano a comprendere che il tempo non è nemico, né maestro. È semplicemente il palcoscenico sul quale ogni forma di esistenza, dalle civiltà alle intelligenze artificiali, danza la propria effimera ma eterna coreografia.

Dal Kali Yuga alla Singolarità, dunque, il filo conduttore resta lo stesso: ricordare che ogni cosa - anche la tecnologia - è parte del grande respiro dell'universo.

Il tempo nella fisica quantistica.

Il tempo, tanto familiare quanto misterioso. Nella sua linearità percepita, scandisce le nostre vite. Tuttavia, la fisica quantistica lo ha portato in un territorio del tutto nuovo. Lì non è più un fiume che scorre con continuità, ma un concetto che può frammentarsi e dissolversi in una danza inafferrabile. Questa rivelazione scientifica ci pone in una posizione affascinante: siamo vicini a idee che riecheggiano incredibilmente le intuizioni antiche della filosofia indù.

Nel mondo quantistico, il tempo si comporta in modo sorprendentemente diverso rispetto a ciò che accade nella fisica classica. Nei modelli introdotti dalla teoria della relatività di Albert Einstein, il tempo e lo spazio sono legati in una singola entità: lo spaziotempo. Questa struttura complica la percezione tradizionale di un passato, un presente e un futuro ben distinti. La fisica quantistica, spingendosi oltre, suggerisce che il tempo non sia nemmeno una costante fondamentale.

Per esempio, esperimenti sull'entanglement mettono in dubbio l'unicità del tempo e dello spazio. Quando due particelle "intrecciate" interagiscono, sembrano sincronizzarsi istantaneamente, ignorando le nozioni temporali tradizionali. Albert Einstein, per descrivere questa connessione, la definì provocatoriamente "*azione fantasma a distanza*".

Ancor più intrigante è l'esperimento del "*delayed choice*" (scelta ritardata), originariamente proposto nel 1978 dal fisico americano John Wheeler. Questo esperimento mostra come eventi presenti possano teoricamente influenzare il passato, anche se ciò rompe la nostra comprensione abituale della causalità. Il concetto di linearità temporale viene, in questo modo, completamente scardinato.

Questo ribaltamento della nostra percezione del tempo trova sorprendenti affinità con l'induismo. Nella filosofia indù, il tempo non è lineare ma ciclico: un costante ripetersi di creazione, distruzione e rinascita. La concezione dei quattro Yuga – i grandi cicli cosmici di Satya, Treta, Dvapara e Kali Yuga – riflette un'idea di tempo che non ha un inizio definitivo né una fine assoluta. Parliamo di miliardi di anni in un flusso continuo e senza rotture.

Secondo i testi delle Upanishad, quello che consideriamo "passato" e "futuro" non sono altro che manifestazioni relative. Nel "Bṛhadāraṇyaka Upaniṣhad" si legge:

"L'eterno è al di là del tempo, ed è il testimone silenzioso di ogni cosa".

La fisica quantistica, con il suo superamento delle categorie temporali tradizionali, sembra tornare proprio a questo: il tempo non è più il sovrano assoluto, ma una convenzione legata a una particolare prospettiva del mondo.

Le analogie tra la fisica quantistica e l'induismo non nascono per caso. La fisica moderna e le filosofie orientali condividono un punto chiave: entrambe sono tentativi di rispondere a domande fondamentali sull'universo e sulla nostra esistenza. Tra i sostenitori di questo ponte culturale troviamo Fritjof Capra, autore del celebre libro *"Il Tao della Fisica"* In quest'opera, Capra sottolinea come le scoperte della fisica quantistica abbiano risonanze filosofiche profonde con i testi sacri dell'India antica.

Capra suggerisce che la percezione ciclica del tempo, descritta per millenni in Oriente, sia straordinariamente vicina alla concezione del tempo all'interno della fisica subatomica. La stessa idea di "Maya", cioè l'impermanenza e l'illusorietà del mondo materiale, richiama il comportamento incerto e probabilistico delle particelle quantistiche. Nulla è davvero fermo, tutto è in continuo mutamento.

Un interessante parallelo tra la fisica quantistica e l'induismo si può osservare nel fiume Gange, venerato in India come *"Madre divina"* e simbolo della vita stessa. Le sue acque non sono mai uguali: si muovono, evaporano, tornano sotto forma di pioggia. Il fiume sembra un'entità che attraversa il tempo, rimanendo però sempre impermanente. Nella fisica quantistica e nella filosofia indù, questa metafora si incarna magnificamente: il Gange non è mai lo stesso, proprio come il nostro universo in continuo mutamento.

Le scoperte nella fisica quantistica e le riflessioni sull'impermanenza nel pensiero indù ci portano un messaggio comune: la realtà non è ciò che appare. Il tempo non è rigido, né qualcosa di assoluto. Viviamo immersi in un flusso in cui presente, passato e futuro si intrecciano continuamente, come onde in un oceano.

Questo tipo di comprensione non è solo accademico o teorico. Invita a guardare alla vita con il senso di meraviglia di fronte a un universo il cui mistero non si riduce mai. Da un antico tempio in India al laboratorio avveniristico di un fisico, la domanda rimane la stessa: che cos'è il tempo? E forse, come suggerivano gli antichi saggi indù, il tempo è solo un'illusione.

Il tempo nella fisica quantistica: un dialogo con l'induismo.

Il tempo è un mistero che da sempre affascina la mente umana. Filosofi, scienziati e mistici hanno cercato di comprenderlo, svelarlo, o almeno di intuirne il funzionamento. Quando guardiamo al dialogo tra la fisica quantistica e la filosofia induista, ci accorgiamo che i due approcci, per quanto apparentemente lontani, sembrano incontrarsi su un terreno comune. Entrambi offrono una visione del tempo che sfida la nostra percezione ordinaria e lineare, aprendoci a dimensioni più profonde e, forse, più vere.

Nella visione tradizionale occidentale, il tempo è un tratto della storia: una linea retta che parte dal passato, attraversa il presente e si perde nell'ignoto del futuro. L'induismo, però, ci invita a considerare un'altra prospettiva: il tempo come ciclo. Secondo i testi sacri induisti (i Veda, le Upanishad e il Bhagavad Gita), l'universo si muove in una danza senza fine di creazione, distruzione e rinascita. Questo movimento è rappresentato dal concetto di *kalpa*, un'unità cosmica di enormi proporzioni temporali.

Per la tradizione induista, il tempo non è mai fisso, né lineare. Esso scorre, si espande, si dissolve, ma poi torna ciclicamente. Di fronte a questa concezione antica, ci si domanda: la fisica moderna potrebbe avere qualcosa da dire su questa visione?

Il tempo flessibile della fisica quantistica.

Con l'avvento della fisica quantistica nel XX secolo, la scienza ha abbandonato molte delle sue certezze. Il tempo, una volta considerato assoluto e immutabile, si è trasformato in un concetto più fluido e sfuggente. Già Albert Einstein, con la relatività, aveva gettato le basi per un'idea del tempo come qualcosa di relativo, influenzato dalla velocità e dalla gravità. Ma è grazie a figure come Werner Heisenberg, Niels Bohr e John Wheeler che il tempo quantistico ha assunto una dimensione ancora più enigmatica.

Uno degli aspetti più affascinanti della fisica quantistica riguarda i fenomeni di entanglement. Due particelle connesse tra loro possono influenzarsi istantaneamente, indipendentemente dalla distanza che le separa. Questo implica che gli eventi non seguono sempre una sequenza temporale lineare. Si rompe, in un certo senso, la freccia del tempo. In modalità più sottili ma rilevanti, la meccanica quantistica permette anche il concetto di "*misurazioni ritardate*", dove il risultato di una misurazione presente sembra influenzare il passato della particella osservata, come dimostrato in esperimenti come quelli ideati da Wheeler.

Queste scoperte sembrano dare credito all'idea che il tempo non sia unico e oggettivo. Ma cosa significa questo per la nostra comprensione più profonda?

L'induismo, come molte tradizioni orientali, invita il praticante a trascendere l'illusione del tempo lineare. Secondo le Upanishad, il tempo non è altro che una proiezione della mente umana. La realtà ultima, il Brahman, esiste al di là del tempo. Questo principio trova espressione nell'esperienza del Moksha, la liberazione, uno stato in cui il passato e il futuro svaniscono, lasciando spazio solo al presente eterno.

Anche nella fisica quantistica si trova un curioso richiamo a questa realtà senza tempo. Molti scienziati, a partire dalle riflessioni di Erwin Schrödinger, sono rimasti colpiti dalle convergenze tra la meccanica quantistica e le filosofie orientali. Schrödinger, affascinato dalla visione induista, scrisse:

"Questa vita separata che ciascuno di noi conduce è un'illusione. La vita di ogni essere vivente, passato, presente e futuro, è nell'eterno presente".

Un altro scienziato, David Bohm, noto per il suo approccio filosofico alla fisica, propose l'idea dell'universo come un "ordine implicito", dove passato, presente e futuro esistono simultaneamente come una realtà unica. Questa prospettiva ricorda l'idea induista di un tempo che non è lineare ma avvolgente, dove tutte le cose avvengono in una dimensione più alta, invisibile.

L'eterno ritorno: dalla fisica allo spirito.

Se la fisica quantistica ha portato un cambiamento rivoluzionario nella nostra comprensione del tempo, l'induismo offre una chiave di lettura spirituale del fenomeno. Da una parte, la scienza cerca di spiegare il tempo con leggi e formule; dall'altra, la filosofia induista ci invita a viverlo in modo diverso, accettandone la natura impermanente e non temendo la sua ciclicità.

In tutto questo, una domanda resta sospesa. Niels Bohr, premio Nobel e una delle voci più influenti della fisica contemporanea, una volta disse:

"Non chiedo che tu capisca la meccanica quantistica, ma che tu impari a conviverci".

Allo stesso modo, l'induismo non ci chiede di dominare il tempo, ma di armonizzarci con esso, di sentirlo come parte di un disegno cosmico più grande.

E forse è proprio qui, nel breve istante in cui scienza e spiritualità si intrecciano, che possiamo trovare una risposta alle nostre domande più profonde sul tempo. Non una soluzione definitiva, ma un invito a osservare, con occhi aperti e mente curiosa, quell'eterno gioco cosmico di cui, volenti o nolenti, siamo parte.

Il tempo nella fisica quantistica: una dimensione non più lineare.

La fisica classica – quella di Newton, per intenderci – ha descritto il tempo come una freccia lineare, un flusso ineludibile che scorre dal passato verso il futuro. Questa concezione, che informa la visione occidentale del tempo, sottende gran parte del nostro modo di vivere: pianifichiamo il futuro, studiamo il passato e misuriamo il presente in termini di secondi, minuti, ore.

La fisica quantistica, però, ha iniziato a rimettere in discussione questa linearità. Il concetto di entanglement quantistico, ad esempio, dimostra che due particelle, una volta connesse, rimangono interdipendenti a distanze potenzialmente infinite. Il loro comportamento appare immediato e simultaneo, violando il concetto classico di "causa ed effetto" tipico del tempo lineare. Albert Einstein, però, reagiva con scetticismo, e rimaneva inquieto davanti a un universo dove la simultaneità sembrava possibile.

Anni dopo, esperimenti sempre più avanzati, come quelli del fisico Alain Aspect negli anni '80, hanno confermato che l'entanglement quantistico è reale. Oggi sappiamo che il tempo, almeno nel mondo quantistico, non segue le regole di un calendario ordinato. A livello delle particelle fondamentali, il flusso temporale si sfalda e si complica.

Il tempo, nella prospettiva della fisica quantistica, si rivela un concetto molto più fluido di quanto inteso dalla fisica classica. Mentre il modello newtoniano descriveva il tempo come una sequenza lineare, una "freccia" che avanza dal passato verso il futuro, il mondo quantistico rompe quest'illusione di semplicità.

Eugene Wigner e il ruolo della coscienza.

Uno degli aspetti più affascinanti della fisica quantistica è il suo rapporto con il tempo e con la coscienza. Su questo tema, il fisico ungherese Eugene Wigner (1902-1995), premio Nobel nel 1963, ha lasciato un'impronta indelebile grazie alla sua idea rivoluzionaria. La coscienza dell'osservatore, secondo Wigner, è cruciale per definire gli eventi della realtà quantistica. E, di conseguenza, per strutturare la nostra esperienza del tempo.

Eugene Wigner apparteneva alla generazione di scienziati che trasformò la fisica negli anni '20 e '30 del Novecento. La nascita della teoria quantistica mise rapidamente in discussione i concetti che per secoli avevano dominato il pensiero scientifico occidentale. Tra questi, il concetto di tempo come linea continua e assoluta, un'idea ereditata dalla fisica classica di Isaac Newton.

Nella fisica quantistica il tempo si rivela sfuggente. Quando osserviamo il comportamento delle particelle subatomiche, scopriamo che non esiste un'evidente sequenza temporale fino a quando non si effettua una misurazione. Prima di quel momento, la natura delle particelle è una sovrapposizione di possibilità, una danza di stati che esistono contemporaneamente. Qui entra in gioco il contributo di Wigner: senza un osservatore cosciente che "guarda", il collasso della funzione d'onda (e con esso la sequenzialità temporale di ciò che accade) potrebbe non verificarsi affatto.

Wigner si domandava: cosa significa osservare? E, soprattutto, chi o cosa osserva? Questo scienziato propose un'ipotesi audace: l'intervento consapevole della mente umana non è solo un accessorio, ma è essenziale per trasformare i potenziali quantistici in eventi tangibili. In sintesi, per Wigner il tempo e la realtà esistono solo in relazione all'osservatore.

L'intuizione di Wigner provoca meraviglia per la sua consonanza con alcune filosofie dell'India antica, in particolare con l'Advaita Vedanta, una scuola non dualista dell'induismo. Secondo l'Advaita, la realtà percepita dal nostro intelletto (il regno delle forme, degli eventi e del tempo) è Maya, ossia un'illusione. Questa illusione non è una menzogna, ma piuttosto il velo che ci impedisce di vedere la verità ultima: la realtà è non duale e al di là del tempo.

Nel pensiero vedantico, la coscienza, Brahman, è al cuore di tutto. Anche il concetto di tempo (passato, presente e futuro) è intrinsecamente legato a questa coscienza suprema. Per i saggi indiani, gli eventi non sono scanditi dal movimento degli orologi, ma sono creati nella mente dell'osservatore. In modo sorprendentemente simile, Wigner suggeriva che la linea temporale non sia una realtà oggettiva, ma una costruzione dell'osservazione consapevole.

Per comprendere meglio queste idee, qual è, allora, il ruolo dell'osservatore nel determinare il tempo? Qui Wigner offre un'immagine suggestiva. Egli paragonava l'osservatore a uno specchio: il mondo quantistico è come un riflesso che compare solo quando uno specchio cosciente entra in scena. Senza quest'ultimo, non esiste né un prima né un dopo, ma solo un'informe potenzialità.

Nel Vedanta, lo specchio cosmico è la consapevolezza universale, il Sé supremo. Wigner e i saggi Vedantici, benché separati da secoli e discipline, sembrano rispondere alla stessa domanda fondamentale: il tempo è reale o è frutto della percezione? Entrambi, pur usando linguaggi diversi, giungono a una risposta simile: il tempo emerge solo in relazione alla mente e alla coscienza.

Per sostenere le sue idee, Wigner citò spesso il celebre "paradosso del gatto" di Erwin Schrödinger. Secondo questo esperimento mentale, un gatto chiuso in una scatola sigillata si trova in uno stato di "indefinitezza", vivo e morto allo stesso tempo, fintanto che non si apre la scatola per verificare. La fisica quantistica afferma che è proprio l'atto dell'osservazione a decidere l'esito. Ma chi è l'osservatore? Per Wigner, un osservatore cosciente, dotato di una mente, è il soggetto che introduce il confine tra "potenziale" e "reale".

Questa convergenza tra fisica e filosofia non è casuale e continua ad attrarre studiosi e scienziati. Molti fisici contemporanei, da Fritjof Capra a David Bohm, hanno esplorato i legami tra le intuizioni della fisica quantistica e le tradizioni sapienziali orientali. Sebbene la comunità scientifica non abbia accettato universalmente idee come quelle di Wigner, il suo lavoro ha aperto orizzonti di riflessione che spingono oltre i confini del laboratorio.

Conclusioni come quelle di Wigner, sebbene speculative, ci invitano a guardare alla scienza non solo come a una tecnica, ma come a una disciplina che affronta anche le domande più profonde dell'essere umano. E forse, come suggerivano gli antichi saggi indiani, la chiave per comprendere il mistero del tempo è comprendere il mistero della coscienza che lo osserva.

Aneddoti e collegamenti culturali.

Esiste un luogo in India, Kashi, oggi conosciuta come Varanasi, che reca su di sé il misterioso peso del tempo. Secondo la tradizione induista, questa città millenaria esiste *"fuori dal tempo"*, sospesa tra il divenire e l'eternità. È qui che i pellegrini giungono in cerca di qualcosa di straordinario: abbandonare l'illusione del tempo lineare e immergersi nella ciclicità dell'esistenza. Questa concezione ciclica, profondamente radicata nelle filosofie orientali, trova sorprendentemente un riflesso nella fisica quantistica moderna.

In molti esperimenti di fisica quantistica, il tempo sembra funzionare in modi che sfidano la comprensione ordinaria. La tradizionale visione lineare di un passato che porta a un futuro viene messa in discussione dall'interazione tra particelle subatomiche. Un esempio emblematico è l'*"esperimento delle scelte ritardate"* di John Wheeler, condotto negli anni '70. Wheeler dimostrò che una particella, come un fotone, può "decidere" il suo stato solo quando si osserva il risultato, anche se questo avviene dopo che il fotone ha già viaggiato o interagito. In altre parole, il futuro sembra influenzare il passato. Questa idea paradossale ci avvicina a una visione non lineare del tempo, che ricorda sottilmente quella dell'induismo.

Secondo i testi sacri indiani, il tempo lineare – il "Kala" – è solo una trama superficiale, un'illusione, nota come "Maya". Il tempo profondo, quello ciclico, è invece eterno, scandito dal ritmo cosmico dei grandi cicli universali chiamati "yuga". La fisica quantistica non si spinge al punto di sostenere questa eternità, ma destabilizza le certezze del tempo: ci invita a considerare il fatto che la nostra percezione lineare possa essere solo un'approssimazione di una realtà più complessa.

Nel cuore della filosofia induista, la città di Varanasi diventa un simbolo vivente di questa visione del tempo. Costruita sulle rive del sacro fiume Gange, la città è considerata immortale. Si narra che Shiva stesso abbia fondato Kashi e che chi muore lì si liberi dal ciclo di rinascite, entrando nel regno dell'eternità. Qui, ogni alba e tramonto segnano un tempo che non scorre, ma ritorna su sé stesso. I pellegrini, immersi nei rituali, compiono ripetizioni di mantra e abluzioni per riconnettersi con questa dimensione senza fine.

La fisica quantistica, con le sue intuizioni rivoluzionarie, sembra sfiorare una simile percezione. Gli esperimenti sul tempo, sul caos quantistico e sulla sovrapposizione degli stati – in cui una particella può trovarsi contemporaneamente in più luoghi o tempi – ignorano le rigide definizioni del tempo lineare. Lo stesso tempo diventa una variabile malleabile, non l'entità fissa che regola le nostre vite quotidiane.

Forse il punto di contatto più affascinante tra filosofia orientale e fisica quantistica si trova nella loro capacità di spingersi oltre le apparenze. Così come i saggi induisti invitano a guardare oltre Maya – l'illusione del mondo fenomenico – anche i fisici cercano di esplorare il substrato nascosto della realtà. Varanasi, con la sua ciclicità e la sua promessa d'eternità, è un'immagine potente e metaforica per entrambe queste prospettive.

Nel XX secolo, Albert Einstein stesso contribuì a ripensare il concetto di tempo. La sua teoria della relatività mostrò che il tempo non scorre in modo uniforme. L'idea che il tempo possa dilatarsi o contrarsi a seconda della velocità o della gravità ha effettivamente ampliato il confine della fisica, avvicinandolo a visioni filosofiche antiche. Einstein, pur non esplicitamente influenzato dall'induismo, dimostrò che il tempo assoluto di Newton – tanto caro alla tradizione occidentale – era un'illusione, proprio come il concetto di Maya..

Se il tempo è davvero un'illusione, allora il dialogo tra fisica e filosofia non è solo una curiosità intellettuale ma un percorso di indagine profonda. In una particella quantistica che sfida il passato c'è forse un'eco del ciclo eterno del Kalachakra. In una mattina nebbiosa a Varanasi, quando il sole lambisce il Gange, ci si può realmente chiedere se il tempo sia nostro compagno oppure solo il riflesso di qualcosa di più vasto.

Il tempo discontinuo.

Il tempo, questa dimensione apparentemente familiare che scandisce le nostre vite, ha sempre affascinato l'essere umano. Ma cosa accade se ci spingiamo oltre l'apparenza? Se interroghiamo le profondità della fisica quantistica e della filosofia indù, scopriamo che il tempo non è affatto ciò che sembra. Entrambe queste discipline, così diverse in superficie, giungono a una conclusione sorprendente: il tempo potrebbe essere un'illusione, un costrutto che inganna la percezione.

La fisica quantistica, lo studio della materia e dell'energia su scala infinitesimale, ha portato alla luce un fatto sconcertante: il tempo non è una linea retta, ma una realtà frammentata e fluida. Nel famoso esperimento della *"scelta ritardata"* Wheeler, i fotoni, particelle di luce, sembrano scegliere se comportarsi come onde o particelle a seconda dell'osservazione umana. Ciò che lascia sconcertati è che l'osservazione non dipende dal momento presente, ma può essere influenzata anche da eventi che avverranno "in futuro". Tale osservazione rende il tempo non lineare, ma qualcosa di plasmabile, come un nastro che si arrotola e si srotola a piacere.

"Il tempo non è ciò che credete":
così affermò Richard Feynman, uno dei più grandi fisici del XX secolo. Secondo Feynman, il comportamento delle particelle subatomiche sembra suggerire che futuro e passato non siano entità separate, bensì intrecciate. La sequenza degli eventi, così come la percepiamo, non è un dato assoluto, ma una manifestazione di condizioni più profonde, invisibili ma potenti.

Questa visione trova un curioso parallelo nella filosofia indù, che considera il tempo una forma di Maya, ovvero un'illusione. Secondo l'Advaita Vedanta, una delle scuole più profonde dell'induismo, il tempo e lo spazio non hanno un'esistenza propria. Sono manifestazioni transitorie del Brahman, l'Assoluto, l'unica realtà permanente. La percezione umana del tempo, con il passato che scivola via e il futuro che si allunga all'orizzonte, è una costruzione limitata, una narrazione che l'essere utilizza per navigare nell'incomprensibile.

Un'antica allegoria presente nei Purana descrive Brahma, il Creatore, che vive cicli temporali talmente vasti che un solo giorno della sua esistenza corrisponde a miliardi di anni terrestri. Questa immensa temporalità, chiamata *kalpa*, supera di gran lunga la comprensione umana, ricordandoci quanto il tempo possa essere relativo e sfuggente. Curiosamente, la relatività del tempo di Brahma ha un'eco nella teoria della relatività di Einstein. Per Einstein, così come per gli antichi testi indù, tempo e spazio sono intrecciati, e la loro percezione varia a seconda della prospettiva di chi osserva.

Se la fisica quantistica ci presenta un tempo frammentato e non lineare, l'induismo ci invita a considerare il tempo come un ciclo eterno. I grandi yuga della tradizione indiana (ere cosmiche che si alternano in lunghi periodi di creazione, mantenimento e dissoluzione) richiamano alla mente il concetto quantistico di *"tempo scoordinato"*. Non esistono un inizio e una fine assoluti, ma un perpetuo divenire, una danza dell'universo.

L'esperimento quantistico di Wheeler e i cicli di Brahma ci illuminano su un punto centrale: il presente, così come il passato e il futuro, è permeato da una fluidità che non possiamo comprendere con i sensi ordinari. Nel Vedanta, questa consapevolezza si chiama "*Kaivalya*", un'esperienza di liberazione in cui cessa la tirannia del tempo lineare. Lo stesso principio potrebbe emergere dai futuri sviluppi della fisica quantistica, quando finalmente sveleremo l'essenza più profonda di questa dimensione.

Mentre la fisica quantistica si basa sull'osservazione scientifica e su complessi calcoli matematici, la filosofia indù percorre un sentiero introspezione e mito. Tuttavia, entrambe condividono una visione cruciale: il tempo non è un'entità solida, ma un'illusione ingannevole.

Possiamo dunque considerare fisica quantistica e filosofia indù come due esploratori dello stesso mistero. Non è affascinante pensare che le intuizioni di antiche scritture indiane – tramandate nei millenni da saggi che meditavano sulle rive del Gange – riecheggino nelle scoperte di laboratori avanzati, dove la luce stessa sembra giocare con la nostra percezione?

Il tempo, alla luce di queste riflessioni, non è più il compagno che scandisce le ore con ticchettii regolari. È un'onda che si piega, un cerchio che si chiude, un'illusione che invita l'essere umano a risvegliarsi a una realtà più profonda.

"Il tempo: non è forse ora di smettere di misurarlo, e
cominciare a osservarlo?",

si chiedeva Feynman. E forse il tempo stesso, nel suo eterno gioco quantistico, ci sta aspettando per una risposta.

Il tempo che non scorre.

Immaginate due particelle. Una particella si trova a Milano, l'altra a Tokyo. Nessuna comunicazione sarebbe possibile secondo le regole ordinarie dello spazio e del tempo. Eppure, le loro proprietà restano misteriosamente connesse. Cambiare qualcosa sulla prima particella modifica istantaneamente la seconda, anche a distanza di migliaia di chilometri. Questo è l'entanglement quantistico, un fenomeno che sfida le intuizioni del senso comune e mette in discussione la nostra comprensione del tempo.

La fisica quantistica, però, non si è fermata qui. Il fenomeno è stato verificato in laboratorio, per la prima volta a partire dagli anni '80, da fisici come John Clauser e Alain Aspect, e continua a essere studiato.

Ma che cosa ci racconta l'entanglement sul tempo o, meglio, sulla sua possibile illusione? E perché alcuni lo accostano ai concetti dell'Induismo?

Secondo l'Induismo, il Brahman è la realtà ultima, il principio assoluto che trascende ogni distinzione di spazio e tempo. Tutta l'esistenza è unita in un'unica matrice fondamentale, di cui l'universo visibile è solo una manifestazione illusoria, detta Maya.

Questa visione, elaborata nei testi delle Upanishad ci invita a superare la percezione superficiale che divide il "prima" dal "dopo", o il "qui" dal "là". A questo punto il parallelo con l'entanglement diventa affascinante: anche in fisica quantistica le particelle entangled sembrano ignorare non solo la distanza ma anche la sequenzialità temporale. È come se operassero in una dimensione sottostante, più profonda, dove queste categorie non esistono.

David Bohm, affascinato tanto dalla scienza quanto dalle grandi tradizioni spirituali, ha tentato di proporre una spiegazione alternativa ai misteri dell'universo quantistico. Bohm parlava di un "ordine implicito", una sorta di realtà "avvolta" che contiene in sé tutte le informazioni del cosmo. Nell'ordine implicito, ogni particella e ogni evento non esistono come entità isolate, ma sono tutte parte di un vasto tutto interconnesso. Bohm paragonava questo ordine implicito a un ologramma: una rappresentazione tridimensionale dove ogni singolo frammento contiene l'immagine completa.

L'idea di Bohm ricorda straordinariamente il concetto vedantico di Brahman. Come l'ologramma di Bohm, il Brahman è al di là della divisione apparente tra gli elementi della realtà. Tutto è uno, e questa unità si manifesta non nel tempo lineare, ma in un eterno presente.

In questa prospettiva, il tempo perde il suo carattere assoluto, diventando una sorta di illusione funzionale, necessaria per la nostra mente limitata, ma non fondamentale nella comprensione ultima della realtà.

Mandala e interconnessione cosmica.

Il concetto dell'interconnessione atemporale ricorre anche nei simboli dell'Induismo. Uno degli esempi più affascinanti è il mandala. I mandala, così centrali nella filosofia orientale, rappresentano l'universo come un'unità perfetta, articolata in cerchi armoniosi che convergono verso un centro. Ogni linea e ogni figura nel mandala rimanda al tutto, suggerendo che ogni punto, in qualche modo, contiene il disegno intero.

Per un fisico quantistico, un mandala potrebbe quasi rappresentare graficamente l'idea di entanglement o di una realtà olografica. Nessun punto è isolato. Tutto è connesso, in modo invisibile ma profondo.

Nell'Induismo, il Brahman non è solo un concetto cosmologico. È anche un'esperienza interiore. L'Atman, definito come il Sé profondo di ogni essere umano, è considerato un'espressione diretta del Brahman. Conoscere l'Atman significa trascendere l'illusione del tempo e dello spazio per percepire una consapevolezza pura, atemporale.

Un'esperienza intuitiva simile ha affascinato anche alcuni fisici come Erwin Schrödinger, uno dei padri della meccanica quantistica. Schrödinger, ammiratore delle Upanishad, scrisse che:

> *"La distinzione tra passato, presente e futuro è solo un'illusione, per quanto persistente".*

In queste parole si intravede l'eco di quella consapevolezza senza tempo che i saggi Vedantici da millenni descrivono come "illuminazione".

Cosa unisce davvero l'entanglement quantistico al Brahman? Entrambi sembrano indicare che la separazione e la sequenzialità non siano che un livello superficiale della realtà. Se la fisica quantistica indaga con gli strumenti della scienza la profonda unità dell'universo, l'Induismo l'ha esplorata per secoli attraverso l'intuizione filosofica e spirituale.

Entrambi ci pongono di fronte a un interrogativo che scuote il nostro modo di vedere il mondo: e se il tempo, che percepiamo come un fiume che scorre, fosse in realtà un'illusione? In questo universo misterioso e interconnesso, forse siamo appena agli inizi di una comprensione che, un giorno, potrebbe riappacificare la scienza con la saggezza antica.

Tempo e Non-Tempo: La filosofia indù e il gatto di Schrödinger.

La fisica quantistica e le filosofie orientali potrebbero sembrare, a prima vista, mondi distanti e incapaci di dialogare. Eppure, il loro avvicinamento consente di esplorare concetti affascinanti sulla natura del tempo. L'indagine inizia con uno dei più celebri esperimenti mentali della fisica moderna: il paradosso del *"Gatto di Schrödinger"*. Questo, messo a confronto con la cosmologia indù descritta nei Veda, ci trasporta in una riflessione sorprendente sul tempo come esperienza simultanea e sulla sovrapposizione di stati temporali.

Nel 1935, il fisico austriaco Erwin Schrödinger presentò l'esperimento teorico del gatto rinchiuso in una scatola. All'interno, una complessa modalità quantistica: un atomo instabile, un contatore Geiger legato a una fiala di veleno, e un sistema che condanna il gatto a una sorte insolita. Fino a che non viene aperta la scatola, il gatto esiste in uno stato di sovrapposizione quantistica: vivo e morto contemporaneamente. È l'osservatore, con il suo atto di osservare, a collassare questi stati sovrapposti in una singola realtà.

In questo scenario inquietante, il tempo assume un ruolo inedito. Prima dell'osservazione, non esiste un "prima" né un "dopo" chiaro e definibile. La dimensione temporale appare fluida, non lineare e spesso inaccessibile alla concezione umana tradizionale. E qui entra in gioco la filosofia indù, dove l'idea di un tempo simultaneo trova antiche radici.

La filosofia indù non percepisce il tempo come una sequenza lineare, bensì come un intreccio di passato, presente e futuro che coesistono nel "*Trikala*". Nei testi vedici, si afferma che l'universo stesso sia regolato da processi ciclici e cosmici, in cui il tempo assume una forma circolare, accessibile in simultaneità.

Un esempio significativo è l'avatar di Vishnu nella sua manifestazione come Narayanan. Narayanan viene descritto come colui che attraversa le epoche senza essere influenzato dal trascorrere del tempo. In questa dimensione divina, il passato non se n'è mai andato, il presente non è mai vincolato a un "adesso" preciso, e il futuro è già racchiuso nelle pieghe dell'eterno.

L'osservatore: il punto focale tra fisica e metafisica.

Il paradosso del Gatto di Schrödinger pone una domanda intrigante: l'osservatore influisce sulla realtà? Ciò che avviene nella scatola, infatti, dipende dall'intervento diretto dell'osservatore umano. Il ruolo dell'osservatore centrale non è solo un tema della fisica quantistica, ma anche un cardine della filosofia indù. Nei testi vedici e nelle Upanishad, il Sé, o "*drashta*", è definito come il testimone supremo. È colui che vede, ma non agisce. È il punto immobile e fuori dal tempo che osserva il mondo, differenziandosi dalla mutevolezza dell'esperienza sensoriale.

Le Upanishad parlano di questo osservatore con una metafora potente: il Sé è il sole che illumina tutto ciò che accade sulla terra. Tuttavia, il sole non partecipa direttamente agli eventi. Allo stesso modo, l'osservatore nel contesto quantistico non entra nella scatola, ma, con il solo atto dell'osservazione, trasforma la realtà in una condizione specifica. Questo ponte tra la filosofia indù e la fisica moderna crea un dialogo straordinario.

Un'immagine potente della simultaneità del tempo, secondo la filosofia induista, è il sacro fiume Gange. Gli indiani credono che immergersi nel Gange oggi sia come partecipare a un atto eternamente presente. Brahma, Vishnu e Shiva, che rappresentano rispettivamente creazione, mantenimento e distruzione, esistono in ogni epoca del cosmo, così come la loro influenza si riflette nel flusso del fiume. Analogamente, nella fisica quantistica, la sovrapposizione degli stati quantistici suggerisce una dinamica equivalente: il presente contiene già tutto il potenziale di ciò che verrà.

La questione del tempo, dunque, unisce mondi apparentemente lontani. La scienza, con la sua matematica precisa e gli esperimenti mentali di Schrödinger, apre porte che le filosofie orientali hanno da tempo contemplato sul piano metafisico. Entrambe indicano una realtà che sfida i limiti della percezione ordinaria.

Come scriveva il fisico e filosofo Fritjof Capra ne "*Il Tao della fisica*":

> "*le concezioni mistiche dell'Oriente e della fisica moderna non appaiono più come universi separati*".

Non sorprende quindi che un esperimento quantistico ideato nel cuore dell'Europa del Novecento riesca a dare nuova voce agli antichi insegnamenti indù.

Nelle questioni fondamentali della realtà, ci troviamo sospesi tra scienza e spiritualità. Schrödinger e Narayanan ci parlano entrambi di un mondo dove il tempo si rivela essere, alla fine, solo un'illusione. Un'illusione che l'osservatore può attraversare con un atto di pura consapevolezza.

Capitolo VI. Un ponte tra fisica e spiritualità.

Pratiche meditative nell'induismo.

L'arte della meditazione nei templi della tradizione indù.

Passeggiare a piedi nudi su un pavimento di granito levigato, sotto un'arcata decorata da intricate sculture, non è solo un'esperienza architettonica. È un atto spirituale. Nei templi sacri dell'India, l'induismo si manifesta in un dialogo silenzioso tra l'uomo, lo spazio e il divino. Questi luoghi non sono solo centri di culto. Essi sono vere e proprie cattedrali del silenzio, costruite per facilitare il *dhyana*, la pratica meditativa profonda.

Tra questi templi, quello di Chidambaram, nel Tamil Nadu, risplende come un faro di significato cosmico. Dedicato a Nataraja, il dio danzatore, Chidambaram non celebra solo un aspetto della divinità. Esso rappresenta la danza eterna della realtà: un movimento che, secondo gli antichi testi indù, riverbera attraverso tutte le cose. È in questa cornice che i devoti si raccolgono in meditazione, cercando di raggiungere il silenzio interiore.

Il tempio di Chidambaram è un esempio di come lo spazio sacro sia progettato per condurre alla trascendenza. Al centro del complesso si trova il *sancta sanctorum*, la camera più interna, dove risiede l'immagine di Nataraja. Tuttavia, c'è qualcosa di insolito: una parte del *sancta sanctorum* è vuota. Questo spazio, noto come *Chidambaram Rahasya*, è un simbolo del Sé supremo, l'Assoluto che non può essere descritto né visto.

L'intero disegno del tempio sembra invitare a un'esperienza meditativa. Le alte colonne che ritmano i cortili evocano il flusso dei pensieri, mentre le statue danzanti richiamano la risonanza del movimento eterno. L'aspetto architettonico non è mai solo decorativo. È uno strumento che guida l'individuo a uno stato di concentrazione. Si crede che perfino il suono dei canti dei devoti e delle campane, amplificato dalle geometrie delle pareti, stimoli specifici aspetti della mente.

La meditazione nei templi indù non implica solo il silenzio fisico. Essa coinvolge spesso il suono, che diviene un portale verso il trascendente. La pratica del *Nada Yoga*, descritta nella Chandogya Upanishad, è una tradizione fondamentale. In questa forma di meditazione, il suono viene utilizzato per entrare in sintonia con il cosmo.

Il Nada Yoga si articola in due principali percorsi sonori: il suono esterno (Ahata Nada) e il suono interno (Anahata Nada). Nel primo caso, i devoti si concentrano sul suono dei mantra, come il celebre "Om", considerato la vibrazione primordiale dell'universo. Nei templi, questo suono viene recitato in gruppo, creando una risonanza collettiva che coinvolge anche i corpi.

Il secondo percorso, più sottile, richiede un silenzio assoluto. Seduti su un pavimento di pietra fredda, immersi nell'ombra delle arcate, i meditanti cercano di ascoltare il suono interiore, l'eco sottile della propria esistenza. Questo suono, secondo la tradizione, risiede nel cuore di ogni essere umano ed è una porta per connettersi con Brahman, l'Assoluto.

Onde sonore e fisica quantistica: un dialogo moderno.

Ma perché il suono è così importante? La fisica moderna ci offre una curiosa analogia. La meccanica quantistica descrive la materia non come solida e immutabile, ma come un insieme di onde vibrazionali. Proprio come nel Nada Yoga, dove tutto è percepito come vibrante energia, la fisica ci insegna che le particelle subatomiche sono caratterizzate da un'onda associata, una "danza" continua nello spazio-tempo.

Si potrebbe dire che la tradizione indù, attraverso i rituali sonori, ha percepito intuitivamente ciò che la scienza ha scoperto solo nei tempi moderni. Nel tempio di Chidambaram, durante le celebrazioni solenni, i mantra e il suono delle campane riempiono gli spazi. Questi suoni, amplificati dalla struttura del tempio, sembrano risuonare con la stessa vibrazione primordiale che la fisica quantistica associa all'universo.

Suman, un anziano devoto che da decenni visita regolarmente Chidambaram, descrive la propria esperienza meditativa con occhi lucidi:

> *"Quando chiudo gli occhi e sento il tamburo ritmico durante la cerimonia, è come se tutto dentro di me iniziasse a danzare. È*

un'energia che non si può spiegare a parole. Il tempio non è
solo un luogo, ma un'esperienza."

Molte descrizioni simili si ritrovano nei diari di viaggiatori occidentali dell'Ottocento, come il britannico Francis Buchanan, che visitò i templi del Tamil Nadu. Buchanan descrisse il silenzio delle notti nei templi, rotto a intervalli dal canto dei brahmini. Anche lui notò il profondo effetto psicologico di quei suoni ripetuti e cadenzati, che parevano portare la mente in un altro luogo.

Il vero scopo della meditazione negli spazi sacri indù non è solo trovare calma. È riscoprire quell'Unità fondamentale che attraversa ogni cosa. La Chandogya Upanishad afferma:

"Tutto questo universo è Brahman. In silenzio, entra nel cuore,
e scopri che sei Uno con esso."

I devoti che si radunano nei templi sacri, dal Kashi Vishwanath a Benares fino al remoto Arunachaleswarar nel Tamil Nadu, sanno che il filo conduttore dell'esperienza meditativa è il viaggio interiore. Che siano nel silenzio o nella vibrazione dei mantra, essi cercano di comprendere quella verità universale, che il tempio stessa incarna: l'esterno riflette l'interno.

Nei templi sacri dell'induismo, dove ogni pietra sembra risuonare di vita, si rivela una profonda saggezza. Il silenzio sacro si intreccia al suono, il visibile all'invisibile, il fisico allo spirituale. Il tempio diviene allora molto più che un luogo. Esso è un ponte tra la mente e il cosmo, dove la meditazione e il Nada Yoga ci ricordano che, in fondo, tutto è vibrazione. Tutto è danza, proprio come l'eterno Nataraja, danzatore cosmico, ci insegna dal cuore del tempio di Chidambaram.

Portare la mente in un silenzio totale.

L'induismo, nei suoi molteplici filoni filosofici e spirituali, ha sempre considerato la meditazione come uno strumento fondamentale per esplorare l'essenza della realtà. Tra queste pratiche, il *dhyana* occupa uno spazio centrale. Non è una semplice tecnica di rilassamento, ma un processo profondo per trascendere i limiti della mente e riconoscere la natura spirituale dell'esistenza.

La parola dhyana deriva dalla radice sanscrita "dhī", che significa "pensare" o "riflettere". Tuttavia, il significato trascende qualsiasi riflessione intellettuale. Il dhyana è l'arte di *"fermarsi"* e portare la mente in un silenzio totale. Come afferma il filosofo indiano del V secolo Patanjali nei suoi Yoga Sutra:

> *"La meditazione è il flusso ininterrotto della coscienza verso un unico oggetto" (Yoga Sutra 3:2).*

Questo "flusso ininterrotto" favorisce la consapevolezza di sé, creando un ponte tra il Sé personale e l'Atman, il Sé universale.

La mente, il silenzio e l'universo.

Il concetto di "silenzio totale" è più complesso di quanto possa sembrare. Nel dhyana, il silenzio non è semplicemente l'assenza di suono o l'evitare il pensiero. È la sottile capacità di sospendere l'attività mentale, di andare oltre la turbolenza della mente e delle emozioni, come un lago immobile che riflette il cielo. Per i maestri indiani, il silenzio mentale conduce a livelli più alti di consapevolezza, avvicinandoci alla visione dell'Atman, il Sé universale.

Un esempio illuminante viene dai testi vedici. Nell'antico Mandukya Upanishad, si afferma che il silenzio è il suono più puro, rappresentato dal quarto stato di coscienza (*turīya*), una fase oltre il sonno, la veglia e il sogno. Questo stato di puro silenzio è il preludio all'unione col divino, una dimensione che ricorda l'impalpabile e misteriosa natura delle particelle quantistiche, che sembrano "esistere" solo quando osservate, ma mantengono un'intrinseca connessione con l'intero universo.

I templi hindu sono progettati con uno scopo preciso: guidare la mente verso il silenzio interiore. Come spiega la tradizione, ogni elemento architettonico ha una funzione simbolica. La collocazione centrale del garbhagriha, il *sancta sanctorum* dove è custodita la divinità, rappresenta l'Atman. Nel cuore di questi spazi, il silenzio regna sovrano. Il suono del mantra, così come il silenzio che segue la sua ripetizione, permettono al praticante di entrare in uno stato meditativo profondo.

Scienza moderna e meditazione: un'inaspettata convergenza.

Interessante è il parallelo tra il silenzio ricercato nel dhyana e i principi della fisica quantistica. Le teorie quantistiche mostrano come la materia, una volta osservata nella sua forma subatomica, sfidi ogni concettualizzazione tradizionale. Le particelle appaiono e scompaiono, manifestando una sorta di *"potenzialità silenziosa"*, come se dal vuoto emergesse il tutto.

Questa concezione si collega profondamente alla visione indù. Il dhyana invita chi pratica a fermare l'attività mentale, entrando nel silenzio che tutto crea e tutto sostiene. E proprio come nelle particelle quantistiche, il vuoto interiore del meditante è ricco di potenzialità. Sotto il silenzio, pulsa la stessa energia universale.

Un esempio moderno è dato dal lavoro del fisico David Bohm, che propose il concetto di ordine implicito. Bohm ipotizzava che la realtà visibile emergesse da uno stato profondo, invisibile, e potenzialmente infinito. Questo "ordine implicito" è molto vicino al concetto di Brahman nell'induismo: la realtà ultima, indescrivibile, che si manifesta nel dinamismo dell'universo. Anche il filosofo Erwin Schrödinger, uno dei padri della fisica quantistica, dichiarò di essere influenzato dall'induismo, parlando di un'unità profonda che collega tutta la realtà.

Per raggiungere questo stato di silenzio mentale, l'induismo propone strumenti specifici. Uno dei più significativi è il Nada Yoga, lo yoga del suono. Attraverso il canto di mantra, come l'Om, si guida la mente a concentrarsi su un unico punto, lasciando gradualmente cadere ogni pensiero. Il suono iniziale diventa un'eco che lentamente si smorza, conducendo chi pratica verso il silenzio più profondo.

Un altro esempio è dato dalla tecnica del Trataka, che consiste nel fissare una fiamma o un'altra forma d'energia visibile. L'attenzione costante aiuta a placare le turbolenze interiori, avvicinando il praticante alla mente senza movimento.

Il silenzio totale, nel dhyana, non è solo un'esperienza personale. È la chiave per comprendere la verità universale, radicata sia nella fisica delle particelle sia nella metafisica delle scritture vediche. In un'epoca in cui la scienza e la spiritualità sembrano lontane, il dhyana ci ricorda che queste due discipline possono incontrarsi nella stessa aspirazione: comprendere un mondo che va oltre i sensi, per arrivare a uno stato di quiete assoluta, in cui l'io si dissolve e resta solo l'essere.

Scopo e significato della meditazione.

Nell'induismo, il dhyana è molto più di una semplice quiete mentale. È un viaggio interiore, un attraversamento del velo dell'illusione (Maya) per scoprire la vera natura della coscienza. È il cuore delle pratiche meditative nella tradizione indiana, una via che conduce alla Moksha, la liberazione definitiva dal Samsara, il ciclo di nascita e morte.

La parola dhyana, tradotta spesso come "meditazione", emerge già nei testi antichi come le Upanishad e trova piena sistematizzazione nello Yoga Sutra di Patanjali. Significa assorbimento o contemplazione senza distrazioni. Non è solo ritiro mentale, ma un graduale spegnersi dell'identificazione con il corpo e la mente.

Secondo la scuola Advaita Vedanta, fondata sugli insegnamenti di Adi Shankaracharya (VIII secolo d.C.), il mondo materiale è illusorio. Maya, l'apparenza della realtà, inganna l'individuo, facendogli credere di essere separato dal Tutto. Il dhyana ha il compito di dissolvere questo errore percettivo. Superata l'illusione, ciò che rimane è il Brahman, l'Assoluto, il Sé infinito che è la vera natura di ognuno.

Un maestro che ha incarnato pienamente il dhyana è stato Ramana Maharshi (1879-1950), una figura fondamentale nel panorama spirituale indiano moderno. Ramana non insegnava tecniche elaborate. Vertice della sua dottrina era il metodo diretto dell'autoindagine. Invitava i suoi discepoli a porsi una domanda apparentemente semplice: *"Chi sono io?"*. Questo interrogativo non è un esercizio mentale, ma un tuffo nel vuoto interiore, uno strumento per liberarsi dalla mente e dai condizionamenti.

L'Arunachala, una montagna sacra nel Tamil Nadu, era per Ramana un simbolo vivente del Sé supremo. Nei pressi dell'Arunachala si trova il Ramana Ashram, un centro spirituale ancora oggi visitato da migliaia di ricercatori da tutto il mondo. Qui, immersi nel silenzio, uomini e donne siedono in contemplazione. Molti raccontano che bastava fissare i suoi occhi per sentire una pace profonda. Lui stesso meditava, immobile, in stati di assorbimento tanto intensi da dimenticare persino il corpo.

Per molte scuole di pensiero indù, il dhyana è il mezzo per "vedere davvero". Maya è come un sogno che ci fa scambiare l'irreale per il reale. Quando la mente si calma, la separazione tra soggetto e oggetto svanisce. Emerge allora l'intuizione che il Sé individuale (Atman) è uno con il Sé universale (Brahman).

Un legame con la fisica quantistica diventa qui interessante. I fisici moderni, come Erwin Schrödinger, furono profondamente influenzati dall'Advaita Vedanta. Schrödinger scrisse:

> *"La molteplicità è solo apparenza. In verità, c'è solo una mente unica".*

Questo principio rievoca con forza l'idea che il dhyana possa condurre a una visione unitaria della realtà, simile al concetto quantistico di "entanglement", dove tutto è connesso.

Il dhyana non è qualcosa di remoto o riservato soltanto ai maestri. La pratica è stata preservata nei templi e negli *ashram* indiani. È viva nelle sedute di meditazione silenziosa nelle grotte di Ellora, negli insegnamenti dei monaci del Monastero di Sringeri o nel respiro attenuato di chi pratica pranayama.

Un celebre aneddoto ci porta a Swami Vivekananda (1863-1902), un altro gigante spirituale dell'India. Durante un intenso stato meditativo, egli descrisse l'esperienza della sua mente come *"una goccia che cade nell'oceano infinito"*. Questa immagine racchiude il dhyana: la perdita dell'individualità per abbracciare ciò che è eterno.

Il dhyana rappresenta una via millenaria che collega le profondità dello spirito con le frontiere della scienza. Non è un caso che teorici moderni trovino un parallelo tra l'idea indiana di Atman e alcune intuizioni della fisica quantistica sulla natura della realtà. La pratica della meditazione, che tocca il corpo, la mente e il Sé, invita a dissolvere ogni apparente divisione.

Seguire il dhyana è come imparare a scivolare nel presente. Chi medita si pone oltre il tempo, oltre lo spazio. Non è un processo teorico, ma un'esperienza personale. Attraverso di essa, l'individuo si riconosce non come un corpo separato, ma come pura coscienza, infinita e senza forma.

Il cammino del dhyana rimane, attraverso i secoli, una via aperta a chiunque abbia il coraggio di guardare dentro sé stesso e affrontare la domanda più grande: "Chi sono io?". E da questa risposta, trovata nel silenzio, si illumina il reale.

I sette chakra: porte di energia e meditazione.

Nella tradizione induista, i sette chakra sono definiti come centri energetici situati lungo la colonna vertebrale, considerati elementi chiave per il risveglio spirituale. Questi punti non sono soltanto simboli mistici, ma rappresentano un ponte tra corpo, mente e coscienza. Attraverso la meditazione e la disciplina yogica, i chakra offrono un percorso verso l'illuminazione e consentono di connettersi con un livello superiore di energia universale.

Il termine "chakra" deriva dal sanscrito e significa "ruota" o "cerchio". Questa immagine suggerisce un movimento continuo di energia. La filosofia induista descrive sette chakra principali: partendo dal Muladhara (alla base della spina dorsale) fino al Sahasrara (sulla sommità della testa). Ogni chakra è associato a specifici colori, elementi naturali, e qualità della personalità. Per esempio, il Muladhara rappresenta la stabilità e la connessione alla Terra, mentre il Sahasrara è il simbolo della trascendenza spirituale.

I testi antichi come i Tantra e le Upanishad descrivono i chakra non solo come elementi spirituali, ma anche come punti in cui converge l'energia vitale, chiamata *prana*. Sono associati a *"Nadi"*, o canali energetici, che trasportano l'energia in tutto il corpo. La loro attivazione è vista come essenziale per raggiungere un equilibrio psicofisico e, in ultima analisi, l'illuminazione.

Meditazione e risveglio dell'energia Kundalini.

Una delle pratiche più comuni legate ai chakra è il Kundalini yoga. Questa disciplina combina tecniche di respirazione, posture fisiche (*asana*), ripetizione di mantra e meditazione per risvegliare l'energia dormiente, conosciuta come kundalini. Questa energia è tradizionalmente rappresentata come un serpente arrotolato alla base della colonna vertebrale, nel chakra Muladhara.

Durante la pratica, l'energia si risveglia e sale lungo il Sushumna Nadi, attraversando ciascun chakra. Man mano che l'energia si sposta verso l'alto, apre "porte" interiori, portando il praticante a sperimentare stati di coscienza superiori. L'obiettivo finale è raggiungere il Sahasrara, il chakra della corona, dove si ottiene l'unione con l'assoluto.

Sri Aurobindo, importante figura della filosofia indiana moderna, descrisse il risveglio della kundalini come un momento cruciale nel processo di trasformazione spirituale. Nei suoi scritti, egli sottolineò l'importanza di integrare le pratiche antiche con una comprensione più ampia della natura umana. Contemplare i chakra, secondo Aurobindo, significa anche esplorare lo sviluppo della coscienza nella sua interezza.

Chakra e fisica quantistica.

La spiegazione tradizionale dei chakra si basa su una comprensione energetica e spirituale del corpo umano. In tempi recenti, alcuni studiosi e praticanti hanno cercato di connettere i principi dei chakra con le scoperte nella fisica quantistica. La base di questa analogia sta nella natura vibrazionale dell'universo.

I chakra possono essere visti come nodi di energia o campi elettromagnetici che interagiscono con l'ambiente circostante. La fisica quantistica, che esplora le particelle subatomiche, evidenzia la connessione tra energia e materia. Questo parallelo suggerisce che i chakra potrebbero non essere solo realtà spirituali, ma anche fenomeni fisici, ancorati a un'intelligenza energetica universale.

Una citazione del fisico Niels Bohr, noto per il suo lavoro sulla teoria quantistica, pone una riflessione interessante:

"L'opposto di una verità profonda può essere un'altra verità profonda".

Questo principio, che invita a considerare realtà apparentemente opposte come complementari, può applicarsi alla relazione tra scienza e spiritualità.

La meditazione sui chakra rappresenta un'antica disciplina capace di rimanere attuale anche nel mondo moderno. Attraverso tecniche come il Kundalini yoga, i praticanti possono non solo raggiungere una maggiore consapevolezza di sé, ma anche comprendere la natura olistica dell'universo.

Luoghi sacri come Varanasi continuano a offrire ispirazione ai cercatori spirituali, mentre insegnamenti di maestri come Sri Aurobindo guidano verso un'integrazione tra tradizione e modernità. Allo stesso tempo, le analogie con la fisica quantistica stimolano un dialogo che potrebbe portare a nuove intuizioni sia sul piano spirituale che scientifico.

Dopo tutto, i chakra ci ricordano che siamo più che semplici corpi fisici. Siamo, in ogni senso, energia in movimento.

Meditare sul Tempo: L'Illusione di Maya e la Realtà Quantistica.

Nelle profondità della filosofia indiana, il tempo non è affatto reale. Le antiche Upanishad, tra i più mistici e poetici testi indù, lo descrivono come *kaala*, un costrutto della mente. Secondo queste scritture, il tempo è un'illusione, una creazione della coscienza stessa.

Questo concetto si fonde con l'idea di Maya, il velo dell'inganno che presenta il mondo come separato e frammentato. Curiosamente, la fisica moderna – in particolare la fisica quantistica – sembra avvicinarsi silenziosamente a visioni simili.

Le meditazioni sul tempo, centrali in molte pratiche induiste, mirano a decostruire questa illusione. Nei campi del *dhyana* (meditazione profonda), gli yogi indagano il tempo non come una sequenza di momenti, ma come una percezione alterabile e soggettiva. Questo stesso paradigma affascina i fisici teorici, che oggi parlano di tempo reversibile o perfino della possibilità che il tempo esista solo in relazione all'osservatore.

Il concetto di tempo nelle Upanishad non è lineare. Nella tradizione vedica, tutto esiste in un eterno presente che la mente, attraverso i suoi limiti, suddivide in passato, presente e futuro. Questo frammento cruciale emerge, tra gli altri, nella Brihadaranyaka Upanishad, dove si afferma:

"Colui che conosce il tempo conosce Brahman".

Brahman, nella visione indù, è l'assoluto, il tutto, che trascende ogni definizione umana. Il tempo, quindi, separa l'individuo dalla verità universale, ancorandolo alla dimensione materiale.

Meditare sul tempo permette di superare questi limiti. Gli yogi tradizionali intraprendono pratiche che li portano al di là delle loro percezioni.

L'esperienza di dissoluzione del tempo è spesso connessa ad uno stato di profonda meditazione. Il pensiero si sottrae ai vincoli della memoria o delle aspettative. Si raggiunge una dimensione che gli indù chiamano *turiya*, il "quarto stato", oltre la veglia, il sogno e il sonno. Questa pratica, antica di millenni, è sorprendentemente riecheggiata dai paradigmi della fisica quantistica contemporanea.

Nella fisica quantistica, la concezione del tempo è tutt'altro che rigida. Le equazioni fondamentali che governano il mondo subatomico sono reversibili. In teoria, ciò significa che il passato e il futuro potrebbero essere intercambiabili. La scienza tradizionale non sa ancora come spiegare questa peculiarità, poiché contraddice la freccia del tempo definita dalla termodinamica (l'entropia). Tuttavia, se il tempo è un costrutto mentale – come suggeriscono le dottrine vediche – questa apparente contraddizione si dissolve.

Il legame tra la mente umana e il flusso del tempo è stato esplorato da fisici come John Wheeler, che introdusse il concetto di *"partecipatory univers"*. Secondo questa visione, l'osservatore collabora alla creazione della realtà fisica. Questa teoria, sebbene complessa, risuona con l'antica intuizione vedica: la coscienza è la base della realtà. Nulla esiste separato dalla mente che osserva.

Anche il fisico David Bohm, noto per la sua teoria dell'"ordine implicito", sottolineò come il tempo potrebbe essere una proiezione in cui l'intero universo si manifesta. Ad un livello più profondo, suggerì Bohm, il tempo e lo spazio si riformano continuamente come immagini olografiche, come un unico "campo unificato". All'interno di questa prospettiva, il tempo perde il suo carattere di assolutezza, proprio come sostiene l'induismo.

In molti ashram dell'India, le pratiche meditative sul tempo si tramandano da secoli. Una delle tecniche più note consiste nel focalizzarsi sul respiro, osservandone il flusso senza identificarlo con i processi mentali. Una volta che la mente si calma, affiorano intuizioni spontanee volte a mostrare l'irrealtà del tempo. Rishikesh, paese sacro ai piedi dell'Himalaya, è un luogo dove tali pratiche vengono coltivate da yogi moderni e ricercatori spirituali internazionali.

Questi esperimenti soggettivi presentano implicazioni anche per le neuroscienze. Studi recenti sui meditatori avanzati dimostrano che la pratica medica può alterare la percezione del tempo, espandendo il momento presente. Le risonanze magnetiche cerebrali rivelano che certe aree del cervello, legate alla misurazione del tempo, si "spengono" durante stati profondi di meditazione. Questo suggerisce che lo stato di coscienza possa intervenire direttamente sul livello esperienziale del tempo.

Pur essendo radicati in tradizioni distanti nel tempo e nello spazio, l'induismo e la fisica quantistica aprono conversazioni affascinanti sul nostro rapporto con il tempo. Entrambe sembrano suggerire che ciò che percepiamo come separato sia in realtà parte di un'unica, vasta realtà interconnessa.

Meditare sul tempo non è quindi solo un'esplorazione spirituale, ma anche una sfida per la scienza moderna. Gli antichi rishi indiani e i fisici quantistici condividono una visione audace: che la chiave per comprendere la realtà sia nascosta nella coscienza e nel superamento dei vincoli temporali. Sta a noi, osservatori e partecipanti, attraversare il ponte tra fisica e spiritualità.

Il respiro dell'universo. Pranayama e la connessione cosmica.

La parola pranayama deriva dal sanscrito: "*prana*" significa energia vitale o soffio universale, mentre "*ayama*" indica espansione o controllo. Nei testi antichi dell'induismo, come le Upanishad e lo Yoga Sutra di Patanjali, il prana è descritto come il soffio che permea tutta l'esistenza. Non è solo aria che entra nei polmoni, ma un'energia sottile che fluisce attraverso ogni essere vivente e lo connette al tutto.

Paramahansa Yogananda, il celebre autore di Autobiografia di uno Yogi, sottolineò questa connessione cosmica. Nei suoi insegnamenti, Yogananda spiegava che il respiro non è solo un'azione fisiologica, ma un portale verso la consapevolezza universale. Egli paragonava il controllo del respiro a un "interruttore" che accende la comprensione del nostro legame profondo con l'assoluto, o Brahman.

L'induismo parla da millenni di un'energia universale che anima tutto. L'idea appare incredibilmente affine alla moderna teoria dei campi nella fisica quantistica. Albert Einstein, con la sua teoria del campo unificato, cercò di dimostrare che tutta la materia e l'energia condividono una radice comune. Sebbene il termine "prana" non compaia nei lavori di Einstein, i paralleli sono affascinanti. Come il prana si diffonde in ogni essere, così nelle teorie moderne le onde quantistiche vibrano e permeano l'universo.

Gli antichi saggi vedici, secoli prima dell'avvento della scienza moderna, avevano già intuito questa interconnessione. Per loro, il respiro controllato era un mezzo per entrare in sintonia con queste vibrazioni cosmiche. Attraverso il pranayama, l'individuo diventa un partecipante attivo nel grande gioco dell'universo, proprio come un osservatore modifica un sistema quantistico nella fisica moderna.

Il pranayama è molto più di una metafora spirituale. Sul piano pratico, la regolazione del respiro disciplina la mente e calma il sistema nervoso. Durante la meditazione, tecniche come *Anulom Vilom* (respirazione alternata) o *Kapalabhati* (la respirazione purificante) stabiliscono un ritmo che armonizza corpo e mente. Questa sincronia permette all'individuo di sperimentare stati profondi di consapevolezza.

Un esempio moderno viene dalla *"Isha Foundation"* di Sadhguru, maestro indiano contemporaneo. Nei suoi programmi di meditazione avanzata, il pranayama è utilizzato per allineare l'energia individuale con quella universale. Sadhguru descrive il respiro come un messaggero:

"Attraverso il respiro possiamo dialogare con l'esistenza stessa".

L'antica saggezza induista sostiene che, attraverso il controllo del respiro, si possa superare la dualità tra sé e il tutto. La filosofia monistica dell'advaita, promossa da Adi Shankaracharya nell'VIII secolo d.C., afferma che l'individuo (Atman) non è distinto dall'assoluto (Brahman). Il pranayama diventa così una pratica per dissolvere le barriere tra il sé individuale e l'universo.

Paramahansa Yogananda raccontava come questa comunione potesse essere sperimentata attraverso la meditazione profonda. Egli spesso citava il suo maestro, Swami Sri Yukteswar, che descriveva il respiro come il *"movimento della porta di ingresso"* verso stati superiori di consapevolezza. Nell'esperienza della meditazione avanzata, il respiro rallenta fino a fermarsi, lasciando il praticante in uno stato di perfetta unità con il cosmo.

Molti studiosi vedono nel pranayama un punto d'incontro tra tradizione e scienza. Da un lato, il respiro rappresenta una funzione biologica che può essere studiata e misurata. Dall'altro, è un simbolo profondo della connessione spirituale tra l'essere umano e l'universo. Questa dualità riflette perfettamente il dialogo tra l'induismo e la fisica quantistica: due prospettive apparentemente distinte che convergono in una comprensione più ampia dell'esistenza.

Nel XXI secolo, la meditazione e il respiro trovano applicazione anche oltre la religione. Tecniche ispirate al pranayama sono integrate nella mindfulness, nella psicoterapia e nelle pratiche antistress in tutto il mondo. Il messaggio rimane lo stesso: quando si calma il respiro, si può percepire l'ordine più profondo delle cose.

Il respiro, invisibile ma onnipresente, è il *"filo tra il visibile e l'invisibile"*, come diceva Yogananda. Attraverso il pranayama, l'induismo ci invita a non essere semplici osservatori dell'universo, ma partecipanti attivi. In un'epoca in cui la scienza si spinge verso la comprensione delle fondamenta quantistiche dell'esistenza, questa antica saggezza sembra più attuale che mai. Il respiro non è più solo un atto necessario per la vita. Diventa la chiave per connettersi con il ritmo eterno del cosmo.

La mente come campo quantico nella tradizione yoga.

Tra le vette simboliche dell'Himalaya e i misteri della meccanica quantistica, emerge un legame che affascina scienziati e filosofi:

l'osservazione. L'induismo, con la sua millenaria tradizione spirituale, offre una prospettiva unica sul ruolo dell'osservatore, concetto che trova eco nella fisica moderna. In entrambe le visioni, l'osservazione non è passiva. È l'atto che genera realtà. Questo parallelismo, che potrebbe sembrare esoterico, si addentra in uno dei territori più profondi della filosofia yogica: il "*purusha*", l'Osservatore Silenzioso.

Nella filosofia yoga, il "*purusha*" rappresenta il principio eterno, immutabile e consapevole. Secondo lo Yoga Sutra di Patanjali, l'esperienza umana si divide tra il purusha e il prakriti, cioè il mondo materiale e mutevole. Il purusha è l'osservatore puro, distaccato e immobile, che guarda senza giudizio il flusso di pensieri, emozioni e sensazioni. La mente, con le sue onde, è come un lago in cui queste esperienze si riflettono. Ma chi è che osserva queste riflessioni? È il purusha.

Attraverso il dhyana, la meditazione profonda, lo yogi impara a identificarsi con questo Osservatore Silenzioso. Raggiungere questa consapevolezza significa andare oltre l'ego e riconoscere che la realtà percepita non è altro che un costrutto. Swami Vivekananda, durante il celebre discorso al Parlamento Mondiale delle Religioni del 1893 a Chicago, spiegò con forza questa idea:

"L'anima non è né il corpo né la mente, è l'eterna testimone.
Tutto il resto cambia, ma l'anima resta".

Praticare il dhyana significa sedersi nel silenzio e guardare i propri pensieri come si osserva il passaggio delle nuvole nel cielo. Questo distacco guida lo yogi a rendersi conto che i pensieri nascono da un "campo" più profondo, un campo di energia pura, proprio come nel mondo subatomico ciò che vediamo emerge da un complesso intreccio di particelle e onde. In questo senso, il purusha potrebbe essere inteso come la "mente quantica" dell'uomo, dove ogni possibile realtà esiste come potenzialità fino a quando non viene osservata.

L'induismo, da millenni, offre un insegnamento che la fisica quantistica sta riconoscendo solo di recente. Nel famoso esperimento della doppia fenditura, la scelta di misurare o meno una particella influenza la sua manifestazione. È il ruolo dell'osservatore a determinare se la particella si comporta come un'onda o come una particella. Una realtà non osservata resta una possibilità. Questo principio è straordinariamente simile alla visione yogica: ciò che si osserva attraverso la coscienza determina la struttura della realtà.

Swami Vivekananda, durante il suo soggiorno negli Stati Uniti, delineò un concetto cruciale:

> *"Tutta la materia è solo una manifestazione secondaria della coscienza".*

Questa affermazione, apparentemente mistica, parla di un universo in cui la materia non esiste nel senso convenzionale. La fisica moderna, con la teoria dei quanti, concorda. Ad esempio, Werner Heisenberg, padre del principio di indeterminazione, osservò a sua volta:

> *"Il mondo è solo una rete di potenzialità che diventa concreta solo tramite l'osservazione".*

Questi parallelismi tra la scienza e la spiritualità non sorprenderebbero un praticante di yoga. L'antica saggezza dei Veda aveva già intuito che la separazione tra osservatore e osservato è un'illusione. Lo spirito umano, secondo i testi antichi, non crea solo la propria realtà; è esso stesso realtà. Durante il dhyana, lo yogi non cerca di cambiare il mondo, ma di conoscere chi realmente osserva.

Interconnessioni tra scienza e meditazione.

La scienza contemporanea sta iniziando a sondare i misteri che le pratiche meditative dell'Induismo affrontano da millenni. In particolare, la fisica quantistica offre oggi nuove prospettive sulla natura della realtà, proponendo visioni che trovano un'eco sorprendente nelle intuizioni spirituali dei saggi indiani.

Per secoli, le tecniche di meditazione come il dhyana e il pranayama hanno indicato un percorso per esplorare la coscienza e l'interconnessione tra individuo e universo. Gli antichi testi vedici, tra cui le Upanishad, affermano che ciò che noi percepiamo come separato è, in realtà, un'unica realtà indivisibile. Questa realtà viene chiamata Brahman, il principio supremo, assoluto e onnipresente, fonte di tutto ciò che esiste.

Nel XX secolo, pionieri della fisica quantistica iniziarono a mettere in discussione i confini tradizionali tra materia e coscienza. Eugene Wigner, fisico e premio Nobel, sottolineò come l'osservatore non fosse una figura neutrale nella misurazione dei fenomeni quantistici. Secondo Wigner, la coscienza umana gioca un ruolo attivo nel determinare il comportamento della realtà fisica. Questa intuizione è sorprendentemente vicina alla visione vedantica, secondo cui la realtà che percepiamo è in parte costruita dalla nostra consapevolezza.

David Bohm, altro grande innovatore della fisica quantistica, propose il concetto di "ordine implicito". Per Bohm, l'universo non è un insieme di elementi separati, ma un tutto indiviso in cui ogni parte è connessa a tutte le altre. Questa visione rispecchia chiaramente la filosofia vedantica, in cui l'universo fenomenico (quello che percepiamo) è solo un'apparenza, come il velo di Maya. Il vero tessuto della realtà è invisibile agli occhi, ma accessibile attraverso la meditazione. Bohm stesso fu influenzato dal dialogo con Jiddu Krishnamurti, un importante filosofo indiano che spesso parlava della necessità di trascendere il pensiero concettuale per esperire l'unità.

La meditazione come "osservatore" della realtà.

Le pratiche meditative indù si basano sull'esperienza diretta della coscienza. Attraverso tecniche come la ripetizione di mantra (japa), il controllo del respiro (pranayama) e la concentrazione (dharana), i praticanti cercano di superare l'illusione del sé individuale. La meditazione porta a sperimentare uno stato di profonda connessione. Il mistico non si sente più separato dal mondo, ma parte di un tutto interconnesso, esattamente come l'onda non è distinta dall'oceano.

Vi sono affinità tra questa esperienza e il concetto quantistico di "entanglement", o intreccio quantistico. Nei laboratori, i fisici hanno dimostrato che due particelle, una volta connesse, rimangono in uno stato di correlazione istantanea, anche se distanti. Questa interconnessione fondamentale, che trascende il tempo e lo spazio, sembra riecheggiare l'intuizione vedica che tutto è uno sotto il velo dell'illusione.

Un esempio emblematico del ponte tra meditazione e scienza lo troviamo nelle esperienze di Nikola Tesla. Tesla, pur non essendo un fisico quantistico, si interessò alle filosofie orientali e meditava regolarmente. Egli dichiarò che molte delle sue invenzioni gli erano "arrivate in visioni", stati di intuizione profonda che potrebbero essere paragonati agli stati meditativi descritti nella tradizione indiana.

La figura di Erwin Schrödinger, celebre fisico e padre della meccanica quantistica, è un altro esempio significativo. Schrödinger fu profondamente influenzato dalle Upanishad. Egli scriveva che il concetto di coscienza universale descritto nei testi vedici si accordava con ciò che stava emergendo nella sua comprensione della fisica. In una delle sue lettere, Schrödinger affermò che la distinzione tra soggetto e oggetto è una barriera illusoria.

L'India offre molti luoghi sacri che mettono in relazione i concetti scientifici e spirituali. Rishikesh, ai piedi dell'Himalaya, è noto come il centro mondiale della meditazione. Qui, tradizioni millenarie continuano a essere praticate accanto a seminari moderni che esplorano il rapporto tra mente e fisica quantistica. Ogni anno, studiosi da tutto il mondo si riuniscono per discutere di scienza e spiritualità, unendo i sutra dei saggi con le equazioni dei fisici.

L'Induismo ha sempre percepito la meditazione come uno strumento per accedere alla verità ultima. La fisica quantistica, con i suoi paradossi e scoperte rivoluzionarie, sta aprendo la porta a una comprensione più profonda dell'universo che ci circonda e di noi stessi. Se il Brahman è l'essenza ultima dell'essere, forse la scienza moderna, proprio come i saggi indiani, sta scoprendo che indagare la realtà esterna significa anche esplorare il regno interiore della coscienza. Un ponte, quello tra fisica e spiritualità, che sembra sempre più saldo e promettente.

Meditazione e neuroscienza quantistica.

La meditazione, un'antica pratica spirituale esplorata in profondità dall'induismo, sta attirando un crescente interesse da parte della scienza moderna. Questo interesse non è casuale: neuroscienziati e fisici quantistici stanno scoprendo connessioni sorprendenti tra gli effetti della meditazione sulla mente e i misteri della realtà descritti dalla fisica quantistica. Ma qual è il legame?

La meditazione: Pausa dalla realtà e viaggio interiore.

La fisica quantistica ha rivoluzionato la comprensione del mondo. Nel celebre esperimento della doppia fenditura, gli scienziati hanno scoperto che le particelle subatomiche si comportano sia come onde che come particelle, ma solo quando osservate. Prima che l'osservazione avvenga, la particella esiste in uno stato di sovrapposizione, un insieme di possibilità.

Questo comportamento sembra analogo allo stato della mente durante la meditazione profonda. Quando il praticante entra in *dhyāna*, il pensiero ordinario si dissolve. La mente cessa di inseguire una realtà definita. Perde i suoi confini abituali e accede a un regno di possibilità fluide e infinite.

Questo legame tra mente e realtà fu esplorato anche nel famoso incontro tra Albert Einstein e Rabindranath Tagore nel 1930. Tagore, poeta e filosofo indiano, sosteneva che la realtà non fosse indipendente dall'osservazione umana. Einstein, sostenitore di un universo "oggettivo", inizialmente era scettico ma rimase colpito dall'argomento di Tagore, che riuniva intuizioni filosofiche e spirituali. I loro dialoghi evidenziavano ciò che oggi appare evidente: i confini tra scienza e spiritualità sono meno definiti di quanto si credesse in passato.

Negli ultimi anni, gli studi sulla meditazione hanno rivelato connessioni sorprendenti con il funzionamento del cervello. Durante la meditazione profonda, l'attività cerebrale si altera significativamente. Gli stati meditativi sono associati a una maggiore coerenza delle onde cerebrali, in particolare nell'intervallo delle onde gamma. Questi stati riflettono una maggiore "connessione" tra le regioni del cervello e sembrano sostenere la percezione di unità con il tutto, descritta da molti meditatori.

Ma dove entra in gioco la fisica quantistica? Alcuni neuroscienziati, come Stuart Hameroff, hanno ipotizzato che i processi cerebrali potrebbero dipendere da fenomeni quantistici. Hameroff, assieme al fisico Roger Penrose, ha proposto il modello della "mente quantistica". Secondo questa teoria, i microtubuli nelle cellule cerebrali potrebbero facilitare un'azione quantistica nella coscienza. Benché controverso, questo modello offre un possibile ponte tra meditazione, fisica quantistica e neuroscienza.

Il mistico indiano Ramana Maharshi (1879-1950), noto per la sua pratica di meditazione silenziosa, descriveva l'esperienza meditativa come l'abbandono del "*piccolo sé*". Ramana insegnava che il silenzio non è vuoto ma pieno di consapevolezza. In una sua riflessione, disse:

> *"Ciò che rimane dopo che la mente si acquieta è la realtà assoluta".*

Questa idea sembra riflettersi nel concetto quantistico del "collasso della funzione d'onda", in cui l'osservazione collassa un ventaglio di possibilità in una singola realtà.

Se la fisica quantistica dimostra che la realtà è plastica e modellata dall'osservazione, l'induismo suggerisce che la mente possa "osservare" una dimensione più profonda attraverso la meditazione. Entrambe le discipline, pur percorrendo strade diverse, aprono un interrogativo universale: chi, o cosa, osserva? Meditazione e fisica sembrano sussurrare la stessa verità, ognuna nel proprio linguaggio.

Forse, come sosteneva Erwin Schrödinger, padre della meccanica quantistica,

> *"La mente non è un prodotto della natura; la mente è la matrice di tutte le cose."*

È in questo mistero che si incontrano filosofia orientale e fisica quantistica, ricordandoci che le frontiere tra scienza e spiritualità sono fatte per essere esplorate.

Il cervello in meditazione: la danza quantistica tra onde e coscienza.

Per secoli, l'induismo ha esplorato la natura della coscienza attraverso gli strumenti della meditazione e dell'introspezione. Oggi, la scienza moderna, con il supporto della fisica quantistica e della neuroscienza, ci consente di indagare come gli stati meditativi possano influenzare il cervello e, potenzialmente, alterare la nostra comprensione di realtà e coscienza.

La meditazione, praticata nella tradizione vedica indiana da migliaia di anni, agisce profondamente sul cervello. Studi di neuroscienza hanno dimostrato che durante la meditazione profonda – come nei *samadhi* descritti negli Yoga Sutra di Patanjali – le onde cerebrali seguono una dinamica unica. Gli esperimenti di Richard Davidson, professore di neuroscienza presso l'Università del Wisconsin, su monaci tibetani addestrati alla meditazione trascendentale, hanno prodotto risultati sorprendenti.

Davidson, nel suo laboratorio, ha registrato un aumento significativo delle onde gamma nel cervello dei monaci. Queste onde, che oscillano a frequenze molto alte, sono associate a stati di consapevolezza espansa, attenzione profonda e plasticità mentale. Lo studio, condotto all'inizio degli anni Duemila, ha dimostrato che tali onde possono sincronizzare diverse regioni cerebrali. Gli stessi monaci hanno riportato sensazioni di unità con l'universo, esperienze che ricordano vagamente i principi di non-località descritti nella fisica quantistica.

In fisica quantistica, il concetto di non-località implica che due particelle, una volta "entangled", possono influenzarsi reciprocamente, indipendentemente dalla distanza che le separa. Questo rispecchia il senso di connessione universale che emerge dalle esperienze meditative. Secondo i monaci intervistati, nella meditazione profonda "non esiste separazione tra sé e l'universo". Una descrizione curiosamente affine a ciò che gli studiosi della meccanica quantistica osservano nel comportamento delle particelle.

Meditazione e decoerenza quantistica.

La meditazione influisce sul cervello anche attraverso un fenomeno chiamato *"coerenza neurale"*. Durante la meditazione profonda, le onde cerebrali si allineano, creando una sorta di armonia o "ordine". Questo concetto ha paralleli nel campo della decoerenza quantistica. Secondo la fisica quantistica, i sistemi quantistici coesistono in stati sovrapposti fino a quando un'interazione non provoca la "decoerenza", ossia il collasso in un unico stato osservabile.

Il neuroscienziato Bruce Alan Wallace, esperto di meditazione buddista e riferimenti spirituali indiani, ha suggerito che la meditazione potrebbe favorire una sorta di coerenza interna della mente, simile al mantenimento di uno stato quantistico efficiente. Quando il cervello meditativo entra in uno stato di ordine, può facilitare una percezione più alta della realtà, forse perfino riducendo le interferenze tra mondo interno e mondo esterno, come se la mente si sincronizzasse con il "campo quantistico" che guida l'universo.

I testi indù, in particolare gli Yoga Sutra, parlano spesso di stati di coscienza non ordinari. Patanjali definisce il dhyana come una concentrazione senza interruzioni sulla natura del Sé o sull'assoluto (*Purusha*). Questo stato, descritto come unione tra soggetto e oggetto, presenta forti parallelismi con la percezione d'interconnessione che emerge dall'entanglement quantistico.

Un esempio di queste esperienze lo troviamo nella vita dei mistici indiani. Ramana Maharshi, uno dei più influenti insegnanti spirituali del XX secolo, raccontava di stati meditativi in cui il sé individuale spariva, lasciandolo "immerso nell'eterno". Questo ricorda ciò che il fisico quantistico David Bohm chiamava "ordine implicato", una realtà nascosta in cui tutto è connesso.

Le scoperte neuroscientifiche di Davidson e altri, unite alle impressionanti analogie con i principi quantistici, stanno costruendo un ponte tra spiritualità e scienza. Nel 2014, il Dalai Lama, durante un dialogo con fisici e neuroscienziati, ha dichiarato:

"La mente ha una capacità illimitata di svilupparsi, proprio come l'universo."

Questo spirito di curiosità riflette il cuore della tradizione vedica, che da secoli indaga l'universo interiore.

La meditazione emerge quindi non solo come pratica spirituale, ma come mezzo per esplorare un territorio complesso, situato al confine tra coscienza e meccanica quantistica. Forse, come suggeriscono i testi sacri indù e gli studi moderni, la mente umana è un microcosmo che riflette i segreti dell'universo stesso.

L'induismo, con la sua antica pratica della meditazione, offre una lente straordinaria per esaminare i misteri della coscienza. La scienza moderna, attraverso gli studi sul cervello e la fisica quantistica, sta cominciando a illuminare come queste pratiche possano influenzare le onde cerebrali e la nostra percezione di realtà. Meditare, in questo senso, non è più solo un atto spirituale. È una danza quantistica tra onde cerebrali, coscienza e universo.

Dal Samadhi alla coscienza quantistica.

La meditazione non è solo un metodo per rilassarsi. Numerosi studi neuroscientifici stanno iniziando a dimostrare che l'attenzione prolungata e concentrata durante la pratica meditativa può produrre cambiamenti significativi nella struttura e nel funzionamento del cervello. Gli studi del neuroscienziato italiano Giuseppe Vitiello, ad esempio, propongono un'ipotesi intrigante: la mente, tramite l'attenzione focalizzata, potrebbe influenzare i campi quantistici che permeano la nostra realtà fisica.

Samadhi (*mettere insieme*", "*unire con*") è un sostantivo sanscrito proprio delle culture religiose buddista e induista. Questo termine definisce l'unione cosmica del meditante con una divinità, o con l'oggetto della meditazione, e la sua conseguente liberazione (Moksha) dai legami terreni.

Vitiello, che ha esplorato le connessioni tra i sistemi cerebrali e i fenomeni quantistici, sostiene che il cervello umano può essere letto come un sistema quantistico aperto. Durante uno stato di intensa concentrazione – come quello che si verifica nel Samadhi – potrebbe crearsi una forma di coerenza tra le reti neurali e l'energia sottile dei campi quantistici, simile a quanto accade nei fenomeni di superconduttività.

Il fisico britannico Roger Penrose ha approfondito questi argomenti, concentrandosi sui microtubuli presenti nelle cellule cerebrali. Questi filamenti microscopici, secondo Penrose e il suo collaboratore Stuart Hameroff, potrebbero agire come circuiti quantistici, capaci di elaborare informazioni non solo a livello classico, ma anche quantistico. In uno stato di meditazione profonda, quindi, i microtubuli potrebbero fungere da ponte tra mente e materia, tra coscienza individuale e realtà cosmica.

Nell'induismo, il Brahman è la realtà assoluta, l'essenza ultima da cui tutto emerge e a cui tutto ritorna. È descritto come eterno, infinito e immanifesto. Questa visione trova sorprendenti somiglianze con il concetto fisico di vuoto quantistico, che non è il "nulla" ma piuttosto un campo pulsante di energia in cui particelle e antiparticelle emergono e si dissolvono continuamente.

Il filosofo indiano Adi Shankaracharya, nell'VIII secolo, definiva il Brahman come:

> *"la realtà unica che permea tutto, oltre l'illusione del molteplice".*

La fisica quantistica moderna, sebbene da un punto di vista completamente diverso, descrive il vuoto quantistico con un linguaggio non così distante. Entrambi i sistemi di pensiero parlano di una dimensione fondamentale, nascosta dietro la molteplicità fenomenica.

In una chiave interpretativa contemporanea, la meditazione – e in particolare il raggiungimento del Samadhi – potrebbe essere vista come uno strumento per "sintonizzarsi" con questa realtà ultima. La mente umana, quindi, non sarebbe solo un osservatore passivo, ma un agente che interagisce con l'universo a livello profondamente creativo e quantistico.

Esempi concreti non mancano. Studi condotti su meditatori esperti, come i monaci tibetani analizzati da équipe di neuroscienziati a partire dagli anni Duemila, hanno mostrato che la meditazione produce stati di coerenza neuronale unica, con onde cerebrali sincronizzate e modelli che sfidano la comprensione neurofisiologica convenzionale. Alcuni ricercatori ipotizzano che questa coerenza potrebbe riflettere un'interazione con livelli di realtà che non sono accessibili in stati ordinari di coscienza.

Vale la pena citare il grande fisico Erwin Schrödinger, che ebbe un profondo interesse per la filosofia indiana. Schrödinger, famoso per il paradosso del suo "gatto", dichiarò:

> *"Vi è indubbiamente un'unica mente universale. La pluralità è solo un'illusione."*

Questo pensiero, che risuona con l'idea induista che l'Atman sia in realtà una manifestazione del Brahman, suggerisce una profonda convergenza tra filosofia orientale e fisica moderna.

Dal Samadhi alla coscienza quantistica, la meditazione si rivela come uno strumento straordinario per esplorare la natura ultima della realtà. La scienza, in particolare la fisica quantistica, inizia a offrire un linguaggio moderno per comprendere fenomeni descritti da millenni nelle tradizioni spirituali. Forse, il vero ponte tra fisica e spiritualità non è un concetto astratto, ma l'esperienza diretta della coscienza stessa. E questa esperienza, come insegnato dalla saggezza millenaria dell'induismo, potrebbe rappresentare la chiave per risvegliare la verità ultima sul nostro posto nell'universo.

Cosa dice la neuroscienza?

Negli ultimi decenni, le neuroscienze hanno offerto nuove prospettive sulla relazione tra meditazione e coscienza. Utilizzando tecnologie avanzate, come la risonanza magnetica funzionale (fMRI) e l'elettroencefalogramma (EEG), gli scienziati hanno iniziato a esplorare come le pratiche meditative influenzino il cervello. I risultati di questi studi non solo evocano parallelismi con principi della fisica quantistica, ma consolidano il legame millenario tra la spiritualità orientale e la scienza moderna.

Un esempio cruciale è lo studio condotto nel 2011 presso la *University of Wisconsin–Madison* dal neuroscienziato Richard Davidson. Davidson, collaboratore di lunga data del Dalai Lama, ha analizzato i cervelli dei monaci buddisti tibetani, noti per le loro pratiche di meditazione intensa. Tramite l'elettroencefalogramma, i ricercatori hanno rilevato un significativo aumento delle onde gamma, un tipo di attività cerebrale associata a processi avanzati come la concentrazione, la percezione superiore e la creatività. Durante la meditazione profonda, l'intensità di queste onde supera di gran lunga i livelli riscontrati nella cosiddetta "mente ordinaria". Secondo Davidson, la pratica meditativa potrebbe permettere agli individui di accedere a stati di consapevolezza che trascendono la normale esperienza quotidiana.

Questi risultati sono rivoluzionari, non solo per le implicazioni che hanno sulle neuroscienze, ma anche per ciò che suggeriscono sul concetto di mente. L'intensificazione delle onde gamma evidenzierebbe una plasticità cerebrale finora sottovalutata. La meditazione, secondo questi studi, non è semplicemente un'arte della mente, ma un vero e proprio strumento per rimodellare il cervello.

Il lavoro di Richard Davidson trova risonanza in teorie avanzate di fisica quantistica. Il fisico ungherese Eugene Wigner, premio Nobel nel 1963, ha teorizzato che la coscienza sia fondamentale per il collasso della funzione d'onda quantistica. In termini semplici, Wigner suggeriva che la realtà fisica dipenda dall'osservatore. Senza coscienza, la realtà resterebbe in uno stato di potenzialità. Questo punto di vista si collega al ruolo della meditazione. Se lo stato della coscienza influisce sull'osservazione, e quindi sulla realtà, allora una mente allenata in stati meditativi superiori potrebbe esercitare un impatto diretto sulla struttura della realtà stessa.

Un esempio significativo di queste idee si trova nella tradizione spirituale dell'Advaita Vedānta dell'induismo. Qui si insegna che la realtà ultima (Brahman) è osservata attraverso un'interazione cosciente con il sé individuale (Atman). L'intuizione descritta da questa filosofia – ovvero che l'osservatore e l'osservato sono profondamente interconnessi – ha delle analogie sorprendenti con i principi della fisica quantistica, che studia l'interazione delle particelle subatomiche e dell'osservatore.

Tornando al lavoro neuroscientifico, vale la pena menzionare studi condotti alla Harvard Medical School. Nel 2012, i ricercatori hanno scoperto che otto settimane di pratica meditativa quotidiana modificano fisicamente la struttura del cervello. Hanno osservato un aumento della densità della materia grigia nelle aree legate alla memoria, all'apprendimento e alla gestione delle emozioni. Questo porta a una riflessione profonda: la pratica meditativa influenza non solo l'esperienza soggettiva, ma anche il substrato biologico del cervello.

Un parallelo affascinante a ciò si trova negli antichi testi vedici. Gli insegnamenti descrivono la meditazione come uno strumento per "purificare" la mente e risvegliare il potenziale latente della coscienza. Nell'antica India, i praticanti erano convinti che il controllo del pensiero e della respirazione potesse trasformare sia il corpo che la mente. Le scoperte neuroscientifiche moderne sembrano validare queste intuizioni millenarie.

La meditazione rappresenta quel ponte ideale tra la ricerca scientifica e la spiritualità orientale. Non solo ci rivela le straordinarie capacità del cervello, ma ci invita a esplorare il ruolo della coscienza nella costruzione della realtà. Come sosteneva il fisico Niels Bohr,

> *"Quando si parla di atomi, il linguaggio può essere usato solo come poesia"*.

Questo vale anche per il dialogo tra la scienza e le pratiche spirituali: due campi che si incontrano per spiegare l'inspiegabile. Meditare, forse, è il linguaggio poetico che collega mente, universo e realtà.

Quando l'atomo incontra l'anima: meditazione, neuroplasticità e potenziale quantistico.

Le filosofie orientali, e in particolare l'Induismo, si sono da sempre occupate della connessione tra la mente, il corpo e ciò che si trova oltre: l'infinito. La meditazione, al centro della pratica spirituale indù, rappresenta una via per trascendere i limiti materiali e raggiungere uno stato di consapevolezza superiore. Oggi, grazie alla scienza moderna, possiamo comprendere meglio i meccanismi attraverso cui questo accade. Studi neuroscientifici e teorie quantistiche gettano nuova luce su intuizioni antiche, suggerendo che pratiche meditative possano non solo cambiare il cervello, ma anche modificare il nostro modo di percepire la realtà.

La concentrazione è il cuore della meditazione (Dhyana). Nella Bhagavad Gita, uno dei testi fondamentali dell'Induismo, Krishna insegna ad Arjuna che la mente di chi medita con costanza è *"come una fiamma che non vacilla"*. Questo stato di concentrazione è molto più di un semplice esercizio mentale. Secondo la neuroscienza moderna, la meditazione può modificare fisicamente il cervello attraverso un processo noto come neuroplasticità.

Una delle principali ricercatrici in questo campo è Sara Lazar, psicologa di Harvard. Negli anni Duemila, Lazar ha condotto diversi studi che documentano come la pratica meditativa, in particolare la meditazione basata sulla consapevolezza, aumenti la densità della materia grigia in aree del cervello responsabili della memoria, dell'empatia e della regolazione emotiva. Uno dei suoi studi più celebri, pubblicato nel 2011, ha dimostrato che otto settimane di meditazione quotidiana possono portare a cambiamenti strutturali significativi.

Questo fenomeno dimostra che il cervello umano non è rigido, ma può essere plasmato con la pratica. Attraverso la meditazione, le connessioni neurali si rafforzano, migliorando la capacità di attenzione e, spesso, modificando il modo in cui percepiamo i nostri limiti emotivi e fisici. L'Induismo ha da sempre sottolineato questa possibilità di *"auto-trascendimento"*: Dhyana non è solo una pratica, ma una trasformazione.

L'intuizione che la consapevolezza sia qualcosa di più radicato rispetto alla singola esperienza individuale apre la strada alla fisica quantistica. Negli ultimi decenni, alcuni scienziati hanno ipotizzato che il cervello umano possa essere il teatro di fenomeni quantistici. Tra questi, il fisico britannico Roger Penrose, premio Nobel nel 2020, e il medico Stuart Hameroff hanno proposto la teoria della neurodinamica quantistica. Questa teoria suggerisce che la coscienza umana possa dipendere da processi quantistici che avvengono nei microtubuli delle cellule cerebrali.

A differenza dei fenomeni macroscopici osservati nel mondo classico, il regno quantistico è governato da incertezze, superposizioni e correlazioni non locali. Questa visione apre la strada a un'idea affascinante. Se esistono meccanismi quantistici nel cervello, queste dinamiche potrebbero spiegare non solo la coerenza dell'esperienza cosciente, ma anche la possibilità del libero arbitrio. Molti scienziati concordano sul fatto che la coscienza sia un fenomeno troppo complesso per essere spiegato linearmente attraverso la sola neurochimica.

Secondo alcuni filosofi spirituali moderni, questo potrebbe collegarsi al concetto indù di Atman, l'anima individuale che è parte di un tutto più grande. Proprio come nel regno quantistico le particelle non possono essere intese separatamente dal loro contesto energetico, allo stesso modo l'anima, secondo le vedute vediche, non può essere separata dall'universo (Brahman).

La capacità di trasformare il cervello attraverso la meditazione è una dimostrazione moderna di ciò che le antiche filosofie indù avevano inteso con il termine di "risveglio". Attraverso la pratica, secondo la tradizione, è possibile raggiungere stati di coscienza in cui i limiti dello spazio e del tempo si dissolvono. Questo ricorda alcune teorie quantistiche che vedono la realtà come un'interconnessione fluida, dove l'osservatore gioca un ruolo fondamentale nel determinare ciò che viene percepito.

Il ponte tra fisica e spiritualità trova qui un punto di contatto. La fisica quantistica ci insegna che il mondo non è fatto di oggetti separati, ma di energie legate da relazioni profonde e invisibili. L'Induismo, attraverso Dhyana, ci invita a rimuovere le barriere mentali che ci impediscono di riconoscere la nostra unità con il tutto.

Meditazione e fisica quantistica sembrano percorrere strade parallele verso lo stesso obiettivo: la riscoperta dell'infinito. La prima insegna a trascendere i limiti interni attraverso la consapevolezza e la disciplina. La seconda ci mostra che ciò che appare finito e separato è, in realtà, interconnesso e senza limiti.

Le parole di Maharishi Mahesh Yogi, padre della Meditazione Trascendentale, sembrano anticipare questa connessione:

"La meditazione ti porta nel regno dell'infinito: ciò che è sempre stato, sempre sarà, ed è qui ora".

Un messaggio che, secondo molti, riecheggia nei misteri della fisica moderna, dove l'atomo incontra l'anima.

Meditazione e tempo. "Il tempo smette di esistere".

Molti praticanti di meditazione, sia moderni che antichi, descrivono una sensazione profonda e misteriosa: il tempo sembra dissolversi. Secondi, minuti, ore perdono ogni significato. Questa esperienza non è solo un'idea soggettiva, ma è profondamente radicata nelle tradizioni spirituali dell'India e trova oggi interessanti parallelismi nella fisica quantistica.

Nel sistema filosofico dello Yoga, descritto negli antichi Yoga Sutra di Patanjali, lo stato di samadhi rappresenta l'apice della pratica meditativa. In questo stato, il confine tra l'individuo e il resto dell'universo svanisce. Non esiste più il "prima" o il "dopo". La mente accede a una dimensione che trascende il tempo lineare. Nel samadhi, il passato e il futuro diventano irrilevanti, perché tutto è percepito come eternamente presente.

Questa esperienza della meditazione sembra avere un interessante corrispettivo in un concetto chiave della fisica quantistica: la non-località. Nella meccanica quantistica, due particelle che si sono intrecciate possono rimanere connesse istantaneamente, indipendentemente dalla distanza. Questo fenomeno, chiamato entanglement quantistico, suggerisce che la separazione spaziale e temporale, così centrale nella nostra vita quotidiana, possa non essere una proprietà fondamentale della realtà.

Il fisico David Bohm sviluppò ulteriormente questa idea. Bohm propose il concetto di "ordine implicito", un quadro in cui il tempo e lo spazio non sono entità assolute, ma emergono da una realtà più profonda e indivisa. In questa visione, ciò che percepiamo come separazione temporale è solo un'illusione della nostra mente. Nel livello più profondo della realtà – come nell'esperienza del samadhi – tutto è intrinsecamente connesso.

L'espansione della coscienza nel samadhi è descritta con lirismo nei testi vedici. Nel Kaivalya Upanishad, un antico testo filosofico indiano, si legge:

"Quando la mente si dissolve nella pace, il tempo svanisce. Il Sé supremo è tutto ciò che rimane".

Questa descrizione sembra risuonare con la nozione di un ordine implicito, in cui ogni frammento dell'universo è interconnesso.

Praticanti moderni di meditazione riportano esperienze simili, confermando quanto queste intuizioni trascendano i confini tra cultura e tempo. Il maestro indiano Ramana Maharshi, attivo nel XX secolo, spiegava che il Sé, una volta realizzato, non percepisce il tempo come frammentato. Per lui, il passato e il futuro si condensavano in un "eterno presente". Queste parole sembrano anticipare i parallelismi che oggi emergono dalla scienza.

Anche nella pratica contemporanea, persone di culture diverse vivono esperienze simili. Chade-Meng Tan, un ingegnere di Google e autore di libri sulla meditazione applicata, racconta come una pratica profonda gli abbia permesso di *"percepire il mondo oltre il pensiero del tempo"*. Questi racconti personali rivelano quanto il tema sia universale, capace di unire il passato mistico indiano e il presente tecnologico occidentale.

Le neuroscienze moderne stanno iniziando a indagare come la meditazione possa cambiare la percezione del tempo. Studi condotti con scansioni cerebrali mostrano che, durante stati profondi di meditazione, l'attività nella corteccia parietale – la regione del cervello responsabile della consapevolezza spaziale e temporale – si riduce. Questo potrebbe spiegare perché molti meditanti riportano la sensazione di non essere più vincolati dal tempo.

Il neurobiologo Francisco Varela, noto per il suo lavoro sull'intersezione tra scienza e buddismo, ipotizzava che la mente in meditazione acceda a una visione "atemporale". Per Varela, la meditazione è una forma di esplorazione interna del tempo, paragonabile, a livello esperienziale, alle sfide teoriche affrontate dalla fisica quantistica. Così come le equazioni quantistiche mettono in discussione l'idea di un tempo lineare, così la meditazione scardina questa concezione a livello soggettivo.

La dissoluzione del tempo non è un concetto estraneo alle filosofie occidentali. Sant'Agostino, nel suo celebre testo *"Confessioni"*, scriveva:

"Non esiste un passato, se non come ricordo, né un futuro, se non come aspettativa. Solo il presente è reale".

Questa intuizione filosofica trova parallelismi sorprendenti con le descrizioni del samadhi: il tempo come costruzione mentale più che come realtà oggettiva.

Tuttavia, è nella cultura hindu che si trovano le descrizioni più ricche e articolate del tempo come illusione, o Maya. Nella Bhagavad Gita, Krishna spiega ad Arjuna che il mondo percepito dall'uomo comune è un'illusione, mentre la realtà ultima è atemporale e immutabile. Questo tema è esplorato anche nei concetti cosmologici indiani, con il Kalachakra, o "ruota del tempo", che rappresenta l'eterno ritorno ciclico contrapposto all'assoluto.

Il ponte tra fisica e spiritualità si regge su intuizioni comuni che restano straordinariamente rilevanti. I saggi orientali descrivevano stati di coscienza che sembrano risuonare con i fenomeni esplorati dalla fisica moderna, come la non-località o l'implicitezza. La meditazione, con la sua capacità di far percepire l'eternità nell'istante presente, ci invita a riconsiderare il nostro rapporto con il tempo. In questo incontro tra antiche tradizioni e nuove scoperte scientifiche, emerge una verità universale: il tempo, come noi lo percepiamo, potrebbe essere solo una porta verso una realtà più profonda.

L'illusione del tempo: neurobiologia della meditazione e teoria quantistica.

Gli antichi testi vedici indù, come il Rig Veda e la Bhagavad Gita, ci invitano a riflettere su un concetto rivoluzionario: il tempo non è reale. È un'illusione, parte della trama ingannevole chiamata Maya. Per secoli, il pensiero occidentale ha trattato il tempo come una linea retta, un susseguirsi di istanti che scorrono in modo uniforme. Ma oggi, la fisica quantistica e la neuroscienza stanno cominciando a convergere verso una visione che richiama sorprendentemente l'antico insegnamento vedico. Il tempo, così come lo percepiamo, potrebbe essere un costrutto della mente.

La meditazione, in particolare, offre uno strumento per esplorare e persino trascendere la percezione del tempo. Il neuroscienziato Judson Brewer, dell'Università di Harvard, ha studiato per anni il cervello di esperti meditatori come monaci buddhisti e yogi. Attraverso la risonanza magnetica, Brewer ha osservato un'attività ridotta nella "*default mode network*" (DMN), una rete neurale legata all'auto-referenza e alla percezione del sé. Quando questa rete si "spegne" durante la meditazione, i confini tra passato, presente e futuro sembrano dissolversi.

È attraverso questo "spegnimento", o rallentamento della DMN, che i meditatori descrivono sensazioni di atemporalità. Per esempio, Matthieu Ricard, noto monaco buddhista e scienziato, ha spesso raccontato come lunghe sessioni di meditazione possano far percepire ore come minuti. Questo fenomeno neurobiologico non è un semplice effetto soggettivo. È una porta aperta verso un modo più profondo di esperire la realtà.

Se guardiamo alla fisica quantistica, troviamo sorprendenti parallelismi. Il fisico teorico Carlo Rovelli, nel suo libro *"L'ordine del tempo"*, ha spiegato che il tempo, come lo concepiamo, non esiste. La relatività generale di Einstein mostra già come il tempo sia un evento relativo, influenzato dalla gravità e dalla velocità. Rovelli va oltre: nella scala quantistica, il tempo si dissolve completamente, esiste solo come relazione tra eventi.

Questa idea fisica rispecchia la visione vedica del tempo come un costrutto della mente, non un'entità obiettiva. Gli antichi rishi indiani affermavano che il tempo non è altro che una danza di Maya, e che il vero scopo dell'esistenza è andare oltre questa illusione. Analogamente, Rovelli suggerisce che le nostre percezioni sono parziali, limitate da come il nostro cervello costruisce la realtà.

La mente umana gioca un ruolo centrale nella creazione del tempo. Gli studi neuroscientifici indicano che la percezione temporale è in gran parte legata alla nostra attenzione. Quando meditiamo, smettiamo di suddividere la realtà in frammenti temporali e accediamo a un'esperienza più olistica, in cui passato e futuro si fondono in un eterno presente.

Gli yogi indiani parlano di *samadhi*, lo stato più alto di meditazione, come di un'esperienza in cui svaniscono le barriere tra il sé e ciò che lo circonda, incluse quelle temporali. Questo stato profondo di consapevolezza coincide, secondo alcuni studiosi spirituali, con le intuizioni raccolte dalla fisica quantistica. Per esempio, il celebre fisico David Bohm vedeva nella coscienza un elemento fondamentale per comprendere la realtà quantistica.

È affascinante vedere come culture distanti nel tempo e nello spazio giungano a intuizioni simili. L'India, terra di meditazione e profondità filosofica, fornisce lezioni che risuonano oggi nella scienza moderna. Da un lato, il Mahabharata e i Purana descrivono il tempo come ciclico, e non lineare, anticipando in modo sorprendente concetti della fisica moderna. Dall'altro, la ricerca neuroscientifica moderna sta svelando come pratiche spirituali millenarie, come la meditazione, modificano profondamente la biologia e la percezione umana.

Luoghi, come l'antico monastero di Rishikesh sulle rive del Gange, o Kuśināgara, dove il Buddha raggiunse il *parinirvana*, ci ricordano che questa saggezza è nata in contesti reali e specifici. Oggi, laboratori di neuroscienze negli Stati Uniti e in Europa esplorano empiricamente uno scopo simile: liberare la mente da costrutti ingannevoli.

Meditazione e fisica quantistica sembrano perseguire un intento comune. Entrambe cercano di spogliare il tempo della sua illusoria linearità. La scienza, con i suoi rigorosi metodi sperimentali, e la spiritualità, con la sua introspezione profonda, possono apparire distanti. Tuttavia, dialogano, s'incontrano. La meditazione aiuta a sperimentare direttamente ciò che la fisica moderna propone: la temporalità come risultato della mente in azione.

In questo modo, antichi maestri spirituali e moderni fisici teorici lavorano inconsapevolmente insieme su una stessa domanda. Cos'è il tempo? È reale o un costrutto? Le risposte non sono ancora definitive, ma la strada tracciata è chiara. Meditare significa esplorare l'infinito, proprio come un viaggio quantistico: affrontare il mistero del tempo e riscoprire l'eterno presente.

Un mondo che cambia con la mente: esperimenti e implicazioni.

Un esperimento particolarmente famoso lega il mondo quantistico alla coscienza. Il "*Double-Slit Experiment*", ripetuto più volte dal XX secolo a oggi, ha mostrato che la luce può comportarsi sia come onda sia come particella, a seconda della presenza di un osservatore. Questo esperimento, secondo molti teorici, implica che la coscienza – o almeno l'osservazione – gioca un ruolo fondamentale nel definire gli stati della realtà.

Può dunque la meditazione, che altera profondamente lo stato mentale, influenzare il modo in cui percepiamo (o anche plasmiamo) la realtà? Secondo Amit Goswami, fisico quantistico e autore del celebre libro "*The Self-Aware Universe*", la risposta è sì. Goswami sostiene che, attraverso il potenziamento della coscienza raggiunto con la meditazione, possiamo accedere a livelli più profondi della realtà.

Uno degli esperimenti più curiosi che mira a dimostrare questa ipotesi è stato condotto negli anni '90 presso il *Princeton Engineering Anomalies Research* (PEAR). I partecipanti, durante stati di intensa concentrazione o meditazione, cercavano di influenzare il comportamento casuale di macchine dette *Random Event Generators* (*Generatori di Eventi Casuali*). I risultati suggerirono variazioni significative nei dati, come se la mente potesse "*ordinare il caos*" attraverso la sola intenzione. Questo tipo di ricerche rimane controverso, ma per i sostenitori dimostra che la coscienza può interagire con la realtà fisica.

La connessione mente-materia esplorata dalla fisica quantistica ha un'eco profonda nei testi sacri dell'induismo, in particolare nei Veda e nelle Upanishad. In queste scritture, il concetto del Brahman – la realtà assoluta e indivisibile – è intimamente connesso con il concetto dell'Atman, il sé individuale. Secondo questi antichi insegnamenti, l'universo esterno non è altro che un riflesso della coscienza interiore. Questa visione, per quanto filosofica, fonde sorprendentemente bene con l'ipotesi moderna che l'osservazione, e non semplicemente la materia, sia ciò che dà forma alla realtà.

Un esempio culturale evocativo si trova nel poema sanscrito della Mandukya Upanishad, che descrive l'universo come un immenso stato onirico. Qui, il mondo tangibile è paragonato a un sogno creato dalla mente. Analogamente, il fisico John Wheeler, uno dei più grandi esploratori del mondo quantistico, ha descritto l'universo come un "partecipatory universe," un universo partecipativo, in cui la coscienza gioca un ruolo centrale nel plasmare ciò che percepiamo.

Queste convergenze tra fisica quantistica e meditazione non rispondono ancora alla domanda centrale: la mente crea il mondo, o lo interpreta soltanto? Tuttavia, le stesse convergenze suggeriscono una rivoluzione concettuale che potrebbe cambiare profondamente il modo di intendere il nostro rapporto con la realtà..

Questa nuova alleanza tra fisica e spiritualità solleva molte domande. Se la coscienza influisce sulla realtà, le pratiche meditative possono diventare strumenti concreti per affrontare il malessere psicologico e persino alcune malattie? Gli scienziati stanno iniziando a costruire ponti tra la meccanica quantistica e la ricerca spirituale, ma il cammino è ancora lungo.

Ad oggi, i modelli di studio che uniscono meditazione e scienza quantistica dimostrano che il mondo, in fondo, è più flessibile e meno determinato di quanto pensassimo. Forse il grande cambiamento non sta solo nel comprendere la materia, ma anche nel riconoscere che attraverso la consapevolezza la realtà diventa, come diceva lo stesso Goswami, un'opportunità creativa.

In questa visione, l'antico e il moderno si incontrano. L'induismo e la fisica quantistica parlano, in modi diversi, ma ugualmente potenti, dell'immenso potenziale della coscienza umana.

La meditazione e la scienza del futuro.

L'India, patria di antiche tradizioni spirituali e meditazione, sta diventando un fulcro nel dialogo tra scienza moderna e filosofia orientale. In particolare, la meditazione, una pratica millenaria profondamente radicata nell'Induismo, sta emergendo come un elemento chiave nella ricerca scientifica sulle neuroscienze e sulla fisica quantistica. Questo ponte tra spiritualità e razionalità moderna sta aprendo nuovi percorsi per comprendere la coscienza umana e le leggi fondamentali del cosmo.

Gli istituti di ricerca in India giocano un ruolo fondamentale in questa evoluzione. L'*Indian Institute of Science di Bangalore*, uno dei centri più prestigiosi del paese, è al cuore di studi innovativi che cercano di unire i modelli neuroscientifici occidentali con la saggezza della meditazione orientale. Gli scienziati indiani stanno indagando come le pratiche contemplative, come la meditazione, possano influenzare la struttura e la funzione del cervello umano. A tal proposito, le ricerche suggeriscono che la meditazione possa avere impatti misurabili sulle onde cerebrali, favorendo la neuroplasticità e l'attivazione di reti neuronali spesso associate a stati di profonda attenzione e introspezione.

Un protagonista di questo dibattito è il fisico quantistico indiano Subhash Kak, noto per i suoi studi sul modello vedico della coscienza. Secondo Kak, i Veda offrono una visione della realtà che potrebbe spiegare fenomeni ancora inspiegati nella fisica moderna. Egli sostiene che, mentre la scienza contemporanea esplora le particelle subatomiche e i campi quantistici, il pensiero vedico considera la coscienza un principio fondamentale del cosmo, qualcosa che non è solo soggettivo, ma anche intrinseco alla realtà stessa.

Kak spiega che molte teorie della fisica quantistica, come quella del collasso della funzione d'onda, sollevano domande sul ruolo che la coscienza gioca nel determinare la realtà. Una domanda che trova eco nell'antica filosofia indiana. Nei Veda, il concetto di "Chitshakti" (*la forza della coscienza*) suggerisce che l'universo sia il risultato di un atto consapevole. Questa idea potrebbe fornire una nuova prospettiva per comprendere le dimensioni non-locali del mondo quantistico, come l'entanglement tra particelle.

Un esempio interessante che unisce meditazione e scienza arriva dalle ricerche condotte su yogi e monaci indiani. Negli ultimi anni, studi neuroscientifici hanno utilizzato tecniche come la risonanza magnetica per osservare le menti di individui che meditano da decenni. Uno studio famoso, condotto a Dharamshala nel nord dell'India, ha rilevato che meditatori esperti presentano una maggiore coerenza nelle onde cerebrali gamma. Questo suggerisce che la meditazione prolungata può portare vantaggi non solo a livello spirituale, ma anche a livello cognitivo e neurologico.

Tuttavia, non si tratta solo di scoperte scientifiche. L'elemento culturale e spirituale della meditazione rimane centrale. In India, luoghi come Varanasi e Rishikesh continuano ad attrarre studiosi, mistici e scienziati da tutto il mondo. Questi luoghi sacri fungono da punti di incontro tra la modernità della scienza e l'antichità della spiritualità. A Varanasi, ad esempio, le *ghats* sul fiume Gange non sono solo spazi di devozione religiosa, ma anche simboli di una filosofia olistica che vede il corpo, la mente e il cosmo come un tutt'uno.

La meditazione sta anche influenzando la medicina moderna. Pratiche come il pranayama, un sistema di respirazione yogico antichissimo, sono oggetto di studio per il loro impatto sul sistema nervoso autonomo. Si è scoperto che tecniche come il respiro consapevole possono ridurre i livelli di cortisolo nel sangue, diminuendo così lo stress – una delle principali cause di malattie nella società contemporanea. Questo evidenzia come le antiche tecniche meditative abbiano il potenziale di integrare i modelli moderni di cura del corpo e della mente.

Infine, il dialogo tra meditazione e neuroscienza quantistica ha anche un lato filosofico profondo. Se la fisica quantistica ci ha insegnato che la realtà è molto diversa da come appare (con concetti come il multiverso o la sovrapposizione quantistica), la meditazione ci invita a esplorare questa "realtà invisibile" dentro di noi. In entrambi i casi, c'è una ricerca di qualcosa che trascende i sensi, una verità più grande che unisce la materia e la mente.

In futuro, l'India potrebbe diventare ancora più centrale in questo dialogo. Con una tradizione millenaria di pratiche spirituali e centri di ricerca d'eccellenza, il paese rappresenta un laboratorio naturale per unire fisica, neuroscienza e meditazione. Come sosteneva lo stesso Subhash Kak:

"Per comprendere l'universo bisogna prima comprendere la mente, perché la mente è entrambi: il mezzo e il risultato".

La scienza del futuro, forse, non sarà solo una questione di formule e teorie. Sarà anche una questione di silenzio, introspezione e consapevolezza, unendo il meglio della saggezza antica con la luce della conoscenza moderna.

Esempi pratici e un invito alla riflessione.

Nell'era moderna, la scienza e la spiritualità sembrano dialogare sempre di più. Due mondi apparentemente distanti, come l'induismo classico e la fisica quantistica, stanno trovando sorprendenti punti di contatto attraverso uno strumento millenario: la meditazione. Questo ponte di connessione svela una nuova visione dell'uomo e dell'universo, capace di ispirare sia studiosi sia praticanti spirituali.

L'induismo offre da millenni un approccio unico alla comprensione della realtà. Secondo questa tradizione, la meditazione è la chiave per accedere alle dimensioni più profonde dell'esistenza. Un esempio straordinario ci viene offerto da Paramahansa Yogananda nel suo celebre *"Autobiografia di uno yogi"*. Nel libro, Yogananda racconta esperienze che sfidano le leggi dello spazio e del tempo. Attraverso la meditazione, egli descrive stati di coscienza in cui l'universo appare come un'unità interconnessa.

Steve Jobs, celebre fondatore di Apple, era profondamente ispirato da questo libro. Una copia di *"Autobiografia di uno yogi"* era l'unico libro che Jobs portava ovunque, regalandolo persino agli amici più intimi. Jobs descriveva questa lettura come una finestra sulla natura della realtà, evidenziando come la meditazione non fosse solo una pratica spirituale, ma anche una metodologia per sviluppare intuizioni che potevano trasformare il modo di pensare.

La meditazione, secondo Yogananda, consente di esplorare non solo la profondità della mente, ma di connettersi con il "campo unificato" che tutto pervade, un concetto che ha affinità con il linguaggio della fisica quantistica. La fisica parla, infatti, di interconnessioni a livello subatomico, dove i confini tra spazio, tempo e materia sembrano svanire. Gli stati di coscienza meditativa potrebbero rispecchiare queste realtà, suggerendo una profonda armonia tra la scienza e l'esperienza personale.

Negli ultimi anni, la neuroscienza ha iniziato a investigare le straordinarie capacità del cervello durante la meditazione. Studi condotti *dall'Università della California a Los Angeles* (UCLA) hanno dimostrato che la meditazione può alterare le onde cerebrali, stimolando uno stato di coerenza tra le diverse aree del cervello. In questo stato, noto come sincronia cerebrale, il cervello sembra agire come un tutt'uno integrato.

La meditazione, in termini neuroscientifici, attiva la corteccia prefrontale e il talamo, migliorando concentrazione e gestione delle emozioni. Ma c'è un aspetto ancora più interessante: alcune ricerche suggeriscono che l'esperienza meditativa potrebbe influenzare la realtà quantistica. Secondo il fisico John Hagelin, meditatore e sostenitore della "*teoria del campo unificato*", la coscienza non è un mero sottoprodotto del cervello. Potrebbe essere, invece, un elemento fondamentale - un mattoncino basilare dell'intero universo.

I praticanti di meditazione avanzata raccontano di esperienze che sembrano sfidare le leggi della materia. Uno studio condotto in India ha analizzato la temperatura corporea di monaci immersi in profonde meditazioni del tipo "*Tummo*". Durante la pratica, i monaci erano capaci di aumentare volontariamente la temperatura della pelle, sfidando le normali risposte del corpo al freddo. Questo esempio, oltre a confermare il potere della mente sulla materia, invita a riflettere sulle connessioni invisibili tra pensiero e realtà fisica.

Esempi pratici di trasformazione attraverso la meditazione.

Un caso importante riguarda il programma di *Meditazione Trascendentale* (TM) ideato da Maharishi Mahesh Yogi. Questo metodo, largamente diffuso in Occidente, ha mostrato effetti tangibili non solo sul benessere degli individui ma anche nel contesto sociale. A Fairfield, in Iowa (Stati Uniti), è stato costituito un gruppo di meditazione vocato a dimostrare il potere collettivo della mente. Secondo i dati raccolti, quando un numero significativo di persone praticava TM contemporaneamente, si registravano cali nei tassi di criminalità, violenza e persino incidenti stradali. Tale fenomeno è stato chiamato "*Effetto Maharishi*" e continua a essere studiato per evidenziare i possibili legami tra coscienza collettiva e realtà fisica.

Un altro studio impressionante proviene dalla *Bhutanese Mindfulness Movement*. Nel Bhutan, noto per perseguire "*la felicità nazionale*" come indicatore di progresso, la meditazione è frequentemente integrata nel sistema educativo. Gli studenti che praticano mindfulness quotidiana dimostrano non solo migliori risultati accademici ma anche una maggiore resilienza emotiva e spirituale. Il Bhutan rappresenta dunque un esempio attuale di come antiche pratiche possano essere integrate in una società moderna per generare armonia.

La scienza, con la fisica quantistica, ci dice che la realtà è molto più complessa e sfuggente di quanto i nostri sensi percepiscano. L'induismo, attraverso le sue pratiche meditative, ci invita a guardare dentro di noi per superare le illusioni del mondo materiale (Maya). Insieme, queste prospettive ci pongono una domanda fondamentale: qual è il nostro posto in un universo così interconnesso?

La meditazione non è più solo appannaggio degli asceti o dei mistici. È un'opportunità per chiunque cerchi di esplorare la relazione tra corpo, mente e cosmos. Paramahansa Yogananda ci incoraggia a riflettere su quanto sia sottile il confine tra ciò che appare reale e ciò che è essenza. La fisica quantistica ci insegna che siamo tutti parte di una rete di connessioni invisibili.

L'invito, dunque, è quello di sperimentare. Provare a chiudere gli occhi, meditare e abbracciare il silenzio. Forse, in quel silenzio, scoprirai non solo te stesso, ma anche l'incredibile vastità dell'universo.

Meditare per osservare. Il parallelo tra l'osservatore quantistico e la consapevolezza indù.

Nella fisica quantistica e nella filosofia indù emerge un'affascinante analogia: il ruolo dell'osservatore. Per la fisica, osservare è un atto che altera la realtà subatomica. Per la tradizione yogica, invece, osservare il Sé è la via per risvegliarsi alla realtà ultima. In entrambi i casi, ciò che accade ha delle conseguenze: l'osservazione modella le realtà e la trasforma.

Nel famoso esperimento della doppia fenditura, ideato agli inizi del XX secolo e ancora oggi simbolo della complessità quantistica, gli scienziati hanno scoperto che le particelle subatomiche, come gli elettroni, si comportano in modo diverso a seconda che vengano osservate o meno. Quando nessuno le osserva, esse si muovono come onde, disperdendosi in uno schema di interferenza. Ma, se vengono osservate, si comportano come particelle, scegliendo una posizione specifica. Questa scoperta ha sollevato un quesito che va oltre il piano scientifico: che ruolo gioca l'osservatore nella formazione della realtà?

Capovolgendo il microscopio quantistico in uno strumento rivolto all'interno, l'Induismo e in particolare la tradizione yogica propongono un'idea sorprendentemente simile: l'essere umano diventa ciò che osserva di sé stesso. Le pratiche meditative, come descritto negli antichi testi vedici e nelle Upanishad, sono volte a risvegliare la piena consapevolezza del Sé (Atman). Nell'Induismo, la mente è paragonata a un oceano: agitato in superficie, ma calmo e profondo nel suo nucleo. La meditazione permette di attraversare le onde della mente superficiale per raggiungere quella profondità nascosta, priva di turbolenze.

L'osservazione della mente durante la meditazione non è un atto passivo. È un processo dinamico in cui il meditante sposta la consapevolezza da pensieri, emozioni e percezioni esteriori fino a riconoscere un livello più profondo di realtà: l'essenza stessa della coscienza. Come il fisico quantistico osserva le particelle, lo yogi osserva il Sé interiore.

La relazione tra fisica quantistica e Induismo è emersa con forza nel XIX e XX secolo, grazie al dialogo tra scienziati occidentali e filosofi orientali. Uno dei nomi più famosi è quello di Erwin Schrödinger, creatore dell'equazione d'onda e fervente studioso dei testi vedici. Schrödinger, affascinato dai concetti di unità e permanenza dell'Induismo, scrisse:

> « *Non può esistere un vero osservatore che sia distinto dal Tutto. Egli sarà in ogni caso parte integrante della realtà osservata.* ».

Anche Niels Bohr, uno dei padri della meccanica quantistica, integrò simboli orientali come il taijitu (lo yin-yang cinese) nello stemma del suo blasone, come tributo alla complementarità dei processi naturali.

Secondo la tradizione vedica, la realtà è il risultato della manifestazione oscillatoria di Maya: l'illusione che nasconde la vera natura universale dietro dipendenze di percezione e pensiero. Raffrontando questa metafora con la quantistica, l'onda di probabilità delle particelle—prima di essere osservata—può essere letta come una rappresentazione della realtà fluida, simile all'illusione di Maya. L'osservazione "collassa" la stessa onda, rivelando un particolare stato fisico. Lo yogi, similmente, attraverso la meditazione e il controllo completo della mente, dissolve l'illusione e giunge all'unità con il divino.

Andrew Newberg, neuroscienziato e pioniere nello studio dei correlati neurali della spiritualità, ha esplorato per decenni come pratiche contemplative influenzino il cervello. I suoi studi hanno rivelato che la meditazione intensa provoca cambiamenti in aree cerebrali cruciali, come il lobo parietale, che regola la percezione di spazio e tempo, e il lobo prefrontale, associato all'attenzione e alla consapevolezza. Durante la meditazione profonda, i confini tra il Sé e il mondo esterno sembrano dissolversi, portando alla sensazione di unione.

Gli yogi descrivono questa esperienza con il termine samadhi, lo stato meditativo in cui i confini della percezione individuale si dissolvono, permettendo di entrare in sintonia con il Tutto. Newberg stesso ha affermato che la meditazione può alterare in modo misurabile la percezione della realtà, un elemento che la avvicina, almeno concettualmente, al ruolo dell'osservatore quantistico.

La centralità dell'osservatore, condivisa da fisica e Induismo, fa riflettere su una questione fondamentale: esistono confini tra ciò che è osservatore e ciò che è osservato? Questa domanda non comporta necessariamente una risposta, ma apre un dialogo fecondo tra approcci diversi al mistero della realtà.

Nei templi dell'India, da Varanasi a Rishikesh, le campane risuonano come eco dei mantra, invito costante al ritorno all'osservazione interiore. Nei laboratori di tutto il mondo, i fisici studiano esperimenti sempre più raffinati per comprendere il ruolo del "collasso" quantistico. Eppure, forse entrambe le strade conducono allo stesso orizzonte: la ricerca di ciò che connette l'esperienza umana al tessuto della realtà.

In un'epoca in cui la scienza e la spiritualità sono spesso considerate opposte, il dialogo tra fisica quantistica e Induismo dimostra che le frontiere non sono mai così rigide come sembrano. Come disse il fisico David Bohm, altro grande innovatore del pensiero quantistico e studioso del misticismo orientale:

> *«La scienza e la spiritualità non sono mondi separati. Come l'osservatore e l'universo, esse costituiscono un'unica danza».*

Capitolo VII   Brahman: la realtà ultima.

Brahman, il principio universale che permea tutto.

Dal cuore delle filosofie orientali emerge il concetto di Brahman, il principio universale che permea tutto ciò che esiste. Nella tradizione induista, Brahman è descritto come l'essenza indivisibile da cui tutto proviene e a cui tutto ritorna. Un'idea affascinante che oggi trova inaspettati parallelismi nel mondo della fisica quantistica, in particolare nel misterioso campo di Higgs.

Il campo di Higgs, teorizzato nel 1964 dal fisico britannico Peter Higgs e confermato sperimentalmente nel 2012 al CERN, è una presenza invisibile che permea l'intero universo. È grazie a questo campo che le particelle acquisiscono massa, proprio come le onde sulla superficie di un lago rivelano la presenza dell'acqua sottostante. Similmente, secondo i testi vedici come le Upanishad, Brahman è la realtà ultima, il "tessuto" invisibile che conferisce significato e sostanza al cosmo.

Un interessante aneddoto quasi profetico può essere trovato nell'idea induista di Maya, l'illusione che nasconde la vera natura della realtà. Allo stesso modo, la fisica moderna ci ricorda che ciò che percepiamo come solido o tangibile è, in realtà, vuoto in gran parte: gli atomi, con i loro minuscoli nuclei e le particelle orbitanti, sono per il 99,9999% spazio vuoto, e la loro coesione dipende da forze fondamentali come il campo di Higgs o i legami quantistici.

In entrambi gli ambiti – spirituale e scientifico – emerge un'impressionante intuizione: tutto è interconnesso. Il campo di Higgs e Brahman suggeriscono che non esista una separazione reale tra ciò che vediamo e ciò che è. Questo fa pensare a quanto diceva Erwin Schrödinger, padre della fisica quantistica; nel suo libro *"What Is Life?"* scrisse che le scoperte della scienza moderna lo avevano avvicinato alle tradizioni filosofiche dell'India.

Luoghi come Benares, per millenni culla della ricerca sul Brahman, e Ginevra, sede del CERN, oggi rappresentano due poli di una ricerca universale: uno spirituale, l'altro fisico. Eppure, entrambi sembrano convergere in un'unica verità: l'universo è un "tutto" indivisibile, dove conoscenza ed esperienza, scienza e meditazione, ci guidano verso una comprensione più profonda del nostro posto nella realtà.

Brahman, il Campo di Higgs e le strutture fondamentali della fisica.

Da millenni, l'uomo si interroga sulla realtà ultima, quell'essenza profonda che regge il cosmo. I saggi vedici dell'India antica identificarono questo principio universale con il termine *Brahman:* l'infinito, il tutto, l'unità indivisibile che permea ogni cosa. Nelle loro meditazioni, racchiuse nelle Upanishad (testi filosofici composti tra il VII e il II secolo a.C.), descrissero Brahman come la base invisibile e immutabile della realtà. Non un dio personale, ma una forza onnipresente e fondamentale.

Con una sorprendente convergenza, la fisica moderna, attraverso concetti come il campo di Higgs, sembra sfiorare idee simili. Il campo di Higgs, scoperto concretamente con un esperimento al CERN nel 2012, è una sorta di "tessuto invisibile" che permette alle particelle di acquisire massa. L'analoga ricerca del "fondamento" ha portato scienziati e mistici indiani su percorsi paralleli, sebbene con strumenti diversi: matematica ed esperimenti da un lato, intuizione filosofica dall'altro.

Per comprendere Brahman, i testi delle Upanishad usano metafore evocative.

> *"Come l'olio permea il seme del sesamo o l'essenza del burro è nascosta nel latte, così Brahman è ovunque, invisibile ma onnipresente",*

recita la Chandogya Upanishad. Allo stesso modo, il campo di Higgs è ovunque, ma invisibile ai sensi. La fisica ha bisogno di giganteschi acceleratori per trovare la "traccia" di una forza che, paradossalmente, è sempre presente.

L'interconnessione universale descritta nell'induismo, attraverso Brahman, si riflette nel comportamento delle particelle subatomiche. Persone come Erwin Schrödinger, uno dei padri della meccanica quantistica, rimasero affascinate dalla filosofia vedica. Schrödinger studiò l'induismo e citò a più riprese la *"coincidenza impressionante"* tra le sue intuizioni scientifiche e l'antica dottrina secondo cui *"ogni essere è uno con l'universo"*.

All'interno del *Large Hadron Collider* vicino a Ginevra, i fisici inseguono verità che gli antichi cercavano in grotte e foreste del subcontinente indiano. Nonostante la distanza tecnica, lo spirito del viaggio è analogo. Per esempio, Peter Higgs, prima della conferma scientifica del "suo" bosone, era mosso dalla stessa meraviglia descritta da Yajnavalkya, un sapiente vedico vissuto nel I millennio a.C., il quale affermava che Brahman non può essere conosciuto con i sensi, ma solo intuitivamente.

L'analogia tra il cammino dell'induismo e quello della fisica quantistica ci rivela, infine, qualcosa di fondamentale. La mente umana – sia quella del mistico che quella dello scienziato – anela da sempre a un'unica cosa: comprendere il mosaico della realtà, scoprendone ogni tessera. E, forse, unendo Brahman al bosone di Higgs, intuiamo che le risposte non sono così distanti come sembrano.

In un passo delle Upanishad, antichi testi sacri dell'induismo, il saggio Yajnavalkya dichiara:

"Tutto ciò che esiste è avvolto dal Brahman. Nulla esiste al di fuori di esso."

Questo concetto, che definisce il Brahman come principio universale e realtà ultima, trova oggi sorprendenti parallelismi con la fisica quantistica moderna, in particolare con il campo di Higgs.

Il Brahman, descritto come l'essenza che permea tutto ciò che esiste, viene spesso dipinto non in termini concreti, ma come una forza indefinibile, onnipresente e invisibile. Allo stesso modo, il campo di Higgs, teorizzato negli anni '60 dal fisico britannico Peter Higgs, è una rete sottile e invisibile che attraversa tutto l'universo. Essa conferisce massa alle particelle elementari attraverso un'interazione che ne condiziona il comportamento. In un certo senso, tutto ciò che ha consistenza nel nostro universo esiste e interagisce solo grazie al campo di Higgs, proprio come il Brahman è responsabile dell'esistenza e della coerenza dell'intero creato secondo la visione vedica.

La fisica quantistica ci ha rivelato che la realtà non è fatta di oggetti solidi e separati, ma di onde, campi e connessioni profonde. Questa intuizione fa eco al concetto vedico secondo cui tutta la molteplicità del mondo è illusoria (Maya): una proiezione dell'unica realtà sottostante, ossia il Brahman. Le Upanishad descrivono il Brahman come *"il filo che tiene unite le perle di un collier"*. Questa immagine poetica suggerisce un principio unificatore che collega tutto ciò che vediamo. Similmente, il campo di Higgs rappresenta un tessuto invisibile che unisce materia ed energia a un livello fondamentale.

Yajnavalkya, nella Brihadaranyaka Upanishad, invita a contemplare un universo interconnesso, dominato dal Brahman, e propone un percorso di conoscenza interiore per percepirlo. Allo stesso modo, la fisica moderna ci invita a esplorare i misteri dell'universo attraverso i suoi componenti più piccoli. La scoperta del bosone di Higgs è avvenuta nel 2012.. Questa particella, talvolta nota come *"la particella di Dio"* rappresenta una svolta paragonabile, in termini di comprensione, alla rivelazione che ogni cosa non è separata, ma parte di un tutto.

Il fisico Fritjof Capra ha esplorato questi collegamenti tra fisica moderna e antiche filosofie orientali. Capra afferma che le teorie quantistiche e i testi vedici convergono in un unico punto: l'universo come una rete di relazioni e interazioni. Vie parallele, secondo Capra, che dimostrano come la scienza e la spiritualità possano offrirci immagini complementari della realtà.

Brahman e il campo di Higgs non sono concetti identici; la loro natura, rispettivamente metafisica e scientifica, li colloca su piani diversi. Tuttavia, entrambi invitano a riflettere su un universo intrinsecamente connesso, in cui il sé individuale non è mai veramente separato dal tutto. Forse, come suggeriscono gli antichi saggi vedici e gli scienziati moderni, il nostro scopo non è tanto comprendere l'universo come un'entità esterna, ma percepire la nostra profonda unità con esso.

Maya, Brahman e l'interconnessione quantistica.

L'induismo descrive il concetto di Maya come il velo dell'illusione. Questo termine si riferisce alla percezione di una realtà apparentemente separata e frammentata. Secondo i testi vedici, il mondo che osserviamo – con la sua varietà di forme, colori e fenomeni – è soltanto una manifestazione illusoria. Dietro questa molteplice apparenza si cela Brahman, l'unica realtà ultima e indivisibile.

La fisica quantistica, in modo sorprendente, sembra suggerire qualcosa di simile. Il principio di sovrapposizione quantistica afferma che le particelle esistono in stati multipli contemporaneamente, fino a quando non vengono osservate. L'atto dell'osservare, dunque, non si limita a registrare la realtà ma la definisce. Questa caratteristica richiama il mistero di Maya che, fino a quando non viene "trasceso" tramite la conoscenza di Brahman, mantiene l'illusione di un mondo separato e discreto.

Un parallelo moderno con Brahman emerge nel concetto di campo di Higgs. Questo fondamentale campo quantistico, teorizzato nel 1964 e confermato nel 2012 con la scoperta del bosone di Higgs al CERN, permea l'intero universo. Proprio come Brahman, è invisibile nei nostri sensi quotidiani ma fondamentale per la struttura della realtà. Senza il campo di Higgs, la materia stessa non avrebbe massa.

Il filosofo indiano Adi Shankaracharya, vissuto nell'VIII secolo, spiegava che comprendere Brahman significa *"vedere oltre l'illusione"*. In modo analogo, l'osservazione scientifica, sempre più raffinata, ci ha consentito di scorgere dimensioni della realtà prima inaccessibili. Tuttavia, ogni nuova scoperta apre domande più profonde. La stessa fisica quantistica spinge molti a chiedersi se l'universo sia davvero separato dall'osservatore o se, al contrario, sia profondamente interconnesso, proprio come suggeriva la saggezza vedica.

Sia per il fisico sia per il meditante, l'interrogativo resta lo stesso: il mondo che percepiamo è reale o è un'illusione? Scoprire la risposta potrebbe significare, come insegna l'induismo, riconciliare l'apparenza con la verità, il visibile con l'invisibile. O, forse, semplicemente accettare che realtà e illusione siano due volti della stessa onda universale.

Brahman e la natura ondulatoria delle particelle.

L'induismo, con la sua visione cosmologica affascinante e complessa, definisce Brahman come la realtà ultima, il principio universale che permea tutto. Brahman non è una forma né un'entità concreta. È invece l'essenza immutabile oltre il tempo e lo spazio, la sorgente dell'intero universo. È ciò che si nasconde dietro ogni manifestazione della realtà visibile, legando ogni cosa a quel "tessuto" invisibile che unisce il Tutto. Potrebbe sembrare un concetto puramente filosofico o spirituale, ma alcuni paralleli con la fisica quantistica moderna lo rendono sorprendentemente vicino al linguaggio scientifico.

Un ponte affascinante tra scienza e spiritualità emerge quando parliamo della natura ondulatoria delle particelle. L'esperimento della doppia fenditura, condotto per la prima volta da Thomas Young nel 1801 e successivamente reinterpretato negli anni '20 come base della meccanica quantistica, è un caposaldo della fisica moderna. Nell'esperimento, gli elettroni – mattoni fondamentali della materia – mostrano un comportamento duale: possono comportarsi sia come particelle che come onde, a seconda dell'osservazione umana. Questa natura duplice ha lasciato scienziati e filosofi di fronte a domande profonde sulla natura ultima della realtà.

Brahman, nella filosofia vedica, è straordinariamente simile a questa idea. Nel pensiero indiano, il cosmo appare come un gioco di Maya, l'illusione della realtà materiale, sostenuta però da una "onda" fondamentale che è Brahman. Come l'onda quantistica, Brahman è invisibile e immateriale, ma è essenziale per l'esistenza delle forme. Dunque, ciò che percepiamo come "realtà" è solo una manifestazione transitoria di qualcosa di più profondo e fondamentale.

Questo parallelo ci porta a riflettere anche sul rapporto tra Atman e Brahman. Secondo la Bhagavad Gita e le Upanishad, Atman – l'anima individuale – non è altro che un frammento di Brahman. Anche qui emerge una dualità, un po' come nel comportamento delle particelle nel mondo quantistico. Quando meditiamo sul concetto di Brahman, il dualismo tra l'individuo e il Tutto si dissolve: così come l'onda diventa particella se osservata, Atman si riconosce in Brahman quando ci si allontana dall'illusione della separazione.

Il concetto di Brahman ci invita a riflettere sul fatto che le distinzioni tra scienza e spiritualità potrebbero essere meno rigide di quanto pensiamo. Forse, come suggeriva il grande fisico David Bohm, l'universo non è frammentato in parti separate ma un enorme "ordine implicito", un'infinita rete di interconnessioni. Bohm scriveva:

> *"L'assenza di frammentazione è l'ordine più fondamentale della natura."*

Non è difficile scorgere, in questo, un'eco del pensiero vedico.

Oggi, la fisica quantistica continua a esplorare i segreti dello spazio, del tempo e delle particelle. Ma l'antica saggezza dell'induismo, con il concetto di Brahman, ci ricorda che la spiegazione di ciò che siamo potrebbe non trovarsi solo nei laboratori scientifici. La realtà ultima potrebbe essere, in ultima analisi, un'unica, misteriosa onda che connette ogni cosa.

La Danza di Shiva nel campo quantistico. Brahman come unione della materia e dell'energia.

La figura di Shiva danzante, il Nataraja, è uno dei simboli più potenti dell'induismo. La sua danza rappresenta il ciclo eterno di creazione e distruzione, entrambi movimenti necessari per l'equilibrio dell'universo. Nel contesto filosofico, Shiva non è solamente un dio, ma è l'espressione della dinamica incessante di Brahman, la realtà ultima che permea tutto.

Brahman viene concepito dai testi vedici come il principio universale che sostiene l'esistenza. È al di là di ogni definizione concreta, una forza invisibile che unisce la materia e l'energia. Questa visione affascina oggi anche molti fisici teorici, poiché ricorda la descrizione moderna delle fluttuazioni nel campo quantistico. Il vuoto quantico, apparentemente vuoto, è in realtà pieno di energia. Le particelle nascono e scompaiono da questo stato oscillatorio di base, in una continua danza di creazione e distruzione.

La danza di Shiva offre un'immagine straordinaria per descrivere il comportamento del campo quantistico. Nel 1931, il grande fisico e matematico Fritjof Capra scrisse che vedere la raffigurazione del Nataraja lo portò a immaginare la danza delle particelle subatomiche. Capra sottolineò come, nei momenti di massima concentrazione durante i suoi studi sulla fisica quantistica, il collegamento con la simbologia orientale divenisse naturale e quasi inevitabile.

Allo stesso modo, il campo di Higgs sembra evocare l'essenza del concetto di Brahman. Il campo di Higgs è ciò che permette alle particelle di avere massa, collegandole in un'unica rete invisibile che regola l'intero universo. Tutto è interconnesso, tutto condivide una matrice comune. Questa è anche l'idea al centro del concetto vedico di Brahman: un'unità indivisibile che si manifesta in infinite forme.

Nel sud dell'India, il tempio di Chidambaram ospita una delle più celebri rappresentazioni di Shiva danzante. Qui, il simbolismo del Nataraja trova un'espressione tangibile, che sposa arte, religione e cosmologia. Si dice che la posizione delle mani e dei piedi della statua del Nataraja rappresenti non solo principi filosofici, ma anche leggi naturali. La mano destra alzata simboleggia la protezione, mentre il piede sinistro sollevato rappresenta la liberazione dal ciclo della nascita e della morte.

Il parallelo tra Brahman e le scoperte sul campo quantistico suggerisce che l'antica saggezza orientale e la scienza moderna non siano separate, ma si riflettano a vicenda. Shiva, colui che distrugge per creare, ricorda il vuoto quantico, che non è mai veramente "vuoto", ma un campo fertile di possibilità infinite. Dalla danza di Shiva emerge un messaggio profondo: materia ed energia sono una cosa sola, strettamente connesse in un ciclo eterno.

Brahman e il Campo di Higgs: Un incontro tra oriente e occidente.

Nell'universo del pensiero umano, la scienza moderna e le filosofie antiche si sono sempre mosse su strade apparentemente separate. Tuttavia, in alcuni momenti, queste strade sembrano incrociarsi, offrendo affascinanti parallelismi che dimostrano quanto la riflessione sulla realtà sia universale. Uno di questi punti di convergenza è il rapporto tra Brahman, il principio fondamentale descritto nei testi dell'induismo, e il campo di Higgs, una scoperta chiave della fisica moderna.

Nell'induismo, Brahman è la realtà ultima: un'essenza universale che permea tutto ciò che esiste. Non è una divinità personale ma un principio astratto che trascende il tempo, lo spazio e la materia. Nei Veda e nelle Upanishad, antichi testi sanscriti, Brahman è definito come "*sat-chit-ananda*" (*essere, coscienza e beatitudine*): l'origine e il sostegno di ogni cosa. Una descrizione che, pur nella sua complessità filosofica, suggerisce che tutto nell'universo sia connesso da un substrato invisibile.

Dall'altra parte del mondo il CERN di Ginevra ha annunciato la scoperta del bosone di Higgs. Questo minuscolo e sfuggente frammento di materia fa parte di un campo universale, il campo di Higgs, un'energia invisibile che permea l'intero universo. Secondo la fisica quantistica e il Modello Standard, questo campo è ciò che conferisce massa alle particelle, permettendo la formazione del cosmo come lo conosciamo.

Il parallelo è sorprendente. Così come Brahman è visto come il tessuto che unisce tutte le cose, il campo di Higgs è l'infrastruttura su cui l'universo si regge. Entrambi suggeriscono l'esistenza di una realtà fondamentale, ubiqua e interconnessa. Il fisico Fritjof Capra fu tra i pionieri nel suggerire questa analogia. Capra notò come la fisica quantistica, nel suo abbracciare l'indeterminatezza e l'interconnessione, si avvicinasse alle intuizioni mistiche delle filosofie orientali.

Un altro esempio interessante viene dalle ricerche di Erwin Schrödinger, uno dei padri della meccanica quantistica e, sorprendentemente, un appassionato studioso delle Upanishad. Schrödinger, nel suo diario, scriveva che l'idea di un "sé universale" descritto nel pensiero induista era incredibilmente simile alla visione unitaria proposta dalla fisica contemporanea.

L'India stessa offre spunti culturali che evocano questa interconnessione. Ad esempio, il concetto di "Maya" (illusione) nei Veda suggerisce che ciò che vediamo non è che una manifestazione superficiale della realtà, nascosta sotto strati più profondi. In modo parallelo, la fisica moderna ci ricorda che la materia solida è, in realtà, composta di particelle che si comportano sia come onde che come corpuscoli, senza alcuna materialità assoluta.

A Ginevra, il CERN ospita scienziati di diverse nazionalità e culture. Questo luogo di ricerca richiama l'idea di una conoscenza universale, proprio come Brahman rappresenta l'unità sottostante l'umanità. A Ginevra, nel tunnel dell'LHC, è stato identificato il bosone di Higgs, definito poeticamente "la particella di Dio" (nonostante il fisico Leon Lederman, che coniò questa espressione, la intendesse con spirito ironico).

L'incontro idealizzato tra Brahman e il campo di Higgs non è una dimostrazione scientifica, ma un invito a riflettere. Può la scienza moderna, con i suoi strumenti, avvicinarsi alla comprensione che i saggi orientali esplorarono attraverso l'introspezione millenni fa?

Brahman, il vuoto quantico e la creazione cosmica.

Da millenni, i saggi indiani contemplano Brahman, il principio universale dell'Induismo. Secondo la tradizione, Brahman è la realtà ultima. Non ha forma, esiste oltre il tempo e lo spazio, e permea tutto l'universo. I testi sacri, come le Upanishad, lo presentano come la sorgente da cui tutto emerge e a cui tutto ritorna—a un tempo invisibile e onnipresente. Nello spazio della fisica moderna, alcuni studiosi hanno visto un affascinante parallelo tra Brahman e il vuoto quantico. Entrambi, sia per i mistici indiani che per i fisici, rappresentano uno sfondo fondamentale, da cui la realtà si manifesta.

Nel contesto della fisica contemporanea, il "vuoto quantico" non è un semplice spazio vuoto, ma uno stato di energia fondamentale che permea l'universo. Questo è stato parallelo al concetto di Brahman come substrato universale, in cui tutte le manifestazioni fenomeniche trovano origine.

Il vuoto quantico non è un "nulla". È una sorta di "brodo cosmico" che vibra di energia potenziale, uno stato primordiale che custodisce il segreto della creazione. Alcuni fisici, come David Bohm, hanno proposto l'idea di una realtà implicita, un ordine profondo da cui emergono le particelle e tutta la complessità dell'universo.

Analogamente, l'Induismo racconta il mito della creazione cosmica attraverso il sogno di Brahma. Nel mito, l'universo nasce e muore ciclicamente, esattamente come le particelle elementari che si manifestano e si dissolvono nel vuoto quantico.

È interessante notare come i luoghi e i tempi differiscano, ma le aspirazioni umane si somiglino. I saggi degli antichi ashram indiani, meditatori sulle rive del Gange millenni fa, cercavano di cogliere l'eterno con il linguaggio della spiritualità. Oggi, nei laboratori di Ginevra o tra i telescopi spaziali, gli scienziati inseguono lo stesso eterno attraverso la matematica e la fisica. Il vuoto quantico e Brahman, pur provenendo da orbite culturali molto diverse, offrono entrambi un simbolo potente: una realtà indivisa che trascende l'apparenza caotica e frammentata del quotidiano.

In questa convergenza, si riflette qualcosa di nuovo. Il mito dell'induismo non è solo "spirituale". Può ispirare la mente scientifica, così come la scienza moderna può rendere visibile l'intuizione di quel Brahman universale che permea tutto. L'universo, in fondo, resta sempre uno specchio. Sta a noi decidere come guardarlo.

Nel contesto della fisica contemporanea, il "vuoto quantico" non è un semplice spazio vuoto, ma uno stato di energia fondamentale che permea l'universo. Questo è stato parallelo al concetto di Brahman come substrato universale, in cui tutte le manifestazioni fenomeniche trovano origine.

Brahman e il potenziale quantistico.

Fin dagli albori della civiltà, l'uomo ha cercato di comprendere il tessuto profondo della realtà. In India, i testi vedici hanno sviluppato il concetto di Brahman, il principio universale, eterno e indivisibile che permea tutto ciò che esiste. Nella fisica quantistica moderna, troviamo parallelismi sorprendenti in fenomeni come la non-località e il comportamento delle particelle, che sembrano suggerire un mondo fatto di connessioni invisibili e interazioni profonde.

Un'antica metafora vedica paragonava l'universo a una ragnatela: ogni filo è separato, eppure ogni punto è collegato al resto, un'immagine che rispecchia straordinariamente il concetto quantistico di realtà intrecciata.

Nei secoli, i maestri vedici hanno descritto Brahman come l'oceano di cui tutto è onda o eco. Il Chandogya Upanishad, uno dei testi vedici più antichi, afferma:

"Tutto ciò che è, è Brahman".

Uno dei principali insegnamenti di Adi Shankara, filosofo indiano dell'VIII secolo, spiega che ogni apparente diversità del mondo sensibile è solo un'illusione (Maya), mentre tutto è espressione dell'unica realtà indivisibile del Brahman.

Nel mondo della fisica moderna, il fenomeno della non-località offre un'inaspettata eco ai pensieri antichi. Gli esperimenti con particelle quantistiche mostrano che due particelle entangled, anche se separate da immense distanze, comunicano istantaneamente. Questa connessione "istantanea" sfida i nostri intuitivi confini di spazio e tempo. La non-località sembra affermare l'esistenza di un livello della realtà in cui tutto è interconnesso, al di là delle distanze fisiche.

Un parallelo evocativo può essere fatto con il campo di Higgs, scoperto nel 2012, che permea l'intero universo e conferisce massa alle particelle, unificando apparentemente il microcosmo e il macrocosmo. L'idea che l'universo sia attraversato da un "campo" universale rivela sorprendenti similitudini con il concetto vedico di Brahman come la base di ogni fenomeno visibile e invisibile.

Un aneddoto classico dell'induismo parla del sale disciolto nell'acqua, usato dai saggi per descrivere Brahman:

"Non vedi il sale, ma ne senti il gusto ovunque".

Questo richiama la natura delle particelle quantistiche che, trovandosi in uno stato ondulatorio, sono ovunque e in nessun luogo allo stesso tempo.

Per gli antichi rishi indiani, Brahman non poteva essere "visto" o "misurato" ma solo percepito nella propria   interiorità, attraverso la meditazione e l'intuizione. Analogamente, nella fisica moderna, molte delle dinamiche quantistiche si manifestano solo indirettamente, lasciando spazio a un'immensa complessità teorica. L'idea che tutto sia interconnesso, come diceva Niels Bohr, uno dei padri della meccanica quantistica, è centrale sia nella fisica sia nella filosofia orientale:

"Tutto ciò che osserviamo è intimamente connesso a ciò che siamo".

Einstein stesso, nonostante fosse scettico su alcune implicazioni della fisica quantistica, proponeva un universo unificato dove lo spazio e il tempo erano intrecciati in modo inseparabile. Questa visione potrebbe ricordare il concetto di Maya nell'induismo: il mondo come un'apparenza che cela una realtà sovrastante, immutabile e senza tempo, ovvero Brahman.

Nel Chandogya Upanishad, un antico testo sacro, si legge:

"Come tutte le perle sono unite da un filo invisibile, così ogni cosa è connessa in Brahman".

Questo filo potrebbe evocare, nella mente moderna, l'immagine dei campi quantistici che legano particelle e forze in un'unica, sublime danza cosmica.

Alla base, sia la fisica quantistica sia la filosofia vedica sollevano un dilemma comune: c'è qualcosa oltre lo spazio e il tempo? Se Brahman è ciò che esiste oltre la realtà percepita, potrebbe rappresentare una intuizione prescientifica di quello che la fisica moderna tenta di sviluppare con teorie sui multiversi o sulle stringhe. Entrambe, in modi diversi, cercano di penetrare l'invisibile, di cercare l'unità fondamentale.

Forse il più grande messaggio che ci regalano sia Brahman sia i campi quantistici è che l'universo non è solo materia ma un gioco eterno di connessioni, dove tutto partecipa a qualcosa di più grande. Per il poeta mistico Rabindranath Tagore, premio Nobel per la letteratura nel 1913, questa idea è chiara:

"L'infinito non è qualcosa che si trova in qualche altro posto.

L'infinito è qui, dietro lo schermo della realtà visibile".

Era un'allusione a Brahman, forse, ma anche a quell'universo invisibile che oggi esploriamo nei laboratori scientifici.

Le sorprendenti analogie tra l'antico concetto di Brahman e i moderni fenomeni della fisica quantistica non provano certo una connessione definitiva. Tuttavia, ci spingono a riflettere su una intuizione comune, condivisa da scienza e spiritualità: il mondo in cui viviamo è più complesso, sottile e connesso di quanto possiamo percepire. Brahman e il potenziale quantistico sembrano entrambi indicare che, al di sotto delle divisioni apparenti, esiste un'unica realtà che unisce tutto. Forse, come suggerisce l'antica saggezza vedica, siamo già parte di un tutto indivisibile, anche se spesso lo dimentichiamo.

Brahman e il mistero dell'entanglement quantistico

Secondo la filosofia vedica, tutto ciò che esiste è una manifestazione di Brahman: non c'è separazione tra ciò che appare distinto, ma solo diverse modalità di una stessa realtà unitaria.

Curiosamente, questa intuizione sembra trovare un'eco sorprendente in uno dei fenomeni più enigmatici della fisica quantistica: l'entanglement. Si tratta della misteriosa correlazione che lega due particelle separate nello spazio, al punto che ciò che accade a una di esse sembra influenzare istantaneamente anche l'altra, indipendentemente dalla distanza. È come se le due particelle fossero fili di uno stesso tessuto invisibile, intrecciati da ciò che i fisici chiamano "non-località".

L'entanglement può sembrare un fenomeno esclusivo della fisica moderna, ma il parallelismo con il Brahman suggerisce che intuizioni simili fossero già parte delle riflessioni filosofiche di antiche culture. Swami Vivekananda, uno dei più celebri maestri spirituali indiani, parlava di Brahman come:

"la corda su cui è proiettata l'intera illusione dell'universo".

Un'immagine che potrebbe ricordare l'idea di un campo universale in cui tutto è connesso, proprio come due particelle collegate a livello quantistico.

Un altro esempio interessante emerge dagli scritti del fisico David Bohm, una figura centrale nello studio della meccanica quantistica e dell'ordine implicito. Bohm, affascinato dalla natura olistica dell'universo, propose che tutta la realtà visibile sia la manifestazione di uno schema più ampio e indivisibile. Una visione che si allinea al Vedanta, la scuola filosofica dell'induismo che esplora il concetto di Brahman e la sua relazione con il mondo fenomenico.

Che si tratti dei testi delle Upanishad o dei laboratori di un fisico, il messaggio sembra chiaro. L'entanglement quantistico e Brahman offrono una visione della realtà come un intreccio inestricabile, in cui tutto è connesso e nulla è veramente isolato. Questa idea, pur provenendo da contesti tanto diversi, porta a una riflessione potente: l'universo potrebbe non essere fatto di oggetti separati, ma di relazioni profonde, di fili invisibili che uniscono il tutto.

Forse, come ipotizzava Niels Bohr, uno dei padri della fisica quantistica:

"la verità profonda può essere espressa solo con la complementarità di opposti".

Filosofia orientale e scienza occidentale, insieme, potrebbero raccontare la stessa storia con linguaggi diversi.

Dal Big Bang alla conoscenza Vedica. Brahman e l'origine dell'universo.

> *"La realtà è una sola, anche se i saggi la chiamano con nomi diversi."*

Questo versetto del Rigveda, uno dei testi più antichi della tradizione vedica, potrebbe sembrare un'eco lontana. Eppure, la sua risonanza attraversa i secoli, fino a dialogare con alcune delle idee più rivoluzionarie della fisica moderna. Il concetto di Brahman, principio universale e fondamento di tutto ciò che esiste, richiama sorprendentemente alcune intuizioni della scienza contemporanea sull'origine e la natura dell'universo.

Più di tredici miliardi di anni fa, secondo la teoria del Big Bang, l'universo intero era racchiuso in un punto infinitamente denso. Poi, una violenta espansione ha dato origine al tempo, allo spazio e all'energia, gettando le basi di ciò che oggi conosciamo come realtà. Nella tradizione induista, invece, l'universo si origina da Brahman, una realtà indivisibile, eterna e insondabile, che permea ogni cosa. Non è un dio in senso personale, ma una forza onnipresente che in sé contiene ogni possibilità dell'esistenza. Il paragone con l'energia primordiale del Big Bang non è casuale.

Il Chandogya Upanishad, (circa il VI secolo a.C.) afferma: *"Tutto questo è Brahman"*. Questo concetto ribadisce l'interconnessione fondamentale della realtà, un'idea che molti scienziati attribuiscono oggi al campo di Higgs. Introdotto nel 1964 dal fisico Peter Higgs, questo campo invisibile permea tutto l'universo. È grazie ad esso che le particelle elementari acquistano massa, trasformandosi in ciò che vediamo o percepiamo. Anche qui, come accade con Brahman, è impossibile scindere la particella dal suo contesto. Ogni cosa è plastica, fluida, ma interconnessa.

Un antico mito induista narra che l'universo visibile è il respiro di Brahman. Quando Brahman espira, nascono gli universi in un tripudio di creazione. Quando inspira, ogni cosa ritorna in sé, dissolvendosi. Questo ciclo cosmico di espansione e contrazione non è del tutto dissimile dall'ipotesi scientifica dell'universo oscillante, secondo cui il Big Bang potrebbe non essere stato l'unico episodio creativo, ma uno tra infiniti.

Luoghi come Varanasi, sulle rive del Gange, sono stati per millenni culla di meditazioni su queste tematiche. In questa città sacra, i saggi riflettevano sulla natura dell'anima (Atman), la quale, secondo la tradizione, è intimamente collegata a Brahman. Anche qui troviamo un'eco in fisica quantistica: la correlazione tra particelle subatomiche distanti (entanglement) suggerisce che l'universo sia meno separato di quanto appaia.

Il Big Bang e il Brahman, separati da millenni e discipline, sembrano convergere verso un'unica verità: l'universo nasce da una fonte comune, che è energia, sostanza e spirito insieme. Forse, alla base della scienza e della spiritualità non vi è rivalità, ma la ricerca di una stessa risposta alle domande più profonde sull'esistenza.

Esiste un "Tutto" universale?

Da millenni, le tradizioni spirituali dell'Oriente si interrogano sulla natura ultima della realtà, cercando risposte che vadano oltre ciò che è visibile. Nell'Induismo, il concetto di Brahman rappresenta il cuore di queste riflessioni. Brahman è il principio universale, l'essenza che pervade tutto ciò che esiste. È una realtà indivisibile, infinita e invisibile, oltre il tempo e lo spazio. Per i saggi indiani, come i rishi dei Veda, Brahman non era solo un'idea astratta, ma la verità fondamentale che connette ogni frammento dell'universo.

Sorprendentemente, un'idea simile sembra emergere millenni dopo nel campo della fisica moderna. I progressi della meccanica quantistica ci mostrano che ciò che percepiamo come "solido" è, in realtà, un intreccio complesso e misterioso di onde e particelle. Il campo di Higgs, teorizzato negli anni '60 e scoperto concretamente nel 2012, ha portato alla luce un'idea profondamente affascinante: una sorta di "tessuto" energetico invisibile permea tutto l'universo, conferendo massa alle particelle e, quindi, dando origine a ciò che chiamiamo realtà. Questo sfuggente campo richiama, in modo quasi poetico, il concetto di Brahman.

Se torniamo indietro di oltre tremila anni, nei Veda – i testi sacri dell'Induismo – Brahman viene descritto come ciò da cui tutto nasce e a cui tutto ritorna. Per i mistici indiani, ogni forma, ogni suono, ogni pensiero è manifestazione di quella realtà unica. Non esiste separazione. Questa filosofia è riassunta dall'antica frase sanscrita *"Tat Tvam Asi"* (Tu sei Quello) che invita ogni essere umano a riconoscere la propria profonda connessione con il tutto cosmico.

In modo simile, i fisici moderni, osservando i fenomeni subatomici, hanno scoperto che al livello fondamentale non esistono confini netti tra una particella e un'altra. Gli elettroni non sono oggetti statici, ma onde di probabilità, che esistono solo all'interno di una rete interconnessa di relazioni. Qui, la separazione tra osservatore e osservato sembra dissolversi, richiamando l'unità indifferenziata di Brahman.

Il professor Fritjof Capra, con il suo celebre libro "*Il Tao della Fisica*" ha esplorato questo dialogo tra scienza e spiritualità orientale. Capra scrive:

> *"I moderni fisici si stanno riconnettendo con visioni del mondo che gli antichi saggi conoscevano già migliaia di anni fa: l'idea di una realtà indivisibile che è al tempo stesso dinamica e interconnessa".*

Non è un caso che molti fisici teorici, come Erwin Schrödinger, lo scienziato austriaco e padre della meccanica quantistica, siano stati profondamente influenzati dal pensiero orientale. Schrödinger stesso, leggendo le Upanishad, dichiarò che il loro concetto di unità universale aveva una sorprendente somiglianza con ciò che la fisica stava cercando di descrivere.

Immaginiamo un'immagine simbolica: da un lato, l'Ashram di Rishikesh, sulla riva del Gange, dove i maestri spirituali meditavano sul Brahman. Dall'altro, il *Large Hadron Collider* di Ginevra, dove gli scienziati hanno rilevato il bosone di Higgs. Nonostante gli strumenti utilizzati siano radicalmente diversi (la mente contemplativa di un rishi e gli acceleratori di particelle di un fisico) l'obiettivo sembra simile: comprendere la natura profonda di ciò che collega tutto ciò che esiste.

Il concetto di Brahman e quello del campo di Higgs sollevano entrambi una domanda decisiva: esiste un Uno che sottende e trascende ogni diversità? Nell'induismo, questa domanda assume toni metafisici e spirituali. Nella fisica, invece, esploriamo un linguaggio matematico e sperimentale. Ma la sfida rimane la stessa. Le intuizioni dei mistici e le scoperte di fisici come Peter Higgs sembrano suggerire che una qualche forma di "tutto universale" possa davvero esistere. Forse, alla fine, il viaggio della scienza e della spiritualità converge in un'unica ricerca per conoscere l'invisibile.

Brahman e la ricerca di Einstein del campo unificato.

Albert Einstein trascorse gli ultimi anni della sua vita a cercare qualcosa di straordinario: un'unica equazione, quasi divina nella sua semplicità, in grado di unificare tutte le forze della natura. Questo sogno, spesso chiamato "*Teoria del Tutto*", rappresenta il desiderio di trovare un principio universale che sottenda l'intero universo. Eppure, per ironia del destino, l'idea di un principio unificante non è nuova. Filosofie come l'induismo la meditano da millenni attraverso il concetto di Brahman: l'essenza indivisibile e onnipervadente del cosmo.

Einstein era un convinto razionalista, ma si dice che ammirasse il misterioso. In un'intervista del 1929 dichiarò:

"Voglio sapere come Dio ha creato questo mondo. Il resto è dettagli".

Il suo "Dio" non era necessariamente una divinità religiosa, ma un ordine cosmico superiore. In modo sorprendente, Brahman si specchia in questa idea. Per gli antichi testi vedici, Brahman è la realtà ultima, il substrato invisibile e incomprensibile che sostiene l'universo. Secondo l'induismo, tutto ciò che esiste (materia, energia, spazio e tempo è un'unica manifestazione di Brahman.

Un parallelo moderno emerge con il concetto fisico del campo di Higgs. Il campo di Higgs è una sorta di "tessuto invisibile" che permea l'intero universo, conferendo massa alle particelle. Allo stesso modo, Brahman non è una cosa o un'entità separata, ma un principio immanente che sostiene ogni manifestazione del reale. Come il campo di Higgs, Brahman è dappertutto, anche se invisibile ai nostri sensi ordinari.

I testi sacri parlano di Brahman come fonte non solo della distruzione, ma anche della creazione e della trasformazione, un ciclo eterno che ricorda il comportamento quantistico delle particelle, in continuo moto tra stati di esistenza.

Questa visione di un universo interconnesso e unificato affascina la mente occidentale da secoli. Nel XIX secolo, lo scrittore e poeta Henry David Thoreau, immerso nella lettura degli antichi testi vedici, immaginava un cosmo senza divisioni, governato da un'armonia universale. Altri pensatori del XX secolo, come Erwin Schrödinger, padre della meccanica quantistica, trovarono nei testi orientali somiglianze con le loro scoperte sulla natura probabilistica della realtà.

Lo stesso Einstein, sebbene non si riferisse esplicitamente agli insegnamenti orientali, sembrava alludere a una visione simile. Per lui le differenze tra spazio e tempo, materia ed energia, erano superficiali. Come Brahman, tutta la realtà apparente si dissolve in un'unica essenza, una verità ultima ancora da conoscere. Anche se Einstein non trovò mai la "*Teoria del Tutto*", la sua visione resta una straordinaria eco moderna di un'antica saggezza.

Forse, nella tensione tra scienza e spiritualità, più che una risposta troveremo una domanda eterna. È possibile che l'universo parli i due linguaggi? Einstein, idealmente, potrebbe essersi domandato lo stesso. E Brahman, immaginato dai saggi vedici millenni prima, sembra sussurrarlo ancora ai nostri più sofisticati laboratori e acceleratori di particelle.

Brahman e la simmetria nascosta dell'universo.

I testi vedici definiscono il Brahman:
   "*ciò da cui tutto nasce, attraverso cui tutto vive e in cui tutto ritorna*",
una descrizione che evoca un'idea unificante capace di sfidare la comprensione ordinaria del mondo.

Ma che cosa c'entra Brahman con la fisica moderna? La cosmologia contemporanea ci offre un parallelo straordinario: il campo di Higgs. Questo campo permea l'intero universo conferendo massa alle particelle. Senza il campo di Higgs, l'universo non potrebbe avere forma, sostanza o coerenza. Non sembra quasi di parlare di Brahman in termini scientifici? L'invisibile, il fondamentale, diventa il principio che dà consistenza al tutto.

C'è poi la natura ondulatoria delle particelle, descritta dalla meccanica quantistica. Niels Bohr, uno dei padri fondatori della fisica dei quanti, affermò che:
   "*tutto ciò che chiamiamo reale è fatto di cose che non possiamo considerare reali*".
Tale affermazione suggerisce un livello di realtà sospeso tra ciò che vediamo e ciò che intuiamo. Questo concetto si avvicina al pensiero vedico, che vede Brahman come ciò che sta oltre l'apparenza fenomenica.

Un'ulteriore connessione si può trovare nelle parole di Erwin Schrödinger, fisico e autore della celebre equazione quantistica. Schrödinger si ispirò spesso ai testi orientali. Era convinto che l'unità dell'universo fosse intrinsecamente legata a una grande coerenza nascosta. Egli scrisse:

"Il numero totale di menti nell'universo è uno. In realtà, la distinzione tra le menti individuali e Brahman è un'illusione".

Schrödinger riconosceva il potere di Brahman come simbolo teorico di un universo interconnesso.

Non è un caso che molti fisici moderni abbiano trovato ispirazione nella filosofia orientale. L'analogia tra Brahman e la natura simmetrica del cosmo, dove il visibile e l'invisibile convivono in perfetto equilibrio, richiama la nozione di simmetria nascosta nel modello standard della fisica delle particelle. In entrambi i casi, si percepisce un'unità sottostante che trascende ogni frammentazione.

Immaginiamo, quindi, questo universo come un'immensa sinfonia. Ogni suono si distingue, ma è grazie alla coerenza delle note che emerge l'armonia. Allo stesso modo, Brahman rappresenta l'insieme. Non è solo la somma delle parti, ma il principio che dona struttura e ordine al tutto.

Da un lato, i millenni di saggezza vedica. Dall'altro, le equazioni della fisica. Questi due mondi, apparentemente lontani, sembrano suggerire la stessa verità fondamentale: l'universo, nella sua complessità, parla un unico linguaggio. O, come direbbero i mistici indiani, tutto è Brahman.

Brahman e il destino della fisica quantistica.

"Brahman è tutto ciò che esiste veramente. Il resto è illusione"
Così recita una delle più celebri frasi delle Upanishad, testi fondamentali della filosofia induista. Questo concetto guida millenni di riflessione spirituale: tutto nel cosmo è unito da una realtà ultima, invisibile ma fondamentale, che trascende la percezione sensoriale. Ma cosa accade quando questa idea antica si incontra con il linguaggio della fisica quantistica moderna?

Negli ultimi decenni, scienziati e filosofi hanno trovato sorprendenti affinità tra Brahman, il principio assoluto della tradizione induista, e alcune scoperte della fisica contemporanea. Un'analogia intrigante è quella tra Brahman e il campo di Higgs, la misteriosa rete invisibile che, secondo la fisica delle particelle, permea ogni angolo dell'universo e dona massa alle particelle elementari. Il fisico britannico Peter Higgs ipotizzò la sua esistenza nel 1964, ma solo nel 2012 il bosone associato al campo fu finalmente osservato al CERN di Ginevra, suscitando un'enorme eco mondiale.

Come il Brahman, il campo di Higgs è onnipresente, anche se non visibile ai nostri occhi. Solo attraverso la sua interazione con particelle "visibili", il campo si rende esperibile, ma ciò che lo anima resta profondamente enigmatico. In modo simile, gli antichi rishi indiani descrivevano Brahman come l'origine e il sostegno di tutto ciò che esiste, una forza unica che si manifesta in ogni cosa senza mai perdere la propria unità.

Un'altra affinità interessante risiede nell'interconnessione della realtà a livello quantistico. La fisica moderna ci ha mostrato che le particelle subatomiche sono più simili a onde che a oggetti solidi. Esistono in un costante stato di fluttuazione e interazione. In questo senso, l'idea di un mondo in cui ogni cosa è intrecciata profondamente richiama la visione vedantica di un'unità cosmica, sottile ma onnipresente.

Vittorio Marchi, uno dei più noti divulgatori italiani di fisica quantistica, spesso sottolineava queste connessioni. Secondo lui:

> *"la fisica quantistica non sta scoprendo nulla di nuovo, sta*
> *solo riscrivendo in termini matematici ciò che i testi sacri*
> *dell'umanità raccontano da secoli".*

Tuttavia, il dialogo tra scienza e spiritualità non è privo di dibattiti e, spesso, controversie. Gli scienziati più ortodossi, come Richard Feynman, hanno ammonito contro l'uso superficiale di metafore mistiche nella scienza, preferendo concentrarsi sui dati sperimentali.

La convergenza filosofica tra Brahman e la fisica quantistica, però, stimola alcune domande profonde. La scienza sta davvero avvicinandosi a comprendere un principio universale simile al Brahman, o si tratta di una coincidenza interpretativa dovuta a limiti del nostro linguaggio? E, ancora, l'antica idea di un'unità fondamentale dell'universo può suggerire nuove direzioni per l'indagine scientifica?

Le Upanishad chiudevano spesso con un'affermazione di speranza e consapevolezza: "*Tu sei Quello*". Questa affermazione è un invito a riconoscere che ogni individuo è parte indissolubile dell'unità cosmica. Forse, come suggeriva Einstein quando parlava del "mistero cosmico", anche la fisica moderna è alla ricerca di un simile senso universale. E chissà, in futuro, scienza e spiritualità potrebbero scoprire non solo di essere complementari, ma intimamente connesse, proprio come le onde di un oceano invisibile che guidano il destino dell'universo.

Capitolo VIII. L'Atman: Il Sé immortale -

Atman e la superposizione.

Nell'antica filosofia vedantica dell'induismo, il concetto di Atman rappresenta il sé immortale, la scintilla eterna e indivisibile che vive in ogni individuo. Questa essenza è considerata una manifestazione diretta di Brahman, il principio cosmico universale, un'entità senza forma che permea ogni cosa. È una delle idee più profonde dell'induismo, e si presta, sorprendentemente, a una connessione intrigante con la fisica quantistica moderna: la superposizione degli stati.

La superposizione, nella meccanica quantistica, descrive la straordinaria capacità di una particella subatomica di esistere contemporaneamente in più stati. È famosa l'immagine del "gatto di Schrödinger", contemporaneamente vivo e morto finché non viene osservato. Analogamente, nel Vedanta, Atman appare come una realtà che trascende le limitazioni di tempo, spazio e identità stabili. Essa si manifesta in un'infinità di modi attraverso la percezione individuale, ma, al di là delle apparenze, rimane sempre immutata e indivisibile.

Adi Shankara, uno dei più grandi filosofi dell'induismo, vissuto nell'VIII secolo, insegnava che il mondo fenomenico, così come noi lo vediamo, è un'illusione (*Maya*). Egli sosteneva che l'essenza dell'Atman è unica e universale, nonostante si presenti come frammentata nell'individualità di ogni essere umano.

*"Quando un uomo conosce il sé universale, diventa
immortale",*

scriveva Shankara nei suoi commentari ai testi sacri vedici. Questo "sé universale", invisibile ma onnipresente, può essere visto come la chiave di lettura per una realtà multidimensionale, un'idea che la fisica quantistica esplora attraverso la nozione di "stati sovrapposti".

Immaginiamo ora un parallelismo: proprio come una singola particella può esistere in contemporanea in più posizioni e condizioni, così Atman, essendo una manifestazione di Brahman, abita simultaneamente infiniti livelli di esistenza. Nel contesto umano, questo potrebbe significare che l'io, in virtù della sua connessione con il sé universale, ha accesso a molteplici potenzialità. Ogni scelta, ogni possibilità, potrebbe esistere in una sorta di *"reticolo quantistico"* della coscienza.

Un esempio suggestivo si ritrova nella cosmologia vedantica dell'India antica: i mondi concorrenti o *"lokas"* descritti nei testi sacri. Questi lokas, piani di esistenza paralleli, echeggiano la possibilità di molte realtà coesistenti, princìpi che oggi la fisica ipotizza con i multiversi. Interessante notare come l'India arcaica già immaginasse la complessità della realtà con una prospettiva che oggi appare incredibilmente moderna.

Torniamo ancora al gatto di Schrödinger. Fino a quando la scatola non viene aperta, il gatto è sia vivo che morto: è un ente che esiste in una condizione di ambiguità fondamentale. Questo non ricorda forse l'esperienza umana del sé? Spesso, ci troviamo a oscillare tra identità, ruoli e possibilità che convivono simultaneamente nella nostra coscienza. L'Atman, come suggeriscono i testi vedantici, non è vincolato a una sola realtà. Esso si riflette in ogni maschera che indossiamo, senza mai essere completamente definito da nessuna di esse.

In un celebre viaggio attraverso l'India, Shankara raccontò una parabola per chiarire il concetto. Egli vide un uomo spaventato da una corda, confusa per un serpente. Questa percezione errata del serpente, spiegava Shankara, è Maya: l'apparenza inganna, mentre la "corda" (la realtà sottostante) è l'Atman. In fisica accade qualcosa di simile. Le particelle non sono mai esattamente ciò che appaiono durante l'osservazione: si nascondono dietro dualità ugualmente valide, come onda e particella.

Questa sovrapposizione tra vedanta e fisica potrebbe essere accidentale o dipendere da un'intuizione universale della mente umana. Tuttavia, il dialogo fra le due discipline rimane una delle frontiere più affascinanti della filosofia e della scienza contemporanea. Forse, proprio lì dove l'Atman e le particelle quantistiche si incontrano, possiamo intravedere una nuova visione del nostro ruolo nell'universo: esseri finiti che danzano con infinite possibilità.

Atman e il Campo Quantico.

Nell'induismo, il concetto di Atman, il sé immortale, rappresenta l'essenza più profonda dell'individuo, un riflesso del divino assoluto, Brahman. Atman non è legato al corpo o alla mente, ma è quell'entità eterna che trascende il tempo e lo spazio. Nel mondo della fisica quantistica, questa idea trova una curiosa risonanza. La superposizione quantistica, fenomeno in cui le particelle esistono simultaneamente in molteplici stati, sembra entrare in dialogo con la natura molteplice e illusoria del sé (Maya), insegnata dai testi vedici.

Werner Heisenberg, uno dei padri della meccanica quantistica, visitò l'India nel 1929. Durante il suo incontro con Rabindranath Tagore, poeta e filosofo profondamente radicato nel pensiero vedico, Heisenberg disse:

"Ho trovato nella filosofia orientale un modo per comprendere l'incertezza quantistica al di là delle rigide categorie occidentali".

Questo dialogo tra scienza e spiritualità riconosce un punto comune: la realtà ultima non è fissa, ma probabilistica e interconnessa.

La fisica descrive il campo quantico come un campo infinito di possibilità. Particelle subatomiche, come gli elettroni, non occupano una posizione definita ma sono *"onde di probabilità"*. Solo l'osservazione fa collassare queste onde in uno stato preciso. In modo simile, nella visione vedica, Atman vive nel gioco illusorio della molteplicità, ma rimane sempre testimone e punto di unità. La consapevolezza del sé emerge, come nel collasso delle onde quantistiche, solo quando l'osservatore diventa consapevole della sua vera essenza.

Il parallelo tra Atman e il campo quantico arricchisce tanto la scienza quanto la spiritualità. Se per la scienza il sé potrebbe essere un punto di convergenza in un universo probabilistico, per l'induismo Atman è la realtà assoluta che aspetta di essere riconosciuta. Entrambi i campi, con linguaggi diversi, ci invitano a considerare un mondo in cui il tutto è interconnesso.

Secondo i testi sacri, Atman non è un'entità separata, ma una manifestazione diretta di Brahman, l'assoluto universale. Poco importa quante forme o identità esso possa assumere: la sua essenza resta immutata, come uno specchio che riflette senza mai cambiare. Questo concetto, elaborato millenni fa, sembra trovare una corrispondenza nella moderna fisica quantistica e nell'idea di sovrapposizione degli stati, dove una particella può esistere in diverse condizioni simultaneamente.

Il Mahabharata, grande poema epico dell'India antica, offre una narrazione illuminante. In un episodio iconico, Arjuna, principe guerriero, guarda all'interno del Vishvarupa, la forma universale del dio Krishna. In quel momento, egli vede tutte le manifestazioni dell'universo coesistere simultaneamente: le sue vite passate, le sue battaglie future e le infinite possibilità dell'esistenza. Krishna, nel commento a questa visione divina, ricorda ad Arjuna che ogni cosa – comprese le sue paure e i suoi desideri – è riflesso di un'unica verità: l'Atman, che si cela sotto la molteplicità delle apparenze. Questo riflesso di identità molteplici è una rappresentazione simbolica della sovrapposizione quantistica.

Nella meccanica quantistica, la sovrapposizione spiega come una particella possa trovarsi in stati contraddittori, come l'essere contemporaneamente onda e particella. Analogamente, Atman è l'essenza unica che può riflettersi in molteplici forme e identità, senza mai essere limitata ad alcuna di esse. Swami Vivekananda, uno dei maggiori filosofi indiani del XIX secolo, scriveva:

"L'Atman non è presente in nulla, ma ogni cosa è nell'Atman".

Questa frase cattura l'idea che, come in una particella quantistica, l'identità dell'Io non è bloccata in una forma definita, ma vive in un campo aperto di possibilità.

Anche la pratica della meditazione offre uno specchio di questa idea. Nei più alti stati meditativi, descritti nell'Upanishad, il confine tra sé e universo si dissolve. Chi medita sperimenta la propria coscienza come un campo infinito in cui coesistono simultaneamente tutte le identità personali: genitore, figlio, studente, essere universale – tutte sono reali e irreali allo stesso tempo. I rishi vedantici paragonavano questa intuizione a uno specchio d'acqua tranquilla, in cui ogni onda è distinta, ma l'essenza rimane sempre quella dell'acqua.

L'induismo offre anche un'immagine poetica di questa struttura identitaria fluida. Il Monte Meru, l'asse cosmico descritto nei testi sacri, è il centro attorno al quale ruotano infiniti mondi. Ogni mondo riflette una prospettiva diversa, ma il centro rimane immobile. Allo stesso modo, Atman è il nucleo eterno e immutabile che osserva l'infinita danza del divenire.

I paralleli tra Vedanta e fisica quantistica non sono mai completamente sovrapponibili, ma aprono una riflessione profonda sul modo in cui concepiamo l'identità e la realtà. Entrambe le discipline sembrano suggerire che siamo molto più di quello che appare in superficie. Atman, come la particella quantistica, potrebbe abitare lo specchio della coscienza, riflettendo infinite possibilità che noi, a volte consapevolmente, non riusciamo a vedere. Forse, la risposta al mistero di chi siamo risiede nella capacità di riconoscere quella pluralità e armonizzarla, sapendo che l'essenza ultima che ci definisce non è mai alterata.

L'Atman e l'incertezza: Werner Heisenberg e il Sé invisibile.

Nel 1929, il fisico tedesco Werner Heisenberg, padre del principio di indeterminazione, visitò l'India. Lì incontrò il poeta e filosofo Rabindranath Tagore e si avvicinò alla Bhagavad Gita, il testo sacro dell'induismo. Heisenberg, celebre per la sua scoperta del limite fondamentale nella conoscenza delle particelle subatomiche, si sorprese nello scoprire che i concetti di indeterminatezza e relatività erano presenti, in forma filosofica, nella cultura orientale da millenni.

Il cuore del pensiero indiano, espresso nella Bhagavad Gita, ruota attorno all'idea di Atman, il sé immortale. Atman è l'essenza invisibile che ogni individuo possiede, ed è una manifestazione del Brahman, l'assoluto universale. Ma questo "sé" non è definibile. Come l'elettrone nel mondo quantistico che non si lascia osservare con precisione in un punto e in un momento, l'Atman sfugge alla descrizione. È infinito e impalpabile; lo si intuisce, ma non lo si misura.

La connessione tra Heisenberg e la Bhagavad Gita, secondo alcuni biografi, influenzò profondamente la sua visione della scienza. Egli trovò una similitudine tra il comportamento delle particelle e il pensiero orientale.

> *"La fisica quantistica non è così lontana dalla realtà spirituale descritta nei testi indiani,"*

affermò Heisenberg, spiegando che la scienza si stava avviando verso uno spazio dove regnano incertezza e complessità, proprio come nei testi sacri.

Un elettrone in sovrapposizione può trovarsi in due stati contemporaneamente, passando dall'essere a non essere, proprio come l'idea filosofica di Atman che rende il sé al contempo universale e personale, tangibile e trascendente. L'incertezza, dunque, non è un difetto, né della scienza né della spiritualità, ma la loro forza.

Heisenberg lasciò l'India colpito dalla profondità di quegli insegnamenti. Tornò a lavorare in Europa con un elemento nuovo: la consapevolezza che le leggi del microcosmo necessitano di una sensibilità filosofica per essere comprese.

In un universo dove osservatore e osservato si intrecciano in modo indissolubile, la fisica e la spiritualità, lontane solo in apparenza, si incontrano sull'orlo dell'impossibile.

L'Illusione del Sé: Atman e il multiverso quantistico.

L'idea che la realtà sia un'illusione è un tema affascinante che lega antiche filosofie orientali e moderne scoperte della fisica quantistica. Nell'induismo, il concetto di Maya descrive il mondo visibile come una proiezione ingannevole, separata dalla verità ultima. Allo stesso tempo, la fisica quantistica, con la teoria del multiverso, propone la coesistenza di infiniti mondi paralleli, ciascuno con le sue versioni alternative di eventi, persone e identità.

L'Atman, secondo i testi vedici, è l'essenza immortale e unica che vive al di là di ogni apparenza illusoria. Collegandolo al multiverso quantistico, potremmo immaginare l'Atman come il filo conduttore che attraversa e connette tutte le versioni del sé che esistono nelle molteplici realtà ipotetiche. Proprio come ogni particella subatomica può trovarsi in uno stato di superposizione – cioè, esistere contemporaneamente in più stati– così l'idea di un sé unico ma frammentato in infinite esperienze sembra risuonare con entrambe le visioni, religiosa e scientifica.

La Bhagavad Gita, uno dei testi sacri più celebri dell'induismo, afferma:

> *"Come una persona indossa nuovi abiti, lasciando da parte*
> *quelli vecchi, così l'Atman assume nuovi corpi"*

Questa citazione può essere vista non solo come una metafora della reincarnazione ma come un'allusione alla realtà multidimensionale dell'universo. Il sé potrebbe, quindi, vivere esperienze "parallele" in diverse incarnazioni simultanee, proprio come suggerisce la teoria dei multiversi.

Anche Adi Shankara, il grande filosofo dell'VIII secolo, sosteneva che il discernimento dell'Atman era il passo fondamentale per spezzare l'illusione del sé separato creato dal Maya. In un certo senso, il suo pensiero risuona con la moderna intuizione scientifica secondo cui osservatori diversi possono influenzare e modellare realtà distinte. Così come il ruolo dell'osservatore è cruciale nella quantistica, lo è anche per chi cerca l'illuminazione spirituale: riconoscere la vera natura dell'Atman significa trascendere le illusioni di questa realtà frammentata.

Un'immagine suggestiva può sorgere immaginando il multiverso come un ventaglio infinito di possibilità, ciascuna rappresentata da un mondo diverso. Tuttavia, al centro di tutto, come un asse immobile e invisibile, c'è l'Atman. Questo sé immortale è l'unica costante che attraversa i vari "io" disseminati nei mondi paralleli descritti dalla scienza.

L'Occidente ha iniziato ad avvicinarsi a questi temi grazie a personaggi come Werner Heisenberg, uno dei padri della meccanica quantistica. Heisenberg stesso studiò a fondo il pensiero orientale e riconobbe sorprendenti affinità tra le intuizioni della fisica moderna e quelle dei testi vedici. Ancora, la famosa citazione di Schopenhauer, il filosofo tedesco affascinato dall'induismo, suona profetica in questo contesto:

"Il mondo è la mia rappresentazione del mondo".

In una realtà costruita dall'osservazione – che sia della mente o della coscienza interiore – chi siamo davvero potrebbe essere solo la manifestazione di quel filo immortale che tiene tutto insieme.

Infine, il legame tra Atman e multiverso è un invito a riflettere sul concetto di identità. Se ogni decisione, ogni azione e ogni possibilità esistono in un qualche ramo alternativo della realtà quantistica, allora ciò che siamo in questa vita è solo un riflesso parziale del nostro io eterno. Riconoscere questa prospettiva non significa semplicemente abbracciare una visione speculativa del cosmo ma anche ritrovare una consapevolezza più profonda di quello che siamo: non spettatori passivi ma parti integranti e inseparabili di un universo interconnesso.

In un mondo dove scienza e spiritualità si mescolano sempre più, l'antico concetto di Atman trova una nuova vita alla luce delle recenti scoperte quantistiche. O, forse, è solo un promemoria di quanto l'umanità abbia sempre saputo guardare oltre le apparenze.

Atman e il paradosso del "Gatto di Schrödinger".

Atman rappresenta il sé immortale, una scintilla di Brahman, la realtà ultima e onnipervadente. L'induismo sostiene che Atman non è soggetto ai vincoli di spazio, tempo o fenomeni illusori. Questo sé non cambia, osserva tutto, ma rimane immutabile. È testimone silenzioso del divenire.

Nel mondo della scienza moderna, un'idea sorprendentemente simile emerge nella meccanica quantistica. Il fenomeno della sovrapposizione permette alle particelle subatomiche di esistere in più stati contemporaneamente, fino ad una "osservazione". Ed è qui che emerge un parallelismo interessante tra Atman e il famoso paradosso del gatto di Schrödinger.

Nel 1935, il fisico Erwin Schrödinger descrisse un esperimento mentale per spiegare l'inquietante natura dei sistemi quantistici. Immaginiamo un gatto chiuso in una scatola con un meccanismo legato al decadimento di una particella radioattiva. Se la particella decade, un meccanismo uccide il gatto. La particella, secondo le regole della fisica quantistica, esiste allo stesso tempo in due stati: decaduta e non decaduta. Di conseguenza, finché non apriamo la scatola, il gatto si trova simultaneamente vivo e morto.

Questo paradosso riflette l'idea che la realtà sia indeterminata fino all'atto dell'osservazione. Atman, secondo la filosofia indù, potrebbe essere considerato il "testimone" di questa ambiguità. L'osservatore non modifica gli stati, ma li rende manifesti.

Una connessione profonda risiede nell'idea di Maya, l'illusione in cui il mondo fenomenico esiste. Maya avvolge la realtà come una tela ingannevole. Tuttavia, Atman rimane distaccato, puro, e privo di alterazioni, osservando gli eventi senza essere coinvolto.

Allo stesso modo, il ruolo dell'osservatore nella fisica quantistica ha una funzione fondamentale: definire ciò che è reale. Ciò che vediamo emerge soltanto quando osserviamo. Senza l'osservatore, la realtà sembra restare sospesa, come le possibilità infinite della particella nella sovrapposizione. La Bhagavad Gita, il testo sacro indù, afferma:

> *"Per l'anima non c'è né la nascita né la morte. Esiste e non smette mai di esistere. Non nasce, non muore, è eterna, originale, non ebbe mai inizio e non avrà mai fine. Non muore quando il corpo muore."*

Questo si connette intimamente alla nozione di Schrödinger, in cui il sistema è sospeso in un'eterna possibilità, fino a che l'osservazione lo definisce.

Anche i saggi indù come Adi Shankara, grande sostenitore dell'Advaita Vedanta, descrivevano Atman come lo specchio che riflette il mondo fenomenico senza mai esserne alterato. Così come lo specchio rimane invariato di fronte alle immagini, Atman osserva molteplici stati senza mutare.

Meditazione quantistica: accedere all'Atman e alla sovrapposizione di stati.

In molte tradizioni spirituali dell'India, l'Atman è considerato il nucleo più profondo dell'essere umano. È l'essenza eterna, immortale, che, secondo i testi vedici, rappresenta una manifestazione diretta del Brahman, il principio cosmico universale. In un certo senso, si può dire che l'Atman sia una scintilla divina presente in ogni individuo. Ma cosa succede se mettiamo in dialogo questo concetto millenario con le scoperte della fisica quantistica?

La fisica moderna ci ha mostrato che le particelle subatomiche possono trovarsi in stati di superposizione. Ciò significa che le particelle esistono contemporaneamente in più stati o luoghi, finché non interviene un'osservazione esterna. Questo fenomeno, al cuore degli esperimenti di Schrödinger e dell'intricato mondo quantistico, ha affascinato scienziati e filosofi. E sorprendentemente, si può notare una connessione con il concetto di Atman e le pratiche di meditazione.

La meditazione consapevole, diffusamente descritta nei Veda e nei testi successivi come le Upanishad, è molto più di una tecnica di rilassamento. Alcuni studiosi e praticanti la considerano un metodo per "sintonizzarsi" sui livelli più profondi della coscienza, permettendo di percepire la propria unità con l'universo. Aneddoti di grandi maestri spirituali, come Adi Shankaracharya, raccontano di come la meditazione porti alla consapevolezza che l'Atman non è limitato al corpo o alla mente, ma è un'entità multidimensionale, al di là del tempo e dello spazio.

Sul piano neuroscientifico, studi recenti hanno esplorato come la meditazione alteri i circuiti cerebrali e crei stati di "connessione" tra aree diverse del cervello. Il neuroscienziato Sir Roger Penrose, con il fisico Stuart Hameroff, ha proposto la teoria della "mente quantistica". Secondo questa teoria, i microtubuli delle cellule cerebrali potrebbero svolgere un ruolo simile a quello delle particelle quantistiche, con stati di superposizione e collasso quantistico all'interno della mente umana. Questi fenomeni potrebbero spiegare non solo la coscienza, ma anche gli stati meditativi più profondi.

Immaginate, quindi, la meditazione come uno strumento per accedere alla "superposizione" dell'io. Un praticante, nella quiete mentale, potrebbe simultaneamente percepire i molteplici aspetti della sua identità: il sé individuale, relazionale e cosmico. Come ha scritto il premio Nobel Erwin Schrödinger, fortemente influenzato dalla filosofia vedica,

> *"La distinzione tra io e l'universo è, in ultima analisi,*
> *un'illusione."*

Luoghi sacri, come Varanasi sulle rive del Gange, sono stati per millenni luoghi di meditazione e ricerca spirituale. Ma oggi, anche nei laboratori scientifici, la possibilità che esistano connessioni profonde tra mente, universo e particelle subatomiche continua a ispirare domande. Siamo parte di una realtà unica, dove l'antica saggezza e la fisica più moderna, ognuna a modo suo, ci avvicinano alla stessa intuizione: esistiamo come un intreccio di stati, visibili e invisibili, tangibili e trascendenti.

Attraverso la meditazione, forse, possiamo intravedere e persino esperire questo mistero. Un mistero già descritto dalla parola Atman, l'anima immortale.

Kalidasa e la particella sospesa: Poesia e fisica dell'Atman.

L'opera di Kalidasa, considerato uno dei più grandi poeti e drammaturghi dell'India classica (IV-V secolo d.C.), evoca con straordinaria sensibilità l'unione tra anima individuale (Atman) e cosmo infinito (Brahman). Nei suoi versi, l'universo e l'anima non sono entità separate, ma due facce di una stessa realtà fluida, mutevole, ma intimamente connessa. Questo pensiero antico sembra dialogare con una delle idee più rivoluzionarie della fisica moderna: la superposizione quantistica.

Nella fisica quantistica, una particella può esistere in più stati contemporaneamente fino a quando un osservatore ne provoca il "collasso", cioè, ne determina la "posizione" o lo "stato". Questo principio, apparentemente estraneo alla comprensione umana ordinaria, richiama poeticamente l'idea vedica del sé multiforme. L'Atman, secondo l'induismo, è il sé immortale, in grado di trascendere l'identità individuale per fondersi con la realtà universale. È un'entità unica e al tempo stesso multipla.

Kalidasa, nei suoi poemi, descrive il sé come una "goccia" capace di dissolversi nell'oceano universale pur mantenendo la sua essenza.

(Ricordate l'immagine di David Bohm, della goccia di inchiostro nella glicerina?)

Nel capolavoro epico *"Meghadūta"* (Il Nube Messaggero), un "yaksha" esiliato, simbolo dell'anima sofferente, invoca una nuvola come tramite per portare un messaggio alla amata lontana. La nuvola diventa il ponte tra il sé individuale e la vasta distesa del cosmo. Questo simbolismo riecheggia i principi del mondo quantistico, dove la singola particella è tutt'uno con la rete di probabilità cosmica.

Un parallelo interessante si può trovare anche nella poesia europea. John Keats, nel suo "Ode to a Nightingale", parla di un'anima sospesa tra mondi diversi, richiamando un tema affine a quello del poeta indiano: la tensione tra individualità e unione cosmica. Tuttavia, è Kalidasa a definire, con la sua raffinata estetica sanscrita, un linguaggio che accoglie questa dualità come unione armoniosa, non un conflitto.

La scienza moderna, rappresentata da pionieri come Schrödinger e Heisenberg, ha riconosciuto nella filosofia orientale un'interessante intuizione prenatale delle scoperte quantistiche. Schrödinger, in particolare, menzionò esplicitamente l'idea dell'Atman come modello per concepire una realtà in cui i confini tra osservatore e osservato si dissolvono. Kalidasa, in molti versi dedicati alla natura e al trascendente, anticipa un senso di "indefinitezza" che la meccanica quantistica ha svelato con le sue equazioni.

Ripensare Kalidasa attraverso la lente della fisica quantistica non è solo un esercizio intellettuale. È un viaggio emotivo ed estetico che ci ricorda come poesia e scienza possano convergere. L'Atman, come la particella sospesa, ci insegna che identità e realtà sono concetti più vasti di quanto sembriamo percepire. In entrambi i casi, ciò che sembra separato è, in fondo, indivisibile.

Atman e l'osservatore quantico. Chi sei quando guardi?

L'idea che l'osservazione possa influenzare la realtà è uno dei concetti più affascinanti nella fisica quantistica. Particelle che si trovano in stati di "superposizione" collassano in una sola realtà osservabile quando un osservatore interviene. Questa apparente magia scientifica trova un sorprendente parallelo nel pensiero indù, dove l'Atman gioca un ruolo simile come osservatore della realtà universale.

Secondo l'induismo, l'Atman è l'essenza individuale, il nucleo immutabile che osserva il mondo attraverso il velo di Maya, l'illusione della realtà materialistica. Nei testi delle Upanishad, si legge che soltanto l'Atman rende possibile la percezione del mondo.

È l'osservatore ultimo, testimone silenzioso che trascende il corpo e la mente. I saggi nei testi dei Veda scrivono:

"Il Sé è il testimone, eterno e senza forma",

Questo concetto si può paragonare all'esperimento quantistico della doppia fenditura. In questo esperimento, una particella – per esempio un fotone – passa attraverso due fenditure simultaneamente, rivelando la sovrapposizione di stati. Tuttavia, quando un osservatore misura il percorso della particella, questa particella sceglie un'unica traiettoria: il semplice atto di osservare cambia il risultato.

Le implicazioni sono straordinarie. Chi osserva, dunque, è parte stessa della realtà che osserva. Werner Heisenberg, uno dei padri della meccanica quantistica, sottolineò questa relazione dicendo:

"Ciò che osserviamo non è la natura in sé, ma la natura esposta al nostro metodo di interrogazione."

L'induismo amplia ulteriormente questo concetto. Nei dialoghi del Bhagavad Gita, Krishna spiega ad Arjuna che l'Atman, essendo senza tempo e immutabile; tuttavia, guarda il dramma della vita terrena anche se lo fa con un distacco divino. In altre parole, l'osservatore (Atman) non solo osserva, ma è anche parte della creazione di ciò che guarda. Questo ricorda l'interazione filosofica tra l'osservatore umano e la realtà quantica.

In che modo queste idee ci aiutano a capire meglio chi siamo? Quando io osservo il mondo, chi sono davvero? Sono il corpo e la mente che si agitano oppure sono l'Atman, il sé che calma la confusione del mondo visibile? Come evidenziano sia la fisica quantistica che la filosofia indù, forse la vera risposta si trova proprio nell'atto di osservare. Non siamo solo spettatori: siamo anche partecipanti. In questo specchio tra Oriente e Occidente, l'osservatore e l'osservato si riflettono a vicenda, rivelando un legame nascosto tra scienza e spirito.

La danza dell'Io multidimensionale. Shiva, Atman e sovrapposizione quantistica.

Nel cuore della filosofia induista, l'Atman, o sé immortale, si manifesta come l'essenza eterna dentro ciascun individuo. L'Atman è al tempo stesso un frammento dell'infinito Brahman, la realtà ultima e indivisibile. Da un altro punto di vista, i fisici quantistici hanno scoperto un fenomeno intrigante chiamato *"superposizione"*. Secondo la meccanica quantistica, una particella può trovarsi in più stati contemporaneamente, fino a quando l'osservazione non "decide" uno stato tra quelli possibili. Sorprendentemente, questa condizione sembra rieccheggiare il concetto di Atman come presenza multidimensionale, in perenne trasformazione.

Shiva, una delle figure più iconiche del pantheon induista, incarna perfettamente questa danza del cambiamento. Conosciuto come il distruttore e il trasformatore, Shiva rappresenta il movimento continuo tra le possibilità dell'essere. Nella mitologia indiana, la sua celebre "danza cosmica" (il *Tandava*) simboleggia la creazione, la distruzione e la rigenerazione dell'universo. Questa danza, che ha origine nel mito e risuona nei templi dedicati a Shiva come quello di Chidambaram, nel Tamil Nadu, diventa una potente metafora per il modo in cui lo stesso Atman si muove tra i suoi diversi stati.

Werner Heisenberg, durante il suo soggiorno, conversò con Rabindranath Tagore, il poeta e filosofo bengalese. I due discussero dell'interconnessione tra la fisica moderna e le filosofie orientali. Heisenberg, impressionato dalla visione olistica della realtà tipica dell'induismo, trovò risonanze tra la natura probabilistica dei fenomeni quantistici e l'idea di un sé fluido e interconnesso. La sovrapposizione degli stati, per esempio, ricorda l'idea che l'Atman non sia rigido né monolitico, ma possa vibrare tra diverse prospettive e forme, in dialogo con il Brahman.

Quando si pensa alla danza di Shiva, si può immaginare l'Atman immerso in una "danza quantistica" tra possibilità infinite. Come una particella, il sé può oscillare tra stati diversi, in attesa di manifestare una forma definita. Questo concetto è rafforzato dalla Bhagavad Gita, in cui Krishna afferma:

> *"Non vi è nascita né morte per colui che è immortale. Non ha inizio e non ha fine. Sebbene il corpo perisca, l'Atman non muore mai."*

L'Atman si trova quindi non soltanto in una posizione di unità, ma anche in un eterno gioco di molteplicità, proprio come le particelle descritte dalla fisica quantistica.

Ciò che rende affascinante questo parallelo è la moderna convergenza di due mondi apparentemente opposti: la spiritualità antica e la scienza contemporanea. Shiva danza nella mitologia, ma danza anche nel microcosmo della realtà quantistica. Entrambi indicano un universo in continuo movimento, dove l'identità – sia dell'Atman sia delle particelle – si forma e si dissolve in una trama infinita di possibilità.

Atman, il Déjà Vu e le intersezioni quantistiche.

Il déjà vu è un'esperienza quasi mistica. Milioni di persone nel mondo descrivono la strana sensazione di "aver già vissuto" un momento presente. Ma da dove nasce questo fenomeno inspiegabile? Nelle profondità della filosofia indiana, il concetto di Atman, l'anima immortale, può offrire una sorprendente spiegazione. E, incredibilmente, persino la fisica quantistica potrebbe contribuire a decifrare questo mistero.

Nell'Induismo, l'Atman è l'essenza eterna dell'individuo, un frammento del divino Brahman. Questa anima immortale esiste oltre i vincoli del tempo e dello spazio. Nella fisica moderna, si osserva qualcosa di simile nel principio della sovrapposizione quantistica. In questo stato, una particella può trovarsi contemporaneamente in più posizioni, o assumere multiple condizioni, finché non viene osservata. L'idea è elegante e disorientante: un microcosmo "diviso" che esiste in realtà molteplici.

E se il déjà vu fosse qualcosa di simile? E se l'Atman galleggiasse, come una particella quantistica, tra dimensioni diverse dello spazio e del tempo? La mente umana, infatti, potrebbe percepire istanti sovrapposti di una realtà parallela. Questi momenti, un tempo separati, diventano per la coscienza un'unica traccia di memorie che si incontrano.

Il Bhagavad Gita, uno dei testi sacri dell'Induismo, afferma:
> *"Il corpo cambia, ma l'Atman resta immutabile. È senza nascita e senza morte".*

Questa descrizione sembra risuonare con l'idea della sovrapposizione: l'Atman attraversa i diversi stati dell'esistenza, conservandosi al di là del mondo fisico.

Un esempio moderno potrebbe essere quello di Hugh Everett III, il fisico statunitense che sviluppò l'interpretazione a molti mondi della meccanica quantistica negli anni Cinquanta. Everett suggeriva che ogni decisione o evento genera un universo parallelo. Oggi, studiosi del tema come Michio Kaku ipotizzano che anche la coscienza possa "ricordare" questi universi alternativi, creando esperienze simili al déjà vu.

Il déjà vu, quindi, potrebbe rappresentare un "*glitch*" nella percezione. L'Atman, a quel punto, sperimenta tutte le sue vite possibili, anche solo per un frammento. Come un granello di sabbia che cade attraverso le pieghe del tempo, questo spirito immortale conserva in sé l'eco di universi paralleli.

Gli antichi mistici indiani meditavano sulla natura profonda dell'anima, credendo che ogni essere umano racchiudesse un frammento del divino eterno. Allo stesso modo, i fisici oggi meditano sulle particelle subatomiche, domandandosi se l'universo stesso non sia animato da una logica simile. Potrebbe essere che la meccanica quantistica, anziché contraddire il misticismo, ne sia la prova più concreta?

L'esperienza del déjà vu ci ricorda la connessione misteriosa tra ciò che pensiamo di comprendere e ciò che rimane oltre il nostro controllo. Le intersezioni tra l'Atman e le teorie quantistiche aprono la porta a un nuovo modo di vedere la realtà. Un modo in cui il divino e il subatomico convivono, forse, nell'eterno ora.

Oceano di Sé: Atman come onda nella fisica quantistica.

Gli antichi saggi dei Veda descrivevano Atman come un'onda nell'immenso oceano dell'esistenza. Allo stesso modo, la fisica quantistica ci offre un parallelismo affascinante: il comportamento ondulatorio delle particelle subatomiche. Dove la metafisica cerca il significato della coscienza, la scienza esplora la materia; entrambi si incontrano in un'immagine che unisce il microcosmo all'infinito.

La fisica quantistica ci ha svelato l'idea di una realtà non definita, dove una particella può esistere in stati di sovrapposizione. In questa sovrapposizione degli stati, dove l'essere si espande al di là di un'unica identità, possiamo intravedere un'affinità con Atman. Anche Atman non è confinato. È ondeggiante, fluido, connesso all'oceano dell'esistenza totale.

Un'immagine suggestiva emerge studiando l'equazione di Schrödinger, che descrive l'"onda di probabilità" delle particelle. Non possiamo mai sapere con certezza dove si trovi un elettrone in un dato momento, ma possiamo immaginare questa particella come un'onda che si estende nello spazio. Allo stesso modo, l'induismo ci invita a considerare Atman come una scintilla dell'assoluto che trascende l'individualità e si espande oltre i confini della nostra percezione quotidiana.

Un esempio illuminante ci arriva dagli aforismi delle Upanishad, quei testi sacri scritti circa 3000 anni fa. Nell'Isha Upanishad leggiamo:

*"Chi vede tutto in sé stesso e sé stesso in tutto non prova
paura."*

Questo passaggio risuona con la visione quantistica: l'interconnessione tra ciò che esiste dentro e ciò che esiste fuori. La fisica moderna, con gli esperimenti di entanglement quantistico, ci ha mostrato che due particelle separate da distanze siderali possono influenzarsi reciprocamente. Similmente, l'Atman è al tempo stesso unico e interconnesso con ogni elemento dell'universo.

La città sacra di Varanasi, ancora oggi punto di incontro tra spiritualità e conoscenza, può essere vista come il "laboratorio vivente" di questa filosofia. È il luogo dove generazioni di studiosi induisti hanno riflettuto sul sé universale, magari contemplando proprio lo scorrere del Gange, che come un'onda, simboleggia la trasformazione e la continuità.

Pensiamo per un attimo al dualismo onda-particella della fisica quantistica e colleghiamolo a questa visione. Possiamo immaginare Atman, il Sé, come l'onda: indefinito, in espansione, inafferrabile col pensiero razionale. E possiamo immaginare il corpo fisico come la particella: un punto definito nello spazio, visibile, ma pur sempre una manifestazione dell'infinito oceano quantistico. Entrambe le realtà coesistono senza essere in contraddizione.

Oggi, mentre il mondo scientifico tenta di osservare le particelle sempre più a fondo, ci avviciniamo a domande fondamentali sull'identità e la presenza. Qual è la natura del Sé? Dove inizia la nostra coscienza e dove finisce? Queste questioni, che Galileo ed Einstein potevano a fatica immaginare come campi di studio scientifici, echeggiano con straordinaria modernità nello studio simultaneo di Atman e del mondo subatomico.

L'onda non esisterebbe senza il mare. Atman non esisterebbe senza Brahman. La particella non si manifesterebbe senza l'onda. In questo gioco affascinante di metafore, filosofia e scienza si sfiorano, ricordandoci ciò che il poeta tedesco Novalis osò suggerire già secoli fa:

*"La filosofia è nostalgia: il desiderio di essere ovunque a
casa."*

E forse, nel concetto di Atman inteso come onda, e nell'idea quantistica di una realtà in costante espansione, possiamo trovare un porto che ci avvicini un po' più a casa.

Atman e l'entanglement quantistico.

Il filo invisibile che lega ogni elemento dell'universo è una delle intuizioni più profonde che emerge sia dalla filosofia indiana sia dalla fisica quantistica. Nell'Induismo, il concetto di Atman rappresenta l'essenza immortale, l'anima individuale che è una manifestazione diretta del grande tutto: Brahman. Questo sé eterno non è isolato. È intrecciato con ogni altro frammento di vita, in una rete che trascende lo spazio e il tempo.

La fisica quantistica offre una visione sorprendentemente simile. Il fenomeno dell'entanglement quantistico dimostra che due particelle, una volta connesse, continuano a influenzarsi reciprocamente a qualsiasi distanza, come se fossero due lati della stessa medaglia. Albert Einstein lo definiva, con un certo scetticismo, "*azione spettrale a distanza*". Ma esperimenti successivi, come quelli condotti dal fisico Alain Aspect nel 1982, hanno confermato l'effettiva realtà di questa connessione. Nulla, nemmeno la vastità dello spazio, può romperla.

Nell'Induismo, troviamo un pensiero parallelo nelle Upanishad, antichi testi sacri che indagano l'essenza dell'essere. La Chandogya Upanishad, per esempio, afferma che

"Tutto questo è Brahman. In verità, Atman è Brahman".

In altre parole, ogni frammento di sé (Atman) è collegato al tutto (Brahman), in un intreccio che non conosce confini né temporali né spaziali.

Un'interessante analogia è narrata nella leggenda del *"Neti-Neti"*, una pratica spirituale che invita a definire ciò che è Atman attraverso la negazione. "*Non questo, non quello*". È un invito a scartare tutte le illusioni di separazione e ad arrivare alla base comune di tutto ciò che esiste. Questa visione corrisponde al concetto quantistico per cui le particelle, apparentemente separate, sono in realtà stati differenti di un unico sistema globale.

C'è poi l'aspetto temporale che rende particolarmente affascinante il parallelo tra Atman e l'entanglement. Nella fisica quantistica, le connessioni tra le particelle sembrano ignorare il tempo, dimostrando una sincronicità fuori dall'esperienza ordinaria. In modo simile, nel pensiero indiano, Atman trascende il tempo lineare. Il sé immortale, presente in ogni essere, non è soggetto alla nascita o alla morte. È eterno, come le tradizioni spirituali lo descrivono da millenni.

Basta visitare luoghi come Varanasi, lungo le rive del Gange, per intuire questa prospettiva. Qui, il ciclo di morte e rinascita appare ancora come un elemento naturale e indivisibile della vita quotidiana. Lo stesso concetto ricorda la danza delle particelle subatomiche, che passano costantemente da uno stato all'altro, trasformandosi senza mai perdere la loro essenza più profonda.

In fondo, Atman e l'entanglement ci ricordano entrambi che, al di là delle illusioni di distanza, c'è un legame fondamentale che tutto collega. Attraverso il tempo e lo spazio, il sé immortale non è mai davvero solo.

L'Io e il niente:

L'induismo ci invita a riflettere sull'idea dell'Atman, il sé immortale, che rappresenta l'essenza individuale ed eterna, un riflesso dello sconfinato Brahman. Questo concetto trova una sorprendente risonanza nel linguaggio della fisica quantistica moderna, in particolare nell'idea del vuoto quantistico.

Il vuoto quantistico, nella fisica, non è un'assenza di tutto. È, piuttosto, un mare pulsante di energia potenziale, un campo fondamentale da cui ogni particella o stato della materia può emergere. Un concetto simile si trova al cuore della filosofia indù: l'Atman è percepito non come un'entità separata, ma come un "nucleo" di potenzialità, che nasce dal misterioso e infinito Brahman.

Niels Bohr, uno dei fondatori della meccanica quantistica, una volta disse:

"Chi non rimane stupefatto alla prima esperienza con la fisica quantistica, non l'ha ancora capita."

Lo stesso si potrebbe dire di chi si avvicina al concetto di Atman. I due campi sembrano dialogare: se il vuoto quantistico produce tutte le particelle e gli stati possibili, il sé immortale emerge come possibilità pura, un'idea che trascende il tempo e lo spazio come li conosciamo.

Un raffronto utile è con lo stato di "superposizione" della fisica quantistica, in cui una particella può trovarsi in più stati contemporaneamente. Il sé, l'Atman, sembra condividere questa qualità: esso è allo stesso tempo individuale e universale, personale e cosmico. È come se ogni Atman fosse una goccia che al tempo stesso contiene e riflette l'intero oceano Brahman.

Dal punto di vista scientifico, il vuoto quantistico rappresenta una sorta di "niente" fertile, capace di produrre universi paralleli o realtà alternative secondo alcune interpretazioni. Allo stesso modo, nella filosofia indù, l'Atman trascende il mondo materiale, ma ne costituisce anche il fondamento essenziale. Questa visione rimanda al fisico David Bohm, che nei suoi studi parlava di un "ordine implicito" nascosto sotto la realtà visibile, non molto distante dal concetto di Brahman.

Questa convergenza tra scienza e spiritualità può aiutarci a ripensare il nostro posto nell'universo. L'idea di Atman e del vuoto quantistico ci mostra che il "niente" non è da temere: è una promessa, una possibilità infinita. Entrambi ci ricordano che da quel vuoto, silenzioso e misterioso, possono scaturire infiniti mondi e infinite versioni di noi stessi.

Maya e la sovrapposizione: La realtà che l'Atman osserva.

L'Induismo ci introduce al concetto di Atman, il sé immortale, il nucleo più profondo dell'individuo. È un riflesso divino, una manifestazione di Brahman, il principio universale che tutto pervade. Ma se l'Atman è eterno e immutabile, perché l'uomo fatica a vedere la sua vera natura? Qui entra in gioco Maya, il velo di illusioni che offusca la realtà, simile alla distorsione di uno specchio che riflette innumerevoli immagini, senza mostrare mai quella autentica.

In fisica quantistica, il fenomeno della sovrapposizione potrebbe offrire una metafora illuminante. La sovrapposizione permette alle particelle di esistere in stati molteplici contemporaneamente, fino a quando una osservazione "collassa" questa molteplicità in un'unica realtà misurabile. E se ciò che conosciamo come Maya fosse una sorta di sovrapposizione cosmica? La realtà, come suggeriva il fisico danese Niels Bohr, potrebbe essere non un'entità statica, ma un intreccio di potenzialità dipendenti dall'osservazione. Le parole di Bohr:

> *"Non è possibile parlare di realtà separatamente dall'osservatore,"*,

sembrano echeggiare i testi delle Upanishad. In essi, si dice che chi è immerso in Maya vede il mondo come frammentato, ignorando che tutto è uno.

Erwin Schrödinger, figura cardine della fisica quantistica, fu profondamente influenzato dalla filosofia indiana. Nel suo saggio *"What Is Life?"*, Schrödinger scrive che l'idea di un sé immortale non trova soltanto risonanza nella mistica, ma anche nella scienza. Egli vide nell'universo un'unica coscienza collettiva, un tema comune nelle Upanishad.

Questa visione non è priva di sfide. Che cos'è dunque reale? È reale ciò che osserviamo, o ciò che esiste al di là delle illusioni? La domanda è centrale, sia nella fisica quantistica che nella filosofia indiana. L'esperimento mentale del gatto di Schrödinger assomiglia alla perenne tensione tra Maya e Atman: una realtà sospesa tra possibilità infinite che solo un atto di consapevolezza può svelare.

In entrambi i domini, il ruolo dell'osservatore è cruciale. L'Atman osserva, ma deve riconoscere che ciò che vede attraverso il filtro di Maya non è la verità ultima. Questo percorso di risveglio spirituale lo avvicina alla realtà universale, abbandonando l'illusione della separazione.

L'Induismo, con i suoi concetti di Atman e Maia, e la fisica quantistica, con il mistero della sovrapposizione, convergono in un punto: la realtà non è mai come sembra, ma è ciò che osserviamo di essa. E l'osservatore, alla fine, non è altri che il sé.

Atman e la coerenza quantistica

Nei misteri della fisica quantistica emerge un concetto affascinante: la coerenza quantistica. Questo fenomeno descrive la capacità di un sistema quantistico di mantenere una connessione profonda tra i suoi stati, creando una sorta di armonia invisibile al di là del caos apparente.

L'Atman, secondo le Upanishad resta intatto e immutabile, pur navigando attraverso i mondi della materia e dell'illusione. La Brihadaranyaka Upanishad proclama con forza che
> *"Questo Sé è libero dalla morte, libero dalla paura; è immortale, non catturabile, non toccato dal dolore o dalla sofferenza".*

La coerenza quantistica, a suo modo, riflette queste qualità. Nel mondo quantistico, anche quando le particelle sembrano sfuggire a ogni definizione ferma, esse possono mantenere una coesione sottile, come un'orchestra invisibile che lavora in sinergia.

La metafora del sé come risonanza trova eco anche negli esperimenti che studiano l'interazione di particelle isolate. Erwin Schrödinger, grande fisico, equiparava il sé alla totalità del cosmo, suggerendo che le divisioni che percepiamo sono semplici illusioni. Quando una particella quantistica è mantenuta in uno stato coerente (ad esempio, in un cristallo superconduttore a temperatura estremamente bassa) essa non perde il contatto con tutti gli altri stati possibili. Questo "ricordo" quantistico può essere paragonato all'abilità dell'Atman di rimanere connesso alla sua vera natura, pur vivendo in un corpo umano.

A Benares (l'odierna Varanasi), città sacra alle rive del Gange, filosofi indiani hanno meditato per millenni sull'idea che tutto ciò che esiste sia parte di una rete invisibile di connessioni spirituali. La fisica moderna, ironicamente, ci offre un'analogia matematica. Nel 1972, il fisico Alain Aspect dimostrò che le particelle quantistiche, anche separate da grandi distanze, rimangono misteriosamente interconnesse attraverso il fenomeno dell'entanglement. Questo fa emergere una domanda profonda: se il cosmo stesso è coerente a livello quantistico, possiamo vedere l'Atman non come un'entità isolata, ma come la vibrazione di una realtà universale che trascende spazio e tempo?

L'Atman è uno. Il sistema quantistico, che non si divide mai del tutto, è il suo specchio matematico. Ciò che l'induismo da millenni considera eterno e immutabile, oggi la scienza inizia a intuire come un principio di connessione fondamentale. Resta aperta la sfida principale: comprendere come scienza e spiritualità possano condividere la risonanza di una verità unica.

Krishna, Arjuna e Atman: Le lezioni quantistiche nella Bhagavad Gita.

La Bhagavad Gita, uno dei testi cardine dell'induismo, è un dialogo epico tra Krishna, la guida divina, e Arjuna, un principe guerriero. Sul campo di battaglia di Kurukshetra, Arjuna è travolto dal dubbio e dal conflitto morale. Krishna, suo auriga e maestro, lo istruisce sugli aspetti più profondi dell'esistenza. Centrale nel dialogo è il concetto di Atman, il Sé immortale, che Krishna descrive come eterno, indivisibile e oltre la morte.

In un passaggio emblematico (Bhagavad Gita, II:12-25), Krishna afferma:

> *"Mai vi fu un tempo in cui Io, tu o questi re non esistessimo, né vi sarà mai un tempo in cui cessiamo di essere."*

Questa frase immortale pone l'Atman al di là del tempo e dello spazio, simile a una particella quantistica in sovrapposizione.

Nella fisica quantistica, il principio di sovrapposizione indica che una particella, come un elettrone, può esistere simultaneamente in più stati. Solo quando viene osservata, la particella "collassa" in uno specifico stato definito. Questo concetto offre un parallelo suggestivo all'Atman, che Krishna descrive come simultaneamente unico e universale.

L'Atman può incarnarsi in tanti ruoli: guerriero, figlio, re o insegnante. Arjuna stesso vive questa molteplicità. È un fratello amorevole, un comandante coraggioso e un discepolo spirituale. Krishna spiega che questi ruoli sono come abiti, indossati temporaneamente dall'Atman. L'identità essenziale rimane immutata, come in un sistema quantistico dove le possibilità coesistono fino all'interazione.

Per esempio, la dualità di Arjuna come guerriero e uomo morale rispecchia lo stato di sovrapposizione. Egli esita a combattere i suoi stessi parenti, un dilemma che rappresenta la collisione fra i suoi ruoli. Krishna risolve il conflitto chiedendo ad Arjuna di trascendere queste identità superficiali e riconoscere il suo Atman eterno.

Krishna introduce un concetto chiave: l'universo è *"Lila"*, un gioco cosmico orchestrato da Brahman, il principio universale da cui l'Atman emana. Come nella meccanica quantistica dove le particelle danzano all'interno di una tela di probabilità, così Krishna invita Arjuna a vedere la guerra non come un conflitto materiale, ma come parte di un ordine superiore.

Bhagavad Gita, (XVIII:20) spiega che una mente illuminata vede *"un solo Sé in tutte le cose."* Questo risuona con il concetto di campo quantistico unificato, dove tutte le particelle sono interconnesse, al di là di spazio e tempo.

La scienza quantistica del XX secolo, sviluppatasi con le teorie di fisici come Schrödinger e Heisenberg, sembra intercettare questo messaggio. Erwin Schrödinger stesso era profondamente influenzato dalle Upanishad, le quali sviluppano le stesse idee della Gita.

Atman nell'infinito possibile.

Secondo i Veda, l'Atman è unico e immutabile, ma allo stesso tempo si manifesta in una molteplicità di esperienze individuali. Questa apparente contraddizione ricorda i fenomeni quantistici studiati da fisici come Niels Bohr ed Erwin Schrödinger.

Negli Yoga Sutra di Patanjali, il percorso per comprendere il sé immortale passa per la meditazione. Attraverso il samadhi, uno stato di concentrazione pura, il praticante può trascendere la frammentazione del sé egoico e riconoscersi come Atman, una scintilla dell'infinito Brahman. Questa pratica si ricollega a una metafora cosmica: come l'osservazione modifica il comportamento delle particelle quantistiche, così l'introspezione profonda trasforma la nostra esperienza della realtà.

Un aneddoto interessante collega questa visione a un momento specifico della scienza moderna. Nel 1927, al Congresso di Solvay a Bruxelles, Albert Einstein espresse perplessità sulla natura "indeterminata" della fisica quantistica, dicendo la celebre frase:

"Dio non gioca a dadi."

Niels Bohr rispose con un consiglio filosofico:

"Smetti di dire a Dio cosa deve fare."

La fisica, in quel momento, sembrava puntare verso un modello dell'universo in cui il reale non era fisso ma fluido, potenziale e complesso. Allo stesso modo, l'Atman, secondo l'induismo, può essere percepito solo andando oltre le apparenze mutevoli e limitate del mondo materiale.

Immaginiamo ora il microcosmo dell'Atman e il macrocosmo dell'universo quantistico intrecciati in un unico tessuto di possibilità infinite. Il fisico David Bohm, fortemente influenzato dalla filosofia orientale, descrisse la realtà come un "ordine implicito", una rete nascosta in cui ogni elemento è interconnesso. Questa visione, pur scientifica, sembra richiamare l'idea di Brahman come la base invisibile e indivisibile di tutta l'esistenza.

Alla fine, il viaggio attraverso l'induismo e la fisica quantistica ci mostra che le antiche intuizioni dei saggi orientali continuano a dialogare con le teorie scientifiche più avanzate. Nell'Atman si cela non solo il segreto dell'immortalità personale, ma anche la chiave per comprendere un universo in cui il possibile e l'impossibile si intrecciano all'infinito.

Il ritorno al Sé quantico. Atman nell'era della fisica moderna.

L'incontro tra fisica quantistica e filosofia orientale apre nuove porte alla comprensione di noi stessi e dell'universo. Un antico concetto dell'induismo, l'Atman, trova oggi paralleli sorprendenti con i principi della meccanica quantistica. L'Atman, considerato nelle scritture vediche come il sé immortale e la manifestazione individuale del Brahman, invita a riflettere sul senso dell'identità e della realtà.

La fisica quantistica ci parla di superposizione, dove una particella può trovarsi in più stati contemporaneamente. Questa idea risuona profondamente con il concetto di Atman, che trascende l'identità ordinaria e si manifesta in diverse sfaccettature pur rimanendo unico. Proprio come una particella esiste simultaneamente in molteplici possibilità fino a quando viene osservata, così l'Atman può essere compreso come un'essenza che incarna infinite potenzialità.

Un esempio storico di questa affinità intellettuale risale agli anni '70, quando Fritjof Capra, noto autore de "*Il Tao della Fisica*", si interrogò sulle somiglianze tra la meccanica quantistica e le tradizioni mistiche orientali. Capra osservò che:

"le particelle subatomiche non sono cose, ma tendenze".

Il pensiero indù, con la sua enfasi sull'impermanenza delle cose materiali e la centralità di un sé immutabile, risponde con risonanza a queste teorie.

Il luogo emblematico di Varanasi, sulle rive del Gange, offre un collegamento culturale significativo. Da millenni, i saggi si riuniscono lungo il fiume per discutere dell'Atman e del suo legame con il cosmo. Oggi, quei dialoghi sembrano abbracciare anche il linguaggio scientifico moderno. Ad esempio, l'esperimento della doppia fenditura, che ha mostrato il comportamento duale delle particelle ricorda l'insegnamento vedico secondo cui la realtà è influenzata dalla coscienza.

Mentre la scienza avanza, l'Atman non smette di essere un punto di riferimento. Gli yogi suggerivano che conoscendo l'Atman si superano i limiti del corpo e della mente. La fisica quantistica, attraverso concetti come l'entanglement o la non-località, ci invita a rivedere la nostra idea di separazione e riconciliarci con una realtà interconnessa.

In queste scoperte, antiche e moderne, si riconosce un messaggio universale: il ritorno al sé, all'Atman, non è solo un viaggio mistico, ma anche una sfida intellettuale nell'era della fisica moderna.

Capitolo IX. Il Karma: la legge della causa e dell'effetto.

Karma, la legge della causa e dell'effetto.

Nel pensiero indù, il Karma rappresenta una sorta di principio cosmico che regola l'universo morale e materiale. Ogni azione, intenzione o pensiero genera un effetto. Questo effetto, positivo o negativo, può manifestarsi immediatamente o attraversare il tempo, incidendo sul futuro, addirittura oltre la vita individuale. Non si tratta di una punizione divina, ma di una rete universale di interconnessioni, come fili invisibili che legano ogni cosa a ciò che è accaduto e a ciò che accadrà. Ecco come Swami Sivananda, maestro del XX secolo, descrive il Karma:

"Le azioni del passato modellano il presente, così come quelle di oggi stanno già forgiando il futuro."

In altre parole, l'universo danza al ritmo delle nostre azioni, ma con la precisione di una coreografia antica come il tempo stesso.

L'entanglement quantistico e il concetto di Karma: intrecci invisibili nel cosmo.

L'universo si muove seguendo leggi misteriose, sia nelle profondità della mente umana che nei meandri del mondo subatomico. Nel pensiero indù, il concetto di Karma definisce l'universo come una rete tessuta da azioni e conseguenze. Ogni azione produce un effetto che si manifesta nel presente o nel futuro, tracciando una catena di eventi apparentemente invisibile ma reale. Nella fisica quantistica, una visione sorprendente si presenta attraverso il fenomeno dell'entanglement: due particelle, una volta interconnesse, rimangono collegate in modo tale che il cambiamento nello stato di una influenza immediatamente l'altra, indipendentemente dalla distanza che le separa.

L'entanglement quantistico ci ricorda che il cosmo è interconnesso. Le particelle non sono isole, così come gli esseri umani non lo sono per il Karma. L'induismo ha da sempre rappresentato il mondo come una rete organica in cui tutto è connesso. Questa visione si riflette nella teoria quantistica che ci parla di un universo senza confini netti. Nel 1935, Albert Einstein, Boris Podolsky e Nathan Rosen introdussero il paradosso EPR per discutere l'entanglement. Eppure, eventi successivi, come quelli prodotti dal fisico John Bell negli anni '60 e da Alain Aspect negli anni '80, confermarono che queste connessioni sono reali e fondamentali per la struttura dell'universo.

Il concetto di Karma lavora su un piano simile. Ogni azione, per quanto distante nei tempi o negli spazi mentali, lascia una traccia che collega causa ed effetto. Proprio come nell'entanglement, l'impatto non è immediatamente visibile ma è profondamente reale. Seguendo questa logica, nella filosofia indù non esistono eventi slegati tra loro. Ogni avvenimento attuale è il frutto di ciò che è stato.

Questa connessione tra filosofia e scienza non è una semplice coincidenza. Il fisico austriaco Erwin Schrödinger, padre dell'equazione che porta il suo nome, trovò ispirazione nelle scritture indiane. Schrödinger studiò le Upanishad, testi sacri dell'induismo, e rimase affascinato dal pensiero non dualistico. Nel suo studio dell'entanglement e della superposizione quantistica, Schrödinger immaginò il famoso "Gatto di Schrödinger" per mostrare l'imprevedibilità del mondo quantico. Ma dietro questa idea c'era anche la convinzione, ispirata dall'induismo, che la separazione tra oggetto e soggetto fosse una mera illusione.

Nel 1944, nel suo libro *"What is Life?"*, Schrödinger scrisse:

> *"La mente e il suo contenuto sono indistruttibili. Allo stesso modo, la fisica moderna dimostra che l'intero universo è energeticamente interconnesso".*

In queste parole riecheggiano le antiche idee indù, per cui ogni esistenza, visibile o invisibile, fa parte di un'unica realtà indivisibile, Brahman.

Il collegamento tra Karma e fisica quantistica trova un ulteriore punto di incontro nell'indeterminazione di Heisenberg. Il principio afferma che non si può conoscere con esattezza sia la posizione che la velocità di una particella. Questa indeterminazione pone il mondo subatomico in un costante stato di potenzialità. In modo analogo, il concetto di Karma non ci permette di predire con certezza l'esito delle nostre azioni.

La complessità del Karma:

Il Karma non è una semplice relazione di causa-effetto lineare. Le azioni non hanno risultati immediati o facilmente prevedibili, perché il Karma è influenzato da una rete intricata di fattori, come le azioni passate, le intenzioni, il contesto e il destino individuale. Questo rende difficile predire con precisione quale conseguenza precisa seguirà a una determinata azione.

L'intenzione e il contesto valgono tanto quanto l'azione stessa: Secondo molte tradizioni che contemplano il Karma, non è solo l'azione in sé a generare conseguenze, ma anche l'intenzione che la guida. La stessa azione può produrre risultati diversi in base alle motivazioni interiori o alle circostanze, rendendo difficile fare previsioni.

Il Karma è soggetto al tempo e allo sviluppo personale: Gli effetti delle azioni possono manifestarsi immediatamente, dopo molto tempo, o addirittura in una vita futura (se si considera la reincarnazione). Questo lasso di tempo variabile e la potenziale influenza del proprio percorso di crescita spirituale impediscono una previsione chiara e immediata.

Le interazioni con il Karma degli altri: Le persone vivono in un mondo interconnesso, e le loro azioni si intrecciano costantemente con il Karma degli altri. Ciò significa che anche fattori esterni, come le azioni altrui, possono influenzare l'esito delle nostre esigenze, aumentando ulteriormente l'imprevedibilità.

La realtà non è completamente deterministica: Il Karma opera su leggi universali di causa ed effetto, ma non è completamente meccanicistico o deterministico. L'universo, in molte filosofie orientali, è governato anche da forze misteriose e dinamiche spirituali che non sono facilmente conoscibili o calcolabili.

In sintesi, il Karma è un principio complesso e profondo che promuove la responsabilità e la consapevolezza delle proprie azioni, ma non è uno strumento per prevedere con certezza il futuro. L'obiettivo non è tanto controllare l'esito delle azioni, quanto agire con consapevolezza e rettitudine per favorire un equilibrio positivo nella propria vita e nel mondo circostante.

Non siamo spettatori isolati ma attori.

L'entanglement e il Karma ci invitano a riflettere su un universo che non è diviso. Non siamo spettatori isolati ma attori di un grande dramma cosmico. Ogni azione umana, ogni scelta, risuona nell'universo come una corda che vibra. Gli antichi saggi indù intuirono questa verità secoli prima dell'avvento della fisica quantistica. Oggi, le scoperte scientifiche non fanno che confermare una visione ben radicata nel pensiero orientale: l'idea che il cosmo sia una rete viva, unificata da leggi profonde e interconnesse.

L'incerto flusso del Karma.

Nel cuore della filosofia indù, il Karma rappresenta una delle leggi fondamentali dell'universo: ogni azione causa un effetto, ogni scelta imprime una traccia destinata a plasmare il futuro. Questo principio di causa ed effetto è intrinsecamente morale e spirituale, e riflette il profondo legame tra l'individuo e l'ordine cosmico. Ma cosa accade se osserviamo il Karma attraverso la lente della fisica quantistica? Il mondo dell'infinitamente piccolo ci offre prospettive tanto affascinanti quanto inaspettate, dove concetti come il principio di indeterminazione di Heisenberg sembrano evocare paralleli con la complessità e l'imprevedibilità delle nostre azioni.

Il principio di indeterminazione, formulato da Werner Heisenberg nel 1927, è un pilastro della meccanica quantistica. Esso afferma che non possiamo conoscere con precisione sia la posizione che la velocità di una particella subatomica. Più precisamente determiniamo una, più perdiamo certezze sull'altra. Questo limite non deriva da una mancanza di tecnologia o abilità umane, ma è una proprietà intrinseca della natura.

In questo contesto, il principio di Heisenberg ci ricorda che il futuro non è mai completamente determinabile. Immaginate un esperimento con un elettrone: nel momento in cui lo osserviamo, la nostra azione (il semplice atto di misurarlo) altera il suo comportamento. Questo fenomeno, noto come *"interferenza dell'osservatore"*, trova un'analogia sorprendente con il Karma. Le nostre azioni, proprio come le misurazioni dei fisici, non solo influenzano il presente, ma creano effetti a cascata che rimandano a un futuro indefinito e, in parte, imprevedibile.

Un esempio celebre nella fisica quantistica è l'esperimento della doppia fenditura. Quando una particella, come un fotone o un elettrone, passa attraverso due fenditure, essa mostra comportamenti che sfidano il senso comune: fino a quando non la osserviamo, essa esiste in uno stato di sovrapposizione, come un'onda di possibilità.

Ma nel momento in cui decidiamo di osservarla, la particella "sceglie" una posizione o un percorso specifico.

La sovrapposizione quantistica ricorda il potenziale latente di ogni azione umana. Prendiamo una decisione quotidiana: aiutare un estraneo o ignorarlo. Questa scelta potrebbe sembrare banale, ma le sue conseguenze possono intrecciarsi in modi inaspettati con il tessuto della realtà futura, così come l'interferenza di onde subatomiche produce schemi imprevedibili su uno schermo. Anche il Karma funziona allo stesso modo: ogni azione, per quanto piccola, produce un effetto che si diffonde oltre il nostro controllo.

L'aneddoto di una farfalla che sbatte le ali in Brasile e provoca un uragano in Texas, noto come *"effetto farfalla"* nella teoria del caos, incarna questa stessa natura interconnessa. Karma e meccanica quantistica, per quanto distanti nel linguaggio, descrivono dinamiche che non possiamo ignorare. Entrambi ci insegnano che le nostre scelte – così come ogni particella nell'universo – sono parte di un sistema più grande e complesso.

Un'analogia interessante può essere fatta tra il comportamento degli atomi e il ciclo karmico della vita. Ogni atomo, la componente fondamentale che costituisce la materia, è soggetto alle leggi della fisica quantistica. Le sue proprietà – posizione, energia, comportamento – sono probabilistiche e non completamente determinabili. I princìpi stessi che sorreggono la struttura della materia possono ricordarci che i piccoli atti, proprio come i movimenti di questi atomi, sono parte di reti di cause e conseguenze che generano l'universo dinamico che abitiamo.

È qui che fisica e filosofia convergono: in un gioco di relazioni, scelte presenti e conseguenze future, ma senza la certezza di poter calcolare ogni risultato. Come osservò Buddha:

> *"Come l'arciere raddrizza una freccia, così il saggio controlla i propri pensieri."*

Questo controllo, questa consapevolezza, costituisce il ponte tra la legge del Karma e il campo quantistico: essere consapevoli del momento presente e delle azioni che vi imprimiamo significa comprendere che ogni scelta è un seme piantato nell'incerto terreno del domani.

Nel Karma dell'induismo e nell'incertezza quantistica di Heisenberg troviamo qualcosa che trascende la semplice conoscenza scientifica o la riflessione filosofica: un invito a riflettere sul mistero della realtà, sul ruolo delle nostre azioni e sull'interdipendenza di tutto ciò che esiste. L'idea che il futuro non sia mai completamente prevedibile, ma influenzabile dalle scelte del presente, ci accomuna tutti, sia come esseri umani che come esploratori del cosmo.

La danza del Dharma e degli elettroni. Karma e fisica quantistica.

Nell'immensità della tradizione filosofica orientale, l'induismo ci offre una chiave di lettura straordinariamente profonda del mondo: il concetto di Karma, la legge universale della causa e dell'effetto. Ogni azione lascia un'impronta, una vibrazione che si propaga nel tempo, influenzando il presente e il futuro. Ma cosa accade se applichiamo questa lente interpretativa alla fisica quantistica, il campo che governa il sottile mondo delle particelle? È possibile tracciare un parallelo tra queste due vaste dimensioni, apparentemente così lontane?

La risposta risiede nella metafora della danza cosmica, una visione che unisce saggezza antica e scienza moderna. Come nella Bhagavad Gita, dove Krishna rivela ad Arjuna i segreti del Dharma e del Karma, il mondo delle particelle subatomiche riflette la stessa energia dinamica e imprevedibile, una danza infinita dove creazione e distruzione si alternano.

Werner Heisenberg formulò il celebre principio di indeterminazione. Questo principio afferma che non è possibile misurare simultaneamente con precisione assoluta la posizione e la velocità di una particella. In altre parole, nel regno subatomico domina l'incertezza: ogni scelta di osservazione influenza il risultato.

Questa imprevedibilità, che sfugge alle leggi rigide della fisica classica, richiama il cuore stesso del Karma. Così come le nostre azioni producono effetti che non possiamo sempre prevedere, anche le particelle si comportano in modi che sembrano sfidare la nostra capacità di controllo. Quando un elettrone si muove, non lo fa seguendo una traiettoria fissa come una pallina da biliardo, ma attraversa una moltitudine di possibilità, creando una realtà instabile e fluida.

Un esperimento iconico del XX secolo, noto come *esperimento della doppia fenditura* ha dimostrato proprio questa natura "karmica" delle particelle. In questo esperimento, un elettrone lanciato verso due fenditure si comporta sia come particella che come onda, a seconda se viene osservato o meno. È come se l'elettrone "sapesse" di essere guardato e rispondesse di conseguenza, scegliendo uno dei molteplici viaggi possibili. Questo comportarsi *"in risposta"* ricorda il nodo fondamentale del Karma: ogni azione, in questo caso l'osservazione, genera una reazione e influenza il futuro.

Per comprendere appieno il valore di questa corrispondenza tra Karma e fisica quantistica, possiamo rivolgerci a una delle immagini più potenti dell'induismo: la danza di Shiva, il Nataraja. Shiva, nella sua forma di danzatore cosmico, è il custode del ciclo infinito di creazione, distruzione e rigenerazione. Con un piede rappresenta la forza creatrice, mentre con l'altro calpesta l'ignoranza, distruggendo il vecchio per far spazio al nuovo. Le sue braccia in movimento simboleggiano il ritmo incessante della vita, il battere del tamburo rappresenta il Big Bang cosmico, mentre il fuoco nella sua mano corrisponde alla distruzione necessaria per il cambiamento.

Nataraja è spesso interpretato come l'eterno bilanciamento delle energie materiali e spirituali. Ma nel suo ritmo si può intravedere anche quello degli elettroni: un continuo moto di incertezza, un pulsare fra creazione e distruzione, fra onde e particelle. Gli elettroni, come Shiva, non stanno mai fermi. La loro incessante attività è l'eco della danza cosmica: un'espressione del Dharma dell'universo.

Nella Bhagavad Gita, Krishna dice:

"Tu hai diritto all'azione, ma non ai frutti dell'azione."

Questa frase va dritta al cuore del Karma. Noi siamo chiamati a compiere azioni, ma non possiamo controllarne pienamente gli effetti. Anche l'elettrone si muove seguendo infinite possibilità, ma quale percorso prenderà dipende da qualcosa che trascende ogni calcolo.

Questa idea è affascinante perché annulla i confini tra spiritualità e scienza. Consideriamo l'atto di lanciare un sasso in un lago: le onde generate si propagano, toccano le sponde e incidono su ogni molecola d'acqua. Il Karma funziona nello stesso modo. Ogni gesto umano, per quanto piccolo, crea una risonanza. Nella fisica quantistica, ogni particella è soggetta a un'"eco" simile, dove persino un cambiamento minimo in un sistema può alterare l'intero scenario.

Un esempio storico che racchiude in sé l'idea di Karma e fisica quantistica è il progetto del Manhattan Project. Nella creazione della bomba atomica, il moto di poche particelle subatomiche scaturì in uno degli eventi più devastanti della storia umana: Hiroshima e Nagasaki (1945). Azioni politiche, scientifiche e militari si intrecciarono con la fisica quantistica, dimostrando come le azioni, nel loro piccolo, riverberino con enormi conseguenze karmiche.

Karma e fisica quantistica, quando osservati insieme, rivelano una profonda verità. L'universo è una danza. Una danza di connessioni, di possibilità, di cause ed effetti che si intrecciano in modi spesso invisibili agli occhi umani. Tanto nella Bhagavad Gita quanto negli esperimenti di Heisenberg, impariamo che la realtà non è statica né semplice. È un flusso continuo, una rete intricata, una danza infinita dove ogni azione lascia il suo segno e ogni particella ci ricorda che nulla è immobile.

L'eco del Karma. Tra scelte umane e reazioni subatomiche.

Nel mondo della fisica e della filosofia, due territori apparentemente distanti, si trovano punti di convergenza stimolanti. Da un lato, il concetto di Karma nell'induismo descrive la legge universale di causa ed effetto, dove ogni azione genera conseguenze, spesso imprevedibili, che si ripercuotono nel tempo. Dall'altro, la fisica quantistica, con il principio di indeterminazione di Heisenberg, ci mostra un universo in cui non tutto può essere conosciuto o determinato con precisione assoluta. Tra questi due approcci si trova il brillante ma tormentato J. Robert Oppenheimer, il "padre della bomba atomica", per molti il punto d'incontro tra la saggezza vedica e il mondo enigmatico della fisica moderna.

Oppenheimer, cresciuto nella New York dei primi anni del Novecento, non era solo uno scienziato straordinario. Era anche un uomo che cercava risposte profonde alla natura dell'esistenza. Durante i suoi studi giovanili ad Harvard, scoprì l'antica saggezza dei Veda e si immerse nella filosofia del Vedanta.

La Bhagavad Gita, uno dei testi sacri induisti, esplora molti concetti, tra cui quello di Karma. Per Oppenheimer, il Karma e la fisica sembravano parlare lo stesso linguaggio: azioni che creano effetti, energie che si trasformano da un momento all'altro, e conseguenze inattese che si risvegliano persino dopo lunghi periodi di inattività.

Il Karma, nel suo nucleo, è il ciclo delle azioni umane e delle loro conseguenze. Non si limita al presente: le azioni compiute oggi possono incanalare effetti per generazioni, influenzando eventi futuri in modi profondi e imprevedibili. I testi vedici insegnano che nulla sfugge a questa rete di connessioni, il che richiama l'attenzione su ogni scelta fatta nel corso della vita.

La fisica quantistica, seppur inscritta in un contesto totalmente diverso, propone un discorso analogo. Werner Heisenberg, nel 1927, formulò il suo principio di indeterminazione, dimostrando che il comportamento delle particelle subatomiche non può essere previsto con assoluta precisione. Non possiamo determinare contemporaneamente la posizione e la velocità di una particella. Ogni osservazione modifica inevitabilmente il sistema osservato. Questo principio genera un mondo dove la causalità, così come la conosciamo nella fisica classica, si dissolve in favore di probabilità e incertezze.

Il parallelismo è evidente: il Karma e il principio di indeterminazione ci ricordano che le conseguenze delle azioni – siano esse umane o subatomiche – si muovono su piani complessi e non sempre accessibili. Nulla può essere ridotto a una semplice equazione causa-effetto.

La vita di Oppenheimer offre un esempio vivente di queste connessioni. La sua decisione di dirigere il Progetto Manhattan cambiò il corso della storia. Ma questa scelta lo espose anche al peso morale delle conseguenze. Come un Karma inarrestabile, i funesti effetti della bomba atomica riecheggiarono nella sua vita, portandolo a profonde riflessioni sul ruolo della scienza e sull'etica delle scelte umane.

Molti ricordano come Oppenheimer, nella sua biografia, riflettesse sull'interconnessione tra azioni individuali e il destino collettivo dell'umanità. Forse, influenzato dal pensiero vedico, sentiva di trovarsi nel cuore di una rete karmica complessa, un'eco di cause e conseguenze che trascendevano la sua stessa esistenza. Come disse un giorno:

> *"Nel mondo troverai che ognuno è responsabile di tutto ciò che fa. E di tutto ciò che evita di fare."*

Il deserto di Los Alamos, dove si costruì la bomba, è oggi un luogo simbolico. Qui, tra cactus e canyon, si svolse un dramma umano e scientifico, dove l'incertezza regnava sovrana. Anche se i modelli matematici prevedevano l'effetto della bomba, le sue conseguenze sociali, politiche ed etiche rimasero imprevedibili. Questo ricorda il Karma: non possiamo sempre controllare quando, dove o come le nostre azioni risuoneranno nel mondo.

L'indeterminazione di Heisenberg ci dice che a livello subatomico ogni particella si comporta come un potenziale. Non sappiamo il suo futuro preciso, ma sappiamo che le sue interazioni definiranno realtà oltre il nostro controllo. Analogamente, il Karma funziona come un seme cosmico. Ogni azione piantata oggi germoglierà domani, ma in quale modo e con quale intensità resta un mistero.

Oppenheimer, riflettendo su queste connessioni, viveva costantemente tra due mondi: il determinismo scientifico e la profondità spirituale. In un'intervista, un suo collega ricordò che nei momenti di silenzio, Oppenheimer leggeva spesso versi della Gita, come in cerca di risposte sull'incertezza. Le particelle seguivano le loro leggi, ma la leggenda vedica del Karma ampliava la sua visione oltre i confini della fisica.

In un'epoca dominata dalla tecnologia, riflettere sul concetto di Karma e sull'indeterminazione quantistica ci offre una lezione importante. Ogni azione, per quanto piccola, trasforma il mondo. In modo simile, ogni scelta personale, come quella di Oppenheimer, si inserisce in una rete di connessioni che sfugge alla nostra comprensione completa.

L'unione di scienza e spiritualità. Karma e probabilità nelle leggi della natura.

Il Karma rappresenta una legge universale: ogni azione genera una reazione, che può manifestarsi immediatamente o in un tempo futuro. È una filosofia che collega con un filo invisibile il nostro comportamento all'ordine cosmico, un modo per spiegare come gli eventi, grandi e piccoli, non siano mai casuali. In tutto ciò, la fisica quantistica fornisce sorprendenti paralleli, in particolare attraverso il principio di indeterminazione di Heisenberg. Questo principio descrive un'altra forma di causalità: non possiamo prevedere con certezza assoluta il comportamento delle particelle subatomiche, ma solo calcolarne la probabilità.

La connessione tra Karma e scienza non è immediata, ma diventa affascinante quando analizziamo come entrambe le teorie accettino l'incertezza come parte fondamentale della realtà. Karma e indeterminazione, pur appartenendo a mondi diversi, ci spingono a riflettere sul significato della causalità e delle conseguenze delle nostre scelte.

Il concetto di Karma è radicato nei testi sacri dell'Induismo, come i Veda e le Upanishad, che descrivono l'universo come un intreccio di cause ed effetti. Questo sistema morale sottolinea che ogni pensiero, parola o azione ha il potere di plasmare il nostro destino. Non esiste casualità nell'Induismo: persino gli eventi apparentemente insignificanti trovano un'origine in un'azione passata.

Un esempio noto è la parabola di un re chiamato Bharata, menzionato nel Mahabharata. Bharata, dopo una vita virtuosa, si reincarna in un cervo a causa del suo attaccamento al desiderio. Questo episodio sottolinea come le nostre azioni, benché microscopiche, abbiano conseguenze a lungo termine. Karma ci insegna che ogni frammento di esistenza è interconnesso, proprio come le particelle quantistiche.

La somiglianza tra Karma e il principio di indeterminazione emerge nel modo in cui entrambi abbracciano l'imprevedibilità. In fisica quantistica, le azioni delle particelle non determinano un singolo effetto certo, ma una gamma di possibilità future. Allo stesso modo, nel Karma, il risultato delle nostre azioni non è prevedibile con precisione, anche se sappiamo che genererà un effetto.

Il fisico e filosofo Fritjof Capra sottolinea che le tradizioni orientali spesso anticipano intuizioni scientifiche. Capra scrive che il concetto di Karma rispecchia la rete dinamica di relazioni descritta dalla teoria quantistica. Secondo lui, sia il saggio induista che il fisico moderno condividono una visione interconnessa della realtà. Nulla accade in isolamento; ogni azione produce una reazione, anche se non possiamo conoscerne l'esatto percorso.

Un detto popolare indiano afferma che:

"Ogni fiore che sboccia è il risultato delle piogge di mille anni".

Questa frase evidenzia l'importanza di ogni azione, anche piccola, nel grande schema della realtà. Lo stesso concetto può essere applicato al comportamento delle particelle subatomiche. In un famoso intervento degli anni '60, il fisico John Bell suggerì un esperimento per dimostrare che due particelle, anche a grande distanza, possono influenzarsi reciprocamente in modi imprevedibili attraverso l'entanglement quantistico. Da questo fenomeno emerge un'idea cara sia all'induismo che alla fisica quantistica: tutto è interconnesso. Nessun evento si verifica indipendentemente, né nel cosmo spirituale del Karma, né nel microcosmo quantistico.

Sri Krishna e Heisenberg: Come l'induismo spiega l'incertezza quantistica.

Il concetto di Karma offre un messaggio etico universale: ogni azione ha conseguenze. In modo simile, il principio di indeterminazione di Werner Heisenberg, pietra miliare della fisica quantistica, sottolinea che ogni osservazione influenza inevitabilmente il risultato di un sistema. Sebbene separati da millenni e da contesti culturali diversi, i due concetti presentano affascinanti parallelismi, rivelando una sorprendente convergenza tra filosofia orientale e scienza moderna.

Nella Bhagavad Gita, Krishna, l'incarnazione divina secondo l'Induismo, spiega ad Arjuna la legge del Karma. Uno dei passaggi più significativi recita:

"Ogni azione porta con sé il seme delle sue conseguenze".

Krishna sottolinea che non si può sfuggire agli effetti delle proprie azioni. Ogni scelta umana lascia un'impronta, plasmando il futuro individuale e collettivo. Non solo le azioni materiali, ma anche i pensieri e le intenzioni influenzano il destino.

Krishna pone l'accento sull'importanza del Dharma (il dovere morale). Arjuna, il guerriero protagonista, deve agire senza attaccamento ai frutti delle sue azioni. Krishna insegna che l'agitazione del desiderio o del timore di fallire genera caos, mentre un'azione compiuta con distacco permette armonia, anche se le conseguenze immediate non sono sempre prevedibili.

La complessità del Karma assomiglia a un grande intreccio di cause ed effetti, una rete nella quale tutte le azioni, visibili e invisibili, si legano inevitabilmente. Questo senso di interconnessione può essere sorprendentemente avvicinato al principio di indeterminazione di Heisenberg.

Werner Heisenberg, padre della meccanica quantistica, formulò il principio di indeterminazione nel 1927. Questo principio stabilisce che a livello subatomico non è possibile conoscere simultaneamente con esattezza assoluta la posizione e la velocità di una particella. Il solo atto di osservare ne altera lo stato.

Per esempio, immaginate un elettrone in movimento. Misurare la sua posizione implica inevitabilmente una variazione della sua velocità. Questa intrinseca incertezza non è un errore tecnico. È una proprietà fondamentale della natura. Implica che il futuro di una particella – e forse di tutto l'universo – non può mai essere definito in modo assoluto.

Gli scienziati hanno scoperto che ogni osservazione lascia una traccia. A livello quantistico, il semplice "guardare" un sistema crea un impatto. È come se ogni scelta compiuta non fosse mai innocua ma portasse con sé una trasformazione nel mondo.

A prima vista, Karma e il principio di indeterminazione sembrano appartenere a domini lontanissimi: l'uno morale e spirituale, l'altro fisico e scientifico. Però entrambi ruotano intorno a una consapevolezza chiave: ogni azione ha conseguenze, visibili o invisibili, immediate o dilazionate.

Krishna afferma che il mondo è un intreccio di cause ed effetti, dove nulla nasce per caso. Ogni pensiero umano genera una reazione. In modo simile, Heisenberg ha dimostrato che anche un'azione microscopica, come l'osservazione di un elettrone, crea conseguenze che nessuno può ignorare. Nel mondo fisico come in quello spirituale, l'incertezza sul futuro non dipende dall'imprevedibilità, ma dalla complessità delle relazioni che legano ogni elemento del sistema.

Se la visione di Krishna invita a una responsabilità morale, l'indeterminazione di Heisenberg ci spinge a una responsabilità intellettuale. Entrambi ricordano che il libero arbitrio non è un gioco senza regole. Ogni scelta ha un impatto sugli altri.

La cultura contemporanea si trova di fronte al compito di conciliare questi due mondi, apparentemente distanti. Da una parte, l'insegnamento spirituale del Karma ci invita a riflettere prima di agire. Dall'altra, la scienza ci insegna che anche i gesti più piccoli, come l'osservazione di una particella, possono alterare l'universo in modi che sfuggono alla nostra comprensione.

Sri Krishna e Werner Heisenberg, figure lontane nello spazio e nel tempo, condividono un messaggio che risuona ancora oggi: le azioni modellano il futuro. Krishna lo insegna ad Arjuna sulle rive del fiume Yamuna, invitandolo a un'etica profonda. Heisenberg lo dimostra nell'oscurità di un laboratorio, rivelando i misteri dell'atomo. Entrambi, a modo loro, ci indicano una verità: nulla accade senza lasciare una traccia, visibile o invisibile, nell'infinita rete del cosmo.

Prevedibilità e scelta nel campo dell'incertezza.

Nel pensiero induista, il Karma non è solo una regola morale, ma una legge universale. Ogni azione – fisica, verbale o mentale – produce una conseguenza, come il sasso che provoca cerchi nell'acqua. L'induismo sostiene che ogni atto umano genera "*vasana*" (desideri nascosti) nella coscienza. Ciò influenza il futuro, sia in questa vita che in quelle successive. Non vi è giudizio divino nel Karma, ma un sistema di equilibrio: ricevi ciò che semini.

La filosofia karmica ci invita a capire che non possiamo mai controllare tutto. Piuttosto, possiamo agire rettamente per generare effetti positivi su strade che sfuggono alla nostra piena visione.

Passando dall'universo spirituale al mondo fisico, la fisica quantistica ci offre una prospettiva sorprendentemente affine. Il principio di indeterminazione stabilisce che non possiamo misurare con precisione, simultaneamente, la posizione e la velocità di una particella subatomica. L'atto stesso di osservare la particella, con uno strumento, altera la sua traiettoria.

Questo fenomeno implica una realtà fondamentale: a livello microscopico, il futuro è intrinsecamente imprevedibile. Eppure, ogni osservazione compiuta da uno scienziato determina, direttamente o indirettamente, un certo esito. L'universo quantistico non è fisso o determinato, ma un "campo di possibilità", proprio come la vita umana nel concetto del Karma.

Molti studiosi hanno notato quanta somiglianza ci sia tra il Karma e l'indeterminazione. Entrambi ci insegnano una lezione preziosa: ogni azione – o osservazione – attiva forze che plasmano il futuro. Nella visione karmica, l'attenzione e la consapevolezza nelle scelte quotidiane sono determinanti per il proprio destino. Parallelamente, nella fisica quantistica, l'osservazione "collassa" le infinite possibilità di una particella in un unico stato concreto.

Immaginiamo per un attimo un pendolo nel mondo reale. In una situazione ordinaria, possiamo predirne il movimento con certezza, conoscendo forza e attrito. Nel mondo subatomico, però, quella certezza scompare: osservare il pendolo introdurrebbe una variabile nuova nel sistema. Il Karma funziona in modo simile, ma a livello esistenziale. Un'azione genera un impulso nel "campo" della realtà, spesso con effetti imprevisti.

Un parallelo interessante tra il Karma e il principio di incertezza emerge anche nel nostro utilizzo delle tecnologie. Le piattaforme digitali, costruite su algoritmi, dimostrano come ogni azione online porti risultati imprevedibili. Cliccare su un contenuto, ad esempio, contribuisce al modo in cui i dati vengono elaborati, influenzando ciò che viene suggerito in futuro. Questo fenomeno richiama l'effetto farfalla di Edward Lorenz: un minuscolo cambiamento nelle condizioni iniziali – come il battito d'ali di una farfalla – può scatenare una tempesta dall'altra parte del mondo.

Nella visione karmico-quantistica, queste connessioni ci insegnano a essere più consapevoli. Ogni clic, come ogni scelta nella vita, ha ripercussioni profonde che non possiamo immediatamente vedere, ma che plasmeranno il tessuto futuro della nostra società.

Infine, il Karma e il principio di indeterminazione convergono nella loro essenza. Entrambi ci ricordano che viviamo in una realtà complessa, in cui le nostre scelte e osservazioni hanno un peso profondo, al di là dell'immediato.

Il principio di causalità.

Nell'epico poema del Mahabharata, l'idea di Karma attraversa le vite dei suoi protagonisti come un filo invisibile. Uno degli episodi più famosi riguarda il re Dhritarashtra e le sue azioni in quanto sovrano. Dhritarashtra, cieco dalla nascita, rappresenta letteralmente e figurativamente l'incapacità di "vedere" le conseguenze delle sue decisioni. Non prende posizione per fermare i suoi figli, i Kaurava, quando questi commettono ingiustizie contro i loro cugini, i Pandava. La sua inazione—che è di per sé una forma di azione, come suggerisce il concetto di Karma—porta alla disastrosa guerra di Kurukshetra, una battaglia epica che non solo devasta il suo regno, ma genera sofferenze protratte per generazioni.

Ora, fermiamoci un istante: come può una decisione, o una non-decisione, generare effetti così estesi, sia nel tempo che nello spazio? La scienza moderna, attraverso la meccanica quantistica, offre un'analogia affascinante.

Il fisico tedesco Werner Heisenberg, nel 1927, formulò il suo principio di indeterminazione. Questo principio afferma che non possiamo conoscere con precisione sia la posizione che la velocità di una particella subatomica nello stesso momento. L'universo, a livello microscopico, opera dunque sotto il segno del probabile, non del certo. Questa incertezza non significa caos assoluto, ma suggerisce una complessità intrinseca: ogni interazione a livello quantistico può influenzare altre particelle, generando risultati che non sono immediatamente prevedibili.

Ora pensiamo al Karma. Così come una particella, nel suo movimento, genera effetti imprevedibili all'interno del campo quantico, anche un'azione umana, secondo l'induismo, può far scaturire effetti che si sviluppano in modi inimmaginabili. Il principio di indeterminazione di Heisenberg diventa, allora, una finestra scientifica sul concetto tradizionale di causalità sottile: nulla è casuale, ma nulla è del tutto determinabile.

Il Mahabharata descrive gli effetti delle azioni come corde di una grande rete in movimento. Ogni azione vibra lungo questa rete, influenzando punti apparentemente lontani. Nella fisica quantistica, un concetto parallelo è rappresentato dall'entanglement quantistico. Due particelle possono rimanere intrecciate anche a distanza di anni luce: la modifica dello stato di una particella influisce istantaneamente sull'altra. Si tratta di un fenomeno che sfida l'intuizione e ci ricorda quanto sia profonda la connessione nascosta nel mondo che abitiamo.

Prendiamo, ad esempio, il personaggio di Karna, spesso considerato il simbolo dell'uomo in lotta con il proprio destino. Karna, nato da Kunti, madre dei Pandava, ma abbandonato alla nascita, trascorre la vita cercando di giustificare la sua esistenza. Diventa un grande guerriero, ma rimane eternamente diviso tra lealtà e giustizia. Il peso delle decisioni passate—sia sue che di sua madre— è palpabile. Karna è vittima e artefice della complessa rete karmica che guida il Mahabharata. Come nel caso dell'entanglement, le sue connessioni con gli altri personaggi influenzano tutta la narrazione, culminando nella sua tragica caduta.

Un'altra analogia interessante riguarda il tempo, sia nel Karma che nella meccanica quantistica. Nel Mahabharata, le conseguenze delle azioni spesso si manifestano molto tempo dopo rispetto al momento in cui sono state compiute. Ad esempio, quando Krishna, il saggio consigliere dei Pandava, avverte Arjuna della necessità di combattere per la verità, egli sottolinea che ogni azione giusta o sbagliata tornerà indietro come un'onda. Questo rispecchia l'idea che, nel mondo quantistico, gli eventi non obbediscono rigidamente alla linearità del tempo. Un fenomeno a livello subatomico può influire su eventi presenti, passati o futuri, creando una forma complessa di causalità.

Perché il concetto di Karma riesce a dialogare in modo così affascinante con la fisica quantistica? Entrambi accennano all'interconnessione universale. Nel mondo fisico come in quello spirituale, ogni azione è parte di una grande ragnatela di eventi. Nel poema vedico, il cosmo è spesso paragonato a un tessuto di Indra, una rete infinita di nodi dove ogni gioiello riflette tutti gli altri. Questo simbolo antico è un potente promemoria: ciò che facciamo non si esaurisce con noi. Così come il movimento di una particella può influenzare il comportamento di altre particelle, ogni nostra decisione risuona nell'universo.

Il Mahabharata e la scienza moderna ci insegnano, quindi, che l'indeterminazione non è una scusa per l'inerzia. È un invito all'azione consapevole. Come narrato nei dialoghi tra Krishna e Arjuna, ciò che conta non è solo l'azione, ma la qualità dell'intenzione che la guida. Allo stesso modo, la fisica quantistica ci insegna che, pur nell'incertezza, ogni azione contribuisce a modellare il futuro in modi che non possiamo sempre prevedere.

In conclusione, il Karma e il principio di indeterminazione ci sussurrano la stessa grande verità: siamo responsabili di ciò che immettiamo nella rete dell'universo. Le nostre azioni sono semi, che germogliano in modi misteriosi ma interconnessi. Guardare a queste antiche connessioni culturali attraverso la lente della scienza non diminuisce la loro potenza, ma le amplifica. La ragnatela del cosmo ci abbraccia tutti, ricordandoci che, alla fine, siamo uniti dal filo sottile ma indistruttibile delle nostre azioni.

La libertà del Karma in un universo indeterminato.

Il Karma, nel contesto induista, si fonda su un'idea chiara: gli esseri umani godono di una libertà intrinseca. Possono scegliere come agire. Tuttavia, queste azioni non sono prive di conseguenze. Ad esempio, il filosofo e mistico indiano Swami Vivekananda descriveva il Karma come "*le corde che ci legano*", ma sottolineava che siamo noi stessi a tessere quelle corde attraverso le nostre scelte. Questa libertà richiama quanto avviene nel mondo quantistico, in cui una particella subatomica può "scegliere" uno stato tra molteplici possibilità.

A differenza della fisica classica, che vede il mondo come una macchina rigidamente determinista, la meccanica quantistica rivela un universo dove regna il potenziale, non la certezza. Anche le particelle più piccole dell'universo sembrano dotate di una sorta di libertà, poiché i loro comportamenti non possono essere previsti con assoluta precisione. Questa incertezza funziona da ponte con il concetto di Karma, che sancisce la responsabilità individuale nel determinare il proprio futuro. Entrambi i sistemi evidenziano che esiste una dimensione in cui gli esiti non sono predeterminati, ma emergono da una combinazione di scelte e possibilità.

I testi vedici offrono una storia interessante sulla causalità. I saggi dell'India antica narrano di un uomo, Ajamil, che, spinto dalle sue azioni passate, conduce una vita di immoralità. Tuttavia, sul letto di morte, Ajamil invoca "Narayana", il nome del dio Vishnu, e ottiene la redenzione. Questo racconto illustra come una singola decisione possa alterare il corso del destino.

Da un certo punto di vista, è comparabile all'esperimento del "gatto di Schrödinger", introdotto dal fisico Erwin Schrödinger nel 1935. Il famoso esperimento mentale mostra come, a livello quantistico, un sistema può esistere in più stati possibili contemporaneamente, fino a che l'osservazione non "decide" uno dei due stati.

Nel racconto di Ajamil, proprio come nella fisica quantistica, un singolo evento — una scelta, un'osservazione — è in grado di cambiare profondamente il risultato. Inoltre, l'idea di *"osservatore"* nella meccanica quantistica sembra riflettere una parte del ruolo dell'individuo nella legge del Karma: prendere consapevolezza delle proprie azioni e delle loro ripercussioni.

Se riflettiamo attentamente, il Karma introduce un modello morale fondato sulla libertà e sulla responsabilità. L'indeterminatezza di Heisenberg, invece, descrive un universo fisico che non è immutabile, ma "aperto" a dinamiche imprevedibili. Entrambi mettono al centro l'idea che non tutto sia fissato in schemi rigidi e predeterminati. L'universo, sia nell'ambito spirituale sia in quello fisico, è pieno di possibilità.

Il Mahabharata, grande epopea indiana, contiene un passaggio emblematico che recita:

"Il destino non è già scritto, ma è la somma delle nostre azioni.."

Questa frase cattura la dualità del Karma. Da una parte l'individuo gode della libertà di scegliere, dall'altra, quelle scelte costruiscono un tessuto di relazioni che influenzano il futuro. È il medesimo equilibrio che osserviamo nel mondo quantistico.

Niels Bohr, contemporaneo di Heisenberg e uno dei fondatori della meccanica quantistica, sostiene:

"La predicibilità è solo un'illusione della certezza."

Questa frase sembra dialogare direttamente con le filosofie orientali, che da millenni insegnano che la libertà non risiede nell'eliminare le incertezze della vita, bensì nel riconoscerle e accettarle, scegliendo consapevolmente nel presente.

L'unione tra Karma e indeterminazione quantistica offre una prospettiva affascinante. Da un lato troviamo un'antica filosofia che esplora la causalità morale; dall'altro, una scienza moderna che studia le basi probabilistiche della natura. Entrambe, però, rifiutano l'idea di un universo completamente deterministico.

Le due discipline sembrano incontrarsi in un punto critico. L'essere umano, come le particelle subatomiche, non è condannato a seguire un percorso rigido. La possibilità di scegliere, di agire, rimane una costante della realtà, sia essa fisica o etica. Questo legame dimostra che le scoperte scientifiche e le tradizioni spirituali, anziché contraddirsi, possono dialogare per offrirci una comprensione più profonda del mistero dell'universo.

In conclusione, il Karma ci ricorda che ogni nostra azione conta. Allo stesso modo, il principio di indeterminazione sottolinea che, anche nel mondo fisico, ogni scelta e ogni interazione plasmano il futuro. Entrambi i concetti celebrano la libertà, rendendo l'universo, in definitiva, una meravigliosa dimora di possibilità.

Quando fisica e filosofia si incontrano.

Nella tradizione induista, il Karma è la legge della causa e dell'effetto. Ogni azione compiuta da una persona lascia un'impronta invisibile, un'energia che influenzerà il destino futuro. Questa forza non è immediata né lineare, ma si manifesta con il tempo. Un piccolo gesto, una parola detta in un momento cruciale, può generare conseguenze imprevedibili che si propagano nella vita degli individui e nel cosmo.

Lo Yoga Sutra di Patanjali lo sintetizza così:
"Ogni azione genera un seme, e quel seme produrrà un frutto, amaro o dolce, nella stagione opportuna".

Il Karma, dunque, non è una punizione o una ricompensa, ma una conseguenza inevitabile, radicata nel tessuto stesso della realtà.

Nel mondo quantistico, un'osservazione compiuta su una particella altera il suo stato. Ciò significa che l'atto di osservare è in sé un'azione che modifica il futuro. È un paradosso che riflette un'idea sorprendentemente vicina a quella del Karma: ogni interazione, anche minima, ha il potenziale per plasmare l'avvenire in modi difficili da prevedere.

Immaginiamo una particella subatomica che "sceglie" uno stato tra molteplici possibilità. Il suo comportamento è governato da una rete di probabilità piuttosto che dalle certezze. In modo analogo, il Karma può essere visto come questa trama di possibilità. Le azioni umane non garantiscono un risultato singolo, ma creano situazioni che influenzano il corso degli eventi.

Un esempio suggestivo viene dal mondo dell'entanglement quantistico. Due particelle, anche separate da enormi distanze, rimangono collegate da uno stato comune. Una modifica su una particella si riflette immediatamente sull'altra, indipendentemente dalla distanza che le separa. Questo fenomeno ricorda l'idea di Karma collettivo: le azioni individuali creano onde che si propagano nel tessuto dell'universo, collegando gli esseri umani in una rete di interdipendenza invisibile.

Un'interessante parabola indù racconta di un re che, durante una caccia, uccise accidentalmente un cervo sacro in una foresta dedicata a Shiva. Anni dopo, in punto di morte, il re ricordò quell'azione e si rese conto che le difficoltà incontrate nella sua vita erano riconducibili a quell'antico gesto. Questo aneddoto illustra come il Karma segua una logica complessa, spesso incomprensibile nell'immediato, ma chiaramente riconoscibile con il senno di poi.

Allo stesso modo, il fisico Niels Bohr, coetaneo di Heisenberg, osservava che, a livello quantistico:

"Il percorso che compiamo oggi lo potremo interpretare solo domani".

Bohr, idealmente, avrebbe potuto riconoscere una somiglianza tra questi mondi apparentemente lontani.

In India, testimonianze di questa intersezione tra scienza e spiritualità si trovano in luoghi come Varanasi, tempio della saggezza e della meditazione. Qui, antichi insegnamenti sull'Atman (il sé) e il Karma coabitano con conferenze di studio sulla modernità. Alla *Benares Hindu University*, per esempio, già negli anni '60 si incoraggiava il dialogo tra fisica e filosofia.

Il ponte tra il Karma e la fisica quantistica ci ricorda che esistono ordini ancora ignoti all'essere umano. La scienza moderna, come l'antica filosofia, esplora la realtà cercando di coglierne i fili invisibili. Entrambi i campi suggeriscono che dietro all'apparente casualità si nascondano regole profonde, radicate su scale diverse, ma ugualmente fondamentali.

Karma e indeterminazione ci invitano a riflettere su un principio universale: ogni azione ha il potenziale per modificare il mondo, sia a livello cosmico che personale. Come Heisenberg e i saggi dell'Induismo sembrano suggerire, non possiamo controllare tutto, ma possiamo scegliere con attenzione l'intenzione delle nostre azioni.

Il Karma e il gatto di Schrödinger. Le scelte sono reali?

Immaginate di trovarvi di fronte a una scelta. Ogni azione che compiete oggi avrà conseguenze, visibili e invisibili, nel futuro. Questo è il principio centrale del Karma nell'induismo: la legge della causa e dell'effetto, secondo cui ogni gesto, pensiero o decisione lascia un'impronta sul presente e su ciò che verrà. Ma cosa ha a che fare tutto questo con la fisica quantistica? Più di quanto si possa immaginare.

La fisica quantistica ci dice che nel microcosmo delle particelle subatomiche nulla è certo fino a quando non viene osservato. È il cuore del principio di indeterminazione di Heisenberg: non possiamo conoscere contemporaneamente posizione e velocità di una particella con assoluta precisione. Questa incertezza non riguarda solo il mondo microscopico ma ispira anche riflessioni filosofiche sulla natura delle scelte umane.

Secondo l'induismo, il Karma non obbliga: dà forma. Le scelte che compiamo oggi determinano ciò che troveremo domani, ma il momento della decisione, così come il destino della particella quantistica, rimane carico di possibilità fino a quando non si concretizza. Si potrebbe dire che ogni azione umana somiglia a una particella in bilico tra stati multipli, pronta a definire un futuro quando il suo "osservatore" — l'individuo — compie la scelta.

Per comprendere meglio questa analogia, guardiamo al famoso esperimento mentale del Gatto di Schrödinger, ideato nel 1935 dal fisico austriaco Erwin Schrödinger. In esso, un gatto viene chiuso in una scatola insieme a un meccanismo che può ucciderlo, innescato dal decadimento radioattivo di una particella. Fino a quando qualcuno non apre la scatola, il gatto è sia vivo che morto, in uno stato di sovrapposizione quantistica.

Questo esperimento ci invita a riflettere sulla simultanea esistenza di possibilità contrapposte fino a che un'azione concreta non le fa collassare in una realtà unica. Qualcosa di simile avviene nel Karma. Ogni azione genera una ramificazione di possibilità. Ogni pensiero, ogni parola, ogni comportamento è come la particella nella scatola: contiene un potenziale che, una volta rilasciato, si trasforma in un risultato tangibile.

Questa idea non è nuova nella filosofia orientale. L'antico poema indiano *Bhagavad Gita* sottolinea il concetto di responsabilità nelle scelte. Nel testo, Krishna, la guida divina, spiega ad Arjuna che ogni azione deve essere compiuta con consapevolezza, perché nessuno può sfuggire agli effetti del proprio agire. La moderna interpretazione di questo insegnamento potrebbe essere accostata alla necessità di "osservare" una scelta per renderla reale e assumersi il carico delle conseguenze.

Se applichiamo questa visione all'esperimento del gatto di Schrödinger, ci rendiamo conto che non è solo l'osservatore fisico (lo scienziato) a decidere il destino del gatto, ma anche il livello di consapevolezza e la responsabilità con cui si interviene. Analogamente, il Karma sottolinea che è la qualità dell'intenzione nelle azioni che determina quale delle infinite possibilità si materializzerà.

La saggezza popolare indiana offre un racconto che illustra questa dinamica: un contadino, vivendo in un villaggio, trova un giorno una sacca d'oro. Potrebbe tenerla per sé senza dire nulla, oppure restituirla. Esita, consapevole che la sua decisione avrà effetti sul suo futuro. Come il gatto nella scatola, la scelta non è compiuta fino a quando non agisce. Decide di restituire l'oro, e più tardi scopre che il proprietario lo premia con metà del contenuto della sacca. Ciò gli consentì di vivere senza rimorsi di coscienza. Sarebbe successo lo stesso se avesse agito diversamente? Non lo sapremo mai.

Questo episodio riflette perfettamente l'intersezione tra Karma e il paradosso della sovrapposizione quantistica. Si può immaginare che, fino al momento della scelta, il futuro rimane sospeso in stati multipli, pronti a collassare in un'unica realtà quando agiamo.

Questo ponte tra fisica quantistica e filosofia indiana non è limitato agli accademici. Nel 1975, Fritjof Capra, uno dei principali sostenitori del dialogo tra scienza e spiritualità, mise in relazione i principi della fisica moderna con le tradizioni mistiche orientali, inclusi il Karma e l'unità universale. Con un approccio aperto e interdisciplinare, mostrò che, nonostante secoli di distanza, filosofia orientale e scienza occidentale condividono intuizioni fondamentali sull'inestricabile interconnessione di tutto ciò che esiste.

Un altro esempio viene dalle riflessioni di Carl Jung, il quale si interessò al concetto di sincronicità e al modo in cui gli eventi apparentemente casuali sembrano legarsi attraverso il significato piuttosto che la causalità. Pur non collegata direttamente al Karma, l'idea di Jung ci ricorda che realtà e scelte non sempre si manifestano attraverso cause tangibili o meccaniche, ma possono risuonare in un campo più vasto.

Il dialogo tra fisica quantistica e la visione del Karma ci mostra una visione affascinante della realtà: le scelte non sono solo semplici decisioni, ma sono atti creativi. Come osservatori, siamo responsabili per il collasso delle possibilità in una sola realtà. Che sia nella scatola del gatto di Schrödinger o nella vita quotidiana, imparare a scegliere con consapevolezza significa comprendere il potere di plasmare il futuro. All'interno di questo dialogo tra oriente e occidente emerge una consapevolezza comune: ogni decisione è importante, proprio perché racchiude l'infinito e il futuro dentro di sé.

Il Karma e le trame quantistiche del destino.

Nel cuore dell'antica filosofia indù, il concetto di Karma emerge come un tessitore invisibile che intreccia le azioni umane con il destino, influenzando ogni istante del presente e del futuro. In un mondo sempre più dominato dalla scienza, questa legge millenaria trova risposte inaspettate nella fisica quantistica.

Nel pensiero indù, il Karma è paragonabile a un libro scritto in tempo reale, dove ogni azione incide una parola, un paragrafo, un capitolo. Proprio come un romanzo non può essere capito leggendo una sola pagina, il Karma non può essere compreso guardando un singolo evento. È un'opera collettiva, un intreccio che include passato, presente e futuro.

Questo libro simbolico, per certi versi, ricorda il comportamento di una particella quantistica. Consideriamo l'esperimento della doppia fenditura, uno dei più celebri della storia della fisica. Quando un'onda di luce o una particella passa attraverso due fessure, si comporta contemporaneamente come particella e come onda, unendo due nature diverse in modi apparentemente contraddittori. Ma ciò che è davvero sorprendente è che il comportamento sembra cambiare quando l'esperimento viene osservato. L'atto di "osservare" modifica i risultati, proprio come le nostre scelte modificano i capitoli futuri del "Libro del Karma".

Secondo il Karma, anche l'azione più insignificante ha conseguenze. In modo simile, nella fisica quantistica, le piccole cause – spesso invisibili all'occhio umano – producono effetti immensi.

Incontriamo anche l'idea dei sistemi intrecciati, nota come "entanglement quantistico". Due particelle, una volta connesse, restano correlate anche a distanza, evocando un'eco filosofica del Karma. Anche quando siamo geograficamente lontani, le nostre azioni possono influenzare altre vite, in modi misteriosi ma innegabilmente potenti.

Qui possiamo richiamare la simbologia della Gange, il fiume sacro per eccellenza dell'India, che connette i pellegrini di Varanasi con il resto del paese. La corrente del fiume, come l'entanglement, è una metafora del Karma: collega anime e destini, partendo da un'unica sorgente.

Krishna afferma che nessuno evade dal ciclo del Karma, nemmeno quello che si illude di essere inattivo, poiché anche la scelta di non agire è un'azione. Questo si riflette nel paradosso dei quanti: anche l'apparente *"osservatore neutrale"* cambia il corso della storia. Heisenberg stesso lo intuì, descrivendo l'universo come un eterno processo di scrittura e osservazione.

Le Upanishad investigano il Karma in termini poetici. Si dice che l'anima (Atman) sia come una *"luce nella grotta del cuore"*, e i nostri pensieri e azioni siano i raggi che gestiscono il mondo. Oggi la fisica descrive l'universo come una danza di vibrazioni, di particelle legate dall'incertezza. Entrambi, fisica e filosofia, ci riportano alla stessa conclusione: l'esistenza è un'intricata rete, un libro in cui ogni parola ha un peso specifico.

Il Karma non vuole essere una prigione, ma un invito alla consapevolezza. Allo stesso modo, l'indeterminazione di Heisenberg non è una barriera insormontabile, ma una finestra che mostra la complessità della realtà. Abbracciando il mistero, possiamo trovare una guida.

Come gli antichi rishi, anche i fisici moderni si chiedono chi sia l'autore del *"libro naturale"*. Schrödinger, influenzato dalla filosofia vedica, una volta scrisse che;

"L'osservatore e l'osservato sono una cosa sola".

Anche nel laboratorio della scienza o nella quiete di una grotta himalayana, si ritorna sempre alla stessa intuizione: ogni cosa è connessa, e nulla esiste senza influenza reciproca.

In definitiva, se il Karma rappresenta il libro della vita, l'indeterminazione di Heisenberg ne è la penna: non sappiamo quale sarà la prossima frase, ma siamo certi che ciò che scriviamo oggi influenzerà le pagine a venire.

Dal Karma alle onde probabilistiche.

Radicato nella "legge di causa ed effetto", il Karma ci ricorda che ogni azione compiuta – fisica, verbale o mentale – pianta un seme destinato a germogliare nel presente o nel futuro. Questa visione universale lega ogni individuo al grande intreccio cosmico delle relazioni umane e naturali. Ma cosa accade quando si confronta questa antica legge con le idee della fisica quantistica? In modo sorprendente, la fisica moderna, attraverso princìpi come l'indeterminazione di Heisenberg, sembra danzare sulle orme di verità che saggi indiani avevano intuito migliaia di anni fa.

La parola "Karma" deriva dal sanscrito e significa letteralmente "azione" o "atto". Le Upanishad, antichi testi dell'Induismo, descrivono il Karma come un sistema cosmico che registra e ripaga ogni azione, positiva o negativa. Non è punizione divina, ma un principio imparziale di equilibrio. Ogni azione – come scegliere di aiutare o ignorare qualcuno – crea una traccia energetica destinata a ripresentarsi. Come piantare un seme in un campo, la qualità del raccolto dipenderà dal seme e da come verrà curato.

Una parabola famosa nelle scritture indù racconta di un giovane principe che, in un impeto di rabbia, colpì un uccello con una freccia. Anni dopo, durante un'incursione, egli stesso fu colpito allo stesso modo in battaglia. Il racconto illustra un principio base: le azioni tornano indietro, simili a un boomerang, in modi che talvolta trascendono una sola vita. Questa dinamica karmica abbraccia tutto: dal movimento delle stelle alle vite delle persone comuni.

La corrispondenza con la meccanica quantistica si manifesta nel principio d'indeterminazione di Heisenberg, formulato nel 1927. Werner Heisenberg illustrò come non sia possibile conoscere simultaneamente con precisione la posizione e la velocità di una particella subatomica. È un principio che svela l'intricata natura probabilistica della realtà. Quando osserviamo una particella, modifichiamo il suo comportamento. L'effetto dell'osservazione altera così il suo futuro.

Incredibilmente, il concetto di Karma risuona con questa idea. Proprio come il Karma assicura che ogni azione generi una conseguenza, il principio di indeterminazione ci dice che l'universo, a livello subatomico, non è deterministico. Le particelle non seguono traiettorie fisse, ma probabilità che si manifestano secondo specifiche interazioni. Nel momento in cui osserviamo o interagiamo con la realtà, modifichiamo quelle probabilità. Non c'è certezza, ma solo possibilità. Un seme karmico funziona allo stesso modo: piantato oggi, germoglierà in modo imprevedibile, nutrendosi del contesto circostante.

Immaginiamo un lago immobile. Un sassolino lanciato sulla superficie genera onde concentriche che si propagano. In fisica, questo fenomeno viene spesso usato come metafora per descrivere la funzione d'onda: ogni particella ha una natura di probabilità che si estende nello spazio e nel tempo, come cerchi sull'acqua. Analogamente, nell'Induismo, ogni azione è un sassolino gettato nel lago dell'esistenza, e le sue vibrazioni si diffondono nell'universo.

Un aneddoto interessante ci viene dalla vita di Mahatma Gandhi. Durante la sua gioventù, Gandhi fu sorprendentemente egoista e insicuro. Con il tempo, però, egli iniziò a interiorizzare il principio del Karma. Cominciò a vivere facendo scelte orientate al bene collettivo, piantando semi di gentilezza e ahimsa (non-violenza). Quelle azioni non solo cambiarono la sua vita, ma influenzarono la storia globale, guidando milioni nella lotta per l'indipendenza attraverso mezzi pacifici.

Proprio come nella fisica quantistica, l'energia emessa (i semi karmici) non scompare; si ripresenta in altre forme. Pensiamo anche all'esperimento della doppia fenditura: le particelle, da sole, seguono un comportamento duale (onda-particella), ma l'osservazione cambia il loro risultato. Questa è l'essenza del Karma: l'interazione delle nostre intenzioni e delle nostre azioni crea diverse possibilità per il futuro. Il futuro è incerto, ma dipende da ogni scelta che facciamo.

Per secoli, la scienza e la spiritualità hanno percorso cammini separati. Tuttavia, idee come quella del Karma e della probabilità quantistica dimostrano che i due mondi si sovrappongono in modi misteriosi. Il matematico Erwin Schrödinger, uno dei padri della meccanica quantistica e profondo conoscitore delle filosofie indiane, scrisse:

> *"Il mondo è una costruzione della mente, e non possiamo mai essere sicuri di ciò che è reale."*

Le riflessioni di Schrödinger, ispirate dalle tradizioni orientali, riconoscono l'interconnessione tra tutte le cose..

Destino e causalità.

Nelle antiche tradizioni filosofiche dell'India, il Karma è un principio che attraversa millenni e genera domande profonde sull'esistenza e la causalità. Secondo l'induismo, ogni azione lascia un'impronta, generando effetti che si manifestano nel presente o nel futuro. Questo concetto, apparentemente spirituale e lontano dalla scienza moderna, trova curiose risonanze nella fisica quantistica. Tra queste, l'analogia con il principio di indeterminazione di Heisenberg porta ad un dialogo affascinante tra due mondi apparentemente antitetici: Oriente e Occidente.

In essenza, il Karma sostiene che ogni pensiero, parola o gesto genera inevitabilmente un effetto. Le azioni compiute disegnano una trama invisibile nelle vite degli esseri umani, come un tessitore intreccia fili che saranno visibili solo con il tempo. Questa legge non presuppone un giudizio morale, ma descrive un meccanismo implacabile: ciò che facciamo produce conseguenze, sia su scala individuale che universale.

L'antica saggezza hindu vede il Karma come ciò che modella il destino di ogni individuo. Ma destino non significa predeterminazione rigida. L'essere umano, nel compiere azioni consapevoli, è considerato il principale artefice del proprio futuro. Questa filosofia apre le porte a una riflessione sorprendentemente moderna: la responsabilità personale e l'interconnessione tra le scelte di oggi e i risultati di domani.

Tutto questo trova un'eco chiaramente parallela in una delle più celebri scoperte della fisica quantistica: il principio di indeterminazione.

In altre parole, nel mondo quantistico, l'osservazione stessa modifica l'oggetto osservato. Ad esempio, il semplice atto di misurare la posizione di un elettrone influenzerà inevitabilmente il suo movimento. Di conseguenza, la realtà subatomica si presenta come un regno fluido e probabilistico, dove le cause non portano sempre a effetti certi e determinati.

Questa visione sfida la linearità della causalità classica, suggerendo che vi siano aspetti della realtà profondamente interconnessi, simili al modo in cui il Karma descrive l'influenza delle nostre azioni sul futuro.

La fisica quantistica, come il Karma, ci ricorda che ogni azione – anche la più piccola – contribuisce a creare il nostro futuro. Nel linguaggio quantistico, il futuro di un sistema subatomico è il risultato di una probabilità distribuita in molteplici possibilità. Analogamente, secondo i testi hindu, il Karma non è un meccanismo immediato e rigido, ma un processo che si sviluppa nel tempo. Proprio come nel regno quantistico ogni particella influenza il sistema globale, nel regno del Karma ogni azione umana si ripercuote sull'ordine universale.

Un esempio tangibile di come l'incertezza e il Karma si intreccino può essere tratto proprio dal comportamento quantistico.

Immaginiamo una particella subatomica che attraversa una doppia fenditura in un famoso esperimento: il risultato finale dipende da come e se la particella viene osservata. La semplice presenza di un osservatore cambia il corso degli eventi. In termini simbolici, è come dire che ogni azione – anche solo volgere l'attenzione verso qualcosa – modifica il destino dell'universo.

In modo analogo, il Buddha, condividendo il concetto di Karma in una forma simile a quella indù, affermava:

"L'uomo è il risultato dei suoi pensieri."

Anche un'azione mentale, quindi, può alterare la realtà. Alcuni storici moderni trovano in questo pensiero una suggestione "pre-quantistica": l'idea che l'intenzione stessa sia una forma di interazione invisibile con l'universo.

Le connessioni tra Karma e fisica quantistica ci ricordano che viviamo in un universo che funziona come un'enorme orchestra invisibile. Ogni nota, anche quella suonata sottovoce, contribuisce alla sinfonia.

Il Karma, con la sua visione morale e spirituale della causalità, non è lontano dalle leggi quantistiche, che ci insegnano come le azioni – osservare, misurare, interagire – modifichino il corso degli eventi. Entrambe queste prospettive ci invitano a riflettere su una verità fondamentale: mentre il destino non è completamente scritto, siamo in ogni istante autori di parte della nostra esistenza. Più comprendiamo questa rete di interconnessioni, più diventiamo consapevoli del potere delle nostre scelte, piccole o grandi che siano.

Al confine tra scienza e spiritualità, Karma e fisica quantistica ci suggeriscono che niente è davvero separato. Azioni, pensieri e fenomeni fisici si intrecciano, ricordandoci che il mistero della vita è grande almeno quanto l'universo che abitiamo.

Colui che guarda plasma il futuro.

In ogni azione c'è un seme che plasma il destino. Questa antica visione dell'induismo si riflette nella dottrina del Karma, la legge universale della causa e dell'effetto. Secondo questa filosofia millenaria, ogni azione – mentale, verbale o fisica – genera una reazione, visibile o invisibile, che influisce sul presente e disegna il futuro.

Il Karma non è solo un principio morale ma una legge naturale che regge il cosmo, un meccanismo imperscrittibile dove il passato incontra il presente per dare forma al destino futuro. La straordinaria modernità di questo concetto emerge ancor di più quando lo si confronta con le scoperte della fisica quantistica.

La relazione più affascinante fra il Karma e la fisica moderna si materializza nel principio di indeterminazione di Heisenberg, enunciato nel 1927 dal fisico tedesco Werner Heisenberg. Questo principio stabilisce che l'atto dell'osservare modifica inevitabilmente ciò che viene osservato. Nel mondo subatomico, le particelle si trovano in uno stato di possibilità, descritto dalla funzione d'onda, fino a quando un osservatore interviene con la sua misurazione. Quando questo accade, la funzione d'onda "collassa" e si manifesta una posizione o un'energia definita. In altre parole, l'osservazione umana dà forma alla realtà.

Questo collegamento appare straordinariamente affine al Karma. In entrambi i contesti, l'intervento umano – sia esso un atto fisico o un atto di osservazione – diventa un evento che plasma e trasforma il destino. La Bhagavad Gita, uno dei testi più sacri dell'induismo, afferma che ogni azione lascia impronte (samskara) che generano futuri eventi. In modo parallelo, la fisica quantistica ci dice che l'osservatore partecipa attivamente alla creazione della realtà stessa.

Niels Bohr, uno dei padri fondatori della fisica quantistica, notò con meraviglia come l'osservazione fosse un atto creativo. Per molte tradizioni indiane, anche a livello macroscopico, ogni azione – ogni sguardo, ogni pensiero – è una semina che porta conseguenze. Non si tratta di casualità, bensì di un ordine nascosto, un equilibrio cosmico che prende forma soltanto attraverso l'intervento consapevole dell'individuo.

Se torniamo al laboratorio di Heisenberg o di Bohr, possiamo immaginare l'osservatore di fronte alla duplice natura di un elettrone, che è al contempo onda e particella. Uno degli esperimenti più noti della fisica moderna, quello della doppia fenditura, dimostra questa dualità. Quando nessuno osserva, l'elettrone si comporta come un'onda e passa attraverso entrambe le fenditure creando un'interferenza. Ma quando un osservatore interviene per misurare, l'elettrone si comporta come una particella e passa soltanto attraverso una fenditura: l'atto dell'osservazione ha cambiato la sua natura.

In termini karmici, questo esperimento suggerisce che la realtà non esiste come qualcosa di predeterminato, ma come un campo potenziale di possibilità. L'essere umano, attraverso l'osservazione e l'azione, è un co-creatore del mondo che lo circonda.

Un antico racconto indiano illustra la relazione tra un'azione consapevole e il suo effetto. Si racconta di un saggio che piantò un seme di banyan, un albero capace di crescere per secoli e diffondere radici profonde. La sua azione, apparentemente semplice, produsse un'intera foresta in grado di nutrire e proteggere generazioni di esseri viventi. Così viene descritto il Karma: ogni azione crea uno stato di realtà futura, sia nel bene che nel male.

Possiamo confrontare questa immagine con l'esperimento quantistico. Il seme-banyan è il potenziale della funzione d'onda. La foresta è il risultato dell'osservazione, dell'intervento umano che collassa le possibilità in una realtà concreta.

Queste connessioni tra il Karma e il principio di indeterminazione di Heisenberg non sono coincidenze isolate. Entrambe queste discipline, seppur nate a millenni di distanza, condividono una consapevolezza profonda dell'importanza dell'uomo come agente attivo nel cosmo. La fisica moderna, che un tempo cercava di ridurre il mondo a un'entità oggettiva, ha riscoperto la soggettività dell'osservatore, un concetto già centrale nelle dottrine indiane.

Un ponte culturale si erge tra Copenaghen – la città dove Niels Bohr sviluppò la sua teoria quantistica – e il Gange, dove i saggi dell'induismo meditarono per secoli sull'interconnessione del cosmo. La moderna comprensione scientifica e la filosofia vedica ci invitano a considerare la presenza umana come un fenomeno che va oltre la spiegazione meccanicistica. Non siamo spettatori passivi. Siamo co-creatori, portatori di scelte, i cui effetti riecheggiano in un universo costruito di possibilità.

Oggi, mentre affrontiamo le sfide globali – dal cambiamento climatico all'intelligenza artificiale – questa intersezione tra fisica e filosofia ci invita a riflettere sull'importanza della consapevolezza. Le nostre azioni quotidiane e le osservazioni che scegliamo di compiere contribuiscono a costruire il mondo futuro. Il Karma, come l'indeterminazione di Heisenberg, ci ricorda il potere che abbiamo nelle nostre mani, il potenziale infinito contenuto in ogni scelta.

L'antica India, con la sua filosofia del Karma, e la fisica moderna, con la rivoluzione quantistica, ci lasciano un messaggio chiaro: tutto ciò che facciamo – o scegliamo di non fare – lascia un'impronta sul tessuto del tempo.

Vibrazioni, decisioni e onde di possibilità.

Werner Heisenberg propose il principio d'indeterminazione, secondo cui non è possibile conoscere simultaneamente con precisione assoluta la posizione e la velocità di una particella subatomica.

In un certo senso, il Karma segue regole simili. Le azioni umane non producono solo effetti diretti, ma vibrano in modi che non si possono sempre prevedere. Questa vibrazione karmica può essere paragonata alla funzione d'onda quantistica, che rappresenta tutte le possibilità di una particella finché non viene "osservata". Come disse lo scrittore americano Ralph Waldo Emerson:

"L'uomo semina un atto e raccoglie un'abitudine; semina un'abitudine e raccoglie un destino".

In molte scuole di pensiero induiste, come il Samkhya e il Vedanta, si crede che ogni azione porti un'impronta nel cosmo, una vibrazione che perdura nel tempo. Questo concetto trova eco negli insegnamenti di Paramahansa Yogananda, autore di *"Autobiografia di uno Yogi"*. Egli scrive:

"Ogni azione, buona o cattiva, crea un'energia vibratoria che ritorna alla sua sorgente. Lo spirito umano è come una pietra lanciata in uno stagno: crea onde che inevitabilmente si riflettono verso di noi".

Analogamente, nella fisica quantistica, una particella non esiste in un singolo stato fisso finché non viene osservata. Si trova invece in uno stato di sovrapposizione, una combinazione di tutte le sue possibilità. Nel momento in cui una scelta viene compiuta – che sia nell'ambito delle azioni umane o nelle interazioni subatomiche – la funzione d'onda collassa, determinando uno specifico risultato.

Un aneddoto indiano illustra l'idea di Karma. Bharata, un antico re descritto nei testi vedici, un giorno salvò un piccolo cerbiatto morente. Questo gesto compassionevole legò emotivamente Bharata alla creatura. Nei suoi ultimi istanti di vita, il re pensò al cerbiatto con tale intensità che nel ciclo successivo di reincarnazione si ritrovò a vivere come un cervo. Questo racconto evidenzia che nel Karma, come nel mondo quantistico, le ripercussioni non seguono sempre una linea retta o prevedibile.

La fisica classica ci ha abituati a ragionare con una causalità diretta: una palla colpisce un'altra e la seconda si muove. Ma a livello subatomico – e, per l'induismo, anche karmico – le interazioni sono complesse, interconnesse, persino surreali. L'effetto delle azioni viaggia come un'onda, influenzando il cosmo e ritornando alla sorgente.

La scienza moderna sta iniziando a riconoscere il potenziale vibratorio di ogni cosa nell'universo. Nikola Tesla affermava:

"Se vuoi capire i segreti dell'universo, pensa in termini di energia, frequenza e vibrazione".

Anche l'antica saggezza indiana considera il mondo come un insieme di vibrazioni. "Om", il suono sacro dell'universo, è percepito non solo come un simbolo religioso ma anche come una metafora delle vibrazioni fondamentali della realtà.

Il Karma potrebbe essere immaginato come un sistema simile alle onde quantistiche: ogni decisione crea un'interferenza, una propagazione nell'oceano cosmico di possibilità. Ogni scelta lascia una traccia, che persiste e interagisce con le onde generate da altri esseri viventi.

La nozione di Karma non è una semplice giustificazione morale. È uno strumento per comprendere la responsabilità delle nostre azioni e delle loro vibrazioni. L'induismo insegna che ogni anima, o Atman, segue un percorso unico, guidato dalle conseguenze delle proprie azioni, ma anche dalle possibilità offerte dal libero arbitrio.

La fisica moderna, con l'indeterminazione che regola le osservazioni subatomiche, ci ricorda che la realtà non è rigida. Suggerisce invece un universo di possibilità fluide, che si materializzano attraverso l'interazione e la scelta. Ogni atto umano, dunque, potrebbe essere paragonato a quel singolo evento che interrompe l'indeterminazione quantistica, trasformando le onde di possibilità in effetti concreti.

Nella "particella karmica" si intrecciano i misteri di scienza e spiritualità. Ogni azione crea vibrazioni e, al tempo stesso, plasma possibilità. Come nella meccanica quantistica, la vita non segue schemi rigidi, ma vibrazioni e decisioni. Il Karma non è solo un principio religioso: è una legge cosmica che invita a riflettere sulle scelte individuali e sul loro impatto, oggi e nel tempo a venire.

Così recita un antico detto delle Upanishad:

"Tu sei ciò che è il tuo desiderio profondo. Come è il tuo desiderio, così è la tua volontà. Come è la tua volontà, così sono le tue azioni. Come sono le tue azioni, così è il tuo destino".

Capitolo X. Moksha. La liberazione dal Samsara.

Moksha: Liberazione dal ciclo di nascita e morte.

Nel contesto dell'induismo, *Moksha* rappresenta uno dei concetti più profondi e significativi della tradizione spirituale indiana. Viene comunemente tradotto come "liberazione" o "emancipazione" e si riferisce al fine ultimo della vita umana: la liberazione dal ciclo del Samsara, ovvero la continua ruota di nascita, morte e rinascita (reincarnazione).

Il Moksha è la liberazione dell'anima individuale (*Atman*) dai legami materiali e dalle limitazioni del mondo fisico. Questo stato permette all'Atman di unirsi alla realtà ultima, che può variare in base alla scuola filosofica religiosa seguita:

In alcune scuole dell'induismo, come l'Advaita Vedānta, Moksha è l'unione totale con il Brahman (la realtà ultima e assoluta), riconoscendo che l'Atman e il Brahman sono intrinsecamente la stessa cosa.

Nelle scuole dualiste, come il Viśiṣṭādvaita o il Dvaita Vedānta, Moksha implica rimanere separati dal Brahman ma vivere eternamente in una condizione di beatitudine divina, in presenza di Dio.

In ogni contesto, Moksha rappresenta la cessazione della sofferenza, la conquista della pace eterna e la realizzazione della vera natura dell'essere.

Come raggiungere il Moksha.

Il percorso verso il Moksha varia a seconda delle tradizioni e delle pratiche, ma in generale viene descritto attraverso quattro vie principali (*marga*):

Jnana Marga (*Via della conoscenza*). Attraverso la conoscenza del sé e delle scritture, si giunge alla realizzazione che l'Atman è Brahman.

Bhakti Marga (*Via della devozione*). La completa devozione e amore verso una divinità personale, come Krishna, Shiva o Vishnu, aiuta a liberarsi dai legami karmici.

Karma Marga (*Via dell'azione*). Svolgere azioni disinteressate e virtuose, senza attaccamento ai frutti dei propri atti, aiuta a purificare il sé e avvicina al Moksha.

Raja Marga (*Via della meditazione e autodisciplina*). Attraverso le pratiche contemplative e lo yoga, si controlla la mente e ci si concentra sull'autorealizzazione.

Moksha e i Quattro biettivi della vita.

Nella filosofia indù, Moksha viene generalmente considerato il più alto dei quattro obiettivi della vita (purushartha), che sono:

Dharma: L'adempimento dei doveri morali e sociali.

Artha: Il raggiungimento della prosperità materiale.

Kama: La ricerca del piacere e della realizzazione personale.

Moksha: La liberazione spirituale.

Moksha è l'obiettivo finale che trascende gli altri, simboleggiando il completamento del viaggio spirituale umano.

Moksha, dunque, è il culmine del percorso spirituale nell'induismo: la liberazione definitiva dalla sofferenza del mondo materiale e l'unione con il divino. Ciò rappresenta una meta di rivelazione interiore e di profonda pace che molte tradizioni e pratiche spirituali indiane cercano di realizzare.

Moksha e la decoerenza quantistica.

Nei testi sacri dell'induismo, Moksha rappresenta la liberazione suprema, uno stato in cui l'anima (o Atman) sfugge al ciclo infinito di nascita, morte e rinascita, conosciuto come "*Samsara*". Questo concetto, che attraversa millenni di pensiero filosofico e spirituale, può trovare una curiosa e affascinante corrispondenza in un principio della fisica moderna: la decoerenza quantistica. Entrambi sembrano affrontare lo stesso tema centrale, pur da prospettive completamente diverse: la transizione verso uno stato di libertà attraverso il superamento dei vincoli di una realtà percepita.

Nell'induismo, il Samsara è spesso raffigurato come una ruota che gira senza sosta. Ogni vita, secondo quest'interpretazione, è come un ciclo dentro un altro ciclo. La dottrina del Karma decide il destino, collegando le azioni di una vita alle esperienze della successiva. Ma Moksha rompe questa sequenza. Per raggiungerla, serve un'espansione della consapevolezza interiore. Le pratiche fondamentali per questo scopo includono la meditazione profonda, lo yoga e la conoscenza dei testi sacri come le Upanishad.

Le Upanishad, composte intorno al VI secolo a.C., descrivono Moksha come l'unione dell'Atman con il Brahman, la realtà ultima. Un passaggio emblematico del Chandogya Upanishad recita:

"Tat Tvam Asi" ("Quello sei tu")

un'esortazione a comprendere che l'identità individuale è illusoria e parte della stessa sostanza cosmica. A questo punto, l'ego si dissolve, così come le illusioni del "sé" che lo vincolano.

Nella fisica quantistica, il termine decoerenza descrive il momento in cui un sistema quantistico perde la sua coerenza, cioè il suo stato di sovrapposizione, entrando in una realtà definita e osservabile. Quando un'entità quantistica (come un elettrone o un fotone) interagisce con l'ambiente circostante, i suoi molteplici stati possibili collassano in uno solo, determinando un cambio di stato che può essere osservato.

Da una prospettiva filosofica, questo fenomeno ricorda l'idea del Samsara: il continuo "collasso" della coscienza individuale in realtà limitate, determinato dalle interazioni con il mondo esterno e dalle dinamiche della materia. Il Moksha, da questo punto di vista, potrebbe essere inteso come il superamento di ogni interferenza esterna, uno stato liberatorio in cui la coscienza si affranca dai limiti della materia e dalla frammentazione della realtà.

La meditazione: uno stato di transizione.

La meditazione, pratica centrale per raggiungere Moksha, offre una sorprendente analogia con la decoerenza. I praticanti di meditazione profonda descrivono spesso uno stato in cui i confini tra sé e realtà esterna si dissolvono. Uno dei maestri più noti, Adi Shankara (VIII secolo d.C.), fondatore della dottrina Advaita Vedanta, spiegava che la meditazione consente di percepire direttamente l'unità del Brahman, spogliandosi dall'illusione sensoriale. È un viaggio oltre la molteplicità delle forme, verso una consapevolezza indivisa.

Trattandola come un processo di transizione quantistica, si potrebbe dire che la mente entra in uno stato di "sovrapposizione" in cui il sé sperimenta una realtà più vasta. L'abbandono delle influenze esterne permette un passaggio verso l'unità, un'eco del processo in cui la decoerenza viene superata, lasciando spazio alla pura essenza quantistica prima del "collasso".

Uno dei paralleli più affascinanti è come entrambi i concetti, Moksha e decoerenza, suggeriscano la liberazione da un ciclo. Per un fisico, questo ciclo è la continua interazione di particelle e osservatori. Per un filosofo induista, è l'eterno ritorno della vita materiale. Tuttavia, entrambi concordano su un punto cruciale: la libertà arriva eliminando l'interferenza e ancorandosi a una realtà più profonda.

Quando i saggi delle antiche civiltà indiane scrivevano dei segreti del Samsara e della liberazione dal ciclo karmico, non potevano sapere che, millenni dopo, la scienza avrebbe elaborato concetti apparentemente simili. Eppure, le affinità tra Moksha e la decoerenza quantistica ricordano che esistono strade diverse – filosofiche o scientifiche – per indagare il mistero della coscienza e il suo rapporto con il cosmo.

Potremmo non sapere mai se la liberazione spirituale e la transizione quantistica condividano una stessa sostanza, ma rimane il fascino di unire due mondi in apparenza così distanti attraverso un linguaggio comune: quello della ricerca della verità.

La via verso Moksha. Ascesa interiore e transizioni quantistiche.

L'induismo, con la sua complessa tessitura di miti, filosofie e pratiche spirituali, ha sempre cercato di rispondere alla fondamentale domanda sull'essenza della vita e della realtà. Il concetto di Moksha – la liberazione dal Samsara, il ciclo infinito di nascita, morte e rinascita – rappresenta il culmine di questa ricerca. Nei suoi testi sacri, come la Bhagavad Gita, l'induismo indica la via per spezzare le catene dell'illusione (*Maya*) e raggiungere l'assoluto, un tema che, curiosamente, trova affascinanti parallelismi nelle recenti scoperte della fisica quantistica.

Nel pensiero indù, il Samsara è descritto come un giro perpetuo di esistenze, governato dalla legge del Karma. Le anime – o meglio, le coscienze – si incarnano ripetutamente, danzando attraverso forme di vita diverse, come attori che indossano ruoli temporanei sul palcoscenico cosmico.

Ma sotto questa danza, l'induismo ci dice che il vero Sé (Atman) è eterno e immutabile, una scintilla dell'assoluto (Brahman). Raggiungere il Moksha significa risvegliarsi a questa verità, spostandosi dalla molteplicità delle forme all'unità della realtà.

Questo passaggio può essere visto come una transizione, un cambiamento non solo spirituale, ma anche concettualmente affine a fenomeni studiati oggi nella fisica quantistica.

La fisica quantistica ci parla di un mondo insondabile, di particelle che esistono in stati multipli fino a quando un "osservatore" non le costringe a collassare in una singola realtà. Questo fenomeno, chiamato decoerenza, segnala una transizione: ciò che prima era incerto e nebuloso diventa concreto e determinato.

Nel contesto dell'induismo, possiamo immaginare il Moksha come un passaggio analogo. Lo stato dell'anima intrappolata nel Samsara – un continuo gioco di possibilità e illusioni – ricorda questo mondo quantistico indistinto, in cui si è vincolati a infinite possibilità di esistenza senza un punto fermo. Allo stesso modo in cui una particella quantistica raggiunge un solo stato definito attraverso l'interazione con l'ambiente, l'anima, attraverso la meditazione e la conoscenza, si libera dalle illusioni del mondo materiale e riconosce la sua vera natura.

Un esempio emblematico di questo viaggio spirituale è offerto dalla Bhagavad Gita, testo cardine dell'induismo. Nel dialogo tra Krishna e Arjuna, Krishna rivela la natura della realtà e della liberazione:

> *"Come l'acqua non tocca il fiore di loto, così il peccato non tocca chi agisce senza attaccamento, offrendo ogni azione al Divino"*

Qui, il "fiore di loto" evoca la purezza dell'anima liberata che galleggia al di sopra delle acque torbide del Samsara.

Con lo sviluppo della consapevolezza interiore, Arjuna comprende che il cammino verso la liberazione passa dal trascendere gli opposti – il piacere e il dolore, il successo e il fallimento – per immergersi nella conoscenza dell'Atman. Questo risveglio richiama, in termini moderni, il passaggio tra potenziali indefiniti (Samsara) e il riconoscimento definitivo dell'assoluto (Moksha).

Coscienza quantistica: una nuova frontiera.

Oggi l'idea che la coscienza abbia un ruolo fondamentale nell'universo non è più un semplice dominio della filosofia o della religione. Studiosi come Roger Penrose e Stuart Hameroff propongono che la mente umana, in particolare la coscienza, possa avere una base quantistica. Secondo le loro teorie, fenomeni quantistici intrinseci ai microtubuli nelle cellule cerebrali potrebbero spiegare gli aspetti più profondi dell'esperienza umana, come la creatività e la percezione del sé.

Questa prospettiva affascinante si fonde con l'idea indù secondo cui la meditazione profonda e la conoscenza portano a una transizione della coscienza. In altre parole, proprio come nel collasso quantistico, il momento in cui il Sé percepisce la verità assoluta è un punto di svolta, un salto fenomenale dalla molteplicità delle illusioni alla chiarezza della realtà ultima.

La connessione tra Moksha e la decoerenza quantistica non deve essere vista come una sovrapposizione forzata. Anzi, molti studiosi vedono in questo parallelo un ponte che collega antiche tradizioni spirituali e moderne teorie scientifiche. Entrambe le prospettive, infatti, ci ricordano una verità essenziale: la realtà è molto più complessa, e al tempo stesso più semplice, di quanto appaia.

Nel Tempio di Varanasi, sacro a Shiva, si recitano quotidianamente versi che evocano la liberazione:

> *"Il mondo è un'illusione, ma colui che riconosce il divino in sé stesso è già libero".*

A migliaia di chilometri di distanza, nei laboratori della fisica teorica, gli scienziati osservano particelle e onde, cercando di capire se la realtà sia fatta di materia solida o di enigmi probabilistici.

E forse, in questa convergenza tra scienza e spiritualità, troviamo una prospettiva globale. La via verso la comprensione del sé – sia essa tracciata nei versi della Bhagavad Gita o tra le righe di un'equazione – è il cammino che ci porta a vedere oltre il velo delle illusioni. Come lo scienziato che scruta nella natura dell'atomo, e come il mistico che guarda dentro sé stesso, entrambi cercano la stessa cosa: la verità del tutto.

Stati di transizione nella coscienza.

L'Induismo descrive Moksha come la liberazione ultima. È la fine del ciclo perpetuo di nascita e morte, conosciuto come *Samsara*, e rappresenta il raggiungimento di uno stato di coscienza oltre il tempo, lo spazio e la materia. Questi concetti, che affondano le loro radici nei Veda e nelle Upanishad, sembrano vibrare in sintonia con alcune moderne teorie della fisica quantistica. Tra queste, il fenomeno della decoerenza quantistica offre una prospettiva intrigante per esplorare il salto dalla filosofia alla scienza.

Nella fisica quantistica, il concetto di decoerenza quantica descrive il processo per cui un sistema quantistico perde il suo stato di sovrapposizione. In pratica, questo significa che una particella, che esiste in una moltitudine di stati possibili (il famoso "*gatto di Schrödinger*", sia vivo che morto), viene ridotta a una sola realtà osservabile. Questa transizione, apparentemente misteriosa, separa il mondo delle possibilità dal mondo concreto che sperimentiamo ogni giorno.

Moksha, sotto questa lente, può essere vista come una forma di "*decoerenza coscienziale*". Quando un individuo realizza il sé autentico, o Atman, liberandosi dall'illusione del mondo fenomenico (*Maya*), egli accede alla realtà ultima: il Brahman, l'unità universale. È una transizione definitiva, una "scelta di stato" che concede un accesso a un livello di esistenza più profondo. Sri Ramana Maharshi, il saggio illuminato del XX secolo, descriveva Moksha come:

"*...una fusione della coscienza individuale nell'infinito*".

Le teorie contemporanee sul multiverso ampliano ulteriormente l'orizzonte. Queste ipotesi suggeriscono che esistano realtà parallele, ognuna delineata dai possibili esiti differenti delle decisioni quantistiche.

Roger Penrose e Stuart Hameroff, con il loro modello della "*coscienza orchestrata*" (Orch-Or) , ipotizzano che i microtubuli all'interno delle cellule cerebrali possano funzionare come sistemi quantistici. Le loro oscillazioni, soggette a decoerenza, potrebbero generare stati di coscienza. In questa prospettiva, Moksha potrebbe essere vista non solo come una liberazione, ma come un ingresso in un multiverso mentale.

Le Upanishad, antichi testi sapienziali dell'Induismo, sostenevano che il sé interiore è un universo intero. Il Mandukya Upanishad esplora quattro stati di coscienza: veglia, sogno, sonno profondo e uno stato di serenità assoluta detto "*Turiya*", che trascende e unifica tutti gli altri. Turiya è stato descritto come il punto di accesso a Brahman. Un parallelo potrebbe essere visto nella transizione quantistica di un sistema che passa dalla frammentazione delle sovrapposizioni a una singolarità coerente.

Mentre i panorami della fisica e della filosofia possono apparire distanti, la loro unione apre spazi di contemplazione straordinari. Anandamayi Ma, un'importante figura spirituale indiana del XX secolo, sottolineava che la mente normale vive in frammentazione. Solo attraverso la meditazione e la conoscenza, diceva, si può "*vedere la verità intera"*. Lo stesso potenziale di coerenza totale è ciò che Penrose e Hameroff hanno intravisto nei microtubuli: non un semplice meccanismo fisico, ma un veicolo per comprendere l'universo.

Le neuroscienze provano oggi a spiegare fenomeni tanto astratti come la coscienza, ma le grandi domande restano aperte. Perché esistiamo come osservatori? Come possiamo percepire la realtà? Domande profondamente umane che trovano forse le loro risposte in entrambe le prospettive: quella vedica e quella scientifica.

La meditazione come chiave quantistica per la liberazione.

Moksha non è solo una fine, ma un trascendimento della dualità, una liberazione dai limiti dell'esistenza materiale e mentale. Per raggiungerlo, la meditazione si rivela essere uno strumento centrale, un ponte tra la condizione umana e il regno di ciò che è eterno. Ma cosa accade realmente nella mente durante la meditazione? E come si intreccia questo processo con le moderne intuizioni della fisica quantistica?

Nel pensiero induista, Samsara è visto come una *"gabbia della mente"*. L'individuo, catturato nell'illusione del tempo e dello spazio, vive una realtà condizionata da opposti: piacere e dolore, successo e fallimento, nascita e morte. Questa è la mente dualistica, che separa invece di unire. La pratica meditativa è progettata per disfare questa dualità e aprire l'accesso a una coscienza unificata, il Brahman, l'assoluto indivisibile.

Secondo i testi sacri indù come le Upanishad, la meditazione permette di spostare l'attenzione dall'ego verso una consapevolezza più profonda. Uno dei versetti della Mundaka Upanishad afferma:
> *"Il sé non è conosciuto dalla mente, ma quando la mente si calma, il sé risplende in tutto il suo splendore".*

Qui si delinea il paradosso fondamentale: la mente non può comprendere il sé, perché essa stessa è parte dell'illusione.

In modo sorprendente, la fisica quantistica offre alcune immagini analoghe a questo processo. Prendiamo ad esempio il fenomeno della decoerenza quantistica. Nei sistemi quantistici, le particelle esistono in stati di sovrapposizione, dove ogni possibilità coesiste simultaneamente. Ma quando il sistema interagisce con l'ambiente, questa sovrapposizione "collassa" in un singolo stato osservabile. La decoerenza è quel momento in cui emerge una realtà definita, frutto dell'interazione tra il sistema e l'ambiente.

I fisici hanno osservato che in assenza di questa interazione, un sistema quantistico rimane in uno stato puro, non frammentato. È qui che emerge una metafora intrigante. La meditazione può essere vista come un processo che isola la mente dal "rumore" dell'ambiente, dissolvendo le interazioni dualistiche che mantengono l'individuo legato al Samsara. Liberando la mente dalle sue fluttuazioni (che i saggi indiani chiamano "*vrittis*"), la meditazione permette alla coscienza di emergere in uno stato di unità, proprio come un sistema quantistico isolato.

I Rishi, i saggi dell'antichità, erano veri "scienziati della mente". Attraverso la pratica dello yoga dhyana (meditazione profonda), essi riferirono uno stato di coscienza che trascende le limitazioni della materia. Patanjali, autore degli Yoga Sutra (II secolo a.C.), descrisse la meditazione come il metodo per "*cessare le fluttuazioni della mente*". Raggiunto questo silenzio interiore, il praticante sperimenta il samadhi, l'assorbimento che precede Moksha.

Un esempio classico è la vita di Ramana Maharshi (1879-1950), un moderno mistico indiano. Ramana, attraverso la meditazione e l'autoindagine, raggiunse un'esperienza di unità che lui stesso descrisse come "trascendenza totale della mente". Egli diceva:

"Ciò che chiamiamo distruzione della mente è, in effetti, la realizzazione che non c'è mai stata una mente separata".

Da un punto di vista scientifico, le neuroscienze iniziano a rilevare il potenziale della meditazione per alterare il funzionamento del cervello in modi tangibili. Gli studi condotti sui monaci tibetani in stati profondi di meditazione hanno mostrato una significativa riduzione dei *ritmi beta* (associati alla frammentazione mentale) e un aumento dell'attività gamma, considerata indice di una mente altamente coerente.

Possiamo considerare Moksha non tanto come un "luogo" da raggiungere, ma come una trasformazione di stato. È la liberazione dagli schemi condizionati, una sorta di "salto quantistico" nella coscienza che permette all'individuo di uscire dalla realtà relativa per percepire quella assoluta. La meditazione, come insegnano le scuole hindu, è il catalizzatore di questo salto.

L'immagine del salto quantistico richiama il comportamento di un elettrone che, per passare da un'orbita a un'altra, salta improvvisamente senza attraversare distanze intermedie. Analogamente, il praticante che medita potrebbe sperimentare un radicale cambiamento nella percezione della realtà, un passaggio dalla visione frammentata della mente dualistica alla chiarezza di una coscienza universale.

In questo contesto, vale la pena ricordare il concetto di *Indra's Net*, un'immagine centrale nei testi vedici. La rete di Indra è una trama infinita di gemme, ognuna delle quali riflette tutte le altre. Questo simbolo evoca l'interconnessione universale, un tema che risuona sia nell'induismo che nella fisica quantistica. La meditazione permette al praticante di "vedere" questa rete, di cogliere l'unità sottostante all'apparente frammentazione.

La meditazione, nel suo significato più profondo, può essere considerata come un atto di decodifica, un processo per sintonizzarsi con una realtà più ampia. Non si tratta solo di un metodo di relax o di una tecnica per ridurre lo stress. È, secondo l'induismo, una via per l'immortalità, per la liberazione dal Samsara.

Shiva e l'entanglement quantistico.

L'universo nasce e muore in un respiro. Nel pensiero induista, Shiva è il principio che distrugge e trasforma, il danzatore cosmico che libera la materia dalle sue illusioni. Ma in che modo Shiva, simbolo della dissoluzione dell'illusione, può essere collegato a uno dei concetti più misteriosi della fisica moderna, l'entanglement quantistico? Per comprendere questa unione sorprendente, bisogna attraversare un ponte culturale e scientifico: quello che unisce il Moksha, la liberazione dal Samsara, e il mondo invisibile delle particelle subatomiche.

Nel cuore dell'induismo, Moksha rappresenta il traguardo spirituale ultimo: la liberazione dal Samsara, il ciclo incessante di nascita, morte e rinascita. Questo stato si raggiunge attraverso la conoscenza, la meditazione e la consapevolezza della vera natura dell'esistenza. Il Samsara, perpetuato dalle illusioni sensoriali e dai legami materiali, è paragonabile a una complessa rete di vincoli che intrappola l'anima in un tempo lineare e materiale.

Shiva, nella sua forma di Mahadeva, il grande distruttore, incarna questa liberazione. Egli rompe i vincoli dell'ignoranza, distruggendo Maya, l'illusione. Con la sua danza, chiamata Tandava, Shiva simboleggia la dissoluzione dei legami terreni e l'espansione della coscienza verso l'infinito. Questa evoluzione spirituale sembra echeggiare in un fenomeno della fisica quantistica: la decoerenza quantistica.

Nel mondo quantistico, le particelle possono essere simultaneamente in diversi stati, fino a quando un'interazione con l'ambiente "rompe" questa sovrapposizione, provocando la cosiddetta decoerenza. La particella, una volta "osservata", collassa in uno stato definito. Questo processo segna una transizione dall'incerto all'apparente. Tuttavia, la decoerenza indica anche la perdita di un legame invisibile con lo stato precedente.

Possiamo leggere il Moksha in termini analoghi? La liberazione dal Samsara può essere vista come un atto di decoerenza spirituale, dove l'anima, dopo aver vissuto in molteplici "stati" di esistenza, abbandona il ciclo delle illusioni materiali per accedere a una dimensione più alta. In entrambi i casi – spirituale e scientifico – si assiste alla rottura di un legame con uno stato precedente. La figura di Shiva, distruttore e rinnovamento, diventa allora più di una divinità: si trasforma in una metafora cosmica, che attraversa confini culturali e scientifici.

Uno dei fenomeni più affascinanti della fisica quantistica è l'entanglement. Le particelle possono essere "legate" in modo tale che, anche a distanze enormi, un cambiamento nello stato di una influenzi immediatamente lo stato dell'altra. Questo legame supera i limiti del tempo e dello spazio. L'entanglement sembra evocare l'idea spirituale del Samsara. Nell'accumulo delle vite passate e nelle relazioni karmiche, tutto appare connesso in una rete sottile e inestricabile.

E qui entra in scena Shiva. In molti testi vedici e puranici, Shiva è descritto come colui che spezza i legami karmici, distruggendo ogni connessione che trattiene l'anima nel Samsara. Nel mondo spirituale, questa "rottura" porta alla libertà; nel mondo quantistico, sciogliere l'entanglement tra particelle significa che ognuna torna a essere un'entità libera e indipendente. Questo richiamo tra filosofia e scienza non è casuale. Come l'anima cerca la sua liberazione rompendo i vincoli karmici, le particelle sciolgono i loro legami per entrare in nuovi stati.

Samsara e la fisica della coscienza.

Come possiamo interpretare un concetto tradizionalmente metafisico attraverso la lente della fisica moderna? Qui entra in gioco la corrispondenza tra Moksha e la teoria della decoerenza quantistica, un ponte sorprendente tra antiche filosofie e scienza contemporanea.

Le antiche Upanishad descrivono l'esistenza terrena come un oceano di continua agitazione, un flusso inarrestabile generato dall'illusione (Maya). L'Atman (l'anima o essenza profonda) rimane intrappolato, ignorando la propria unità con il Brahman, il principio universale. Questa condizione viene paragonata a uno stato confuso, dove più possibilità coesistono senza un pieno riconoscimento della verità assoluta.

Un parallelo interessante si trova nella fisica quantistica. Quando un sistema quantistico esiste in una sovrapposizione di stati, come un elettrone che si trova contemporaneamente in due punti, possiamo immaginare una metafora per il Samsara. Questo stato di incertezza, di alternative non definite, rispecchia l'illusione in cui l'essere umano resta imprigionato, incapace di vedere con chiarezza.

La liberazione (Moksha) avviene quando l'individuo supera il velo di Maya e riconosce l'unità tra l'Atman e il Brahman. È un momento di risveglio, descritto nei testi sacri come *"l'uscita dal buio alla luce"*.

In fisica quantistica, un parallelismo affascinante si trova nella decoerenza. Questo fenomeno si verifica quando un sistema quantistico passa dallo stato di sovrapposizione a uno stato definito. È il momento in cui l'incertezza cessa, e il sistema adotta una chiarezza determinata dall'interazione con l'ambiente. Proprio come il raggiungimento di Moksha, anche la decoerenza descrive una transizione verso la stabilità e la comprensione.

Moksha e l'osservatore nella fisica quantistica.

Nell'Induismo, l'osservatore è colui che, attraverso l'introspezione e la meditazione, cerca di trascendere l'illusione del mondo sensibile per raggiungere Moksha: la liberazione dal Samsara, il ciclo infinito di nascita e morte. Nella fisica quantistica, l'osservatore è quel misterioso agente che, attraverso l'atto dell'osservazione, determina il collasso della funzione d'onda, trasformando il potenziale in realtà. Questo dialogo tra due mondi apparentemente inconciliabili apre spazi di riflessione sorprendentemente affini.

Nella tradizione induista, il concetto di Moksha rappresenta il culmine del viaggio spirituale. Secondo i testi sacri, come le Upanishad, l'essenza ultima dell'esistenza non risiede nel mondo materiale, ma in uno stato di coscienza puro e indivisibile. In questo stato, l'individuo si libera dall'illusione di Maya (il velo dell'apparenza) e realizza l'unità profonda con il Brahman, la realtà suprema. Questa liberazione non è solo una "fuga" dal dolore del mondo, ma piuttosto un risveglio alla vera natura di sé stessi.

Un passo emblematico dalla Brihadaranyaka Upanishad recita:

"Non vi è né giorno né notte, né essere né non-essere, ma solo il puro Sé, immobile e privo di dualità".

Questo stato, immaginato come una luce abbagliante che dissolve ogni ombra, sfida i limiti della mente razionale.

La liberazione in Moksha è dunque un atto di trascendenza. È il superamento della dualità intrinseca della vita: luce e ombra, soggetto e oggetto, osservatore e osservato. Proprio qui emerge un'affascinante analogia con la fisica quantistica.

La meccanica quantistica ha introdotto nel Novecento un concetto che ha sconvolto la scienza tradizionale: nella realtà subatomica, non esiste una separazione netta tra chi osserva e ciò che viene osservato. Le particelle subatomiche, come gli elettroni, non hanno una posizione definita finché non vengono osservate. Si trovano in uno stato di sovrapposizione, un misto di molteplici possibilità, rappresentato matematicamente dalla funzione d'onda. Tuttavia, nel momento in cui un osservatore interviene, questa funzione "collassa" e una sola possibilità si concretizza.

Uno degli esperimenti più noti su questo tema è il celebre esperimento della doppia fenditura (*double slit experiment*), descritto già nel 1801 da Thomas Young. Negli anni successivi, con lo sviluppo della fisica quantistica, si è compreso che una particella di luce (fotone) o materia (elettrone) si comporta come un'onda solo quando non viene osservata. Nel momento in cui entra in gioco un sistema di misurazione, si comporta come una particella. L'atto stesso di osservare cambia la realtà fisica.

Qui emerge il parallelo con Moksha. Nell'Induismo, lo stato di coscienza pura raggiunto con la liberazione è simile al momento in cui l'osservatore si fonde con l'oggetto osservato, trascendendo la dualità. Non è forse questo il collasso di tutte le ombre dell'esistenza individuale in un'unica luce di consapevolezza infinita?

In questo contesto, il passaggio dello stato quantistico da una sovrapposizione di molteplici possibilità al collasso in una singola realtà appare come una metafora straordinaria dello stato di Moksha. La liberazione dall'illusione (Maya) è, in un certo senso, una decoerenza quantistica. Proprio come un sistema quantistico lasciato a sé perde la coerenza con il mondo dei fenomeni, l'individuo, attraverso la meditazione, abbandona progressivamente l'attaccamento al mondo delle illusioni per collassare nell'unità trascendentale del Brahman.

Così, l'ombra e la luce——da sempre metafore spirituali——non sono più forze in opposizione, ma manifestazioni della stessa realtà ultima. Questo potrebbe essere paragonato al principio di complementarità di Bohr: come particella e onda sono due aspetti inseparabili della stessa entità, anche nel cammino verso Moksha l'ombra della sofferenza e la luce della liberazione si fondono in un unico stato indivisibile.

Moksha, come il collasso quantistico, è il punto in cui molteplici possibilità si dissolvono nell'unità. È un atto di osservazione suprema che dissolve la dualità tra luce e ombra, tra vita e morte. In un'epoca in cui la scienza moderna e la spiritualità antica sembrano separate da un divario incolmabile, queste analogie suggeriscono che il dialogo è non solo possibile, ma forse necessario per intravedere la verità ultima dell'esistenza. E in fondo, come ci ricorda l'Induismo, la luce e l'ombra non sono altro che due aspetti del medesimo infinito.

Decoerenza mentale, Moksha nella vita quotidiana.

Moksha non è solo un ideale ultraterreno; rappresenta una dimensione di libertà interiore che può essere sperimentata già durante la vita. È un'uscita dal caos dell'ego, dalle paure e dagli attaccamenti materiali. Ma come può qualcosa di così trascendentale trovare spazio nella vita quotidiana? E cosa può dirci la fisica quantistica su questo percorso di introspezione personale?

In fisica quantistica, il concetto di decoerenza descrive il passaggio di un sistema quantistico dallo stato di sovrapposizione, dove tutto è possibile, a uno stato osservabile e determinato. Questo fenomeno segna un momento cruciale in cui il sistema "collassa" in una realtà definitiva. In termini filosofici, si potrebbe interpretare la decoerenza come la perdita di un disordine potenziale per raggiungere una chiarezza attuale.

Allo stesso modo, Moksha implica un tipo di decoerenza mentale: il passaggio da una mente influenzata dalle tensioni cicliche del desiderio e dell'illusione verso una coscienza più limpida e consapevole. In senso pratico, questo processo avviene attraverso piccoli atti di consapevolezza, che possiamo inserire concretamente nelle nostre giornate frenetiche.

La vita moderna è piena di rumori mentali, spesso definiti come "pensieri ciclici." Questi pensieri ricorrono in modo ossessivo, trascinando l'individuo in loop di giudizi, rimpianti e aspettative. La meditazione, praticata con costanza, rappresenta un mezzo per spezzare questi cicli. Per esempio, in un silenzioso villaggio alle pendici dell'Himalaya, i monaci di tradizione Vedanta insegnano agli abitanti gesti semplici: focalizzarsi sul proprio respiro al mattino, camminare lentamente osservando la terra sotto i piedi, o ripetere mentalmente un mantra.

Questi piccoli atti, ripetuti ogni giorno, sono esperimenti di decoerenza mentale. Separano gradualmente la coscienza dall'identificazione con il rumore mentale e creano un distacco dai pensieri materialistici. Lo storico e pensatore indiano Swami Vivekananda (1863-1902) ci offre un'illuminante prospettiva:

> *"Dio è dentro di te, come il Sole al di là delle nuvole. Dissolvi queste nubi, e troverai pace."*

Anche questi semplici sforzi di consapevolezza possono dissolvere frammenti di Maya, l'illusione che copre la nostra vera natura.

Se osserviamo questo concetto in una prospettiva scientifica, potremmo paragonare i piccoli momenti di meditazione, lettura sacra o contemplazione a esperimenti che ristabiliscono ordine in un sistema quantistico. La mente, irrequieta e frammentata, si riunifica. Il fisico David Bohm, noto per le sue riflessioni sull'interconnessione tra fisica e filosofia orientale, descriveva l'universo come un ordine implicito, dove tutto è connesso ed è possibile rivelare nuovi stati di consapevolezza con la giusta attenzione. Meditare, secondo Bohm, significherebbe permettere alla mente di partecipare a ciò che è più ampio e armonioso.

La poetessa indiana Mirabai (1498-1547), che dedicò la sua vita alla devozione per Krishna, cantava di un amore divino che l'aveva liberata dai legami del mondo. Attraverso preghiere incessanti, Mirabai trovò uno stato di coscienza talmente puro che nessuna circostanza materiale poteva scuoterla. I suoi canti sono ancora oggi celebrazioni di Moksha vissuto nel tempo presente: un'anima libera che non si identifica con i cicli della sofferenza.

Come Mirabai, ciascuno di noi può, pur senza abbandonare la vita quotidiana, coltivare la libertà interiore iniziando con piccoli momenti. Un tramonto osservato senza giudizio, un istante di complice silenzio con una persona cara, o un minuto di gratitudine prima di dormire. Questi sono semi. Essi conducono, a loro modo, alla liberazione dalla ciclicità mentale.

Nell'opera Bhagavad Gita, il concetto di Moksha viene descritto come uno stato di equanimità, dove piacere e dolore, successo e fallimento si annullano. Sri Aurobindo, influente mistico del Novecento, suggeriva che Moksha non fosse un concetto esclusivo per i rinuncianti ma un obiettivo per chi vive nel mondo. Quando una mente osserva senza reagire, quella mente si avvicina alla libertà.

Come possiamo quindi portare Moksha nella nostra vita moderna? Un semplice passo è domandarci ogni sera:

"Oggi, in quale attimo ho sentito silenzio dentro di me?"

Questo gesto, tanto semplice quanto profondo, è la via verso una decoerenza mentale quotidiana. Ogni piccola realizzazione prepara il terreno per Moksha: non un evento finale, ma un processo continuo di liberazione interiore.

Il collasso di Maya e il ritorno a Brahman.

Maya rappresenta l'apparenza mutevole del mondo fenomenico, dietro la quale si nasconde una realtà immutabile: il Brahman, l'Assoluto. Quest'idea è alla base del concetto di Moksha, liberazione dal Samsara, il ciclo di nascita e morte. Moksha è il momento in cui Maya si dissolve, rivelando il vero volto dell'esistenza.

La tradizione induista descrive la Maya come un velo, una rete di percezioni che inganna la mente. Ad esempio, nella Mandukya Upanishad, si parla del sogno come metafora della realtà quotidiana.

"Come un uomo che sogna crede che il sogno sia reale, così chi vive è intrappolato da Maya e non vede la verità",

Ma cosa accade quando il velo si solleva? La risposta è Brahman, il substrato eterno che permane oltre l'illusione.

Questo antico pensiero trova una sorprendente risonanza nella fisica quantistica. Nella teoria dei quanti, le particelle esistono in stati sovrapposti finché non vengono osservate. Un fotone, ad esempio, si comporta come onda o particella a seconda della misurazione. È un mondo di possibilità latenti, un "campo potenziale" che ricorda Maya. Quando l'osservazione avviene, questa incertezza collassa in una realtà definita. Questo processo, chiamato decoerenza, richiama il concetto di Moksha.

Proviamo a immaginare: Moksha è la fine della confusione. È il collasso definitivo verso una realtà stabile, simile a ciò che accade quando uno stato quantico indefinito diventa una realtà osservabile. Maya, come gli stati sovrapposti delle particelle, nasconde la verità ultima di Brahman.

La Katha Upanishad offre un famoso racconto sull'illusione e Moksha. Nachiketa, un giovane bramino, incontra Yama, il dio della morte. Nachiketa, in cerca della verità, rifiuta ogni offerta materiale – ricchezza, longevità o potere – e chiede di conoscere ciò che sta oltre l'illusione della vita e della morte. Yama gli insegna che il fine ultimo è realizzare Brahman. Questa narrazione è una metafora potente del viaggio verso Moksha: un cammino che si distacca dal mondo sensoriale, liberandosi dalla Maya per abbracciare la realtà assoluta.

Il rapporto tra coscienza e realtà è stato oggetto di studi anche in ambito scientifico. Nel 2019, un esperimento condotto all'Università di Vienna ha dimostrato che la scelta di osservazione influenza direttamente il comportamento delle particelle. I fisici hanno registrato come la decisione del momento in cui misurare modificasse il risultato finale. Questo fenomeno lascia aperte domande sul ruolo della mente e della coscienza nella definizione della realtà.

Il parallelo con la filosofia induista è suggestivo. Come Maya modella l'esperienza sensoriale, così la coscienza dell'osservatore sembra modellare il comportamento quantico. La scienza moderna, con le sue tecnologie avanzate, si trova così a esplorare un campo che i saggi indiani avevano già intuitivamente descritto.

Moksha è, in termini filosofici, il collasso della Maya. È il momento in cui le verità sovrapposte dell'apparenza svaniscono e si rivela l'eterno Brahman. Questo "collasso" è un processo di trasformazione interiore, che avviene attraverso il *jnana*, la conoscenza del sé, e la meditazione.

Anche nella fisica quantistica, il "collasso" porta ordine nel caos. A livello macroscopico, però, questo collasso non è immediato. Maya, come gli stati quantici, persiste fino a quando la consapevolezza non raggiunge l'apice.

La rottura del ciclo, Moksha e la nozione di freccia del tempo.

L'idea di liberazione dal ciclo della nascita e della morte, il Samsara, è uno dei fondamenti cardine delle filosofie orientali, in particolare dell'induismo. Questo stato di trascendenza, chiamato Moksha, rappresenta non solo un obiettivo spirituale ultimo ma anche un'interessante sfida filosofica per il nostro concetto di tempo. Come può una mente immersa nell'idea della progressione lineare degli eventi comprendere un'idea che supera la sequenzialità temporale? Un possibile ponte per questo confronto viene offerto dalla fisica quantistica, capace di suggerire che il tempo, come lo concepiamo, potrebbe essere solo una delle modalità con cui percepiamo la realtà.

Per capire come queste due visioni – spirituale e scientifica – possano dialogare, dobbiamo avventurarci nelle pieghe del tempo, da un lato attraverso il pensiero induista e dall'altro decifrando alcuni dei misteri dell'universo quantistico.

Secondo i testi sacri induisti, il tempo nella condizione umana è vissuto come un movimento scandito dall'eterno ripetersi del ciclo del Samsara. Nasciamo, viviamo, moriamo e rinasciamo. Questo succedersi ininterrotto (Karma) è regolato dalle nostre azioni e intenzioni, accumulando conseguenze che ci accompagnano nelle esistenze successive.

Tuttavia, Moksha rappresenta una rottura definitiva. Non è una semplice pausa o un'interruzione temporanea, ma uno stato di libertà in cui il concetto stesso di tempo lineare viene trasceso. Molti testi induisti, come le Upanishad, descrivono Moksha come un ritorno all'essenza originaria, quella consapevolezza pura non vincolata dall'illusione della separazione tra passato, presente e futuro.

Nel mondo della fisica, il tempo occupa un ruolo altrettanto misterioso. Nelle equazioni fondamentali della meccanica quantistica, a differenza della realtà macroscopica che conosciamo, il tempo non si muove necessariamente in una sola direzione. Le leggi fondamentali che regolano le particelle non distinguono tra passato e futuro, suggerendo che ciò che noi viviamo come "freccia del tempo" possa non essere una proprietà fondamentale dell'universo ma un'illusione creata dalla nostra osservazione.

Un concetto centrale è la cosiddetta decoerenza quantistica. La decoerenza spiega come i sistemi quantistici, inizialmente in un misto di possibili stati (la famosa "sovrapposizione" del gatto di Schrödinger), acquisiscano una realtà visibile e concreta nel momento in cui interagiscono con l'ambiente.

Da una prospettiva filosofica, la decoerenza ricorda il passaggio dal Samsara a Moksha. Nel ciclo del Samsara, gli individui vivono immersi nella rete illusoria di Maya, convinti che il tempo scorra come una freccia. Tuttavia, Moksha è come distaccarsi da questa illusione, uscendo dallo stato limitato (e osservabile) per tornare a uno stato di unità.

La fisica classica e la nostra esperienza quotidiana ci fanno percepire il tempo come qualcosa che avanza, senza possibilità di inversione. Questo fenomeno è stato descritto per la prima volta da Ludwig Boltzmann a fine Ottocento, attraverso il concetto di *entropia*. La crescita dell'entropia, che governa la direzione del tempo per i sistemi macroscopici, sembra dare al nostro mondo l'idea di un progresso irreversibile verso il futuro.

Nel contesto della fisica quantistica, tuttavia, molte di queste certezze svaniscono. Le particelle appaiono "indifferenti" rispetto alla direzione temporale. Situazioni che sembrano irreversibili su larga scala (come la rottura di un bicchiere) potrebbero, almeno in teoria, essere viste in modo reversibile a livello microscopico.

Possiamo immaginare Moksha come un cambiamento analogo sulla scala della coscienza. La liberazione dal Samsara offre un modo per uscire dalla freccia del tempo percepita, rompendo il vincolo che lega l'essere umano alla causalità lineare. È, in altre parole, un "tornare a casa", un risveglio a una realtà che non dipende più dal divenire.

Le similarità tra il superamento del tempo-lineare in Moksha e la reversibilità negli stati quantistici non sono pura coincidenza. Entrambi richiedono un cambio di prospettiva radicale. Entrambi sfidano le credenze che la mente ordinaria considera ovvie.

Moksha e il Paradosso del "Quantum Zeno".

La ricerca della verità assoluta è da sempre uno dei grandi interrogativi che accomuna filosofia e scienza. L'induismo, con il suo concetto di Moksha, e la fisica quantistica, con il suo Paradosso del "Quantum Zeno", sembrano percorrere sentieri paralleli per esplorare questa domanda fondamentale. Entrambi si concentrano su ciò che accade quando si rompe il ciclo: il ciclo della nascita e della morte nel caso del Samsara, o quello della misurazione e dell'osservazione nei mondi quantistici.

Un passaggio cruciale per raggiungere il Moksha è smettere di osservare il mondo con l'occhio dell'ego. È come spezzare una catena invisibile, quella che vincola l'individuo a un'identità parziale, fatta di desideri, paure e attaccamento. Per l'induismo, il vero sé non è l'ego, ma il Brahman, l'essenza universale.

Il *"Quantum Zeno Effect"*: il gioco del tempo e dell'osservazione.

Dall'altro lato del mondo e della conoscenza, la fisica quantistica si scontra con paradossi che sembrano sfidare il senso comune. Uno di questi è il *"Quantum Zeno Effect"*, teorizzato per la prima volta da Misra e Sudarshan nel 1977. Secondo questo principio, l'osservazione costante di un sistema quantistico impedisce che esso cambi il suo stato. È un effetto che prende il nome da Zenone, il filosofo greco famoso per i suoi paradossi sul movimento e il tempo.

Un esempio classico per spiegare il "Quantum Zeno Effect" è il decadimento radioattivo: un nucleo atomico, "osservato" di continuo attraverso strumenti di misurazione, sembra non decadere mai. L'atto stesso dell'osservazione congela il sistema, bloccandolo nel suo stato iniziale. Questo paradosso sembra suggerire che l'attenzione diretta su un fenomeno, ironicamente, lo modifica: fermandolo.

E qui nasce un dialogo affascinante tra Oriente e fisica. Nell'induismo, il processo che porta al Moksha richiede di spezzare il Samsara interrompendo l'osservazione egoica della vita. È l'atto di osservare – e quindi giudicare, desiderare, attaccarsi – che "blocca" l'anima nel mondo fenomenico. Quando si smette di osservare con gli occhi dell'ego, si consente al proprio sé di trascendere. Liberarsi dalla stessa "osservazione" costante è ciò che permette all'anima di fluire verso la liberazione.

Nel *"Quantum Zeno Effect"* accade qualcosa di simile: l'osservazione continua blocca il sistema quantistico. Se paragoniamo il sistema quantistico alla coscienza umana, l'osservazione egoica diventa un vincolo, un congelamento che impedisce il cambiamento, la trasformazione o, nel caso del Moksha, la liberazione. L'azione risolutiva, sia per l'induismo che per la fisica quantistica, è interrompere il ciclo.

Ma come si interrompe l'osservazione egoica? Gli antichi saggi indiani – pensatori come Adi Shankara indicavano la meditazione come chiave. La meditazione smorza l'attività mentale e indirizza l'attenzione verso uno stato oltre l'ego. È un processo che non aggiunge nulla alla mente, ma toglie ciò che ostruisce l'accesso alla realtà ultima.

C'è un'immagine poetica che risale ai testi vedici: l'Atman (il sé) è come una lampada coperta da strati di stoffa. Ogni strato rappresenta un'illusione dell'ego. Attraverso la conoscenza e la pratica spirituale, questi veli vengono sollevati, lasciando brillare l'essenza luminosa.

Se guardiamo ai risultati delle più moderne interpretazioni della meccanica quantistica, vediamo una somiglianza straordinaria con l'idea di Moksha. Da una parte, la fisica quantistica ci rivela che l'universo esiste in una trama di possibilità, fluttuando tra stati diversi fino a quando l'osservazione non lo "blocca" in una realtà definita.

Dall'altra parte, la filosofia induista afferma che il nostro sé profondo è già in uno stato di illimitata libertà, ma rimane bloccato nel Samsara a causa di un'osservazione costante e rigida. Per tornare fluidi, liberi dal ciclo delle rinascite, dobbiamo smettere di "bloccare" la nostra coscienza in uno schema ripetitivo dominato dall'ego.

Moksha nella meccanica a loop.

C'è un ciclo che governa tutto. Nascita, morte e rinascita non sono soltanto il fulcro del pensiero spirituale induista, ma anche un intrigante parallelo ai cicli ipotizzati dalla fisica moderna per spiegare la realtà dell'universo. Il concetto di Samsara — l'infinito ciclo cosmico di creazione, distruzione e rinascita — trova un'eco sorprendente nelle teorie della gravità quantistica a loop. Questa prospettiva scientifica, ancora in fase di elaborazione, immagina l'universo in modo tale che il suo "canto infinito" assomigli al flusso eterno del Samsara. Ma se la conoscenza e la meditazione, secondo le tradizioni vediche, possono portare al Moksha, cosa potrebbe rappresentare un simile "reset" dal punto di vista dell'universo?

La filosofia induista ritrae il Samsara come una prigione invisibile. Ogni esistenza, per quanto diversa, è intrappolata in questo schema di cause ed effetti. Per liberarsi, secondo gli insegnamenti dei Veda e delle Upanishad, l'individuo deve conseguire la conoscenza profonda, una realizzazione ultima che lo riconnette al Brahman, l'Assoluto non duale. È ciò che viene denominato Moksha, la dissoluzione dell'identità individuale e la fine del ciclo.

In ambito cosmologico, le teorie della gravità quantistica a loop, un'affascinante estensione della meccanica quantistica e della relatività generale, suggeriscono che l'universo stesso potrebbe trovarsi incatenato in un ciclo simile. Secondo questo modello, l'universo non esploderebbe in un unico Big Bang per poi morire in un Big Crunch, come ipotizzavano le vecchie teorie cicliche. Piuttosto, si trasformerebbe, rimbalzando ciclicamente. A ogni rimbalzo il cosmo torna a una condizione iniziale di densità estrema, una sorta di "vuoto quantico" da cui tutto ricomincia. Ogni "nascita cosmica" porta nuove configurazioni delle leggi fisiche, nuovi universi distinti dai precedenti. Qui, il concetto di Moksha si collega a una possibilità: esiste un istante, un limite, in cui si potrebbe interrompere questo ciclo? È possibile concepire la liberazione anche per un universo?

Se applichiamo la logica di Moksha all'universo, la risposta potrebbe nascondersi in un'idea centrale della fisica quantistica: la decoerenza. Nel mondo subatomico, le particelle esistono in stati molteplici e sovrapposti, fino a quando un'osservazione o un'interazione con l'ambiente esterno riduce questa incertezza, collassando le particelle in uno stato definito. Questo processo è simile a quello che avviene con una coscienza che emerge dalla confusione in meditazione: soltanto concentrandosi si può ottenere chiarezza.

Nell'universo, ogni ciclo o rimbalzo corrisponde a una nuova decoerenza. Ma c'è chi ipotizza che, come per il Moksha umano, anche per il cosmo potrebbe esservi un "arresto" del ciclo. Potrebbe accadere in un punto in cui la gravità quantistica non riesce più a sostenere la ristrutturazione ciclica. Come dice lo scienziato Carlo Rovelli, uno dei maggiori teorici della gravità quantistica a loop:

"Il tempo potrebbe smettere di esistere".

E se l'universo riuscisse a raggiungere un livello tale da non aver più bisogno di trasformarsi? Qui potremmo immaginare il Moksha come un salto al di fuori stesso del tempo, una condizione in cui non c'è più necessità di ripetere il passato.

Nell'induismo, la metafora del ciclo è onnipresente. Scritture come il Bhagavad Gita descrivono l'universo come un'immensa ruota. Ma è nelle Upanishad che emerge il senso tecnico e profondo del Moksha. Ad esempio, la Isha Upanishad insegna che:

"Chiunque veda tutti gli esseri nel proprio Sé e il proprio Sé in tutti gli esseri non proverà più paura".

La paura, dunque, è ciò che trattiene nel Samsara. Allo stesso modo, in fisica, l'incertezza sulla natura del tempo e dello spazio sembra essere la chiave che tiene l'universo bloccato nel suo moto ciclico.

Il filosofo indiano Adi Shankara, uno dei più grandi pensatori dell'Advaita Vedanta, paragonava l'universo a una fiamma che, pur cambiando costantemente forma, rimane sempre la stessa nel suo nucleo. Nei ragionamenti cosmologici moderni, qualcosa di simile è stato descritto da cosmologi come Martin Bojowald, che studia il cosiddetto *"Big Bounce"*. Secondo il suo lavoro, l'universo non nasce mai veramente dal nulla: è piuttosto una trasformazione continua. Ma cosa accade quando questa trasformazione si ferma?

Pensatori antichi e scienziati moderni hanno molte cose in comune. Entrambi tentano di spiegare il perché e il come dell'esistenza. Entrambi cercano di risolvere l'enigma del ciclo della nascita e della morte, attraverso strumenti diversi: la meditazione profonda per l'induismo, formule matematiche e osservazioni per la fisica. Il ponte tra filosofia orientale e scienza non è sempre garantito, ma offre spunti inediti.

Se il Moksha è ciò che libera dall'eterno ritorno, allora l'universo stesso potrebbe trovare un momento di liberazione. Che cosa potrebbe avvenire? Un ritorno eterno al vuoto, al "non essere", così come descritto nella fisica quantistica? Oppure un salto verso un nuovo stato della realtà, inconcepibile per ora, come un'illuminazione cosmica?

Domande come queste potrebbero non trovare mai risposta. Eppure, interrogarsi permette di continuare il dialogo fra Oriente e Occidente, fra le vellutate parole dei saggi antichi e il calcolo preciso degli scienziati. Come in ogni ciclo, dall'unione delle parti, emergono nuove possibilità. E forse, dall'atto stesso di porsi la domanda, è già possibile avvicinarsi un po' a quella liberazione che tutto trascende.

L'illusione della mente e il collasso della funzione d'onda.

L'induismo vede l'illusione mentale come il principale ostacolo alla liberazione. L'ossessione del pensiero frammentato e identificato con l'ego viene associata a una prigione intangibile; solo la dissoluzione di questa dinamica mentale può portare alla verità.

Dall'altra parte del mondo, la fisica quantistica offre un concetto intrigante: il collasso della funzione d'onda. Nella meccanica quantistica, la funzione d'onda descrive una serie probabilistica di stati possibili per una particella. Quando un osservatore entra in gioco, questa funzione "collassa", e la particella assume una posizione o uno stato definiti. L'atto dell'osservazione, quindi, appare come un elemento determinante della realtà.

L'accostamento tra Moksha e il collasso quantistico viene naturale proprio perché entrambi i concetti ruotano attorno all'idea di dissoluzione. Nell'induismo, Moksha dissolve l'illusione mentale, portando alla verità ultima. Nella fisica quantistica, il ruolo dell'osservatore sembra dissolvere l'incertezza probabilistica della funzione d'onda, creando un'affermazione concreta nella realtà.

David Bohm, sviluppò una teoria nota come "ordine implicito", suggerendo che la realtà visibile fosse solo una proiezione di una dimensione più profonda, invisibile e interconnessa. Bohm stesso si dichiarò affascinato dalla filosofia vedica e dall'"Om", il suono primordiale che, secondo l'induismo, racchiude il principio dell'universo. Bohm sottolineava come i principi quantistici potessero allinearsi con questi concetti spirituali, suggerendo una magistrale danza tra il manifesto e l'implicito.

La mente, secondo l'induismo, funziona proprio come la funzione d'onda: crea infinite possibilità e scenari probabilistici attraverso l'immaginazione e la paura. Solo dissolvendo queste proiezioni, il praticante si libera e accede a una realtà stabile e indivisibile, chiamata Brahman. Il fisico John Wheeler, da parte sua, propose il *"principio antropico partecipativo"*: l'universo esiste perché viene osservato coscientemente, un concetto che sembra riecheggiare l'idea indù secondo cui la coscienza (in questo caso, Atman) è inseparabile dalla realtà ultima.

Ecco nascere una curiosa similitudine: così come il misticismo invita a guardare oltre le illusioni della mente, la fisica quantistica richiede di comprendere che anche la materia è sfuggente nella sua oggettività. Ci troviamo di fronte al bivio tra due linguaggi diversi che, sorprendentemente, parlano della stessa verità fondamentale: il mondo è un gioco di illusioni, influenzato da ciò che non si può vedere o misurare direttamente.

L'induismo offre al dibattito scientifico una prospettiva sorprendentemente attuale. Richard Feynman, parlando con ironia della meccanica quantistica, diceva:

"Se pensate di averla capita, allora significa che non l'avete capita."

La stessa frase, forse, potrebbe essere applicata ai misteri della mente e alla ricerca di Moksha.

Sono sempre più numerosi i ricercatori che combinano meditazione e studi neuroscientifici per esplorare la relazione tra stati meditativi profondi e livelli di coscienza alterata. Non sorprende, infatti, che monasteri e laboratori inizino a dialogare apertamente. In particolare, a Dharamsala, sede del Dalai Lama, scienziati e monaci buddisti discutono regolarmente di fisica quantistica e spiritualità, cercando punti di connessione.

Moksha, inteso come superamento dell'illusione mentale, risuona profondamente con il collasso della funzione d'onda, dove la realtà emerge dall'intervento consapevole. La liberazione spirituale e l'indagine scientifica si ritrovano, pur seguendo percorsi diversi, nello stesso campo di riflessione. Forse questo dialogo, ancora in corso, non sarà mai risolto del tutto. Ma ciò che resta certo è che entrambi ci offrono una prospettiva: che il confine tra reale e illusorio potrebbe essere più sottile di quanto osiamo immaginare.

Capitolo XI. Dharma: Il dovere e l'etica.

L'etica nell'induismo.

L'etica è un perno centrale nell'induismo. Al cuore di questa tradizione millenaria si trova il concetto di Dharma. Questo termine sanscrito racchiude l'idea di un ordine universale che regola il cosmo e la vita umana. Esso guida ogni individuo a vivere in equilibrio con se stesso, con gli altri e con l'universo.

Il Dharma come struttura universale.

L'etica nell'induismo non è soltanto un insieme di regole da seguire, ma un'intera visione del mondo, radicata nel concetto di Dharma. Questo termine sanscrito è vasto e complesso, difficilmente traducibile in una singola parola. Al suo centro si trova l'idea di un ordine universale che mantiene la coesione di ogni aspetto dell'esistenza: il cosmo, la vita umana, la natura e le relazioni sociali. Il Dharma non è statico. Al contrario, è dinamico e specifico per ciascun individuo, poiché prende in considerazione il contesto personale, sociale e spirituale di ogni essere umano.

Il termine Dharma esprime la legge naturale che permea l'universo. La filosofia induista lo descrive come il principio responsabile dell'ordine e dell'equilibrio. Tuttavia, esso non si limita alla cosmologia: il Dharma guida anche il comportamento etico di ogni persona. Nel poema epico indiano del Mahabharata (nelle sue versioni risalenti al IV secolo a.C. – IV secolo d.C.), il saggio Bhishma afferma che:

> *"il Dharma sostiene tutto ciò che esiste: esso è l'anima delle azioni"*.

Questa concezione non solo collega gli esseri umani al divino, ma offre anche un codice morale che orienta ogni scelta individuale, mantenendo l'interconnessione tra tutte le entità del mondo.

Nell'induismo l'etica non si limita però al comportamento personale. Al contrario, essa si intreccia con il macrocosmo. Seguendo il Dharma, gli esseri umani partecipano all'armonia universale. Questo concetto è evocato in uno dei testi filosofici fondamentali dell'induismo, la Bhagavad Gita (datata tra il V e il II secolo a.C.), dove Krishna, figura divina, spiega ad Arjuna l'importanza di seguire il proprio SvaDharma, ossia il Dharma personale. Krishna afferma:

"È meglio fallire seguendo il proprio Dharma che avere successo seguendo quello di un altro".

Il Dharma personale è essenziale: ognuno deve vivere in accordo con il proprio ruolo e le proprie responsabilità, contribuendo così all'equilibrio generale.

Un principio centrale e universale dell'etica induista è l'*ahimsa*, la non-violenza. Questo valore emerge in molti testi sacri, ma raggiunge una risonanza speciale nei Veda e nelle Upanishad L'ahimsa rappresenta non soltanto l'assenza di violenza fisica, ma anche il rifiuto di ogni pensiero e azione che possano nuocere agli altri esseri viventi. L'induismo sostiene che il male inflitto agli altri causa un disallineamento con il Dharma universale.

Un rappresentante moderno dell'ahimsa è stato il Mahatma Gandhi. Educato ai principi dell'induismo sin dall'infanzia, Gandhi trasformò l'ahimsa in uno strumento di rivoluzione etica e politica. La sua lotta per l'indipendenza dell'India dal dominio britannico si basava sull'idea che la non-violenza non fosse una forma di passività, ma un atto di profonda connessione con la verità, o *satya*. Gandhi spiegava che:

"l'ahimsa è l'attributo dell'anima: vivere l'ahimsa è vivere in sintonia con il Dharma".

L'etica induista trascende l'individuo e si concentra sull'interconnessione. Una delle metafore più celebri per descrivere questa realtà è la *"rete di Indra"*, presente nei testi del Vedanta e del Buddhismo Mahayana. Questa rete cosmica è descritta come un tessuto infinito di gioielli, ognuno dei quali riflette tutti gli altri. Ogni azione di un individuo influenza l'intero sistema, creando un effetto a catena che attraversa l'universo. Questa immagine rappresenta in modo metaforico il fatto che seguire il proprio Dharma non è un atto isolato, ma contribuisce al benessere di tutti.

Un esempio pratico di questa visione è il sistema delle purushartha, le quattro mete della vita umana, che includono il Dharma (azione giusta), l'artha (ricchezza e sostentamento), il kama (desiderio e piacere) e il Moksha (liberazione spirituale). Vivere in equilibrio tra questi obiettivi non solo genera un'esistenza armoniosa, ma garantisce anche il rispetto dell'interconnessione universale.

L'etica induista ha influenzato diverse discipline, anche al di fuori di contesti religiosi. In parallelo alla fisica quantistica, dove ogni parte dell'universo è connessa a un tutto più grande, il concetto di Dharma nell'induismo si presenta come un'idea profondamente sistemica: ogni azione individuale si ripercuote sull'intero. Ne emerge un messaggio universale, che invita non solo alla responsabilità personale, ma anche a una visione collettiva.

In definitiva, l'etica induista, centrata sul Dharma e sull'ahimsa, suggerisce un modello orientato alla cooperazione, all'armonia e al rispetto della vita in ogni sua forma. Questo sistema, radicato in una tradizione millenaria, ci ricorda ancora oggi che le nostre scelte non riguardano soltanto il nostro destino personale, ma l'equilibrio di tutto ciò che ci circonda. Come diceva il Mahatma Gandhi:

"Sii il cambiamento che vuoi vedere nel mondo".

Nell'induismo, questa trasformazione comincia seguendo il proprio Dharma.

Il Dharma nella vita quotidiana.

L'idea del Dharma è uno dei più antichi e affascinanti cardini dell'etica indù. Il Dharma è un termine complesso da tradurre. Il Dharma si potrebbe definire come l'armonia che regola il cosmo, le relazioni umane e il comportamento individuale. Non è una legge rigida, né un insieme di regole intangibili, ma un principio fluido, adattabile alle circostanze, all'età, al genere e al ruolo sociale. L'elasticità del Dharma lo rende un concetto straordinariamente contemporaneo, capace di ispirare azioni consapevoli anche nella vita odierna.

Nell'induismo non esiste una moralità unica e uguale per tutti. Il Dharma cambia in base al contesto e all'individuo. Ad esempio, il Dharma di un insegnante è quello di educare con pazienza e saggezza, mentre il Dharma di un medico prevede prendersi cura dei pazienti con empatia e dedizione. Ma, al di là dei ruoli specifici, ciò che accomuna ogni forma di Dharma è la responsabilità morale verso il bene comune e l'interconnessione tra tutti gli esseri viventi.

Secondo la Bhagavad Gita, uno dei testi più sacri della tradizione indù,

"È meglio seguire il proprio Dharma, anche in modo imperfetto, che il Dharma degli altri, anche in modo perfetto"

Questo frammento sottolinea una verità fondamentale: ciascuno deve agire in accordo con la propria natura e posizione nella vita, senza imitare il cammino altrui. Conoscere il proprio Dharma è un processo che richiede introspezione e consapevolezza.

Il Dharma si manifesta spesso nelle relazioni più intime e quotidiane, come quelle familiari. Prendiamo il caso di un padre e dei suoi figli. Il Manu Smriti, un antico testo etico indù, rappresenta il Dharma paterno con grande eleganza:

> *"Il padre che educa i figli secondo il Dharma compie il suo*
> *dovere divino"*

Questo non significa solo provvedere materialmente, ma anche ispirare i figli a vivere con integrità e discernimento.

Allo stesso tempo, il Dharma dei figli verso i genitori prevede rispetto, cura e gratitudine, soprattutto in vecchiaia. La cultura indiana celebra ancora oggi il valore della cura reciproca in famiglia. Un esempio emblematico è la festività del Pitru Paksha, un periodo dell'anno dedicato agli antenati durante il quale i discendenti offrono preghiere e cibo per onorarne la memoria. La festività simbolizza il Dharma della riconoscenza, che si esprime tanto verso chi è vivo, quanto verso chi non c'è più.

Un'altra illustrazione del Dharma si trova nel Ramayana, uno dei grandi poemi epici dell'induismo. Nel racconto, il principe Rama rappresenta l'essenza stessa del Dharma. Rama accetta senza esitazione l'esilio nella foresta per quattordici anni, nonostante sapesse di avere diritto al trono di Ayodhya. La sua decisione nasce dalla volontà di onorare la promessa fatta da suo padre al fratellastro Bharata. In questo racconto, il Dharma di Rama sottolinea l'importanza della lealtà e del rispetto verso la famiglia, anche quando ciò implica sacrificare ambizioni personali.

Seppure radicato nella cultura indiana, il Dharma contiene una verità che supera i confini geografici e religiosi. Esso richiama l'idea di responsabilità globale che molti sentono oggi in merito alla crisi climatica. Come il Dharma impone agli individui di agire in armonia con il loro ambiente, così la necessità attuale di preservare il pianeta riflette un Dharma collettivo, che richiede consapevolezza e azioni collaborative.

Lo stesso Mahatma Gandhi, quando parlava della nonviolenza (*ahimsa*) come principio universale, lo collegava implicitamente al Dharma:

"La nostra più grande responsabilità è verso tutti gli esseri viventi".

Gandhi riteneva che il Dharma fosse inseparabile dal dovere verso la verità e la compassione.

Nella vita quotidiana moderna, il Dharma diventa uno strumento per affrontare le complessità del mondo. Per esempio, in ambito lavorativo, seguire il proprio Dharma significa agire eticamente, trattare colleghi e collaboratori con rispetto, evitare scorciatoie che violano l'integrità. Nelle relazioni personali, il Dharma può tradursi nel dare priorità alla comunicazione autentica e alla comprensione reciproca.

Come spunto pratico, la tradizione indù propone il concetto di sankalpa, ossia l'intenzionalità consapevole. Prima di compiere un'azione, ci si dovrebbe fermare a riflettere: *"Questa decisione è in armonia con il mio Dharma? Contribuirà al benessere mio, degli altri e del mondo che mi circonda?".*

Il Dharma, nella sua essenza, non è un'astrazione spirituale lontana. È un principio vivo, adattabile e attuabile in ogni ambito della vita. Esso ci insegna l'importanza di agire con consapevolezza e responsabilità nel contesto unico di ciascuna esistenza. Dal padre che educa i figli all'individuo che si interroga sul proprio impatto ambientale, il Dharma guida verso una vita centrata sull'interconnessione e sull'etica. Nell'induismo, come nella realtà quotidiana, il Dharma non è soltanto una regola, ma un invito a vivere in equilibrio con se stessi e con il mondo.

Dal personale al collettivo.

L'etica nell'induismo si sviluppa come un viaggio dal personale al collettivo, dall'interiorità individuale all'armonia universale. Le sue radici profonde trovano espressione nella concezione che l'intera umanità, e persino il cosmo, sia un tutto interconnesso. Questa prospettiva si riassume nella celebre massima sanscrita: *"Vasudhaiva Kutumbakam"*, che significa *"Il mondo è una famiglia"*. Questo principio, tramandato nei testi sacri come le Upanishad e i Purana, riflette un ideale di empatia globale che invita a vedere ogni essere vivente come un membro della stessa comunità. L'etica induista non si limita, quindi, ai doveri verso la famiglia o il villaggio, ma si estende verso l'intera creazione, invitando a una responsabilità universale.

Tra le opere filosofico-religiose dell'induismo, la Bhagavad Gita, parte del Mahabharata, è un testo fondamentale per comprendere l'etica del Dharma. Nel dialogo tra Krishna e Arjuna, Krishna sottolinea la necessità di agire senza egoismo:

"Fai il tuo dovere senza aspettarti ricompense. Agisci per un bene più alto".

Questo principio, spesso definito come "Karma yoga", incoraggia l'individuo ad armonizzare i propri interessi con quelli della collettività. L'impegno etico non è limitato al bene personale, ma mira al benessere collettivo.

Ad esempio, un contadino che semina un campo non dovrebbe lavorare pensando solo al proprio raccolto, ma al contributo che l'agricoltura offre al sostentamento della comunità. Allo stesso modo, un guerriero, come Arjuna, deve combattere non per vanità o odio, ma per ristabilire la giustizia. In questo senso, il messaggio della Gita alimenta un'etica basata sull'auto trascendenza, uno slancio oltre l'ego verso il compimento di un dovere universale.

Un esempio vivido di come questa etica si sia tradotta nella storia è la vita di Ashoka il Grande, uno degli imperatori più celebri dell'India. Ashoka governò il subcontinente indiano nel III secolo a.C., ampliando il suo impero con campagne militari violente. Tuttavia, la devastazione causata dalla battaglia di Kalinga, che provocò decine di migliaia di morti, trasformò profondamente la sua visione del mondo. Il dolore e la sofferenza che vide nei sopravvissuti lo portarono a rinunciare alle guerre di conquista e a seguire i principi etici del Dharma.

Ashoka adottò gli insegnamenti dell'*ahimsa* (non-violenza) e intraprese una serie di riforme che miravano al benessere collettivo. Egli fece incidere i suoi editti su pilastri disseminati in tutto l'impero. Questi pilastri, come il celebre Pillar of Sarnath, promuovevano valori come la tolleranza religiosa, il rispetto per ogni forma di vita e la giustizia sociale. Ashoka inviò anche emissari per diffondere la pace e il Dharma oltre i confini dell'India, cercando di creare una civiltà basata sull'etica universale. Il suo regno resta un simbolo storico di come un'etica personale possa trasformarsi in un impegno per il bene collettivo.

L'etica come connessione tra individuo e universo.

Nell'induismo, l'interconnessione tra individuo e universo è fondamentale. La pratica quotidiana del Dharma, inteso come "giusto comportamento", regola ogni aspetto della vita. Essa non è un codice rigido, ma un insieme di principi flessibili che aiutano l'equilibrio tra i bisogni personali e quelli dell'intera comunità. A livello cosmico, si ritiene che ogni azione (Karma) abbia una conseguenza, non solo sulla vita del singolo, ma sull'intero ciclo dell'esistenza. Pertanto, agire eticamente significa contribuire all'armonia universale.

Anche l'ambiente e gli esseri viventi sono parte integrante di questa etica. Molti testi induisti, tra cui i Veda, evidenziano il rispetto per la natura come un dovere sacro. Elementi naturali come il fiume Gange, gli alberi e gli animali sono venerati non solo per il loro valore spirituale, ma per il loro ruolo nella rete della vita. Questo rispetto per l'ambiente si collega al concetto di interdipendenza: danneggiare una parte significa compromettere l'intero.

L'etica dell'induismo invita a vedere oltre i confini della propria individualità. Dalla responsabilità familiare si passa a una visione più ampia che include la società, l'umanità e l'intero universo.

L'etica nella pratica spirituale

Nell'induismo, l'etica non rappresenta solo un insieme di norme per guidare le azioni quotidiane. Si tratta di una visione più ampia, che abbraccia l'intero percorso esistenziale, inclusa la crescita spirituale. Al centro di questa prospettiva si trova il concetto di Dharma. Questo termine sanscrito è ricco di significati: può essere tradotto come "dovere", "ordine universale" o "legge morale". Il Dharma non è statico, ma varia a seconda del contesto, dell'individuo e del momento storico, guidando ogni persona nella ricerca di un equilibrio tra etica personale e armonia cosmica.

Un fondamento universale per comprendere l'etica dell'induismo emerge negli Yoga Sutra di Patanjali. Questi antichi testi (redatti probabilmente tra il II secolo a.C. e il IV secolo d.C.) costituiscono una guida pratica per chi cerca l'unione con l'assoluto. Patanjali introduce i yama e i niyama, due categorie di precetti etici che rappresentano il primo passo sul sentiero dello yoga.

I *yama* riguardano le relazioni con il mondo esterno. Tra essi, il principio cardine è ahimsa, la non-violenza. Questo concetto si estende ben oltre il semplice evitare il danno fisico. Riguarda anche le parole, i pensieri e le intenzioni. Essere non-violenti significa vivere con rispetto per tutte le forme di vita, rifiutando ogni comportamento basato sull'odio e sull'aggressività.

I niyama, invece, sono regolamenti che guidano la disciplina interiore. Fra di essi troviamo satya, la verità. Dire la verità, secondo l'induismo, non è un atto fine a sé stesso. La verità è indispensabile per mantenere l'armonia, perché genera chiarezza e fiducia sia all'interno di noi stessi che nelle relazioni con gli altri.

Questi principi, pur essendo profondamente radicati nel contesto filosofico e spirituale dell'India, possiedono una forza universale. Sono strumenti senza tempo per l'individuo, che può usarli per affrontare le sfide quotidiane della vita moderna.

Uno degli esponenti più illustri che ha incarnato i principi etici dell'induismo è stato Mahatma Gandhi. Nato il 2 ottobre 1869 a Porbandar, in India, Gandhi trasformò ahimsa in una filosofia di vita e in una strategia politica senza precedenti. Per lui, la non-violenza non era mera passività, ma un'azione dirompente, capace di scuotere i pilastri dell'oppressione coloniale britannica. Gandhi dichiarava spesso:

> *"Ahimsa è l'attributo dell'anima. Non può essere praticata da chi è privo di coraggio."*

Per lui, la non-violenza era una forza attiva, che richiedeva una dedizione totale alla verità e un'immensa forza interiore. Ad esempio, nel 1930 condusse la celebre Marcia del Sale, un atto di disobbedienza civile reso potente dalla sua natura non violenta. Migliaia di individui seguirono Gandhi nel cammino verso Dandi, dimostrando che l'etica poteva ispirare un intero popolo a resistere senza odio.

L'induismo sottolinea anche l'interconnessione tra l'etica individuale e quella universale. Secondo questa visione, ogni azione compiuta dall'individuo ha ripercussioni sull'intero cosmo. Questo principio emerge chiaramente nel concetto di Karma, secondo cui ogni scelta lascia un'impronta nel tessuto dell'universo, generando effetti che influenzano il futuro.

Dharma nella vita quotidiana. Etica familiare e responsabilità sociale.

Il Dharma, uno dei concetti cardine dell'etica induista, rappresenta l'ordine universale e il senso del dovere individuale. Nella quotidianità, si traduce in una guida morale che regola le relazioni familiari e le responsabilità sociali, adattandosi al contesto e alle circostanze.

Nelle famiglie, il Dharma agisce come un filo conduttore che promuove l'armonia e la responsabilità reciproca. Il principio *"matru-devo-bhava, pitru-devo-bhava"* invita i figli a considerare i genitori come una manifestazione divina, esprimendo rispetto e devozione filiale. Un esempio emblematico di questo principio è narrato nel Ramayana: l'obbedienza di Rama al comando del padre Dasharatha. Nonostante le difficoltà, Rama accetta l'esilio per onorare il volere paterno, incarnando l'ideale di un figlio devoto.

Dal lato dei genitori, il Dharma include l'obbligo di proteggere, educare e preparare i figli a vivere una vita retta, allineata ai principi etici. Questo scambio di doveri tra genitori e figli rafforza il legame familiare e getta le basi per la costruzione di una società basata sul rispetto e sulla responsabilità.

Secondo la tradizione induista, la vita di un individuo è suddivisa in fasi (*ashrama*). Il Grihastha Ashrama, la fase dedicata alla vita familiare e sociale, sottolinea l'importanza dei doveri verso la comunità oltre che verso la propria famiglia. Il capo famiglia (*Grihastha*) ha il compito di sostenere economicamente e moralmente gli altri, condividendo ricchezze e risorse con chi è in difficoltà, in accordo con la tradizione del *dana* (carità). Questa responsabilità non è un peso, ma un'opportunità per contribuire all'armonia dell'ordine universale.

Il Dharma non si limita ai confini della famiglia, ma si estende alle sfide collettive. Nel modernizzarsi, il concetto ha trovato nuove applicazioni, come l'impegno per l'etica ambientale. Il principio di Vasudhaiva Kutumbakam ("*Il mondo è una sola famiglia*") riassume questa visione globale. Come in una famiglia si tutelano tutti i membri, il Dharma incoraggia un approccio sostenibile e compassionevole verso la natura e gli esseri viventi. Questo si riflette in iniziative ambientaliste e nei tentativi di bilanciare il progresso economico con il rispetto per il pianeta.

Un esempio è rappresentato dagli attuali movimenti per la giustizia climatica in India, spesso ispirati dalle scritture antiche e dal rispetto per il pianeta come entità sacra. Questo legame tra etica tradizionale e sfide moderne mette in evidenza il valore perpetuo del Dharma come bussola morale.

Nell'era delle crisi climatiche e delle crescenti tensioni sociali, il Dharma offre una prospettiva che bilancia i diritti individuali con i doveri collettivi. La sua enfasi sull'interconnessione tra gli esseri viventi, così come tra l'uomo e la natura, potrebbe ispirare un codice etico globale. Il principio di vivere in equilibrio con sé stessi, con gli altri e con il pianeta può diventare una risposta alle sfide del ventunesimo secolo.

Dharma e interconnessione. L'etica tra spiritualità e scienza.

L'idea di interconnessione è un tema centrale nell'induismo, una filosofia millenaria che non solo analizza il rapporto tra l'essere umano e l'universo, ma guida anche il comportamento etico attraverso il concetto di Dharma. Nel mondo contemporaneo, questa prospettiva trova nuove e sorprendenti corrispondenze con le scoperte nella fisica quantistica, offrendo un ponte tra spiritualità e scienza.

Nell'induismo, il Dharma rappresenta l'ordine morale e cosmico che ogni individuo è chiamato a sostenere attraverso le proprie azioni. È una forza dinamica che tiene assieme l'universo, indicando il "giusto modo di vivere" secondo il contesto individuale, sociale e naturale. L'idea cardine è che ogni azione abbia un effetto su tutto il resto, una legge di interdipendenza che guida i comportamenti umani verso l'armonia con il mondo.

Ad esempio, il Bhagavad Gita, uno dei testi fondamentali dell'induismo, sottolinea che gli esseri viventi non esistono isolatamente, ma fanno parte di un insieme più vasto. Nel capitolo III, Krishna insegna ad Arjuna che l'uomo deve agire secondo il proprio Dharma non per ambizione personale, ma per il bene collettivo, rispettando e collaborando con le forze della natura.

Questo principio di interconnessione si ritrova non solo nella speculazione spirituale, ma anche nelle pratiche quotidiane. Un esempio pratico è l'antica credenza dell'*ahimsa* (non-violenza), che non riguarda solo le relazioni umane ma tutte le forme di vita, sottolineando l'importanza di riconoscere il valore intrinseco di ogni essere vivente. Questo rispetto per l'interconnessione universale guida molto delle scelte etiche nella cultura indiana.

Molti secoli dopo, la fisica moderna ha scoperto concetti scientifici che sembrano, in modo affascinante, echeggiare le intuizioni spirituali induiste. Uno dei punti salienti è la prospettiva della fisica quantistica, dove la natura interconnessa dell'universo emerge con forza.

Fritjof Capra, nel suo celebre saggio "Il Tao della Fisica" esplora in dettaglio questa complementarità tra il pensiero orientale e i concetti della scienza moderna. Capra afferma che, proprio come insegnano le filosofie orientali, nel campo della fisica quantistica non esistono entità isolate. I fenomeni fisici nascono e si sviluppano attraverso la rete delle loro relazioni. Ad esempio, lo scienziato spiega come le particelle subatomiche non abbiano significato come entità separate, ma solo in funzione della loro interazione con altre particelle, creando una "rete cosmica" di interdipendenze.

Il parallelo con il Dharma è evidente: proprio come ogni particella agisce all'interno di un tutto più ampio, così ogni azione umana, secondo l'induismo, incide sull'equilibrio universale. È un richiamo profondo alla responsabilità personale, non solo verso gli altri esseri viventi, ma anche verso il pianeta stesso.

Uno degli esempi più potenti dell'applicazione del Dharma in un contesto moderno è il movimento Chipko, nato in India negli anni '70. In questa iniziativa, guidata per lo più da donne dei villaggi himalayani, le comunità locali misero in pratica un antico principio di interconnessione e rispetto per la natura. Il simbolico gesto di abbracciare gli alberi ("chipko" in hindi significa "*abbracciare, aggrapparsi*") rappresentava il loro tentativo di proteggere le foreste dagli speculatori, ricordando al mondo che la distruzione ambientale ha conseguenze dirette sulla vita umana.

Nel movimento Chipko, si ritrova il cuore pulsante del Dharma: proteggere ciò che sostiene la vita per mantenere l'equilibrio generale. Le donne che guidarono il movimento, come Gaura Devi, incarnarono questa visione etica, mostrando al mondo come un'antica filosofia può tradursi in un'azione concreta e trasformativa. Il gesto non fu solo simbolico, e il movimento portò a cambiamenti legislativi che bloccarono il disboscamento selvaggio in molte aree.

L'interconnessione universale, rilevata sia dalle intuizioni spirituali sia dalla fisica quantistica, offre risposte innovative alle sfide contemporanee. Le crisi che ci troviamo ad affrontare oggi – dal cambiamento climatico alla perdita di biodiversità – evidenziano il fallimento di una visione dominata dalla frammentazione. L'induismo, con la sua insistenza sul Dharma e sul riconoscimento della rete di interdipendenze, suggerisce un'etica che può essere sorprendentemente attuale.

Come ricorda Capra, il dialogo tra scienza moderna e spiritualità orientale non si limita a fornire metafore affascinanti, ma può contribuire a una trasformazione della nostra visione del mondo. Una visione che riconosca l'urgenza di agire collettivamente, consapevoli che ogni singolo gesto ha un impatto sul tutto.

In un'epoca in cui etica e sostenibilità sono priorità globali, l'integrazione dei principi induisti e della scienza quantistica offre un terreno comune per elaborare un nuovo paradigma. Il Dharma, con la sua enfasi sulla responsabilità verso il tutto, ci invita a ripensare il nostro rapporto con il pianeta e con gli altri. È un invito a riscoprire l'armonia, non solo attraverso la meditazione e una spiritualità personale, ma anche attraverso leggi, politiche e azioni concrete.

L'induismo, con il suo profondo rispetto per l'interconnessione, si rivela una guida preziosa per affrontare le sfide morali del nostro tempo, ricordandoci che ogni atomo, come ogni gesto umano, è legato a una rete infinita di relazioni. È un messaggio di responsabilità e speranza, e una chiamata a riconoscere che, nel tessuto dell'universo, ogni filo conta.

Dharma e l'Entanglement Quantistico.

Nella filosofia dell'induismo, il Dharma rappresenta il dovere individuale nel contesto delle circostanze personali, sociali e spirituali. Esprime il ruolo unico di ciascun essere nell'ordine cosmico. Arjuna, per esempio, è un kshatriya, un guerriero. Il suo Dharma è combattere per la giustizia, anche se le emozioni personali lo inducono a fuggire. Krishna gli insegna che il suo comportamento non si limita agli effetti immediati. Ogni azione, ogni decisione opera come un'onda nel grande oceano dell'esistenza, toccando altre vite e alterandone il corso.

Questo punto di vista riecheggia nei recenti sviluppi della fisica quantistica. Il principio dell'entanglement afferma che due particelle, una volta "entangled", rimangono connesse indipendentemente dalla distanza. Un cambiamento in una particella si riflette istantaneamente sull'altra, creando una corrispondenza perfetta. La trama invisibile che lega due particelle sembra un riflesso microscopico del Dharma: le scelte di un individuo vibrano nell'universo, influenzando un ordine collettivo.

Negli anni '80, il fisico Alain Aspect dimostrò che, contro ogni logica classica, le particelle possono influenzarsi istantaneamente, violando la "separazione" prevista dalla relatività. L'entanglement, verificato più volte negli anni successivi, svela una realtà interconnessa. L'universo, invece di essere una serie di eventi separati, funziona come un grande "tessuto" in cui tutto è collegato.

Nell'induismo, il concetto del Karma affianca quello del Dharma. Karma e Dharma sono fili che intrecciano il tappeto della vita. Ogni azione lascia un'impronta che si riflette indietro nel tempo e nello spazio. Analogamente, l'entanglement ci ricorda che non esistiamo come isole separate, ma come parti di una realtà indissolubile: il comportamento di uno si riflette sulle sorti di un altro, proprio come nelle relazioni umane, nei sistemi ecologici o, appunto, tra le particelle subatomiche.

Arjuna rappresenta l'eterno dilemma umano. Agire o non agire? Il suo dialogo con Krishna ci parla della necessità di accettare un ruolo nel grande schema della vita. L'importanza filosofica di questa scelta si riflette in fisica attraverso il cosiddetto campo unificato, teorizzato da fisici come Erwin Schrödinger e Werner Heisenberg, entrambi ispirati dalla filosofia indiana. Schrödinger, ammiratore delle Upanishad, percepì l'universo come un'unica realtà indivisibile, dove l'individuo non era separato dal tutto.

Il Dharma non è un concetto statico. Cambia a seconda del tempo, delle circostanze e del contesto. È soggettivo e universale allo stesso tempo. L'entanglement quantistico offre un'immagine diversa ma complementare: ogni evento, benché unico, è unito a una scala più ampia. Non esiste azione senza reazione, né particella senza legame.

Se pensiamo alla nostra vita, le sue sfide ci pongono continuamente domande simili a quelle che Arjuna si pone sul campo di Kurukshetra. Qual è il nostro dovere? Come operare senza nuocere agli altri e al contempo evolverci come esseri umani? La scienza e la filosofia sembrano indicarci una direzione comune: vivere in consapevolezza del nostro impatto, sapendo che ogni azione si riflette nell'armonia universale.

Il Dharma ci invita a vedere la vita non come una somma di eventi casuali, ma come una rete di responsabilità interconnesse. L'entanglement quantistico ci offre una similitudine moderna: l'universo è interdipendente, proprio come insegnano le Upanishad.

Mentre la fisica quantistica svela i segreti del microcosmo, i testi sacri dell'induismo continuano a esplorare l'infinito del macrocosmo spirituale. Entrambi ci ricordano che la vita è un'avventura di equilibrio. Ogni scelta, grande o piccola, è un filamento che collega l'individuo al tutto.

Il Campo di Kurukshetra e la fisica di Heisenberg:

Sulla vasta distesa del campo di Kurukshetra, Arjuna, l'eroe della Bhagavad Gita, si trova a vivere un momento di crisi profonda. Di fronte al suo dovere di guerriero, egli esita. Deve combattere contro amici e parenti. In questo contesto, Krishna, incarnazione del divino, lo esorta a seguire il suo Dharma: il suo dovere, etico e spirituale. Ma Arjuna è bloccato dall'incertezza. Questa scena, senza tempo, vibra di interrogativi che riecheggiano nelle più avanzate riflessioni della fisica moderna.

Il parallelismo con il principio di indeterminazione di Werner Heisenberg, formulato nel 1927, illumina questa connessione tra antico pensiero filosofico e scienza contemporanea. Heisenberg affermò che, a livello subatomico, non è possibile conoscere contemporaneamente con precisione assoluta la posizione e la velocità di una particella. Tale incertezza genera un universo di possibilità e probabilità, dove ogni scelta – o osservazione – influenza il sistema considerato.

Arjuna, come ogni essere umano, si trova in una condizione esistenziale dominata dalla molteplicità delle possibilità. Il suo dilemma riflette l'incertezza del mondo quantistico. Sul campo di Kurukshetra, ogni decisione possibile nega un'altra. Combattere o abbandonare la battaglia diventa una biforcazione morale che rispecchia, per certi versi, il comportamento di un particella. Misurando una posizione, il fisico perde informazioni sulla velocità. Scegliendo un'azione, Arjuna rinuncia a tutte le altre vie.

La fisica quantistica ci insegna che ogni evento è interconnesso, proprio come ogni atomo influenza altri atomi nel tessuto del cosmo. Allo stesso modo, il campo di Kurukshetra, nella narrazione epica, diventa il simbolo di una rete complessa di relazioni familiari, politiche e cosmiche. La decisione di Arjuna non riguarda solo il suo destino personale, ma quello dell'intera umanità.

Krishna è un esempio chiave di questa interconnessione. Come guida, egli non impone una soluzione ad Arjuna. Lo conduce, invece, verso una comprensione più alta della realtà: quella in cui le scelte individuali, pur incerte, si piegano al tessuto universale del Dharma, la legge cosmica. Analogamente, nella fisica quantistica, una particella non esiste mai "da sola". Ogni cambiamento nel suo stato influenza l'intero sistema.

La crisi di Arjuna e il principio di indeterminazione di Heisenberg condividono una potente verità: l'umanità deve convivere con l'incertezza. Arjuna non può sapere con certezza quale sarà l'esito delle sue azioni. Il fisico non può dire dove si troverà esattamente un elettrone. Tuttavia, tanto Arjuna quanto gli scienziati affrontano questa incertezza con strumenti distinti ma complementari.

Krishna insegna ad Arjuna a confidare nella legge universale del Dharma, che guida ogni essere vivente verso il proprio scopo unico. La fisica moderna, invece, affronta l'incertezza con la probabilità statistica e il linguaggio matematico. Entrambe, però, ci insegnano un fatto cruciale: la libertà non nasce dalla certezza, ma dall'abilità di agire nel limbo delle possibilità.

Il campo di Kurukshetra diventa metafora della vita stessa, un luogo dove ogni scelta ha conseguenze di vasta portata. Allo stesso modo, il principio di indeterminazione ci ricorda che ogni osservazione rende il mondo un po' meno misterioso, ma mai completamente conoscibile.

In un certo senso, Heisenberg stesso sembrava risuonare con questa visione. Nei suoi scritti, notò come la filosofia orientale, compresi i concetti di Dharma e impermanenza, offrisse una sorprendente affinità con le scoperte della fisica moderna. Come disse:

"L'uomo è sempre contemporaneamente attore e osservatore del dramma universale".

La battaglia di Kurukshetra e il principio di indeterminazione di Heisenberg ci invitano a ripensare il significato delle nostre decisioni. Entrambi ci dicono che non esiste una via semplice nell'incertezza del mondo. Tuttavia, proprio in questa incertezza si manifesta la meraviglia della nostra esistenza. La fisica e la filosofia convergono nel suggerirci che, che si tratti di Arjuna davanti al suo arco o di uno scienziato davanti a un microscopio, l'atto stesso di scegliere trasforma il presente e il futuro.

Dharma come forza ordinante. La danza dell'interazione tra particelle.

a parola sanscrita "Dharma" deriva dalla radice *"dhri"*, che significa "sostenere". Questo principio universale supporta la struttura dell'universo e regola l'armonia tra gli esseri e la natura. Sorprendentemente, un'idea parallela emerge anche nella fisica quantistica: le intricate interazioni tra particelle. Queste relazioni, seppur caotiche, generano un ordine che sostiene l'intero tessuto della realtà.

Per comprendere il Dharma, l'induismo offre un simbolismo potente: Shiva Nataraja, il Signore della Danza. In piedi su un cerchio di fiamme, Shiva si muove in una danza perpetua, un ciclo continuo di creazione, conservazione e distruzione. Questa immagine profonda non è solo un'icona religiosa, ma una rappresentazione del cosmo. Ogni gesto di Shiva regola ciò che esiste, distruggendo ciò che è obsoleto per creare spazio per il nuovo.

In molti templi Tamil dell'India meridionale, come il celebre Tempio di Chidambaram, la statua di Nataraja incarna questa visione. Qui la danza è più di un atto estetico: è un principio metafisico. I devoti vedono Shiva come il ritmo stesso del cosmo, il battito d'unione tra caos e ordine.

La fisica quantistica ci permette di intravedere una realtà che riflette la danza cosmica di Shiva. A livello subatomico, le particelle si muovono incessantemente, apparendo e scomparendo nel vuoto quantistico. Questa dinamica frenetica potrebbe sembrare casuale. Tuttavia, le interazioni tra particelle seguono regole precise, scoperte attraverso le equazioni della teoria quantistica dei campi.

Ad esempio, il comportamento dei fotoni (le particelle di luce) quando si muovono attraverso una doppia fenditura ha svelato il mistero della "decoerenza". L'interazione degli osservatori con le particelle sembra stabilire l'ordine. Proprio come il Dharma che regola le azioni degli individui, l'osservazione crea un equilibrio nel mondo fisico.

Proprio come il Dharma assegna un ruolo unico e interdipendente a ciascun essere, le particelle subatomiche non esistono isolate. Il principio d'interazione stabilisce che ogni particella influenza il campo in cui si trova. Questa corrispondenza quantistica riecheggia la concezione del Dharma come principio che armonizza le azioni di ogni individuo nell'universo sociale e cosmico.

La metafora della danza cosmica può essere estesa alle leggi naturali. Nel caos apparente delle collisioni tra particelle o delle scelte etiche degli esseri umani, emerge un ordine invisibile. Questo "ordine nascosto" è il Dharma che si manifesta. Per l'induismo, esso è eterno e ciclico. Per i fisici, esso è la griglia fondamentale della realtà, descritta matematicamente.

La danza di Shiva e l'universo subatomico, dunque, non sono solo simbologie o teorie, ma diversi linguaggi per esprimere la stessa verità. A livello profondo, induismo e fisica quantistica ci insegnano che l'universo è un intreccio di relazioni. Nulla esiste da solo. Ogni azione, ogni interazione, ogni particella influisce su ciò che accade attorno. Nel caos si nasconde il Dharma: la struttura sottostante che tiene tutto insieme.

Il Dharma del fotone. Una lezione di etica dall'onda- particella.

La dualità onda-particella, descritta per la prima volta dal fisico francese Louis de Broglie nel 1924, mostra come la luce e altre particelle si comportino in modi diversi a seconda delle circostanze. Questo comportamento, apparentemente contraddittorio, offre spunti affascinanti per esplorare concetti antichi come il Dharma dell'induismo.

L'esperimento della doppia fenditura, condotto da Thomas Young nel 1801 e perfezionato nei decenni successivi, rimane una pietra miliare nella fisica quantistica. Immaginiamo un fascio di luce che attraversa due sottili fenditure su una superficie. Quando nessuno "osserva" il passaggio, la luce si comporta come un'onda, creando un pattern di interferenza sullo schermo retrostante. Tuttavia, quando introduciamo un dispositivo per osservare il passaggio delle singole particelle di luce (i fotoni), questi si comportano come particelle, tracciando traiettorie precise attraverso una delle fenditure.

Questo cambiamento di comportamento non è casuale. Il fotone sembra adattarsi al contesto. La "scelta" del fotone dipende dalla situazione: quando osservato, agisce come una particella; quando lasciato libero, si manifesta come un'onda. Questo ricorda il concetto di Dharma nell'induismo, dove il dovere individuale cambia in base alle circostanze.

L'aspetto più affascinante della dualità onda-particella è la sua capacità di adattarsi. Nell'induismo, il Dharma implica un equilibrio tra il sé e l'altro, tra il microcosmo e il macrocosmo. Il fotone, nel suo comportamento, ci ricorda che il cambiamento non è semplicemente una reazione, ma un adattamento significativo alla realtà circostante.

In termini umani, il Dharma ci insegna a vivere un'etica situazionale. Un esempio pratico è quello di Gandhi. Durante la lotta per l'indipendenza indiana, Gandhi rifiutò l'estremismo violento non perché fosse inequivocabilmente sbagliato, ma perché la non violenza rispecchiava il Dharma del popolo indiano nel contesto storico e culturale di quel periodo. Come il fotone, Gandhi agì in armonia con le condizioni che lo circondavano.

Anche nella scienza, i fisici si sono adattati. Niels Bohr, padre della teoria quantistica, abbracciò le contraddizioni della fisica quantistica come un'opportunità per ripensare la natura della realtà. Questo spirito di adattamento sembra farsi eco del concetto filosofico di Dharma.

La dualità onda-particella ci ricorda che l'universo non si adatta a una logica binaria ma a una logica "interdipendente". Un esempio simile emerge nel concetto buddhista del Pratītyasamutpāda (interdipendenza), che suggerisce che ogni cosa esiste in relazione ad altre. La fisica quantistica, con i suoi fenomeni come l'entanglement, mostra un aspetto simile: ogni particella è connessa a tutte le altre.

Fritjof Capra esplora proprio queste connessioni. Egli sottolinea come le moderne scoperte scientifiche abbiano spesso affinità con le intuizioni mistiche delle religioni orientali. La dualità onda-particella, secondo Capra, riflette lo stesso tipo di comprensione "olistico-contestuale" tanto caro ai saggi orientali.

Il comportamento del fotone, pur essendo un fenomeno scientifico, ci offre una lezione morale e spirituale. Vivere il nostro Dharma non significa rispettare regole granitiche, ma trovare equilibrio e armonia nel contesto in cui ci troviamo. Come ci insegna il fotone, anche noi possiamo essere onde in un momento e particelle in un altro.

Come nell'esperimento della doppia fenditura, le nostre scelte sono modellate dall'interazione tra il nostro essere e il mondo che ci circonda. In questo interscambio dinamico, le antiche filosofie orientali e la fisica quantistica s'incontrano, rivelando un universo dove scienza e spiritualità si fondono nella ricerca del significato.

La teoria della relazione quantistica.

In un antico canto del Rig Veda, si legge:
"Questo universo è come una grande rete. Ogni nodo è connesso all'altro."
Questa metafora, che risale a oltre 3000 anni fa, sembra prefigurare un concetto fondamentale che oggi viene studiato nella fisica quantistica: l'interconnessione universale.

L'induismo, con il suo vasto insieme di testi sacri e filosofici, esplora l'interdipendenza della realtà attraverso il concetto di

Dharma. Il Dharma rappresenta il dovere, l'etica e l'armonia che ogni individuo deve mantenere con il cosmo. Ogni azione di una persona non è mai isolata. Essa influenza il mondo circostante, contribuendo alla complessità dell'universo. Una simile idea emerge nella fisica moderna, dove le interazioni tra particelle subatomiche costruiscono un tessuto di relazioni che dà forma alla realtà stessa.

Il concetto di Dharma si radica nel principio dell'armonia cosmica. Nella Bhagavad Gita, un altro celebre testo sacro induista, Krishna ricorda ad Arjuna che ogni persona ha un dovere unico, un ruolo da interpretare nel vasto teatro della vita. Ignorare il proprio Dharma significa rompere l'equilibrio universale.

Nel mondo della fisica quantistica, troviamo un parallelo affascinante nella teoria della decoerenza e dell'entanglement. Secondo la meccanica quantistica, ogni particella è collegata ad altre attraverso intricate relazioni. L'osservazione o l'azione su una particella può avere effetti su altre parti del sistema, anche a distanze enormi. Non esiste, quindi, una particella isolata o neutrale. Alla stessa maniera, nell'induismo, ogni persona è vista come una parte inestricabile di una rete universale, dove il Karma – il principio di causa ed effetto – traccia percorsi simili a quelli analizzati dai fisici.

Uno degli studiosi che meglio ha esplorato la connessione tra filosofia orientale e scienza moderna è Fritjof Capra. Egli afferma che le intuizioni dei saggi vedici riflettono sorprendentemente la cosmologia moderna. Capra, fisico e divulgatore, punta il dito sulla profonda somiglianza tra il linguaggio poetico degli antichi testi vedici e le teorie scientifiche della fisica contemporanea. La rete descritta nei versi antichi non è molto diversa dall'idea di un campo quantistico unito da interazioni e correlazioni.

Ad esempio, il processo di entanglement quantistico, in cui due particelle rimangono legate anche quando separate da distanze incredibili, richiama la visione vedica secondo cui tutte le cose, viventi o meno, condividono una scintilla divina comune, originata dal suono primordiale dell'"Om".

Un esempio pratico di come il concetto di interconnessione fosse ben radicato nella cultura vedica si ritrova nel funzionamento dei templi tradizionali indiani. Questi luoghi non erano solo spazi di culto, ma rappresentavano simbolicamente l'intero cosmo. Ogni parte del tempio, dalle fondamenta alla sommità, incarnava un aspetto dell'universo. Il *"garbha griha"*, la camera interna, con la sua energia concentrata, ricordava il nucleo indivisibile della realtà, analogo a ciò che i fisici oggi studiano nella fisica delle particelle.

Un altro spunto interessante si lega alla filosofia del grande rishi Yajnavalkya, vissuto intorno al IX secolo a.C. Yajnavalkya fu uno dei primi pensatori a interrogarsi sull'unità di tutte le cose, affermando nel Brihadaranyaka Upanishad che ciò che esiste nell'universo si riflette nell'essere umano e viceversa. In termini moderni, è il concetto olistico di "campo unificato" della fisica, secondo cui tutte le particelle e le forze sono manifestazioni di un'unica origine fondamentale.

Alla base di tutto, il Dharma indivisibile e il comportamento delle particelle subatomiche ci ricordano che il senso dell'esistenza, tanto dal punto di vista spirituale quanto da quello fisico, si fonda su un principio di relazione. L'induismo celebra da millenni questa visione olistica, racchiusa nel simbolismo del *"bindu"*, il punto centrale dell'universo.

Per i fisici, il campo quantistico rappresenta il livello fondamentale della realtà, dove le particelle "vanno e vengono" in un continuo sussurro di interazioni. Per i mistici vedici, il Dharma guida ogni elemento dell'universo verso una danza cosmica di ordine e armonia.

La connessione tra le filosofie orientali e la fisica quantistica ci restituisce una visione del mondo in cui la scienza non è altro che un proseguimento del misticismo con strumenti diversi.

La fisica moderna continua questa conversazione millenaria, offrendo nuove metafore per la realtà e avvicinandoci, forse, alla stessa verità universale che i rishi avevano intuito: tutto è connesso, e ogni nodo nella rete contribuisce a creare il grande disegno cosmico.

Dharma e Multiverso: Scelte e Possibilità Infinite tra Etica e Scienza.

Ogni scelta conta. Non è solo una lezione morale, ma un principio che intreccia filosofia antica e fisica moderna. Nell'induismo, il Dharma è il nucleo di questa idea: il dovere e l'etica che governano ogni aspetto della vita, dalle azioni più quotidiane alle decisioni più esistenziali. Ma cosa accadrebbe se ogni singola scelta creasse un mondo nuovo? Questo è il punto di contatto tra il Dharma e la teoria quantistica del multiverso proposta da Hugh Everett III, un fisico visionario degli anni '50.

Il concetto di Dharma si intreccia profondamente con la cultura indiana. È il codice etico individuale e collettivo, il legame che tiene insieme il mondo nel suo ordine cosmico. Ogni persona ha un Dharma specifico: un percorso unico, plasmato dalla propria natura e dal contesto storico e sociale. Questo principio si riflette nella grande epopea indiana del Mahabharata, dove troviamo una delle storie più emblematiche legate alle scelte etiche e alle loro conseguenze.

Il principe Yudhishthira, leader dei Pandava, è famoso per la sua incrollabile adesione al Dharma. Tuttavia, questa virtù lo pone davanti a dilemmi strazianti durante la guerra di Kurukshetra. Uno dei momenti più celebri è la sua decisione di non mentire per vincere, pur sapendo che ciò avrebbe provocato immense sofferenze.

Un momento cruciale del dilemma morale si verifica quando viene chiesto a Yudhishthira di dire una mezza verità per contribuire alla vittoria dei Pandava. Alla base di questa decisione c'è la strategia progettata da Krishna per sconfiggere Dronacharya, uno dei più potenti guerrieri della schiera dei Kaurava. Krishna sa che Dronacharya, il precettore dei Pandava e dei Kaurava, è invincibile quando è completamente concentrato in battaglia, ma anche che il suo attaccamento al figlio Ashwatthama potrebbe essere sfruttato. La strategia prevede di far credere a Dronacharya che Ashwatthama sia morto, inducendolo a perdere la volontà di combattere e permettendo così ai Pandava di sopraffarlo.

Yudhishthira, noto per non aver mai detto una menzogna, si trova in una situazione straziante: se sceglie di dire la verità, l'esito sarà il prolungarsi della battaglia e la perdita di molte vite; se invece acconsente a dire una mezza verità, compromette la sua integrità morale, ma potrebbe salvare innumerevoli persone ponendo fine più rapidamente alla guerra. Alla fine, Yudhishthira pronuncia la frase ambigua: *"Ashwatthama è morto"*, aggiungendo sottovoce *"Ashwatthama è un elefante"* Questo inganno porta Dronacharya a deporre le armi, credendo che il suo amato figlio sia caduto, e a farsi uccidere.

Cosa sarebbe accaduto se Yudhishthira avesse scelto diversamente? Forse, il mondo stesso avrebbe seguito un diverso corso degli eventi.

La teoria dei "molti mondi" di Hugh Everett offre una prospettiva sorprendentemente simile. Secondo questa interpretazione della meccanica quantistica, ogni volta che un evento può prendere direzioni diverse, l'universo si "biforca". Esistono quindi infiniti universi paralleli, ognuno risultato di scelte alternative.

Immaginiamo Yudhishthira in questo contesto. Se il multiverso esiste, allora ci sarebbe un mondo in cui il principe sceglie di mentire e un altro in cui non lo fa. In ogni universo, le conseguenze di quella scelta plasmano la realtà in modo unico. Sempre nel Mahabharata, questo concetto è rafforzato dalla nozione di Karma: ogni azione, buona o cattiva, lascia un'impronta indelebile sull'equilibrio cosmico. Analizzato attraverso la lente quantistica, il Karma diventa una sorta di "codice sorgente" che guida l'evoluzione dei mondi nei molteplici rami del multiverso.

Il legame tra Dharma e multiverso non è solo poetico, ma anche pratico. La meccanica quantistica suggerisce che il comportamento delle particelle subatomiche sia influenzato da una sorta di "possibilità potenziale". Ad esempio, il famoso esperimento della doppia fenditura dimostra che una particella può esistere in molti stati diversi fino a quando un'osservazione non ne fissa uno. Ma se riportiamo questo fenomeno su scala macroscopica, cosa accade alle nostre decisioni?

Un comportamento consapevole, dettato dal Dharma, può essere visto come uno strumento per navigare tra le infinite possibilità che il multiverso offre. Ogni scelta ridisegna il tessuto della realtà, legandosi alla profonda responsabilità etica che deriva dalla libertà umana.

Quando Yudhishthira cammina sulla sottile linea tra verità e falsità, incarna anche la tensione tra libertà e responsabilità. Sebbene il multiverso suggerisca che ogni scelta crei un nuovo mondo, ciò non riduce il valore dell'etica. Al contrario, amplifica l'importanza del Dharma come guida suprema. La famosa frase attribuita al Mahabharata,

"Il Dharma protegge coloro che lo proteggono",

assume così un significato più profondo. Rispettare il proprio ordine morale non è solo una virtù, ma un atto creatore che modella l'universo stesso.

Il parallelismo tra l'induismo e la fisica quantistica ci ricorda l'universalità della ricerca umana per il significato. Da una parte, gli antichi rishi indiani meditavano sull'intreccio di etica e realtà. Dall'altra, fisici moderni come Everett e Niels Bohr esploravano l'incertezza quantistica e le sue implicazioni cosmiche. Entrambi i campi convergono su una verità sorprendente: le scelte contano, e ogni azione lascia una traccia.

Nel mondo accelerato di oggi, il Dharma ci invita a riflettere sulle nostre decisioni. Ogni piccolo atto ha il potere di influenzare il "tessuto quantistico" della realtà, aprendo possibilità che vanno oltre le nostre percezioni immediate.

Riflettere sul Dharma nel contesto del multiverso non è solo un esercizio mentale, ma una sfida profonda a vivere con consapevolezza. Così come Yudhishthira scelse il Dharma nell'epica guerra del Mahabharata, anche noi dobbiamo scegliere — ogni giorno — di fronte ai dilemmi della modernità. Non sappiamo quante realtà nasceranno dalle nostre decisioni, ma possiamo essere certi che il filo dell'etica le attraverserà tutte.

L'oscillazione del neutrino e il Dharma che fluisce.

L'oscillazione del neutrino, un fenomeno scoperto nel XX secolo, potrebbe sembrare lontano dagli antichi testi vedici, ma forse non lo è affatto. Collegando questa sottile danza quantistica alla nozione di Dharma, il dovere e l'etica di ogni individuo, emerge una realtà profonda: la vita e il suo scopo sono dinamici, proprio come l'universo.

I neutrini, particelle quasi prive di massa, attraversano l'universo in silenzio. Nonostante la loro elusività, essi sono fondamentali per comprendere alcune delle dinamiche più segrete dell'esistenza. Una delle loro proprietà più affascinanti è l'oscillazione: mentre viaggiano, i neutrini cambiano "identità". Passano da un sapore (elettronico, muonico o tauonico) a un altro, in un processo che sembra contraddire l'idea di fissità o permanenza. È come osservare qualcuno che cambia continuamente ruolo e prospettiva a seconda della situazione.

Questa trasformazione non è casuale. È influenzata dal loro ambiente e dalle leggi fisiche che governano il cosmo. Tale comportamento può essere visto come un'immagine speculare del concetto di Dharma nell'induismo, che cambia in risposta alle necessità della vita, del tempo e del contesto.

In sanscrito, Dharma rappresenta il dovere, la giustizia e l'armonia cosmica. Tuttavia, non è una legge rigida. Krishna, una delle figure centrali dell'induismo e protagonista del Mahabharata, esemplifica come il Dharma non sia statico. Nella Bhagavad Gita, Krishna inizia come pacificatore, cercando di evitare la guerra tra i Pandava e i

Kaurava. Ma quando gli sforzi di pace falliscono, Krishna abbandona il ruolo di mediatore e diventa un maestro stratega e guida guerriera.

Questa trasformazione di Krishna non è incoerenza o debolezza. È l'adattamento al contesto. Come l'oscillazione del neutrino, il suo comportamento mostra che il Dharma, per essere vero, deve rispondere alla realtà circostante. Se Krishna avesse insistito nella sua visione di pace anche quando essa era ormai impossibile, avrebbe fallito nel suo compito.

Le oscillazioni dei neutrini e il Dharma flessibile indicano un principio condiviso: l'interconnessione profonda tra gli eventi e il cambiamento costante. Nella fisica quantistica, ogni particella non è mai isolata. Ogni azione, anche la più piccola, influenza l'intero sistema. Questo principio è in linea con l'idea induista del Brahman, la realtà universale indivisibile.

Le Scritture vediche, migliaia di anni fa, affermavano che ogni essere è interconnesso in una rete divina chiamata Rta, l'ordine cosmico. I recenti esperimenti con i neutrini nelle strutture di ricerca come il Gran Sasso in Italia o il Super-Kamiokande in Giappone sembrano dare nuova vita a questa nozione antica. Quando i neutrini cambiano stato, lo fanno in armonia con le leggi dell'universo. Allo stesso modo, quando gli esseri umani agiscono secondo il Dharma, entrano in sintonia con un ordine più grande.

Krishna insegnò che il Dharma non deve essere visto come un insieme rigido di regole, ma come un'arte. Il dovere di un guerriero, in tempo di pace, è proteggere e negoziare. Ma in tempo di guerra, è combattere con giustizia. Questo principio vale non solo per i re, ma per ogni individuo. Come i neutrini danzano tra stati differenti, anche il nostro Dharma può e deve oscillare, seguendo il ritmo della vita.

L'induismo ricorda che il cambiamento è inevitabile. Come il neutrino, non possiamo restare sempre nello stesso stato. Il nostro ruolo nella famiglia, nella società e nel mondo oscilla continuamente. Resistere al cambiamento non è solo inutile, ma contrario alle leggi stesse dell'universo.

L'oscillazione del neutrino e il concetto di Dharma ci ricordano che la vita non è fatta di certezze statiche. Né la scienza né la spiritualità trovano risposte definitive nelle cose ferme. Tutto si evolve, tutto si connette. Così come la fisica quantistica ci ha insegnato a vedere l'universo come una rete in continuo movimento, l'induismo ci invita a vedere il Dharma come un fiume che scorre, muta e si adatta.

Nella Bhagavad Gita, Krishna invita Arjuna a non temere il cambiamento, ma ad abbracciarlo con saggezza. Questa lezione millenaria, ora illuminata dalla scienza moderna, ci accompagna anche oggi. Il dovere dell'individuo è fluire con il tempo, proprio come i neutrini, trasformandosi e rispondendo alle necessità dell'esistenza. Nulla è statico, e in questo movimento si trova l'essenza stessa della vita.

"Allineati" nel Caos.

Ogni gesto, pensiero e scelta, secondo l'induismo, contribuisce a una connessione più profonda con il proprio scopo e con l'equilibrio dell'universo. In un epoca dominata dalla scienza e dall'esplorazione quantistica, possiamo trovare sorprendenti parallelismi tra il Dharma e i meccanismi profondi del mondo subatomico.

La fisica quantistica ci rivela un paesaggio invisibile di interazioni complesse. Le particelle subatomiche non agiscono in modo isolato. Ogni evento sul piano quantistico – un fotone assorbito, un elettrone emesso – ha un impatto sul tessuto della realtà. Questo fenomeno, noto come coerenza quantistica, è ciò che consente alle particelle di mantenere un ordine intrinseco, nonostante il caos apparente. Un'interferenza, come un'interazione con l'ambiente esterno, interrompe questo ordine e provoca quello che i fisici chiamano "decoerenza".

L'induismo suggerisce qualcosa di simile con il Dharma. Ogni individuo è parte di un sistema più ampio, un macrocosmo ordinato.

Un pratico esempio contemporaneo di coerenza quantistica si trova nella tecnologia dei computer quantistici. Questi dispositivi sfruttano la coesistenza quantistica per compiere calcoli a una velocità impensabile per i computer classici. Ogni particella, come un bit quantistico (qubit), deve restare "allineata" all'interno del sistema per preservare un ordine funzionale. Qui, però, emerge un pericolo: basta anche il più lieve disturbo per interrompere le connessioni. È interessante notare che nella filosofia induista, l'allineamento con il Dharma richiede una simile vigilanza. Ogni scelta, ogni deviazione, può portare alla "decoerenza" della vita, cioè a una disarmonia con il proprio scopo.

Prendiamo il racconto del Mahabharata, un antico poema epico indiano. Uno degli eroi, Yudhishthira, il re giusto, è noto per la sua dedizione al Dharma. In un celebre episodio, Yudhishthira affronta una domanda cruciale: sacrificare i propri principi per salvare la famiglia o rimanere fedele al Dharma? Scelse il Dharma, anche a costo di enormi sofferenze. I fisici direbbero che ha preservato la coerenza, rimanendo "allineato" nonostante il caos.

Il parallelo con la scienza moderna ci invita a riflettere. Da una parte, la fisica quantistica studia il comportamento delle particelle, il linguaggio dell'universo invisibile. Dall'altra, il concetto di Dharma ci invita a vivere in maniera etica e consapevole. Entrambi ci suggeriscono che l'ordine sorge da una disciplina invisibile ma onnipresente.

Oggi, l'ordine dharmico potrebbe essere interpretato come una guida per affrontare il caos della vita moderna. Le decisioni etiche, come le interazioni quantistiche, possono sembrare insignificanti singolarmente, ma collettivamente plasmano il mondo. Una citazione del premio Nobel Niels Bohr, profondo pensatore dei misteri quantistici, si sposa perfettamente con questa idea:

"Nel regno della fisica, ogni parte dipende dal tutto".

L'induismo avrebbe detto lo stesso, ma con un linguaggio più poetico:

"Tat Tvam Asi" – *"Tu sei Quello"*.

Restare allineati nel caos è una sfida. Ma il Dharma, come la coerenza quantistica, ci indica la strada: accettare il nostro scopo unico, agire con consapevolezza e trovare armonia nel disordine apparente.

La complementarità del Dharma.

Il principio di complementarità di Bohr, proposto nel 1927, introduce l'idea che due aspetti apparentemente opposti della realtà possano coesistere e completarsi a vicenda. Nel contesto della fisica quantistica, un fotone, ad esempio, può esistere sia come onda sia come particella, a seconda di come viene osservato. Questa dualità non implica contraddizione, ma suggerisce invece che la realtà sia più complessa di quanto appaia.

Allo stesso modo, il Dharma si muove tra due verità interconnesse: il dovere personale (detto *SvaDharma*) e il dovere universale (*Sanatana Dharma*). Il primo fa riferimento agli obblighi individuali, legati al contesto in cui una persona vive, alla sua famiglia, alla sua professione, alla sua "posizione" nel mondo. Il secondo, invece, rappresenta i principi universali che governano l'ordine cosmico.

Come onda e particella, queste due dimensioni non si escludono, ma si completano.

La complementarità del Dharma può essere messa in relazione anche con un altro aspetto della fisica quantistica: l'interconnessione. Nella meccanica quantistica, le particelle sono collegate attraverso leggi invisibili, come l'entanglement quantistico. Quando due particelle interagiscono, il loro destino rimane intrecciato, indipendentemente dalla distanza. Ogni azione su una particella ha un effetto sull'altra.

Questo principio riflette un aspetto centrale del Dharma. Secondo la visione induista, ogni azione individuale influisce inevitabilmente sull'intero tessuto cosmico. Un episodio famoso tratto dai Rigveda, uno dei testi più antichi dell'India, rappresenta questa idea. La storia racconta di un saggio che, nel tagliare un albero per costruire un rifugio, si confronta con un corvo che vive proprio su quell'albero. Il saggio capisce che il suo gesto, per quanto apparentemente giustificato, sottrae vita a un altro essere. Questo lo porta a riflettere su come ogni atto, per quanto insignificante, possa alterare delicati equilibri universali.

Il filosofo Niels Bohr, intervistato negli anni '50, sottolineò come il concetto di complementarità fosse applicabile non solo alla fisica, ma anche alla psicologia, alla biologia e persino alla filosofia. Senza mai citare esplicitamente il Dharma, Bohr riconosceva nelle antiche tradizioni orientali un'intuizione profonda di equilibrio tra opposti. In effetti, l'induismo ha da sempre incorporato dicotomie nella sua visione del mondo: luce e ombra, vita e morte, creazione e distruzione.

Un parallelo può essere tracciato anche con i moderni approcci alla sostenibilità. In un'epoca dominata dall'urgenza di bilanciare progresso economico e salvaguardia ambientale, il Dharma offre un modello per navigare tra queste due esigenze. Ogni individuo, come particella in un sistema fisico, deve considerare come le sue azioni personali contribuiscano all'ordine universale.

Il concetto di complementarità del Dharma non è solo un arcano sapere orientale, ma una lezione potente per il presente. Viviamo in un mondo sempre più interconnesso, dove ogni gesto può avere ripercussioni globali, come i cambiamenti climatici o le crisi economiche. Questo ci richiede di trovare un equilibrio tra responsabilità personali e collettive, facendo scelte che riflettano entrambe le verità: la nostra vita individuale e il nostro posto nell'universo.

La non-località e il Dharma globale. Influenze oltre lo spazio e il tempo.

Quando Albert Einstein definì sarcasticamente il fenomeno della "non-località" come una *"azione spettrale a distanza"*, probabilmente non immaginava quanto quella definizione si sarebbe rivelata cruciale per ridefinire la nostra comprensione del cosmo. Nella fisica quantistica, la non-località rappresenta uno degli enigmi più affascinanti: due particelle, separate da distanze cosmiche, possono influenzarsi istantaneamente, come se lo spazio e il tempo fossero un'illusione piuttosto che una barriera.

Da questa prospettiva emergono sorprendenti parallelismi con le filosofie orientali, in particolare con l'induismo. Il concetto di Dharma, che potremmo tradurre con "dovere", "legge morale" o "etica", si allarga a una dimensione universale che trascende la semplice quotidianità. Proprio come nella non-località quantistica, ogni azione individuale, per quanto apparentemente isolata, genera conseguenze che riverberano ben oltre i confini immediati, nel tempo e nello spazio.

Secondo l'induismo, il Dharma non è solo la guida morale dell'individuo nel suo contesto esistenziale, ma è una legge che regola l'intero ordine cosmico. Questo principio si manifesta non solo negli atti personali, ma anche nelle relazioni intersoggettive, sociali e cosmiche. L'idea che il singolo sia parte integrante e responsabile di una rete interconnessa di eventi richiama proprio il concetto di non-località: nulla accade in isolamento. Non ci sono azioni estranee al sistema complessivo dell'esistenza.

In questo senso, la filosofia indù invita a vedere il "dovere" non come un vincolo individuale, ma come un dovere globale, condiviso, che tiene conto delle ripercussioni a lungo termine di ogni gesto. Gandhi, una delle figure più emblematiche dell'etica globale, incarna proprio questo principio. Il Mahatma sosteneva:

"Tu devi essere il cambiamento che vuoi vedere nel mondo".

Questa frase, apparentemente semplice, racchiude un potente parallelismo con la non-località: un'azione giusta, radicata nel Dharmico, può riverberare infinitamente, influenzando realtà lontane nello spazio e nel tempo.

Le esperimentazioni sulla non-località, come il celebre teorema di Bell degli anni '60, hanno dimostrato che la realtà quantistica funziona attraverso connessioni invisibili. Due particelle che hanno interagito una volta restano "legate", indipendentemente dalla distanza che le separa. Analogamente, il pensiero indiano ci insegna che ogni pensiero, parola o azione umana intesse invisibili fili di connessione che guidano il destino collettivo.

Immaginiamo, per esempio, un evento storico come la *Marcia del Sale* del 1930. Guidato dal suo Dharma, Gandhi intraprese un atto apparentemente limitato ma simbolicamente immenso: una camminata per protestare contro il monopolio coloniale britannico sul sale. Una semplice azione locale, radicata in un contesto specifico, si trasformò in un messaggio che attraversò i confini dell'India, ispirando i movimenti di liberazione nazionale in tutto il mondo. La "località", in quel momento, venne superata: il gesto di un uomo generò un rimbalzo etico-globale.

Il concetto di Dharma globale, ispirato dalla non-località, ci esorta a riconsiderare le nostre responsabilità. Se ogni evento è collegato, come suggeriscono sia la filosofia indiana che la fisica quantistica, allora il nostro "dovere" non si riduce alla sfera personale. Esso si allarga alla tutela dell'umanità, del pianeta e delle generazioni future. Questo richiama un'etica ecologica e sociale che travalica i confini nazionali, i limiti culturali e i pregiudizi di tempo. Esattamente come Gandhi, che vide il suo dovere non solo verso l'India ma verso un'umanità unita.

Potremmo sintetizzare questa visione con un'immagine universale: il battito d'ali di una farfalla. L'idea, resa celebre dal caos deterministico, acquista nuova luce nell'intreccio tra Dharma e non-località. Un battito d'ali può davvero scatenare un uragano dall'altra parte del mondo. Un gesto di gentilezza può trasformare una vita lontana. Un atto di violenza può innescare conflitti globali.

Il parallelismo tra non-località e Dharma si traduce in un invito alla consapevolezza. Nel contesto odierno, segnato dall'interdipendenza globale, il Dharma globale potrebbe essere la nostra unica possibilità di affrontare sfide come il cambiamento climatico, le disuguaglianze economiche e le tensioni geopolitiche. Le filosofie orientali e la fisica moderna, a modo loro, ci dicono la stessa cosa: siamo tutti connessi. E da questa connessione deriva una responsabilità che non conosce confini, né nello spazio né nel tempo.

Dharma e il principio di sovrapposizione.

Il Dharma rappresenta il principio del dovere e dell'etica personale. Ma come si collega questa antica visione alla moderna fisica quantistica? Sorprendentemente, si collega attraverso il principio di sovrapposizione. Proprio come una particella può trovarsi in più stati simultaneamente, il Dharma sottolinea la necessità di riconoscere le molteplici opzioni della vita e agire nel rispetto del proprio ruolo.

Nell'induismo, Dharma significa molto più di "dovere religioso". È la bussola morale che guida ogni individuo nel comportamento quotidiano. Viene spesso raffigurato come il pilastro dell'universo, il principio che regola le interazioni tra persone, natura e cosmo. Questa idea filosofica si intreccia con la nozione che ogni azione, anche la più piccola, influisce sull'equilibrio universale.

Il Dharma è allo stesso tempo personale e collettivo. Siddhartha Gautama, il Buddha, ne è un esempio. Nato nel regno di Kapilavastu, nel VI secolo a.C., Siddhartha si trovò di fronte a un dilemma profondo: seguire il Dharma regale come principe e sovrano, o intraprendere il cammino spirituale per cercare l'illuminazione. Alla fine, lasciò il lusso della corte e scelse la strada della meditazione e della rinuncia, mostrando al mondo come un'azione personale possa rivelare l'armonia universale.

La fisica quantistica descrive la realtà come un mosaico di possibilità. Uno dei suoi concetti più affascinanti è quello di sovrapposizione, che afferma che una particella può trovarsi in diversi stati allo stesso tempo, fino a quando non si compie un'osservazione per determinarne la posizione. Possiamo immaginare una particella come un essere sospeso tra il "fare" e il "non fare", tra molteplici traiettorie potenziali.

Applicando questa lente alla filosofia del Dharma, la scelta di un'azione si presenta come una sovrapposizione di possibilità. Ogni decisione crea una nuova linea di realtà. Come nella fisica, le scelte non sono neutrali. Esse influenzano il tessuto della vita e il destino personale e collettivo.

Il parallelo tra Dharma e fisica diventa evidente quando consideriamo la vita moderna. Ogni giorno ci troviamo davanti a scelte etiche che appaiono come sovrapposizioni di possibilità. Prendiamo, per esempio, l'attivista ambientalista Vandana Shiva, profondamente influenzata da concetti indù. Laureata in fisica, Shiva decise di abbandonare la carriera scientifica per dedicarsi alla salvaguardia del pianeta e dei diritti delle comunità agricole in India. Anche nel suo caso la scelta del Dharma personale ha inciso sul mondo circostante, tessendo una trama più ampia di impatto collettivo.

Torniamo a Siddhartha Gautama per una lezione più profonda. La leggenda narra che, prima di raggiungere l'illuminazione, egli meditò sotto un albero di Bodhi a Bodh Gaya. Durante questa meditazione, affrontò non solo le tentazioni inviate dal demone Mara ma anche una battaglia interna. Pensieri contrastanti lo trattenevano: continuare a vivere come asceta o rinunciare e tornare all'agio regale. Questa fase può essere vista come la sua *"sovrapposizione quantistica"*. Siddhartha scelse il suo Dharma, trascendendo sia la vita materiale che quella ascetica.

Questa scelta ebbe conseguenze universali. Siddhartha divenne il Buddha e inaugurò una filosofia che risuona ancora oggi. Il suo esempio ci insegna che le possibilità non sono infinite solo in teoria. Diventano realtà attraverso un'azione significativa.

Sia il Dharma che la fisica quantistica mettono in luce una visione olistica dell'universo. Quando scegliamo eticamente, viviamo in armonia con questa interconnessione. Così come osservare una particella influenza il suo stato, le nostre azioni modellano la realtà e il futuro.

Quando lo squilibrio genera evoluzione.

Nelle antiche filosofie orientali, il concetto di Dharma rappresenta il dovere universale, l'etica intrinseca che ogni individuo deve seguire per mantenere l'armonia nel cosmo. In una frase, è la vocazione di ogni vivente nel grande schema dell'esistenza. Tuttavia, cosa accade quando questo equilibrio viene infranto? È davvero sempre *"immorale"* deviare dal percorso predestinato? Qui nasce un'idea affascinante: lo squilibrio può essere necessario per un'evoluzione.

In fisica quantistica, un parallelismo può essere trovato nel comportamento delle particelle fuori equilibrio. Quando un sistema abbandona lo stato di stabilità, emergono dinamiche nuove che spesso portano a stati più complessi e adattivi. Questo concetto – quello di un *"ordine emergente dal caos"* – riecheggia profondamente nei racconti mitologici e nei testi vedici legati alla visione dinamica del Dharma.

Una figura emblematica che incarna il "Dharma infranto" è Parashurama, il sesto avatar di Vishnu. Secondo i testi, Parashurama era destinato a essere un sacerdote (Brahmana), un uomo di pace e conoscenza. Tuttavia, le sue esperienze personali lo spinsero ad agire contro il suo ruolo tradizionale. Quando una dinastia di re guerrieri (kshatriya) abusò del proprio potere, seminando ingiustizia, Parashurama prese le armi per ristabilire l'ordine.

Questo atto rompe il suo Dharma originario e lo trasforma in un guerriero, un'identità ambivalente che mescola la saggezza del sacerdote alla forza del combattente. Si dice che Parashurama abbia spazzato via intere generazioni di oppressori con la sua rabbia giustificata. Eppure, non agì per vendetta personale. Agì per il bene dell'equilibrio cosmico, eseguendo un *"Dharma dinamico"*, che abbandona l'immobilismo per adattarsi al momento.

Questo mito solleva domande profonde: è ancora Dharma se richiede un atto di distruzione? È possibile vedere l'infrazione del dovere non come un fallimento, ma come un modo per evolvere verso uno stato superiore?

Per comprendere queste idee alla luce della modernità, possiamo guardare al mondo della fisica quantistica. In un sistema quantistico, il concetto di squilibrio non è sempre sinonimo di caos disordinato. Ad esempio, fenomeni come la transizione di fase – il passaggio dell'acqua ghiacciata allo stato liquido o al vapore – rappresentano la rottura di uno stato di equilibrio per creare qualcosa di nuovo.

Simili dinamiche si osservano nello studio delle particelle. Gli esperimenti con il condensato di Bose-Einstein, svolti tra anni '90 e primi 2000, mostrano che i sistemi, quando spinti fuori dallo stato di equilibrio, creano nuove forme di ordine prima irraggiungibili. La natura stessa sembra seguire un paradigma simile al Dharma infranto descritto dall'induismo: la stabilità si sacrifica per un progresso evolutivo.

Questo concetto di squilibrio come strumento creativo appare anche in un'altra figura centrale dell'induismo: Shiva. Conosciuto come il "Distruttore", Shiva non rappresenta una fine definitiva, ma il ciclo eterno di trasformazione. Con la sua Tandava, la danza cosmica che scuote l'esistenza, Shiva distrugge ciò che è stagnante per far spazio al nuovo. Questo parallelo tra il concetto filosofico e il dinamismo quantistico è particolarmente intrigante: entrambe le discipline riconoscono che il cambiamento è necessario per progredire.

Inoltre, Shiva e Parashurama sono collegati da un episodio significativo descritto nel Shiva Purana. Parashurama, colmo di orgoglio per la sua forza distruttiva, sfida Shiva, ma viene sconfitto da quest'ultimo. Si dice che Shiva, dopo averlo umiliato, gli abbia restituito la sua compostezza, ricordandogli che la distruzione senza saggezza porta solo il caos. Questo momento simboleggia la necessità di trovare equilibrio – anche nello squilibrio – per rimanere fedeli al Dharma.

Nel suo concetto più profondo, il Dharma non è una legge rigida. È un principio che richiede discernimento. Un passo verso l'ignoto – verso lo squilibrio – può sembrare un errore, ma può anche diventare il motore del progresso. Nel Bhagavad Gita, Krishna spiega ad Arjuna che talvolta infrangere il proprio ruolo è l'unico modo per adempiere a uno scopo più grande.

Nelle scienze moderne, i sistemi complessi mostrano la stessa evoluzione. Il caos può apparire come una frattura dell'ordine, ma è spesso un'opportunità per generare strutture mai viste prima. Nelle galassie, nelle particelle e nelle vite umane, il disordine è quasi un richiamo verso nuove possibilità.

Che si tratti della rabbia di Parashurama, della danza di Shiva o delle dinamiche quantistiche fuori equilibrio, il messaggio è chiaro: lo squilibrio non è sempre una minaccia. Può diventare una forza creativa. Il Dharma infranto non distrugge il cosmo, ma lo trasforma, guidandolo verso un'evoluzione più profonda.

L'equilibrio, dunque, non va ricercato come una condizione permanente, ma come un punto di partenza. Solo accettando lo squilibrio, possiamo esplorare il potenziale nascosto di ciò che è ancora possibile diventare.

La dea Saraswati e il flusso quantistico,

Nella cultura indiana, Saraswati rappresenta la saggezza, l'arte e il flusso continuo del sapere. Dea del sapere e delle arti, Saraswati è anche custode della parola, del linguaggio e della creatività. La sua immagine è associata al fluire di un fiume, simbolo di movimento, conoscenza e costante adattamento. Questa figura chiave dell'induismo offre uno spunto affascinante per riflettere su concetti della fisica quantistica, come il sistema bilanciato e il flusso dinamico delle energie che influenzano la realtà.

Nella tradizione induista, Saraswati non è semplicemente una dea, ma un simbolo di *"Dharma applicato"*. Dharma include anche il concetto di ordine universale. Saraswati incarna il dovere spirituale di apprendere, adattarsi e fluire con gli eventi della vita, proprio come un fiume si adatta al terreno che attraversa.

Questo è un concetto strettamente collegato ai sistemi quantistici bilanciati, dove l'equilibrio non è statico, ma dinamico. Nel mondo subatomico, le particelle interagiscono tra loro in un tessuto sottile di scambi energetici. Ogni evento provoca un cambiamento nel sistema, ma l'ordine generale si mantiene proprio grazie al continuo adattarsi delle sue componenti.

n parallelo interessante può essere tracciato tra Saraswati e il principio di "sovrapposizione" nella fisica quantistica. Una particella o, meglio, un sistema quantistico, esiste in molti stati contemporaneamente fino a che un'osservazione stabilisce il suo stato definitivo. Questo processo dipende dagli eventi precedenti, creando un "flusso" di cause ed effetti che si rispecchia nella realtà che percepiamo.

Saraswati rappresenta un flusso di conoscenza continuo, un adattamento costante alle situazioni. Nel contesto del Dharma, questo significa acquisire nuove informazioni e applicarle per mantenere l'armonia in un sistema più grande. Un aneddoto tradizionale racconta che Saraswati, nel suo aspetto divino, scelse di risiedere nei libri e negli strumenti musicali. Il messaggio è chiaro: la conoscenza e l'arte devono essere usate per migliorare la vita, con lo stesso spirito dinamico che vediamo nelle interazioni quantistiche.

Il Rig Veda, uno dei testi più antichi dell'induismo, celebra Saraswati come *"colei che dà vita alle idee attraverso il linguaggio"*. Questa descrizione si collega al concetto del flusso creativo, che oggi la psicologia moderna chiama *"stato di flow"*. Questo stato si realizza quando una persona è talmente immersa in un'attività da raggiungere un equilibrio perfetto tra sfida e competenza. Non è solo un'esperienza soggettiva: uno studio svolto nel 2021 dal neuroscienziato Mihaly Csikszentmihalyi dimostra come il cervello umano, in stato di flow, raggiunga un'armonia neurochimica simile a un sistema quantistico bilanciato.

Da un altro punto di vista, Saraswati ci ricorda che il bilanciamento non è mai statico, ma è un accompagnamento fluido del cambiamento. Questo è il cuore del Dharma: vivere con consapevolezza, adattarsi senza rinunciare alla verità universale.

La fisica quantistica descrive la realtà come un intreccio di eventi e interazioni. Nulla esiste isolato, e ogni particella influenza tutte le altre, anche a distanze impressionanti. Questo fenomeno, noto come "entanglement quantistico", ricorda da vicino l'idea induista di interconnessione universale. Saraswati, con il suo significato di flusso di conoscenza, incarna questa visione relazionale.

Un esempio pratico di questa filosofia può essere tratto dalla storia di Rabindranath Tagore, il grande poeta e pensatore indiano. Nel 1926, Tagore incontrò Albert Einstein per discutere proprio il rapporto tra scienza e spiritualità. Tagore sostenne che il cosmo non poteva essere separato dalla coscienza umana, un punto di vista che riflette sia il Dharma sia le intuizioni quantistiche sull'interdipendenza universale.

La figura di Saraswati offre una metafora ricca e stimolante per interpretare i principi della fisica quantistica. Proprio come un sistema quantistico bilanciato deve adattarsi continuamente, anche l'essere umano è chiamato a seguire il Dharma della conoscenza: apprendere, adattarsi e fluire con il cambiamento. Saraswati ci insegna che la saggezza non è statica, ma è un processo continuo di riconoscimento, adattamento e applicazione.

Nel mondo moderno, dove il sapere scientifico e spirituale sembrano a volte distanti, Saraswati rappresenta un ponte tra questi due mondi. Il suo messaggio ci invita a cercare equilibrio, non nell'immobilità, ma nel movimento continuo. Attraverso il Dharma e il flusso della conoscenza, possiamo trovare il nostro posto nell'immenso tessuto dell'universo.

Dharma e collasso della funzione d'onda..

L'Oriente e l'Occidente da secoli sembrano parlare lingue diverse, soprattutto quando si tratta di filosofia e scienza. Eppure, in alcuni momenti, queste due direzioni del pensiero si incontrano con sorprendente armonia. Uno di questi punti di contatto è il concetto indiano di Dharma e il collasso della funzione d'onda in fisica quantistica. Due mondi che, almeno in apparenza, non potrebbero sembrare più distanti, si avvicinano quando si parla di scelte e delle infinite possibilità che ogni scelta porta con sé.

Il Dharma è il dovere morale, sociale e spirituale che ogni individuo ha nel proprio percorso di vita. Nell'epica indiana, il Mahabharata, il Dharma rappresenta una guida essenziale, una bussola etica.

La fisica quantistica, con i suoi principi rivoluzionari, ci dice che il mondo non è deterministico. Prima di una misurazione, le particelle subatomiche non hanno una posizione o uno stato definito. Si trovano in quello che i fisici chiamano *"sovrapposizione"*: una moltitudine di potenziali stati coesistenti. Solo nel momento in cui si osserva o si interagisce con il sistema, la funzione d'onda collassa, e uno solo di quegli stati diventa reale.

È un processo sottile ma fondamentale: la realtà, a livello quantistico, è plasmata da un atto di scelta.

L'idea di collasso della funzione d'onda può essere sorprendentemente accostata al Dharma. Ogni scelta che facciamo nella vita è come un'osservazione quantistica. Finché non scegliamo, davanti a noi si spalancano potenziali illimitati. Ogni opzione rappresenta una possibilità, una strada non ancora percorsa. Ma nel momento in cui agiamo secondo il nostro Dharma, esattamente come avviene nella misura di una particella, definiamo la realtà. "Collassiamo" l'infinito in un'unica concretezza.

Prendiamo come esempio la vita di Mahatma Gandhi. Gandhi avrebbe potuto essere tante cose: un avvocato benestante, un padre tranquillo, un uomo comune. Invece, scelse il suo Dharma: la non violenza e la lotta per la libertà dell'India. In quel momento, infinite altre possibilità sfumarono, e Gandhi divenne ciò che scelse di essere: un simbolo di pace e giustizia.

A livello quantistico, questo è ciò che accade ogni volta che una particella, interagendo con il mondo, prende "forma". La scelta dharmica, dunque, non è solo morale o pratica; è una forza creativa.

Nel mondo quantistico, il ricercatore partecipa attivamente alla creazione della realtà semplicemente osservandola. Allo stesso modo, l'Induismo suggerisce che ogni individuo è parte inseparabile del Brahman, il tutto cosmico.

Questa interconnessione si lega direttamente al Dharma. Ogni decisione individuale influenza non solo il presente dell'individuo, ma anche il corso complessivo dell'esistenza. È come un sassolino lanciato in uno stagno: le onde generate si propagano all'infinito, plasmando il destino.

Nonostante le differenze tra filosofia e scienza, entrambi i mondi ci spingono a riflettere sul significato profondo delle nostre scelte. Richard Feynman, uno dei più celebri fisici del XX secolo, disse che:

"L'atto di osservare altera ciò che si osserva".

Questo principio della meccanica quantistica fa eco alla saggezza millenaria dell'Induismo riguardo al Karma e al Dharma.

Nella vita di ognuno, scegliere secondo il proprio Dharma non è solo un atto etico. È un modo per dare forma al caos delle possibilità. Come il collasso della funzione d'onda definisce lo stato di una particella, così il seguire il proprio Dharma definisce la nostra esistenza.

Le scelte, che siano subatomiche o umane, sono fondamentali. Nella fisica come nella spiritualità, nulla accade senza un intervento consapevole. Le antiche filosofie orientali, come l'Induismo, e le teorie moderne, come la fisica quantistica, ci offrono strumenti per comprendere questa verità universale: il potenziale infinito può diventare reale solo attraverso l'azione.

Il Dharma, quindi, non è un concetto astratto. È il modo in cui traduciamo il possibile in realtà. Riconoscere il proprio Dharma non è solo un imperativo etico, ma un profondo atto creativo. E questo, forse, è il più grande insegnamento che le filosofie orientali e la fisica quantistica condividono.

Lo scopo dell'universo: cicli e fisica quantistica.

Più che un semplice dovere morale o etico, il Dharma riflette l'armonia di un ordine cosmico, un equilibrio che tiene insieme il microcosmo personale di ogni individuo e il macrocosmo universale. Siamo tutti frammenti di un disegno più grande, dove ogni azione ha un peso e ogni scelta si inscrive in una trama infinita.

La fisica quantistica, paradossalmente, sembra parlare lo stesso linguaggio. Gli scienziati osservano che nel mondo subatomico un singolo evento non esiste mai "da solo". Il principio di entanglement, ad esempio, rivela che le particelle possono rimanere connesse indipendentemente dalla distanza fisica: il cambiamento di una influenza immediatamente l'altra. Allo stesso modo, la nozione di Dharma nei testi vedici implica che ciò che accade in una parte dell'universo abbia ripercussioni ovunque. Non è difficile, quindi, trovare un parallelo tra le leggi naturali della fisica e le antiche concezioni mistiche dell'India.

Secondo i Purana, testi sacri della tradizione induista, il tempo non è lineare. Viaggiando in avanti, tornerebbe al punto di partenza. Questo concetto, noto come Kalachakra (*la Ruota del Tempo*), descrive una sequenza infinita di cicli creativi e distruttivi. Nella cosmologia induista, l'universo nasce, cresce, si dissolve e rinasce. Ogni evento, anche il più piccolo, contribuisce a mantenere l'ordine ciclico.

Le teorie moderne sembrano concordare. La fisica teorica suggerisce che l'universo possa funzionare in base a un ordine complesso, dove spazio e tempo si intrecciano. La teoria delle stringhe, ad esempio, postula che l'universo sia composto da vibrazioni infinitesimali, simili a stringhe, che pulsano lungo dimensioni oltre la nostra percezione. Ogni stringa ha il suo "dovere", il suo ritmo unico, che contribuisce alla sinfonia collettiva.

Questa narrazione scientifica richiama il concetto di Dharma cosmico: ogni elemento, ogni particella, agisce secondo una funzione precisa che si ripete nel tempo. L'universo, così, trova un equilibrio in un ordine apparentemente caotico ma straordinariamente coordinato.

L'entanglement e l'unità delle cose

Nel 1944, l'illustre fisico austriaco Erwin Schrödinger, noto per il celebre esperimento del "gatto", definì l'entanglement dicendo:
    "Non è un qualcosa, ma il qualcosa".
Per Schrödinger, le connessioni misteriose tra particelle rappresentavano una verità fondamentale dell'universo. Se trasferiamo questa idea nel campo delle filosofie orientali, troviamo assonanze dirette con la dottrina vedantica dell'unità (Advaita): tutto ciò che esiste è connesso, in un campo indivisibile di energia e coscienza.

Ogni azione contribuisce a un mosaico più grande, come ogni particella influisce sulla stoffa quantistica dell'universo.

Un esempio simbolico di questa connessione si trova nella vita di Jagadish Chandra Bose. Lo scienziato e filosofo bengalese, che nel primo Novecento studiò le vibrazioni nelle piante, ha dimostrato che persino gli organismi viventi più semplici rispondono a schemi universali. Per Bose, non c'era distinzione fondamentale tra il regno umano, vegetale o meccanico: tutto segue dinamiche dharmiche condivise.

Nel contesto attuale, le implicazioni di queste idee sono profonde. Studiare l'universo non significa semplicemente scoprire come funziona il mondo fisico, ma capire il nostro ruolo in esso. Il tracciare paralleli tra il Dharma e la fisica moderna può offrirci non solo una visione unificante, ma una guida per vivere con maggiore consapevolezza.

Come le particelle che vibrano in sincronia nelle teorie delle stringhe, così nella concezione del Dharma ogni azione umana è un'onda che si propaga nell'universo cosmico. Il tempo, come suggeriscono gli antichi Purana, non è una freccia, ma un cerchio. E noi, minuscole particelle in questo ciclo senza fine, abbiamo il compito di armonizzarci con il grande ritmo dell'universo.

Etica quantistica.

Le scoperte della fisica quantistica non si limitano a rivoluzionare la nostra comprensione della realtà, ma ci invitano anche a riflettere su questioni etiche profonde. Una riflessione etica che dialoga con la scienza non ha solo il compito di orientare l'uso della tecnologia, ma anche di ridefinire il ruolo dell'essere umano nell'universo. L'induismo, con la sua visione olistica e interconnessa della realtà, offre spunti preziosi per affrontare queste sfide e per orientare il progresso tecnologico verso una visione compassionevole e responsabile.

Etica e interconnessione. Quando l'induismo incontra la fisica quantistica.

Le scoperte della fisica quantistica hanno spalancato le porte a una nuova comprensione della realtà, svelando un universo dove ogni cosa è profondamente interconnessa. Non si tratta solo di formule e particelle, ma anche di domande fondamentali sulla nostra esistenza e sui nostri valori. Il modo in cui scegliamo di vivere e di agire in un mondo basato sull'interconnessione ci costringe a riflettere sulla nostra etica. E proprio in questo dialogo tra scienza e spiritualità, l'induismo può offrirci una prospettiva ricca di significati.

L'universo quantistico, rivelato nel XX secolo da scienziati come Niels Bohr e Werner Heisenberg, sembrava sfidare ogni certezza razionalistica costruita dall'occidente. Nel momento in cui la fisica scopriva che le particelle subatomiche non erano entità indipendenti, ma sistemi correlati e fortemente influenzati dall'osservatore, emergeva una somiglianza sorprendente con le antiche visioni del mondo dell'induismo. Quest'ultimo ha per millenni descritto il cosmo come una rete dinamica di relazioni, ben simboleggiata dall'immagine della *Rete di Indra.* Attraverso questa metafora, i saggi indù invitavano già secoli fa a vedere la realtà come un intreccio infinito, dove ogni nodo riflette tutti gli altri, in un equilibrio perfetto.

Ma cosa significa tutto questo per l'etica? La fisica quantistica, come l'induismo, ci propone una verità scomoda ma liberatoria:

siamo tutti interconnessi, non solo con gli esseri umani, ma con l'intero universo. Ignorare questa realtà non è solo irrazionale, ma anche pericoloso. Prendendo spunto da queste intuizioni, molti studiosi ed esponenti culturali hanno iniziato a esplorare i fondamenti di un'"*etica quantistica*" in grado di rispondere alle sfide del nostro tempo.

Secondo il Bhagavad Gita, uno dei testi fondanti della filosofia indù, ogni azione individuale ha un impatto sull'ordine cosmico. Questo principio, che si riflette nella legge del Karma, ci insegna che ogni comportamento, anche il più invisibile, contribuisce a plasmare la realtà condivisa. Non è forse lo stesso messaggio che ci arriva dal principio di indeterminazione o dal fenomeno dell'entanglement quantistico? La scienza, attraverso la fisica quantistica, ci mostra che nessuna particella – e quindi nessun essere – esiste o agisce davvero in isolamento.

Un importante esempio storico di questa convergenza tra scienza, spiritualità e responsabilità etica è il pensiero di Erwin Schrödinger, uno dei padri della fisica quantistica. Lo scienziato era profondamente influenzato dall'induismo. Nelle sue riflessioni filosofiche, Schrödinger adottava la visione indiana dell'Advaita Vedanta, secondo cui l'intero universo è un'unica essenza indivisibile.

Questo pensiero ha una portata etica immensa. Se tutto è Uno, se ogni essere umano, animale e particella fa parte della stessa realtà, come possiamo giustificare comportamenti che ignorano questa interconnessione? Distruggere l'ambiente, sfruttare gli altri, agire per il puro profitto personale appare non solo immorale, ma anche contrario alla vera natura della realtà.

Nel XXI secolo, l'idea di un'etica quantistica basata sull'interconnessione si rivela più urgente che mai. Le crisi ambientali, sociali e tecnologiche che affrontiamo sono il risultato di un modello di pensiero frammentato che non tiene conto delle conseguenze globali delle nostre azioni locali. Gli insegnamenti etici dell'induismo possono aiutarci a orientare il progresso scientifico verso un'idea di benessere universale.

David Bohm, l'induismo e la fisica quantistica: una visione unitaria della realtà.

Uno degli intelletti più affascinanti del XX secolo, David Bohm (1917-1992), fisico americano e pensatore visionario, cercò per tutta la vita di risolvere un problema che da secoli tormenta l'umanità: la frammentazione della realtà. Per Bohm, questa percezione frammentata non era solo il frutto della mente umana, ma un modello culturale radicato a tal punto da influenzare perfino la scienza moderna. In particolare, la fisica quantistica e la filosofia orientale divennero per lui strumenti fondamentali per immaginare un nuovo approccio alla comprensione del cosmo.

Bohm, allievo di Robert Oppenheimer e collega di Albert Einstein, non era un semplice fisico. Aveva la rara capacità di pensare oltre i confini della scienza accademica, esplorando terreni che abbracciavano anche la spiritualità e la filosofia. Negli anni Cinquanta, mentre sviluppava una nuova interpretazione della fisica quantistica, cominciò a riflettere profondamente su concetti che riecheggiavano misteriosamente le tradizioni dell'Oriente, specialmente quelle dell'induismo.

Il punto di partenza del suo viaggio fu la teoria quantistica standard, che all'epoca evidenziava il cosiddetto "*dualismo onda-particella*": la luce, e in generale ogni particella subatomica, poteva comportarsi sia come un'onda continua sia come una particella discreta a seconda delle condizioni dell'esperimento. Bohm trovava questa visione frammentaria insoddisfacente. La percepiva come un riflesso di una mente occidentale ossessionata dalla separazione: uomo e natura, materia e spirito, individuo e società.

Per contrastare questa frammentazione, Bohm introdusse nel 1952 la sua famosa "*teoria delle variabili nascoste*" con l'idea della "*totalità implicita*". Per Bohm, esisteva un ordine sottostante, invisibile, che collegava ogni cosa nell'universo. A livello macroscopico, le cose ci appaiono separate e indipendenti, ma a livello profondo sono connesse da una realtà indissolubile, fluida, continua. Questo concetto richiama straordinariamente quello dell'induismo: l'idea che tutto sia manifestazione di un'unica entità, il Brahman, la realtà assoluta sottostante al mondo fenomenico.

L'induismo, tra le principali tradizioni filosofiche dell'Oriente, ha da millenni riflettuto sul tema dell'interconnessione. Secondo i testi vedici e le Upanishad, tutto ciò che percepiamo è Maya, un'illusione, una rappresentazione frammentata di qualcosa di più grande, eterno e indivisibile: il Brahman. In questo senso, l'intuizione di Bohm sul "tutto implicito" non è solo simile, ma quasi parallela alla dottrina del Vedanta.

Bohm non si considerava un mistico né un religioso. Tuttavia, rimase profondamente colpito dall'idea orientale di un universo dinamico, olistico, dove lo spirito e la materia non sono entità separate, ma diverse espressioni di una stessa realtà. In un suo famoso dialogo con Krishnamurti, filosofo indiano e celebre insegnante spirituale, Bohm ebbe a dire:

"Il pensiero occidentale ha spezzato il mondo in frammenti perché ha dimenticato che l'osservatore e l'osservato sono un'unica cosa".

Bohm riteneva che la scienza avrebbe potuto trovare un terreno comune con questi insegnamenti, contribuendo a superare l'alienazione esistenziale dell'umanità.

Ma come spiegare l'"ordine implicito" in termini concreti? Bohm usò un'immagine semplice, ispirata alla fisica e ai giochi ottici. Parlò di *"due vortici che sembrano separati ma appartengono a un unico fiume"*. Immaginiamo un ologramma: ogni sua parte contiene l'informazione dell'intero. Analogamente, secondo Bohm, ogni frammento della realtà osservabile contiene in sé l'"interezza" dell'universo, ma in una forma nascosta, implicata.

Per fare un esempio, Bohm raccontava di un antico esperimento condotto da ingenui scienziati pionieri. Vicino alla sua abitazione a Londra, Bohm mostrava ai visitatori un tubo trasparente riempito di due liquidi non mescolati, come l'olio e la glicerina. Una goccia d'inchiostro inserita al centro si frammentava man mano che si girava il tubo. Girando in senso opposto, però, la goccia si ricomponeva magicamente. Questo semplice esperimento serviva per mostrare come una struttura apparentemente "dispersa" non sia realmente persa: ogni suo frammento è ancora collegato al tutto e può essere ricostruito se si riesce a invertire il processo.

Quello che rende Bohm una figura così attraente non è solo l'eleganza delle sue teorie, ma anche la sua capacità di gettare ponti tra mondi apparentemente opposti. Bohm dimostrò che la fisica quantistica, con le sue bizzarre implicazioni, poteva dialogare con le filosofie spirituali millenarie come il Vedanta indiano, senza cadere nel misticismo dogmatico.

Oggi le sue idee continuano a suscitare interesse. Ricercatori, filosofi e perfino artisti trovano ispirazione nell'universo olografico di Bohm. La sua opera ci invita a ripensare la realtà come un tutto fluido, interconnesso, dove ogni cosa è intrinsecamente collegata al resto.

Bohm ci lascia una grande lezione: il progresso umano non può arrivare dalla frammentazione, ma dalla riscoperta della totalità. Oggi, più che mai, le sue parole risuonano potenti in un mondo lacerato da divisioni sociali, politiche ed economiche. Forse è il momento di ricordare che, come dice l'antica saggezza dell'induismo, siamo tutti gocce di uno stesso oceano. E quel "Brahman" che i saggi vedici cercavano con fede e intuizione, Bohm lo cercava con matematica e passione. In un modo o nell'altro, il messaggio universale resta lo stesso: tutto è Uno.

Il Dharma e la fisica quantistica. Una via etica per governare il futuro.

Mai come oggi, nel cuore di una rivoluzione tecnologica che sfida la nostra comprensione del reale, l'umanità si trova di fronte a una domanda cruciale: come governare le nuove scoperte senza perderci in un'anarchia morale? La fisica quantistica, con i suoi paradossi e il suo potere applicativo, ci fa intravedere opportunità immense ma anche rischi spaventosi. Per trovare una bussola etica adeguata, alcuni pensatori contemporanei stanno guardando a Oriente, in particolare al concetto di Dharma dell'induismo, l'ordine cosmico ed etico che governa il mondo.

Il Dharma, nella filosofia e religione induista, rappresenta l'insieme delle leggi naturali e morali che garantiscono l'armonia dell'universo. È un principio universale, impersonale e intrinseco a tutte le cose. Per comprendere questo concetto, è utile pensare alla metafora del "ritmo cosmico": un equilibrio che abbraccia la natura, le azioni umane e il trascendente.

Curiosamente, anche la fisica quantistica vive di equilibrio. I sistemi quantistici, nelle loro infinite possibilità, trovano una "coerenza" solo attraverso l'interazione di entità apparentemente separate. Gli stati quantistici esistono in superposizione fino a quando un'osservazione – un'interazione – li "collega" a una realtà definita. Questo sottolinea un principio di interconnessione che risuona con l'idea del Dharma: nulla è isolato, ogni azione riverbera nell'intero sistema, che si tratti dell'universo o di una società.

Nella Bhagavad Gita, uno dei testi fondamentali dell'induismo, Krishna spiega ad Arjuna che il rispetto del proprio Dharma – cioè, del proprio dovere etico e cosmico – è essenziale, anche quando comporta decisioni difficili. Questo insegnamento, adattato ai dilemmi contemporanei, potrebbe offrire una guida preziosa per affrontare le sfide della fisica quantistica e delle sue applicazioni, come il calcolo quantistico, l'intelligenza artificiale e la manipolazione delle particelle subatomiche.

La storia ci ha già messo in guardia sui pericoli di una scienza avanzata senza un'anima etica. Durante la Seconda Guerra Mondiale, il Progetto Manhattan generò la prima bomba atomica. Scienziati come Robert Oppenheimer, uno dei protagonisti della scoperta, si ritrovarono davanti al lascito della loro opera in un tormento morale senza precedenti. Dopo l'esplosione della bomba a Hiroshima, Oppenheimer citò un passo dalla Bhagavad Gita: *"Ora sono diventato Morte, il distruttore di mondi"*. Questa frase, pronunciata con profonda angoscia, riflette il peso della conoscenza impiegata senza una chiara bussola etica.

Il caso Oppenheimer insegna che il progresso scientifico necessita di un "principio superiore" per orientarlo. Il Dharma, inteso come rispetto dell'armonia universale, potrebbe rappresentare quel principio.

Oggi, la tecnologia basata sulla fisica quantistica ha un potenziale simile, se non superiore, a quello del nucleare. I computer quantistici, ad esempio, promettono di risolvere problemi irrisolvibili dai computer tradizionali, ma potrebbero anche abbattere gli attuali sistemi di sicurezza, rendendo obsolete le attuali tecnologie crittografiche. Quale sarà il prezzo dell'accesso a un simile potere?

Gli antichi maestri dell'induismo avrebbero risposto a questa domanda invocando il concetto di Ahimsa, la non-violenza. Nella prospettiva del Dharma, ogni decisione tecnologica deve rispettare due principi fondamentali: non causare danno e contribuire al benessere collettivo. Allo stesso modo, l'architettura dell'intelligenza artificiale – uno dei campi più influenzati dalla fisica quantistica – dovrebbe essere progettata per servire l'umanità, non per dominarla o distruggerla.

Un elemento centrale del Dharma è il riconoscimento della rete della vita, un'idea che sulla scena scientifica viene riflessa, oggi, nell'entanglement quantistico. Questo fenomeno dimostra che due particelle, anche a enorme distanza, restano misteriosamente connesse: azioni su una particella influenzano immediatamente l'altra. Un principio simile, nella visione induista, vale per il rapporto tra esseri umani, natura e universo: ciò che facciamo al mondo, in ultima analisi, lo facciamo a noi stessi.

Un esempio pratico di questo principio etico è possibile trovarlo nel campo della sostenibilità tecnologica. L'odierna dipendenza da risorse rare, utilizzate nella costruzione di computer quantistici, pone domande evidenti: come possiamo bilanciare il loro impiego con il rispetto del pianeta? La risposta potrebbe risiedere nell'approccio sistemico del Dharma: nessuna risorsa può essere sfruttata ignorando l'interconnessione tra ambiente, società e futuro.

Il viaggio dal Dharma alla fisica quantistica non è solo un esercizio intellettuale, ma una sfida urgente per governare il futuro. Le tecnologie avanzate, se non guidate da una bussola etica, possono amplificare la capacità umana di distruggere, ma anche di creare. La lezione dell'induismo, che promuove equilibrio e rispetto per l'interconnessione cosmica, offre un'agenda preziosa per la scienza contemporanea.

Oggi, possiamo scegliere se seguire un percorso simile a quello del Progetto Manhattan oppure se ascoltare l'antica saggezza del Dharma, integrando conoscenza e moralità. Come scriveva Gandhi, profondamente ispirato dal concetto di Dharma:

> *"La scienza senza umanità è una delle sette cause della decadenza dell'uomo."*

Il futuro, in definitiva, dipende dal nostro impegno a bilanciare il potere della conoscenza con il rispetto dell'equilibrio universale.

Tecnologie e potere: la necessità di un'etica quantistica.

Le idee provenienti dalla fisica quantistica stanno rapidamente ridefinendo il panorama tecnologico globale. I progressi nell'informatica quantistica, nella crittografia ultraveloce e nei sistemi di comunicazione basati sull'entanglement delle particelle promettono innovazioni straordinarie. Tuttavia, dietro l'entusiasmo per queste scoperte si celano rischi potenzialmente devastanti. Come ogni potente tecnologia, anche quella quantistica rischia di essere usata per fini che potrebbero aumentare le disuguaglianze, rafforzare sistemi oppressivi o dar vita a nuove e imprevedibili forme di conflitto. In questo contesto, la necessità di un'anima etica non è mai stata così urgente.

Nel 1945, al termine della Seconda Guerra Mondiale, il mondo ha assistito sgomento alla distruzione di Hiroshima e Nagasaki. L'uso delle bombe atomiche – frutto delle scoperte della fisica nucleare – rappresenta l'esempio più drammatico di come la conoscenza scientifica possa essere usata senza adeguati limiti morali. Oltre 200.000 persone morirono a causa delle esplosioni e delle conseguenze di lungo termine, come le radiazioni. Questo episodio ci insegna che l'assenza di un'etica solida nel guidare l'impiego della scienza può condurre a tragedie incalcolabili.

Le tecnologie quantistiche, pur non essendo armi nel senso tradizionale, possono riflettere questa stessa dinamica se lasciate senza controllo. Ad esempio, i computer quantistici potrebbero annullare i sistemi di sicurezza digitale globali nel giro di pochi secondi. La crittografia attuale, base della privacy online e delle transazioni finanziarie, perderebbe la sua efficacia, aprendo la porta a una nuova era di vulnerabilità globale. Contemporaneamente, le comunicazioni basate su particelle entangled potrebbero garantire un controllo senza precedenti a governi o aziende, consentendo sorveglianze massicce o centralizzando il potere in maniera insidiosa.

Per comprendere come la scienza possa essere guidata verso fini costruttivi, invece che distruttivi, possiamo fare riferimento al concetto di ahimsa, un principio fondamentale dell'induismo. Ahimsa, tradotto generalmente come "nonviolenza," non si limita al rifiuto della violenza fisica. Esprime un'etica più ampia, che include il rispetto per ogni forma di vita, l'equilibrio con il mondo naturale e la compassione verso ogni essere senziente. Gandhi, nel corso della sua vita, trasformò questo principio in una filosofia pratica, usando l'ahimsa per combattere pacificamente l'oppressione coloniale e ispirare movimenti di giustizia sociale nel mondo.

Applicata al progresso scientifico, l'ahimsa ci invita a chiederci: questa tecnologia rispetta la vita? Produce più armonia che conflitto? Serve l'umanità o privilegia pochi a scapito di molti? Questo tipo di riflessione etica non è solo teorica, ma fondamentale per affrontare le implicazioni delle tecnologie quantistiche.

Ad esempio, immaginare un sistema di comunicazione basato sull'entanglement che rispetti l'etica di ahimsa significherebbe investire nella diffusione di informazioni a beneficio globale, proteggere la privacy, garantire un accesso equo e prevenire qualsiasi abuso di potere. Allo stesso modo, nel campo della ricerca medica, i computer quantistici potrebbero rivoluzionare la scoperta di cure avanzate per malattie fino ad ora incurabili. Ciò sarebbe compatibile con l'etica di ahimsa, poiché migliorerebbe significativamente il benessere umano.

L'ahimsa non è l'unico valore etico applicabile alla scienza, ma la sua visione interconnessa del mondo si sposa perfettamente con i principi della fisica quantistica. In ambito quantistico, il concetto di entanglement – quel misterioso fenomeno per cui due particelle distanti rimangono collegate, al punto che l'azione su una influenza istantaneamente l'altra – ci ricorda che tutto nell'universo è legato. Questo principio, se estrapolato sul piano etico, implica che ogni azione ha conseguenze che si riflettono ben oltre il singolo individuo o il singolo evento.

Per questo motivo, i filosofi e gli scienziati si trovano oggi di fronte a una responsabilità cruciale. La comunità scientifica deve adottare un approccio che tenga conto delle conseguenze a lungo termine delle proprie scoperte tecnologiche. Inoltre, i governi e le istituzioni accademiche devono impegnarsi a creare politiche che bilancino l'innovazione con i principi di giustizia e sostenibilità.

L'induismo, con la saggezza dei suoi insegnamenti millenari, ci ricorda che progresso tecnologico senza etica non porta all'evoluzione dell'umanità, ma alla sua potenziale autodistruzione. Pertanto, il concetto di ahimsa potrebbe rappresentare una guida illuminata per navigare nelle acque ancora inesplorate della rivoluzione quantistica.

Nel 21° secolo, la scienza ha il potere straordinario di trasformare il mondo ad una velocità prima inimmaginabile. Con le tecnologie quantistiche alle porte, dobbiamo imparare dalle lezioni del passato. Il principio di ahimsa ci offre una via per bilanciare innovazione tecnologica e responsabilità morale. Proprio come Gandhi sostenne che il fine non può mai giustificare i mezzi, dobbiamo oggi domandarci a quale fine vogliamo che le nostre scoperte servano. Non si tratta solo di progresso tecnologico, ma del futuro dell'intera civiltà.

Il ruolo della visione compassionevole.

In un mondo sempre più interconnesso, la riflessione sul rapporto tra scienza ed etica diventa centrale. David Bohm, fisico e filosofo del XX secolo, è una figura chiave in questa discussione. Bohm, i cui studi sulla meccanica quantistica hanno influenzato profondamente la visione moderna della realtà, era convinto che l'universo non fosse costituito da entità separate, ma da un "ordine implicito". Questo ordine suggerisce un tessuto unitario in cui ogni elemento è connesso agli altri.

Bohm sviluppò questa visione anche grazie ai suoi dialoghi con il filosofo e mistico indiano Jiddu Krishnamurti. I due esplorarono temi come la coscienza, la natura della percezione e il significato della compassione. Bohm riteneva che una società frammentata, priva di un senso di armonia, fosse vittima di una "disconnessione" dalla realtà più profonda. La compassione, per Bohm, non era solo un valore morale, ma anche una componente necessaria per comprendere l'interconnessione universale.

L'idea della compassione è centrale anche nell'induismo. Nel Bhagavad Gita, antico testo sacro, troviamo il concetto di *Karma yoga*: l'azione disinteressata per il bene comune. Krishna, la divinità che guida il principe Arjuna, insegna che ogni azione dovrebbe essere intrapresa senza attaccamento ai frutti personali, ma con il pensiero rivolto al benessere universale. Questo approccio, profondamente etico, traduce in pratica l'idea che siamo tutti parti di un'unica realtà.

La meccanica quantistica suggerisce che, a livello subatomico, i confini che percepiamo come solidi si dissolvono. Particelle apparentemente separate si comportano come un tutt'uno in dinamiche note come entanglement quantistico. Bohm interpretò questo fenomeno come una dimostrazione scientifica dell'interconnessione tra tutte le cose. Questa prospettiva si allinea sorprendentemente con le visioni dell'induismo, che da millenni afferma l'unità della creazione, espressa nel concetto di Brahman.

La compassione diventa quindi una risposta etica a questa interconnessione. Se ogni elemento dell'universo è collegato, ogni nostra azione influenza il tutto. Questa intuizione spinge a vedere la compassione non solo come una virtù individuale, ma come una responsabilità globale. Come sottolineava Bohm, la vera evoluzione sociale non può avvenire attraverso la competizione, ma solo attraverso la cooperazione e il rispetto reciproco.

Un esempio significativo che intreccia scienza, filosofia e compassione è il già citato dialogo tra David Bohm e Jiddu Krishnamurti. Questo scambio, avvenuto negli anni '70 e '80, mostrò un incontro raro tra il pensiero scientifico moderno e le filosofie orientali. In quelle conversazioni, Bohm riconobbe che la scienza, priva di una visione etica e compassionevole, rischia di diventare distruttiva.

Un parallelo interessante si trova nei monasteri indiani e tibetani, dove i monaci hanno integrato la pratica della meditazione con il concetto di compassione universale. Il Dalai Lama stesso ha spesso citato la fisica quantistica come prova delle dottrine buddhiste sulla connessione universale. Sebbene provenienti da tradizioni diverse, l'induismo e il buddhismo condividono una visione etica simile: il benessere personale non può essere separato dal benessere collettivo.

Anche nel movimento ambientalista moderno possiamo osservare tracce di questa visione. L'attivista indiana Vandana Shiva, per esempio, ha combinato la lotta per la conservazione della biodiversità con una profonda etica ispirata dall'induismo. Shiva ha sottolineato che la distruzione delle risorse naturali non è solo un problema ecologico, ma anche etico. Secondo lei, la compassione per la terra e per tutti gli esseri viventi è essenziale per garantire la nostra stessa sopravvivenza.

Unire scienza ed etica non è un compito facile, ma pensatori come Bohm e testi come il Bhagavad Gita offrono una guida preziosa. La visione compassionevole, intesa come riconoscimento dell'interconnessione universale, potrebbe rivoluzionare il modo in cui affrontiamo i problemi globali, dalla crisi climatica alle disuguaglianze sociali. Allo stesso tempo, questa visione ci invita a riflettere sul nostro ruolo individuale nel sistema più ampio dell'esistenza.

Progresso tecnologico e compassione. Una nuova visione dal Bhagavad Gita.

Il progresso tecnologico è senza dubbio uno dei tratti distintivi della nostra epoca. Applicazioni rivoluzionarie come quelle offerte dalla fisica quantistica stanno cambiando il nostro modo di concepire la realtà. Tuttavia, a queste straordinarie possibilità si accompagnano dilemmi etici senza precedenti. La storia ci insegna che ogni nuova scoperta porta con sé una responsabilità: le scelte fatte possono condurre a risultati positivi per l'umanità o a catastrofi immani, come nel caso dell'uso dell'energia atomica. In questo contesto di progresso e responsabilità, il Bhagavad Gita offre una chiave di lettura universale.

Nel Bhagavad Gita, Arjuna si trova di fronte a una crisi morale sul campo di battaglia di Kurukshetra. Come simbolo dell'umanità in bilico fra azione e responsabilità, Arjuna si chiede se combattere sia giusto, in un contesto in cui ogni scelta rischia di provocare sofferenza. Krishna, la guida divina e voce della saggezza, gli insegna il valore dell'azione intrisa di compassione e distacco. Questa non è una fuga dalle responsabilità, ma un invito ad agire con uno spirito di servizio, compiendo il proprio Dharma, ovvero il dovere morale, senza attaccamento ai frutti delle azioni.

Oggi, ci troviamo di fronte a dilemmi simili. Le tecnologie quantistiche promettono innovazioni che una volta appartenevano solo al regno della fantascienza: la crittografia impenetrabile, la simulazione molecolare per curare malattie, la possibilità di rivoluzionare il settore energetico. Tuttavia, queste stesse tecnologie potrebbero essere usate in modo distruttivo. Il potere, come insegnano le lezioni del Bhagavad Gita, non è mai neutro. Richiede un'etica profondamente radicata nelle azioni altruistiche.

Krishna, nel Gita, introduce il concetto di Karma Yoga: un percorso che spinge ad agire nel mondo con uno spirito di servizio e compassione, senza cedere all'egoismo o all'avidità. Questo messaggio è straordinariamente attuale. Quando traduciamo questo principio al nostro presente, possiamo vedere come le tecnologie quantistiche possano essere strumenti per servire il bene comune, anziché diventare mezzi di oppressione o distruzione.

Un esempio è l'uso dei supercomputer quantistici per affrontare problemi globali come il cambiamento climatico. Grazie alla loro straordinaria potenza di calcolo, questi strumenti potrebbero ottimizzare la produzione di energie rinnovabili, prevenire la desertificazione o aiutare nella gestione delle risorse idriche. Eppure, lo stesso potere tecnologico potrebbe essere usato per sviluppare armi avanzate o per concentrare ulteriormente le risorse nelle mani di pochi, esacerbando le disuguaglianze sociali. L'etica deve quindi guidare ogni passo del progresso.

Un parallelo interessante si trova nelle scelte fatte nella storia moderna. Quando fu creata la bomba atomica, nel contesto del Progetto Manhattan durante la Seconda Guerra Mondiale, i fisici come Robert Oppenheimer si trovarono di fronte a interrogativi capaci di tormentare la coscienza.

La fisica quantistica non è soltanto un campo di applicazione pratica; è anche una rivoluzione nel modo in cui percepiamo il mondo. Il concetto di entanglement, ad esempio, dimostra come due particelle possano restare interconnesse anche a grandi distanze. Questa idea presenta una sorprendente analogia con le filosofie orientali, specialmente con il pensiero induista, che vede l'interconnessione come una delle verità fondamentali dell'esistenza. Krishna stesso sottolinea che ogni azione, per quanto piccola, influenzerà inevitabilmente l'intero sistema.

Se accettiamo questa visione, diventa evidente che ogni sviluppo tecnologico deve considerare il suo impatto globale. Ogni scelta, dall'uso di un algoritmo alla distribuzione delle risorse, ha ripercussioni che possono cambiare il destino del pianeta. Il progresso, quindi, non può essere un privilegio riservato a pochi. Deve essere un mezzo per alleviare la sofferenza umana, rispettando tutti gli esseri viventi e l'ambiente, un principio che riecheggia nei testi vedici.

Un esempio pratico che dimostra l'incontro tra progresso tecnologico e compassione è l'uso delle tecnologie quantistiche nella medicina. I computer quantistici stanno già rivoluzionando la ricerca medica, grazie alla loro capacità di simulare molecole complesse e di aprire nuove strade per la cura di malattie finora ritenute incurabili. Pensare a queste applicazioni come portatrici di compassione significa mettere al centro l'obiettivo più alto del progresso: salvare vite umane.

Anche nel settore dell'energia, le promesse sono enormi. I progressi nel calcolo quantistico potrebbero creare materiali rivoluzionari per lo stoccaggio dell'energia solare o per la creazione di batterie più efficienti, contribuendo a ridurre la nostra dipendenza dai combustibili fossili. Ma, come ci insegna Krishna, queste scoperte devono essere guidate da una visione etica chiara.

Il Bhagavad Gita ci ricorda che il progresso senza compassione è sterile. Krishna insegna che l'azione deve sempre essere intrapresa in modo disinteressato, con uno sguardo rivolto non al vantaggio personale, ma al bene comune. Mentre ci troviamo davanti a sfide globali e a possibilità infinite offerte dalla fisica quantistica, questi principi restano più rilevanti che mai.

È il momento di adottare una visione di compassione e interconnessione, facendo dell'etica il cuore pulsante del nostro processo decisionale. Solo così il progresso tecnologico potrà essere veramente al servizio dell'umanità, realizzando ciò che il Gita chiama il "Dharma universale": vivere e agire pensando al bene collettivo.

Conclusione: scienza e compassione, un futuro possibile..

L'induismo e la fisica quantistica viaggiano su strade apparentemente lontane, ma, a ben vedere, sembrano convergere in un punto centrale: la comprensione dell'interconnessione. Nella Bhagavad Gita, uno dei testi sacri più celebri dell'induismo, troviamo parole che sembrano oggi parlare il linguaggio della scienza moderna:

"Colui che vede l'Uno nell'apparente molteplicità e la molteplicità nell'Uno, è davvero un saggio".

Allo stesso modo, la fisica quantistica ci ha mostrato che la realtà non è frammentata in compartimenti separati, ma è un sistema profondamente intrecciato, in cui ogni particella influenza le altre attraverso legami non visibili.

L'idea che tutto sia strettamente connesso è un concetto antico nella filosofia indiana. La parola "Brahman" descrive l'essenza unica e indivisibile dell'universo. Ogni essere vivente, ogni azione, ogni suono è un'espressione di quell'energia universale che permea ogni cosa. Questo, tradotto in termini più moderni, trova un'eco sorprendente nella rete quantistica: un insieme di relazioni invisibili che lega particelle lontane anni luce tra loro. Una delle più famose dimostrazioni di questa interdipendenza è l'entanglement quantistico, osservato per la prima volta sperimentalmente nel 1982 dai fisici Alain Aspect e suoi colleghi, e oggi confermato da successive scoperte.

La domanda, quindi, non è più se siamo interconnessi, ma come scegliere di agire all'interno di questa connessione. Ed è qui che emerge la grande sfida etica di fronte alla scienza e alla filosofia.

Secondo il principio del Karma ogni azione, pensiero o parola genera un'onda che si propaga nell'universo, tornando inevitabilmente al suo punto di partenza. Per chi conosce anche solo superficialmente questo concetto spirituale, è facile intravedere un parallelismo con le leggi quantistiche. Se nel mondo quantistico un'azione localizzata su una particella può influenzarne un'altra persino a distanza, nel pensiero etico indiano ogni effetto, per quanto piccolo, assume una portata cosmica.

Questo principio ci obbliga a riflettere sulle conseguenze delle nostre scelte. Non ci sono azioni isolate o irrilevanti. Le crisi ambientali del XXI secolo, per esempio, dimostrano quanto collettivamente il nostro legame con un pianeta vivente abbia conseguenze globali. Deforestazione, inquinamento e cambiamento climatico non sono problemi di "altri luoghi". La sofferenza di una foresta abbattuta si riflette in un clima che colpisce tutti. Movimenti come Chipko, nati in India nel 1973 per protestare contro il disboscamento indiscriminato, incarnano questa consapevolezza spirituale e scientifica. Nelle montagne dell'Himalaya, gruppi di donne abbracciarono letteralmente gli alberi per proteggerli da abbattimenti devastanti. Fu un gesto simbolico che parlava di interconnessione, pietà e responsabilità condivisa.

Oggi, però, la grande sfida non è solo comprendere queste connessioni, ma applicarle a livello etico per tracciare un futuro sostenibile.

La scienza oggi ha raggiunto frontiere straordinarie. Tecnologie come l'intelligenza artificiale, l'ingegneria genetica e persino la manipolazione della materia quantistica ci offrono incredibili opportunità, ma anche pericoli immensi. La distruzione atomica di Hiroshima e Nagasaki – un progetto nato dall'entusiasmo per la fisica quantistica – ci ha ricordato quanto sia fragile il confine tra progresso e distruzione.

Solo un'etica universale, basata sulla compassione e sulla consapevolezza dell'interdipendenza, potrà impedire che ciò si ripeta. L'induismo parla spesso di ahimsa, la filosofia della non violenza, come punto di partenza per un'umanità armoniosa. Tutti i grandi leader spirituali, da Gandhi alla figura di Madre Teresa, hanno incarnato nel loro agire quella compassione che trascende culture e religioni, che risponde al richiamo di chi soffre, ovunque esso sia.

Anche nella scienza sta emergendo questa consapevolezza. Il Dalai Lama ha collaborato frequentemente con scienziati, dal biologo Francisco Varela al fisico David Bohm, per trovare un terreno comune tra il sapere scientifico e quello spirituale. Bohm, in particolare, riteneva che non ci fosse separazione tra scienza e spiritualità. Nel suo libro *"Wholeness and the Implicate Order"* Bohm propose che la realtà fosse un tutt'uno indivisibile, un "grande mare di energia", riecheggiando visioni tipiche del Vedānta.

Guardando avanti, abbiamo la responsabilità di scegliere. Oggi sappiamo quanto un gesto possa influire su tutto. Se consideriamo il pianeta come un organismo vivente, le nostre azioni devono essere dirette al bene dell'intero sistema.

Questo non significa rinunciare alla tecnologia o alla scienza, ma creare una scienza etica, guidata dalla compassione. D'altra parte, come insegna l'induismo, non possiamo mai separarci dagli altri. Anche il principio quantistico ci spiega che nessuna particella, né alcun essere umano, è davvero isolato.

Capitolo XII. Integrazione di spiritualità e scienza.

Verso un nuovo paradigma.

Nel cuore dell'India sacra, lungo le rive del Gange, la spiritualità induista si intreccia con antiche domande sull'universo e sulla realtà. Da migliaia di anni, maestri e filosofi induisti riflettono sul rapporto tra l'essere umano e l'infinito, cercando risposte oltre la materia visibile. Oggi, questa millenaria speculazione spirituale si incontra curiosamente con il mondo della fisica quantistica, una disciplina nata solo nel XX secolo. Questo incontro ci spinge verso un nuovo paradigma, una prospettiva rivoluzionaria che ridefinisce la nostra comprensione di noi stessi e della realtà.

La fisica quantistica, con le sue leggi controintuitive, ha messo in crisi i modelli tradizionali della scienza occidentale. Concetti come il dualismo onda-particella, l'entanglement e il collasso della funzione d'onda sfidano le nozioni classiche di spazio, tempo e causalità. In maniera sorprendente, questi concetti richiamano alcune delle intuizioni fondamentali dell'Induismo.

L'Induismo, attraverso i suoi testi sacri come i Veda e le Upanishad, descrive il cosmo non come un'entità fissa, ma come una danza dinamica. Ad esempio, Shiva, nella tradizione induista, è spesso rappresentato come il *Nataraja*, il *Signore della Danza*, che crea, preserva e distrugge l'universo in un ciclo eterno. La cosmologia moderna, dal canto suo, parla dell'universo come di un campo energetico in continuo movimento e trasformazione. Questo parallelismo non è solo poetico: fisici come Fritjof Capra hanno accostato la visione olistica delle filosofie orientali con il linguaggio della fisica quantistica.

Uno dei temi centrali della fisica quantistica è il ruolo dell'osservatore. L'esperimento della doppia fenditura ha dimostrato che il comportamento di una particella cambia se la particella viene osservata, evidenziando un'interconnessione tra coscienza e materia. Questo fenomeno, ancora oggi oggetto di dibattito, sembra rispecchiare il concetto induista di Maya, cioè l'idea che la realtà materiale non sia altro che un'illusione condizionata dalla percezione dei nostri sensi.

L'induismo non considera la realtà fenomenica come oggettiva, ma come una realtà soggettiva proiettata dalla mente e dai sensi. La liberazione spirituale, o Moksha, consiste proprio nel trascendere questa percezione illusoria e riconoscere l'unità del sé (Atman) con l'assoluto (Brahman). Allo stesso modo, alcuni fisici quantistici esplorano la possibilità che la coscienza giochi un ruolo fondamentale nel modellare la realtà, suggerendo che materia ed energia potrebbero non esistere indipendentemente dall'osservazione.

La fusione tra scienza e spiritualità non è aliena alla storia umana. Nel corso dei secoli, grandi pensatori e mistici hanno cercato di superare le barriere tra conoscenza empirica e intuizione trascendentale. Nel XX secolo, Erwin Schrödinger, uno dei padri della meccanica quantistica, si interessò alla filosofia orientale. Schrödinger studiò intensamente le Upanishad e sostenne che la fisica moderna, in un certo senso, convergesse con il monismo induista.

Anche J. Robert Oppenheimer, il padre della bomba atomica, lesse i Veda e citò il Bhagavad Gita mentre assisteva al primo test atomico nel deserto del New Mexico. L'accostamento tra scienza e spiritualità può sembrare paradossale, ma questi uomini videro in entrambe le discipline una ricerca della verità, seppur con strumenti diversi.

Il nuovo paradigma emergente propone un'espansione di prospettiva. L'Induismo ci invita a vedere la coscienza come parte integrante dell'universo, non come un sottoprodotto accidentale della biologia. La fisica quantistica, dal canto suo, ci ricorda che la realtà è molto più sfumata e interconnessa di quanto sembri. Insieme, queste due visioni ci offrono un messaggio profondo: la consapevolezza e la materia non sono separabili; sono piuttosto le due facce della stessa medaglia.

Secondo il fisico David Bohm, un altro pioniere del pensiero quantistico,

"La realtà è un tutto indivisibile, in cui la mente e la materia non possono essere viste come elementi distinti".

Questa visione trova eco nell'Induismo dei testi vedici, dove l'individuo non è separato dall'universo, ma è come una goccia che contiene l'intero oceano.

Negli ultimi anni, scienziati e filosofi hanno iniziato a collaborare per esplorare i confini tra fisica moderna e antiche tradizioni spirituali. Centri come l'*Istituto di Scienze Noetiche* in California promuovono studi che uniscono la neuroscienza, la cosmologia e le pratiche contemplative. Allo stesso tempo, in India, i *Vedic Science Institutes* sostengono l'importanza di integrare le antiche conoscenze con le scoperte moderne.

Sul piano personale, l'unione tra fisica quantistica e induismo può ispirare un'esplorazione profonda di sé stessi e della realtà. Come disse il filosofo statunitense Alan Watts:

> *"Il rinnovamento spirituale non consiste nel trovare nuove idee ma nel vedere l'unità dietro tutto ciò che esiste".*

Forse, la via per comprendere l'universo passa inevitabilmente attraverso la comprensione del nostro spirito.

In questo viaggio verso il nuovo paradigma, siamo chiamati a lavorare per l'unità. Da un lato, il linguaggio rigoroso della fisica ci offre modelli e dati. Dall'altro, la saggezza millenaria dell'Induismo ci invita a riflettere sul significato dell'esistenza. Uniti, possiamo intravedere un futuro in cui scienza e spiritualità non sono più mondi separati, ma punti di una stessa orbita: un'esplorazione comune del mistero universale.

Nuove vie nella ricerca e nella spiritualità.

Le frontiere della scienza e quelle della spiritualità si abbracciano sempre più in modi inaspettati. In particolare, nell'induismo, una delle più antiche filosofie dell'umanità, emergono sorprendenti concetti che sembrano dialogare con la fisica quantistica e altre discipline scientifiche come la bioetica e la psicologia. Questo dialogo potrebbe rappresentare uno dei più affascinanti intrecci epistemologici del nostro tempo, offrendo nuove vie per comprendere il mondo e il nostro ruolo in esso.

Uno degli insegnamenti centrali dell'induismo è l'idea dell'unità di tutta l'esistenza. Nei Veda, i testi sacri più antichi di questa tradizione, si afferma che tutto è permeato dall'Brahman, il principio universale che dona vita e connette ogni cosa. Questo concetto richiama sorprendenti parallelismi con la fisica quantistica, dove la natura unitaria dell'esistenza emerge attraverso fenomeni come l'entanglement quantistico.

L'entanglement, intuito già negli anni '30 grazie agli studi di Albert Einstein, Boris Podolsky e Nathan Rosen (EPR Paradox), descrive una proprietà per cui due particelle, separate anche da immense distanze, rimangono connesse in modi che superano ogni spiegazione classica. La scoperta è stata confermata nel 1982 e poi nel 2022, quando tre scienziati – Alain Aspect, John F. Clauser e Anton Zeilinger – hanno ricevuto il Premio Nobel per aver dimostrato come il comportamento quantistico sia al di là dei limiti imposti dal realismo locale.

Allo stesso modo, i testi vedici suggeriscono che tutti gli esseri viventi e la materia condividono un'unica realtà sottostante. Come affermò il filosofo indiano Adi Shankara nell'VIII secolo, il mondo materiale (Maya) è un'illusione, e ciò che esiste realmente è l'unità indivisibile dell'essere. Questa concezione filosofica sembra anticipare una visione quantistica dell'universo, in cui diversità e separazione sono, in ultima analisi, manifestazioni di una più profonda armonia.

Il concetto di Dharma, che nell'induismo rappresenta l'ordine morale e cosmico, offre spunti rilevanti per la riflessione bioetica moderna. Oggi, problemi complessi come l'ingegneria genetica, l'intelligenza artificiale e la clonazione sollevano interrogativi etici sempre più urgenti. In che modo guidiamo le nostre scelte scientifiche senza compromettere l'equilibrio del mondo naturale e della società?

Secondo l'induismo, il Dharma è la guida per mantenere l'equilibrio universale e proteggere l'interconnessione tra tutti gli esseri viventi. Questo potrebbe essere applicato alla bioetica moderna attraverso un principio di responsabilità collettiva. Nishit Kumar Soni, un fisico e filosofo contemporaneo, ha sostenuto che integrare valori spirituali nelle decisioni scientifiche potrebbe aiutare a evitare le devastazioni ambientali e sociali causate da una tecnologia sviluppata senza limiti morali.

Recentemente, il dialogo tra psicologia e fisica quantistica si è intensificato grazie a concetti ispirati alle filosofie orientali. Carl Gustav Jung, uno dei padri della psicologia moderna, si interessò profondamente all'induismo e al concetto di sincronicità, ovvero la manifestazione simultanea di eventi che, pur non essendo causalmente connessi, mostrano significati simbolici o archetipici. Jung collaborò con il fisico Wolfgang Pauli, uno dei pionieri della teoria quantistica, esplorando i modi in cui mente e materia sembrano interagire attraverso schemi coerenti e non casuali.

Questi studi rendono oggi più accettabile un concetto fondamentale dell'induismo: la mente possiede un potere creativo. Nei testi vedici, la consapevolezza (Chit) è vista come il principio che dà forma alla realtà. Alcuni scienziati moderni, come Amit Goswami, fisico teorico e autore de "*L'Universo Autocosciente*", sostengono che la coscienza non sia un sottoprodotto della materia, ma la base stessa dell'esistenza, anticipando una visione in cui spiritualità e fisica contemporanea si incontrano.

Oltre ai paralleli filosofici e concettuali, stanno emergendo veri e propri campi di ricerca interdisciplinare. La neuroteologia, per esempio, esplora come il cervello reagisca durante pratiche spirituali come la meditazione, profondamente radicata nella tradizione induista. Studi neuroscientifici hanno dimostrato che la meditazione regolare può modificare la struttura del cervello, migliorando la capacità di gestione dello stress e aumentando il senso di connessione con gli altri.

Alcuni ricercatori vedono in queste scoperte la possibilità di sviluppare strumenti scientifici per esplorare stati superiori di consapevolezza. Richard Davidson, neuroscienziato dell'Università del Wisconsin, ha condotto studi sui monaci tibetani che, durante la meditazione profonda, mostrano livelli di onde gamma nel cervello senza precedenti. Questi stati, definiti di *"unità trascendentale"*, sembrano confermare ciò che le antiche scritture indiane descrivono come *Samadhi*, ovvero uno stato di coscienza suprema in cui il singolo individuo si dissolverebbe nell'universale.

L'incontro tra filosofia indiana e fisica quantistica non è solo uno sforzo intellettuale, ma una vera esplorazione di nuove possibilità umane. La saggezza antica può aiutare la scienza a ricordare che il suo scopo ultimo non è solo avanzare nella tecnologia, ma comprendere la natura dell'esistenza e migliorare la qualità della vita. Come disse David Bohm, fisico teorico e collaboratore di Einstein:

"L'universo non è un'entità separata, ma un tutto indivisibile, una totalità in cui ogni parte contiene il tutto".

In questo spirito, forse, il futuro della scienza riscoprirà una dimensione più profonda, in cui l'unità fra spirito e materia diventerà il fulcro della conoscenza umana.

Bibliografia per l'approfondimento.

Questo elenco fornisce una struttura solida per esplorare le complessità tra filosofie orientali e fisica quantistica, consentendo un approfondimento logico ed esaustivo.

Quasi tutti i libri citati sono stati tradotti in varie lingue, e sono reperibili tramite il nome dell'autore.

Adams Fred	The Quantum Connection: Bridging Science and Spirituality. New York: Harmony Publishers, 2002.
Amaldi Ugo	La fisica di tutti i giorni. Dai quanti ai buchi neri # Rizzoli, 2019.
Aranya Swami Vivekananda	The Complete Works of Swami Vivekananda (in più volumi) Advaita Ashrama, 1989.
Aurobindo Sri	The Life Divine. Pondicherry: Sri Aurobindo Ashram, 1940.
Baggott Jim	Beyond Measure: Modern Physics, Philosophy, and the Meaning of Quantum Theory
Balagangadhara S. N.	The Heathen in His Blindness: Asia, the West, and the Dynamic of Religion. Leiden: Brill, 1994.
Baruah Bijoy H.	Hindu Dharma and Modern Science. New Delhi: Inter-India Publications, 1985.
Bergé Marc	La quête de l'unité: Méditation spirituelle et physique quantique # Editions Albin Michel, 2021.

Bohm David	Wholeness and the Implicate Order # Routledge, 1980.
Bohm David	Science, Order, and Creativity # Routledge, 1987.
Bohm David, Krishnamurti Jiddu	The Ending of Time: Where Philosophy and Physics Meet
Capra Fritjof	The Turning Point: Science, Society, and the Rising Culture # Bantam Books, 1982.
Capra Fritjof	La rete della vita. Una nuova interpretazione scientifica dei sistemi viventi
Capra Fritjof	The Tao of Physics: An Exploration of the Parallels Between Modern Physics and Eastern Mysticism. Berkeley: Shambhala, 1975.
Chakrabarti Arindam	Classical Indian Philosophy of Mind: The Nyāya Dualist Tradition. Abingdon: Routledge, 1998.
Chatterjee Satischandra	An Introduction to Indian Philosophy. Calcutta: University of Calcutta, 1950.
Chattopadhyaya Debiprasad	Lokayata: A Study in Ancient Indian Materialism # People's Publishing House, 1959.
Chopra Deepak	Quantum Healing: Exploring the Frontiers of Mind/Body Medicine # Bantam, 1989.
Cohen Andrew	Embracing Reality: The Direct Path to Liberation. Nevada City: Moksha Press, 2001.
Dalai Lama XIV (Tenzin Gyatso)	The Universe in a Single Atom: The Convergence of Science and Spirituality
Dasgupta Surendranath	A History of Indian Philosophy (in cinque volumi) # Cambridge University Press, 1922-1955.
Deussen Paul	The Philosophy of the Upanishads # Dover Publications, 1906.
Deutsch David	The Fabric of Reality: The Science of Parallel Universes - And Its Implications # Penguin, 1998.
Dyczkowski Mark	The Doctrine of Vibration: An Analysis of the Doctrines and Practices of Kashmir Shaivism
Einstein Albert, Infeld Leopold	The Evolution of Physics # Cambridge University Press, 1938.
Eliade Mircea	Yoga. Immortalità e libertà # BUR Biblioteca Univ. Rizzoli/Martinez Roca Ediciones, 1951/1999.
Esfeld Michael	Physics and Philosophy. Oxford: Oxford University Press, 2004.
Feuerstein Georg	Yoga Tradition: Its History, Literature, Philosophy and Practice # Hohm Press, 2001.
Feuerstein Georg	The Philosophy of Classical Yoga. Rochester: Inner Traditions, 1980.

Goswami Amit	Quantum Mechanics and Consciousness # Hampton Roads Publishing, 1995.
Goswami Amit	The Self-Aware Universe: How Consciousness Creates the Material World. New York: Putnam, 1993.
Guénon René	L'uomo e il suo divenire secondo il Vêdânta # Adelphi, 1925.
Gupta Bina	The Disinterested Witness: A Feminist Perspective on Indian Aesthetics and Ethics. Evanston: Northwestern University Press, 2000.
Heisenberg Werner	Physics and Philosophy: The Revolution in Modern Science. New York: HarperCollins, 1958.
Iyer K. Satchidananda Murty	Indian Philosophy of Advaita # Motilal Banarsidass, 1982.
Jacobs Alan	The Bhagavad Gita: A Poetic Transcreation # Watkins Publishing, 2005.
Jones Richard H.	Science and Mysticism: Exploring the New Paradigm # Bucknell University Press, 1986.
Joshi Kireet	Philosophy and Yoga of Sri Aurobindo and Other Essays. New Delhi: Indian Council of Philosophical Research, 2005.
Kak Subhash	The Architecture of Knowledge: Quantum Mechanics, Neuroscience, Computers, and Consciousness. New Delhi: Center for Indic Studies, 2004.
Kaku Michio	Physics of the Impossible: A Scientific Exploration into the World of Phasers, Force Fields, Teleportation, and Time Travel # Doubleday, 2008.
Kapra Ajit	Vedanta and Quantum Physics: A Synthesis of Science and Spirituality # Eastern Light Publications, 2012.
Karmarkar Vishwanath	Indian Thought and Quantum Physics: An Exploration # Lotus Press, 2011.
Karnath Ananda	Brahman, Atman, and Quantum Theory: Revisiting Indian Metaphysics # Jain Books, 2020.
Katz Jerry	One: Essential Writings on Nonduality # Sentient Publications, 2007.
Krishna Daya	Indian Philosophy: A Counter Perspective # Oxford University Press, 1991.
Krishnamurti Jiddu	You Are the World # Krishnamurti Foundation, 1972.

Kumar Vijay	Quantum Physics and Vedanta: Scientific Linkage of Quantum Physics and Ancient Hindu Philosophy. New Delhi: Harper, 2012.
Laszlo Ervin	Science and the Akashic Field: An Integral Theory of Everything. Rochester: Inner Traditions, 2004.
Lipner Julius J.	Brahman: A Comparative Theology # Routledge, 1999.
Mahadevan T. M. P.	Invitation to Indian Philosophy. Delhi: Chand & Co., 1974.
Majumdar Ramesh Chandra	The History and Culture of the Indian People (in undici volumi) # Bharatiya Vidya Bhavan, 1951-1977.
Malhotra Rajiv	The Audacity of Self-Identity: Hindus and the Global Order. New York: HarperCollins India, 2013.
Mallick Sanbandhu	The Quantum Vision of Indian Metaphysics # Wisdom Publications, 2015.
Matsoukas T.	Quantum World and the Mystic East # Omega Print, 2009.
Mehta Rohit	Philosophy of Patanjali # Indian Institute of World Culture, 1956.
Menon Sangeetha	Consciousness and Creativity in Indian Performing Arts. New Delhi: DK Printworld, 2008.
Mitchell John D.	Physics Meets Mysticism: Insight into the Advaitan Universe # HarperOne, 2008.
Mitra Kanji Lal	India's Philosophy: Integrating Science and Spirituality # Aryan Books International, 1995.
Mukhopadhyay Ramesh	Quantum Holism and Process Thought. Kolkata: Center of Process Philosophy, 2000.
Muller Gabriel	Hindu Cosmology and Quantum Physics: Bridging Ancient and Modern Knowledge
Murthy K. Krishna	Metaphysics in Indian Philosophy. Delhi: Bharatiya Vidya Bhavan, 1981.
Nagarjuna	Mūlamadhyamakakārikā: The Fundamental Wisdom of the Middle Way. Trans. Jay Garfield. New York: Oxford University Press, 1995.
Nagendra Swami Sivananda	Vedanta Simplified # Divine Life Society, 1960.
Nikhilananda Swami	The Upanishads: A New Translation # HarperOne, 1949.
Oppenheim G.	Brahman and Quantum: Philosophical Reflections on Unity in Diversity # Eastern Publications, 2004.
Oppenheimer J. Robert	Science and the Common Understanding. New York: Simon and Schuster, 1954.

Pande Govind Chandra	The Meaning and Process of Culture. Varanasi: Banaras Hindu University, 1961.
Panikkar Raimundo	The Intercultural Challenge of Hindu Philosophy # Orbis Books, 1993.
Penrose Roger	La strada che porta alla realtà. I segreti dell'universo, della vita e della mente # Rizzoli, 2004.
Prabhupada A. C. Bhaktivedanta Swami	Bhagavad-gita As It Is # Bhaktivedanta Book Trust, 1972.
Radhakrishnan S	Indian Philosophy. London: Allen & Unwin, 1927.
Raju P. T.	The Philosophical Traditions of India. Delhi: Motilal Banarsidass, 1971.
Rosen Steven	Krishna's Song: A New Look at the Bhagavad Gita. Santa Barbara: Praeger, 2007.
Sharma Arvind	Classical Hindu Thought: An Introduction. New Delhi: Oxford University Press, 2000.
Shastri Hari Prasad	Philosophy of Gorakhnath with Goraksha-Vacana-Sangraha. Delhi: Motilal Banarsidass, 1998.
Sri Nisargadatta Maharaj	I Am That. Bombay: Chetana Publications, 1973.
Swami Vivekananda	Complete Works of Swami Vivekananda. Kolkata: Advaita Ashrama, 1897.
Tagore Rabindranath	Sadhana: The Realisation of Life. New York: Macmillan, 1913.
Thakur Upendranath	The Aesthetic Face of Being: Indian Art Through the Ages. Delhi: Heritage, 1975.
Tolle Eckhart	The Power of Now: A Guide to Spiritual Enlightenment. Novato: New World Library, 1997.
Upadhyay Ramachandra Dattatraya Ranade	A Constructive Survey of Upanishadic Philosophy. Poona: Oriental Book Agency, 1926.
Vatsyayan Kapila	The Square and the Circle of the Indian Arts. New Delhi: Abhinav Publications, 1997.
Venkatraman Bharati	Quantum Yoga: The Theory of Relationships Between Modern Physics and Yoga. Chennai: Yogi Sciences International, 2014.

Bruno Del Medico, blogger, scrittore, editore, specializzato nella divulgazione di temi legati alla attualità sociale e alle nuove frontiere della scienza. È autore di molte pubblicazioni, tra cui una collana specializzata su fisica e metafisica quantistica.

Induismo Brahman, Atman Karma Moksha Dharma, fisica quantistica, entanglement quantistico, coscienza quantistica, spiritualità meditazione, buddismo Tao Zen.

#David Bohm, filosofia della scienza, metafisica, universo intelligente, sopravvivenza dell'anima, anima immortale, aldilà, NDE, meccanica quantistica, particelle elementari, fotoni, collasso quantistico, onda particella, sovrapposizione quantistica, Carl Jung. sincronicità, inconscio collettivo.